普通高等教育“十二五”规划教材

普通高等院校化学化工类系列教材

周旭光 主编

无机化学

Inorganic Chemistry

清华大学出版社
北京

图书在版编目(CIP)数据

无机化学/周旭光主编. —北京：清华大学出版社，2012.9（2024.8重印）
（普通高等院校化学化工类系列教材）
ISBN 978-7-302-28788-9

Ⅰ.①无… Ⅱ.①周… Ⅲ.①无机化学－高等学校－教材 Ⅳ.①O61

中国版本图书馆 CIP 数据核字(2012)第 090081 号

责任编辑：冯 昕
封面设计：常雪影
责任校对：王淑云
责任印制：杨 艳

出版发行：清华大学出版社
网 址：https：//www.tup.com.cn，https：//www.wqxuetang.com
地 址：北京清华大学学研大厦 A 座 邮 编：100084
社 总 机：010-83470000 邮 购：010-62786544
投稿与读者服务：010-62776969，c-service@tup.tsinghua.edu.cn
质 量 反 馈：010-62772015，zhiliang@tup.tsinghua.edu.cn
印 装 者：三河市龙大印装有限公司
经 销：全国新华书店
开 本：185mm×260mm 印 张：22.25 插 页：1 字 数：536 千字
版 次：2012 年 9 月第 1 版 印 次：2024 年 8 月第 12 次印刷
定 价：63.00 元

产品编号：044689-04

前言

“无机化学”是化工、应化、制药、环境、材料和轻化等与化学关系密切的各类专业本科生的第一门基础课，也是大一学生实现从中学到大学在学习方法和思维方式方面的过渡和转变的桥梁。从这个意义上讲，无机化学课程既是学生学好大学阶段其他化学课程的基础，又是培养科学素质、提高创新能力的关键。因此，一部好的教材对学生而言尤为重要。本着教材的编写应当符合教学基本要求和遵循教学基本规律的原则，在教材编写中，力求做到在与中学教学内容妥善衔接的基础上，教材内容由浅入深、循序渐进、注重基础、突出重点，以利于大一学生的自学和创新能力的培养。

本教材将无机化学的知识体系进行了整合，这种整合既体现了编者的一贯思想，又纳入了某些新的创意，也是编者 30 年教学工作的总结。本教材由物质结构、化学原理、元素化学和知识扩展 4 部分共 12 章组成。

物质结构篇(1、2 章)主要从微观角度讲述原子结构和元素周期系，化学键与物质结构。化学原理篇(3～6 章)主要从宏观上讨论化学反应中的能量变化，化学反应的方向、速率和限度，溶液(稀溶液的依数性，酸碱理论，弱电解质溶液，缓冲溶液，难溶电解质溶液和配合物溶液)以及氧化还原反应。元素化学篇(7～10 章)在元素概述的基础上，分别选述 s 区和 p 区、d 区和 ds 区及 f 区元素及其重要化合物的性质和用途。知识扩展篇(11、12 章)的化学热点知识简介和化学基础知识的延伸与应用是供学生选读的内容，有利于学生知识面的扩展和思路的拓宽。书中对涉及的化学名词和术语进行了英文标注，以营造一种学习外语的氛围。书后附录列有教材中提到的著名科学家的简介，包括所处年代、国籍和在各自研究领域中所取得的主要成就。

本书各章安排了适量的思考题和习题，帮助学生理解掌握基本概念、基本原理、基本知识和基本内容。有些章节还安排了一些知识面略宽、难度略大、综合性略强的题目，以便引导学生自学和因材施教。

本书由天津工业大学周旭光策划、主编，于洺、王翔、王凤勤、许金霞、宋立民和雒娅楠(按姓氏笔画排序)参编，并由周旭光统稿、定稿完成。

本书在编写过程中参考了已出版的高等学校的教材和有关著作，从中借鉴了许多有益的内容，在此向有关的作者和出版社表示感谢。

由于编者水平有限，书中内容难免有疏漏和不当之处，恳请使用本书的教师和学生提出宝贵意见。

编者

2012.03.30

目录

化学原理篇

元素化学篇

知识扩展篇

绪　论

一、化学的发展

世界上的物质纷纭复杂，并且处在不断的运动和发展变化过程中，而化学是一门在原子和分子水平上研究物质的组成、结构、性能及其变化规律的科学。化学是自然科学中最为实用的一门学科，它与数学、物理学等共同成为当代自然科学迅猛发展的基础。化学的核心知识已经应用于自然科学的方方面面，与其他学科相辅相成，构成了创造自然、改造自然的强大力量。从古至今，伴随着人类社会的进步，化学历史的发展经历了下面5个时期：

(1) 远古的工艺化学时期。这时人类的制陶、冶金、酿酒、染色等工艺，主要是在实践经验的直接启发下经过多少万年摸索而来的，化学知识还没有形成。这是化学的萌芽时期。

(2) 炼丹术和医药化学时期。从公元前1500年到公元1650年，炼丹术士和炼金术士们，在皇宫、教堂、自己家里和深山老林的烟熏火燎中，为求得长生不老的仙丹，为求得荣华富贵的黄金，开始了最早的化学实验。记载、总结炼丹术的书籍，在中国、阿拉伯、埃及、希腊都有不少。这一时期积累了许多物质间化学变化的经验，为化学的进一步发展准备了丰富的素材。这是化学史上令我们惊叹的雄浑的一幕。后来，炼丹术、炼金术几经盛衰，使人们更多地看到了它荒唐的一面。化学方法转而在医药和冶金方面得到了正当发挥。在欧洲文艺复兴时期，出版了一些有关化学的书籍，第一次有了“化学”这个名词。英语的chemistry起源于alchemy，即炼金术。chemist至今还保留着两个相关的含义：化学家和药剂师。这些可以说是化学脱胎于炼金术和制药业的文化遗迹了。

(3) 燃素化学时期。从1650年到1775年，随着冶金工业和实验室经验的积累，人们总结感性知识，认为可燃物能够燃烧是因为它含有燃素，燃烧的过程是可燃物中燃素放出的过程，可燃物放出燃素后成为灰烬。

(4) 定量化学时期，即近代化学时期。1775年前后，拉瓦锡(Lavoisier)用定量化学实验阐述了燃烧的氧化学说，开创了定量化学时期。这一时期建立了不少化学基本定律，提出了原子学说，发现了元素周期律，发展了有机结构理论。所有这一切都为现代化学的发展奠定了坚实的基础。

(5) 科学相互渗透时期，即现代化学时期。20世纪初，量子论的发展使化学和物理学有了共同的语言，解决了化学上许多悬而未决的问题；另一方面，化学又向生物学和地质学等学科渗透，使蛋白质、酶的结构问题得到逐步的解决。

二、化学的学科分类

化学在发展过程中，依照所研究的分子类别和研究手段、目的、任务的不同，派生出不同层次的许多分支。在20世纪20年代以前，化学传统地分为无机化学、有机化学、物理化学和分析化学4个分支。20年代以后，由于世界经济的高速发展，化学键的电子理论和量子力学的诞生、电子技术和计算机技术的兴起，化学研究在理论上和实验技术上都获得了新的手段，导致这门学科从30年代以来飞跃发展，又逐渐形成了高分子化学、核化学、生物化学等3个分支。因此，现在的化学内容实际包括了7大分支学科。

根据当今化学学科的发展以及它与天文学、物理学、数学、生物学、医学、地质学等学科相互渗透的情况，化学可作如下分类：

(1) 无机化学，研究无机物质的组成、性质、结构和反应的科学。它分为元素化学、配位化学、同位素化学、无机固体化学、无机合成化学、无机分离化学、物理无机化学、生物无机化学等。

(2) 有机化学，研究有机化合物的来源、制备、结构、性质、应用以及有关理论的科学。它分为元素有机化学(包括金属有机化学等)、天然产物有机化学、有机固体化学、有机合成化学、有机光化学、物理有机化学(包括理论有机化学、立体化学等)、生物有机化学等。

(3) 分析化学，研究获取物质化学组成和结构信息的分析方法及相关理论的科学。它分为化学分析(包括定性分析、定量分析等)、电化学分析、光谱分析、波谱分析、质谱分析、热谱分析、色谱分析、光度分析、放射分析、状态分析与物相分析、分析化学计量学等。

(4) 物理化学，研究所有物质系统的化学行为的原理、规律和方法的科学。它分为化学热力学、化学动力学(包括分子反应动力学等)、结构化学(包括表面化学、结构分析等)、量子化学、胶体化学与界面化学、催化化学、热化学、光化学(包括超分子光化学、光电化学、激光化学、感光化学等)、电化学、磁化学、高能化学(包括辐射化学、等离子体化学)、计算化学等。

(5) 高分子化学，研究高分子化合物的合成、化学反应、物理化学、物理加工成型、应用等方面的一门新兴的综合性学科。它分为无机高分子化学、天然高分子化学、功能高分子化学(包括液晶高分子化学)、高分子合成化学、高分子物理化学、高分子光化学等。

(6) 核化学，用化学方法或化学与物理相结合的方法研究原子核(稳定性和放射性)的反应、性质、结构、分离、鉴定等的一门学科。它分为放射化学、核反应化学、裂变化学、聚变化学、重离子核化学、核转变化学、环境放射化学等。

(7) 生物化学，是一门交叉学科，主要应用化学的理论和方法来研究生命现象，在分子水平上阐明生命现象的化学本质，即研究生物体的化学组成及化学变化的规律。它分为一般生物化学、酶化学、微生物化学、植物化学、免疫化学、发酵和生物工程、食品化学等。

其他与化学有关的边缘学科还有：地球化学、海洋化学、大气化学、环境化学、宇宙化学、星际化学等。

三、无机化学的范畴、地位和作用

无机化学是研究元素及其化合物的结构、性质、反应、制备及其相互关系的一门化学分支学科。准确地讲，除去碳氢化合物及其大多数衍生物外，无机化学是对所有元素及其化合物的性质和反应进行实验研究和理论解释的科学。

人类最早接触到的化学知识便是无机化学，如金属冶炼、玻璃制造以及陶器、印染技术的应用。化学科学开始的研究对象多为无机物。近代无机化学的建立，实际上标志着近代化学的创立。化学中最重要的一些概念和规律，如元素、分子、化合、分解、定比定律和元素周期律等，大都是无机化学早期发展过程中形成和发现的。

目前，无机化学仍是化学科学中最基础的部分，并已形成了一套自己的理论体系，如原子结构理论、分子结构理论、晶体结构理论、酸碱理论、配位化学理论等。在现代无机化学研究中，广泛采用物理学和物理化学的实验手段和理论方法，结合各种现代化的谱学测试手段，如 X 射线衍射、电子顺磁共振谱、光电子能谱、穆斯堡尔谱，核磁共振谱、红外和拉曼光谱等，获得无机化合物的几何结构信息及化学键的性质、自旋分布、能级结构等电子结构的信息，并运用分子力学、分子动力学、量子化学等理论，进行深入的分析，了解原子、分子和分子聚集体层次无机化合物的结构及其与性能的关系，探求化学反应的微观历程和宏观化学规律的微观依据。另外，无机合成依然是无机化学的基础。现代无机合成除了常规的合成方法外，更重视发展新的合成方法，尤其是特殊的和极端条件下的合成，如超高压、超高温、超低温、强磁场、电场、激光、等离子体等条件下合成多种多样在一般条件下难以得到的新化合物、新物相、新物态，合成出如超微态、纳米态、微乳与胶束、无机膜、非晶态、玻璃态、陶瓷、单晶、晶须、微孔晶钵等多种特殊聚集态，以及具有团簇、层状、某些特定的多型体、层间嵌插结构、多维结构的复杂的无机化合物，而且很多化合物都具有如激光发射、发光、光电、光磁、光声、高密度信息存储、永磁性、超导性、储氢、储能等特殊的功能，有着广泛的应用前景。

无机化学一方面继续自身的发展，另一方面一直在进行着与其他学科的交叉和渗透。如无机化学与有机化学交叉形成了金属有机化学，无机化学与固体物理结合形成了无机固体化学，无机化学向生物学渗透形成了生物无机化学等。事实上，无机化学已经在材料、能源、信息、环保、生命科学及生物模拟等领域起着举足轻重的作用。不仅如此，无机化学的作用还将体现在上述各领域在未来的发展和突破之中。可以预见，无机化学以其现代的实验技术和科学理论为基础，立足于天然资源的开发、新型材料的合成、高新技术的广泛应用，将在科学发展和社会进步的进程中，发挥越来越重要的作用。

四、无机化学的学习方法

通过以上对化学科学发展概况的介绍，对化学学科的分类和无机化学的范畴、地位和作用的阐述，同学们应该已经感受到学习无机化学的重要性。为了学好无机化学这门课程，在以下方面付出努力并得到提高是很有必要的。

1. 专心听讲，积极思维，记好笔记

听课是大学生获取知识的主要途径之一。因此，一定要充分利用好课堂的教学环节，调动自己的各种感官，做到边听、边看、边记、边想。耳朵要全神贯注地听教师所讲的每一个概念、定律和学说都是怎样提出来的，主要内容是什么，结论如何，以及适用条件等；眼睛要集中精力看教师在讲解过程中伴随播放的电子课件；脑子要想，尽量跟上老师的讲课思路，并与教师通过语言作为介质的思维活动产生“共鸣”，加深理解；与此同时，手要记好课堂笔记，便于课后的复习和理解。通过上述过程，训练自己听课的注意力、敏锐的观察力、灵活的思

维能力和熟练的书写能力，为日后自学和工作打下良好的基础。

2. 认真复习，注意联系，善于总结

课后，同学们应按照所记的笔记对课堂教学所讲的内容进行认真复习。在复习中充分运用新旧知识的联系，循序渐进、由浅入深，理解掌握新学的知识。

学习一个概念，首先要弄清这一概念的含义，同时还要注意与相关概念的联系。例如，对"分子的磁性"这个概念，就要弄清楚什么是分子的磁性，分子为什么有顺磁性和反磁性之分，磁性的大小由什么决定。这些问题的关键在于分子中未成对电子数的多少。所以，要理解分子的磁性，必须先弄清楚未成对电子数的概念。

对于一些抽象的概念或理论，复习时要努力回想老师在课堂上播放的图像或模型，把抽象的概念具体化，帮助理解，同时注意发挥自己的想象能力和思维能力。

要把性质相近或有密切联系的问题汇集在一起，用分析、归纳、对比的方法在矛盾中找到异同，从而达到更深刻的理解。例如，在学习化学反应的焓变、熵变和自由能变的计算时，通过复习归纳总结出三个公式中的一个共同点，即焓、熵和自由能的变化值都等于生成物与反应物的差值，只是焓变对应的是标准摩尔生成焓，熵变对应的是标准熵，而自由能变则对应的是标准摩尔生成自由能。通过比较，找到物理量的异同，便于记忆和掌握。

要使学到的知识得以巩固，复习和总结是重要的一环。通过纵向、横向的复习，使学到的知识形成网络式的结构，有利于对所学知识的进一步理解和掌握。

3. 重视实验，培养能力

无机化学是一门以实验为基础的自然科学，因此在全部课程的学习中一定要自始至终重视实验。实验前做好预习，弄清实验的目的、原理和操作步骤。实验过程中，除了通过亲手进行合乎规范的操作，缜密细致的观察，细心认真的实验，从中获得切实可靠的数据以外，还要积极思考，把实验中观察到的现象和课堂上学到的理论联系起来，培养理论联系实际、分析问题和解决问题的能力。实验结束后，认真地将实验结果加以整理，写好实验报告，培养科学的思维能力、表达能力和总结能力。

物质结构篇

第 1 章　原子结构和元素周期系

第 2 章　化学键与物质结构

第1章

原子结构和元素周期系

在生产实践和科学实验中，我们接触到的物质种类繁多，性质千变万化，宏观上显示出的各种差异，从微观上考虑是因为物质的组成和结构不同所致。大多数物质(matter)是由分子(molecule)组成，分子由原子(atom)组成，而原子则是由带正电荷(positive charge)的原子核(atomic nucleus)和带负电荷(negative charge)的运动着的电子(electron)组成。电子按一定的规律排布在原子核的周围，在一般情况下原子核并不参与物质的化学运动，在化学变化中，实质上是原子核外电子的运动状态和排布发生了改变，因此，我们将从结构的角度着重讨论电子在原子核外运动的规律和排布及其与元素周期系的关系。

讨论原子结构(atomic struction)，首先是氢原子，然后是多电子原子，进而了解元素性质变化规律的内在本质。

1.1 氢原子结构

氢原子是最简单的原子，它的原子核外只有一个电子。讨论氢原子结构主要是讨论氢原子核外电子的运动状态，而这种运动状态的建立是从研究氢原子光谱开始的。

1.1.1 氢原子光谱和玻尔原子模型

由不同频率光线组成的白光，通过三棱镜时发生折射，形成红、橙、黄、绿、青、蓝、紫七种颜色的谱带，其波长是连续的，称为连续光谱(continuous spectrum)。一般白炽的固体、液体、高压下的气体都能给出连续光谱。

任何元素的气态原子在加热或在高压电中，所发射出的光通过三棱镜后，则会得到一系列不连续的线状光谱(line spectrum)，称为原子光谱(atomic spectrum)。氢原子光谱是一种最简单的原子光谱。氢原子光谱的实验如图1-1所示。

将装有高纯度、低压 H_2 的放电管所发出的光经过与光波长相当的狭缝和棱镜后，在屏幕上的可见光区得到 H_α(红色)、H_β(绿色)、H_γ(蓝色)和 H_δ(紫色)4条不连续的氢原子光谱。

为了从理论上解释得到的氢原子光谱，1913年玻尔(Bohr)根据里德伯(J. R. Rydberg)等人的实验结果和卢瑟福(E. Rutherford)的含核原子模型以及普朗克(M. Planck)量子论，推论出原子中电子的能量也是不连续的，而是量子化(quantized)的，并提出了玻尔原子模型，其要点如下：

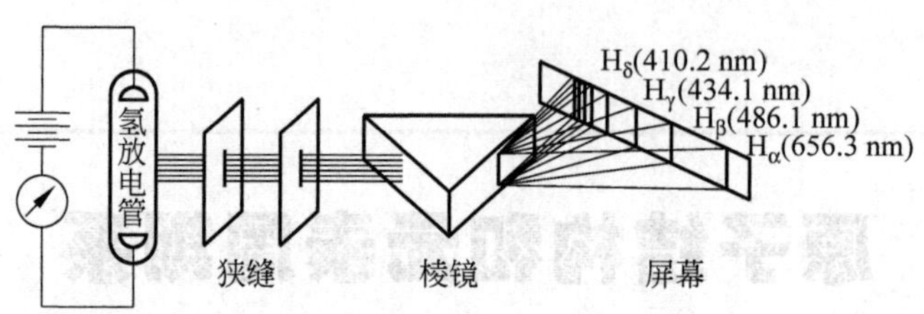

图 1-1 氢原子光谱实验示意图

(1) 氢原子中的电子只能在以原子核为中心的某些符合一定量子化条件的圆形轨道(orbit)上运动,电子在这些轨道上运动时,既不吸收能量也不放出能量,这种状态称为定态(stationary state)。能量最低的定态称为基态(ground state),能量相对较高的定态称为激发态(excited state)。这些不连续能量的定态称为能级(energy order)。

(2) 原子处于基态时,电子处在离核最近的轨道上,这时原子的能量最低。当原子从外界获得能量时(如灼热、放电、辐射等),电子可以跃迁(transite)到离核较远的轨道上去,即电子被激发到较高能量的轨道上,此时原子和电子处于激发态。

氢原子中的电子在各种可能的量子化轨道上所具有的能量:

$$E = -\frac{13.6}{n^2}\text{eV} \tag{1-1}$$

式中,n 为量子数,可取 1、2、3、…、n(正整数),这些数值分别对应于电子所在的轨道和能级。n 值越大,电子离核越远,能量越高。当 $n=\infty$ 时,意味着电子完全脱离原子核电场的引力,能量为零。

(3) 激发态原子能量较高,不稳定。当激发态原子中的电子从较高的能级跃迁回较低的能级时,原子会以光子形式放出能量。光子能量的大小决定于两个能级间的能量之差:

$$\Delta E = E_2 - E_1 = h\nu \tag{1-2}$$

式中,E_2 为高能级的能量,E_1 为低能级的能量,h 为普朗克常数,ν 为发射光的频率。

玻尔原子模型成功地解释了氢原子和类氢离子(He^+、Li^{2+}、Be^{3+} 等)的光谱现象,初步肯定电子在原子核外是分层排布的。但进一步的研究发现,当把波尔原子模型推广到带有两个或更多个电子的原子时,所得结果与实验相差很远。其原因在于玻尔假设虽然引用了普朗克的量子化概念,但在讨论氢原子中电子运动的圆周轨道和计算轨道半径时,仍是以经典力学为基础的,因此不能正确地反映微观粒子所特有的规律性——波粒二象性(wave particle duality)。

1.1.2 微观粒子运动的特殊性

1. 微观粒子的波粒二象性

19 世纪初,人们根据光的干涉、衍射和光电效应等大量实验,认识到光既有波动的性质,又有粒子的性质,即光的波粒二象性。

受光具有波粒二象性的启发,1924 年,法国物理学家德布罗意(Louis de Broglie)提出了电子等微观粒子也具有波粒二象性的大胆假设,并预言微观粒子的波长可表示为

$$\lambda = \frac{h}{p} = \frac{h}{mv} \tag{1-3}$$

式中，m 是电子的质量，v 是电子运动的速度，p 是电子的动量，h 为普朗克常数(Planck constant)。式(1-3)左边 λ 为表示波动性的物理量，右边动量 $p=mv$ 为表示粒子性的物理量，二者通过普朗克常数 h 定量地联系起来，这就是微观粒子的波粒二象性。

1927 年，戴维逊(C. J. Davisson)和革末(L. H. Germer)发现将电子射线穿过一薄晶片(或晶体粉末)时，会产生衍射现象。此电子衍射实验证实了德布罗意的假设。实验装置如图 1-2 所示。

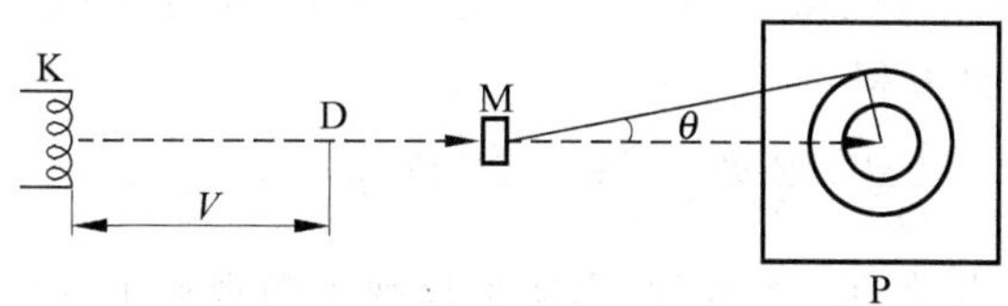

图 1-2　电子衍射示意图

在图 1-2 中，阴极灯丝 K 产生的电子经过电场 V 加速，通过小孔 D 成为很细的电子束。当电子束穿过薄金属或晶体粉末 M(晶体中质点间有一定的距离，它相当于小狭缝)射到感光底片 P 上，得到一系列明暗相间的同心环纹(衍射环纹)。而且由实验得到的电子波的波长精确地与德布罗意方程预期的一致，人们把这种符合德布罗意关系式的波叫做德布罗意波(Louis de Broglie wave)或物质波(matter wave)。此衍射现象说明电子运动的确具有波动性。

实际上，运动着的质子、中子、原子、分子等微观粒子也能产生衍射现象。这说明这些微观粒子也都有波动的性质，也就是说波粒二象性是微观粒子运动的特征。因此描述电子等微观粒子的运动规律不能沿用经典的牛顿力学，而要用描述微观粒子运动规律的量子力学。在经典力学中，人们能准确地同时测定一个宏观物体的位置和它的动量。例如我们知道炮弹的初位置和初速度及其运动规律，就能同时准确测定经过某一时刻后炮弹的位置和运动速度。但是量子力学认为，对于原子中电子的运动，由于电子的质量非常小、运动速度极快，且具有波粒二象性，因此不可能同时准确地测定电子运动的速度和所在的空间位置。这可从海森堡(Heisenberg)测不准原理(uncertainty principle)得到说明。

2. 测不准原理

1927 年，德国物理学家海森堡提出了量子力学中的一个重要关系式——测不准原理，其数学表达式为

$$\Delta x \cdot \Delta p \geqslant \frac{h}{2\pi} \tag{1-4}$$

式中，h 为普朗克常数，Δx 为粒子位置的不准量，Δp 为粒子动量的不准量。该公式的含义是微观粒子在某一方向上位置的不准量和此方向上动量的不准量的乘积必须大于等于 $h/2\pi$。因此，不可能同时准确地测定微观粒子运动的速度和所在的空间位置。

实际上，测不准原理是微观粒子具有波粒二象性的另一种表述。它表明，微观粒子的运动不符合经典力学理论，只能用量子理论中统计的方法来描述。

1.1.3 核外电子运动状态的描述

1. 薛定谔方程

怎样才能将核外电子的运动状态完美地表述出来呢？1926 年，奥地利物理学家薛定谔(Schrödinger)根据德布罗意的微观粒子具有波粒二象性的假设，把体现微观粒子的粒子性特征值(m、E、V)与波动性特征值(ψ)有机地融合在一起，给原子核外电子的运动建立了著名的运动方程——薛定谔方程：

$$\frac{\partial^2 \psi}{\partial x^2}+\frac{\partial^2 \psi}{\partial y^2}+\frac{\partial^2 \psi}{\partial z^2}+\frac{8\pi^2 m}{h^2}(E-V)\psi=0 \tag{1-5}$$

薛定谔方程是量子力学的基本方程，真实地反映了微观粒子的运动状态。式(1-5)中的 ψ 称为波函数(wave function)，m 为电子的质量，π 和 h 是常数，V 为势能，E 为系统的总能量，x、y、z 是三维空间坐标。

薛定谔方程的物理意义是：对于一个质量为 m，在势能 V 的势能场中运动的微观粒子(如电子)，其定态时的运动可以用波函数 ψ 来描述。

2. 描述电子运动状态的三种方法

1) 波函数和原子轨道

在薛定谔方程中有两个未知数，一个是能量 E，一个是波函数 ψ。这个方程的引出和求解涉及较深的数理基础，此处只讨论这个方程的解。薛定谔方程的每一个合理的解表示电子运动的某一定态，与该解相应的能量值即为该定态所对应的能级。也就是说，在量子力学中是用波函数和与其相对应的能量来描述微观粒子的运动状态。对氢原子系统来说，波函数 ψ 是描述核外电子运动状态的数学表示式。量子力学借用经典力学中描述物体运动的“轨道”概念，将波函数的空间图像叫做原子轨道(atomic orbital)。必须注意，这里原子轨道的含义既不同于宏观物体的运动轨道，也不同于玻尔理论中的固定轨道，它所指的是电子的一种运动状态。

为求解薛定谔方程的方便，需将用直角坐标表示的 $\psi(x,y,z)$ 转换成用球坐标表示的 $\psi(r,\theta,\phi)$。图 1-3 中，坐标原点 O 表示原子核，P 为核外电子所在的空间一点位置，$OP=r$ 表示电子离核的距离；θ 为 z 轴与 OP 之间的夹角；ϕ 为 OP 在 xOy 平面上的投影 OP' 和 x 轴间的夹角。根据数学原理，其换算关系为：

$$x=r\sin\theta\cos\phi,\quad y=r\sin\theta\sin\phi,$$

$$z=r\cos\theta,\quad r=\sqrt{x^2+y^2+z^2}$$

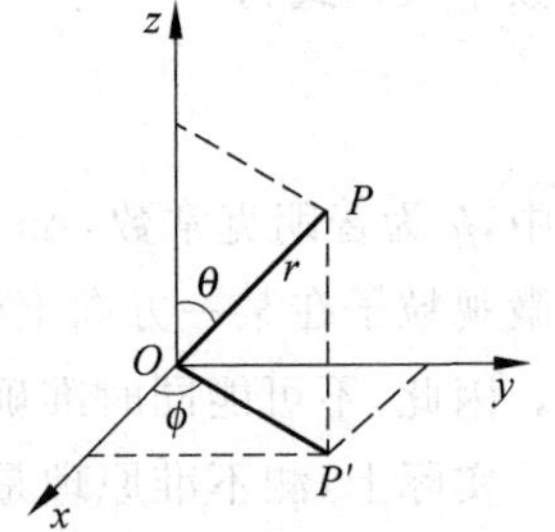

图 1-3 直角坐标与球坐标的换算关系

因为 $\psi(r,\theta,\phi)$ 含有 3 个变量，所以很难绘出其空间图像。为此，我们从 ψ 随半径 r 的变化和角度 θ、ϕ 的变化两个方面来讨论，并将球坐标的 $\psi(r,\theta,\phi)$ 分解成两部分：

$$\psi(r,\theta,\phi)=R(r)\cdot Y(\theta,\phi) \tag{1-6}$$

式中，$R(r)$ 为波函数的径向分布函数，表示 θ、ϕ 一定时，波函数 ψ 随 r 变化的关系，由 n 和 l 决定；$Y(\theta,\phi)$ 为波函数的角度分布函数，表示 r 一定时，波函数 ψ 随 θ、ϕ 变化的关系，由 l 和 m 决定。n、l、m 是在解薛定谔方程的过程中很自然地引入的参数，称为量子数(quantum number)。通过变量的分离可分别解出 n、l、m 取值一定时，波函数的径向分布函数和角度分布函数。部分结果见表 1-1。

表 1-1　氢原子的若干波函数表达式(a_0 为玻尔半径)

n,l,m	轨道	$\psi(r,\theta,\phi)$	$R(r)$	$Y(\theta,\phi)$
1,0,0	1s	$\sqrt{\frac{1}{\pi a_0^3}}\mathrm{e}^{-r/a_0}$	$\sqrt{\frac{4}{a_0^3}}\mathrm{e}^{-r/a_0}$	$\sqrt{\frac{1}{4\pi}}$
2,0,0	2s	$\frac{1}{4}\sqrt{\frac{1}{2\pi a_0^3}}\left(2-\frac{r}{a_0}\right)\mathrm{e}^{-r/2a_0}$	$\sqrt{\frac{1}{8a_0^3}}\left(2-\frac{r}{a_0}\right)\mathrm{e}^{-r/2a_0}$	$\sqrt{\frac{1}{4\pi}}$
2,1,0	$2p_z$	$\frac{1}{4}\sqrt{\frac{1}{2\pi a_0^3}}\left(\frac{r}{a_0}\right)\mathrm{e}^{-r/2a_0}\cos\theta$	$\sqrt{\frac{1}{24a_0^3}}\left(\frac{r}{a_0}\right)\mathrm{e}^{-r/2a_0}$	$\sqrt{\frac{3}{4\pi}}\cos\theta$
2,1,±1	$2p_x$	$\frac{1}{4}\sqrt{\frac{1}{2\pi a_0^3}}\left(\frac{r}{a_0}\right)\mathrm{e}^{-r/2a_0}\sin\theta\cos\phi$		$\sqrt{\frac{3}{4\pi}}\sin\theta\cos\phi$
	$2p_y$	$\frac{1}{4}\sqrt{\frac{1}{2\pi a_0^3}}\left(\frac{r}{a_0}\right)\mathrm{e}^{-r/2a_0}\sin\theta\sin\phi$		$\sqrt{\frac{3}{4\pi}}\sin\theta\sin\phi$

2) 量子数

量子数是量子力学(quantum mechanics)用来描述核外电子运动状态的一些数字。原子核外电子的运动状态需用 n、l、m 和 m_s 4 个量子数来描述，其中 n、l、m 是描述原子轨道具体特征的量子数，m_s 是描述电子自旋运动特征的量子数。这里分别简述 4 个量子数的基本含义和取值范围。

(1) 主量子数 n

主量子数(principle quantum number)表示原子核外电子到原子核之间的平均距离，还表示电子层数(electronic shell number)。主量子数 n 的取值为 1、2、3…、n 等正整数，在光谱学上也常用大写字母 K、L、M、N、… 对应地表示 $n=1$、2、3、4…电子层数。例如 $n=1$ 代表电子离核的平均距离最近的一层，即第一电子层；$n=2$ 代表电子离核的平均距离比第一层稍远的一层，即第二电子层；以此类推。可见 n 值越大，表示电子离核的平均距离越远。

主量子数 n 是决定电子能量的主要因素。对单电子原子(或离子)来说，电子的能量高低只与主量子数 n 有关。例如，氢原子各电子层中电子的能量为：

$$E_n=-\frac{13.6}{n^2}\mathrm{eV}$$

可见 n 值越大，E_n 也越高。

(2) 角量子数 l

角量子数(azimuthal quantum number)代表原子轨道的形状，是决定原子中电子能量的一个次要因素。角量子数的取值受主量子数 n 的限制，l 的取值为 0、1、2、…、$(n-1)$ 的正整数，一共可取 n 个值，其最大值比 n 小 1。l 数值不同，轨道形状也不同。角量子数 l 也表示电子所在的电子亚层(subelectronic shell)，同一电子层中可有不同的亚层(如第二电子层中，有 2s、2p 两个亚层)，l 值相同的原子轨道属同一电子亚层。与 l 值对应的电子亚层符号和原子轨道形状如下：

角量子数	0	1	2	3	…
电子亚层符号	s	p	d	f	…
原子轨道形状	球形	哑铃形	花瓣形	复杂	

(3) 磁量子数 m

磁量子数(magnetic quantum number)代表原子轨道在空间的取向,每一种取向代表着一条原子轨道。磁量子数 m 的取值为 0、±1、±2、…、±l,共可取 $2l+1$ 个数值。磁量子数 m 的取值受角量子数 l 的限制,例如:

$l=0$,s 轨道(球形),只有一种取向;

$l=1$,p 轨道(哑铃形),有 3 种不同的取向 p_x,p_y,p_z;

$l=2$,d 轨道(花瓣形),有 5 种不同的取向 d_{xy},d_{yz},d_{zx},$d_{x^2-y^2}$,d_{z^2}。

(4) 自旋量子数 m_s

原子核外的电子除绕核作高速运动外,还有自身旋转运动,如同地球除绕太阳公转外,本身还有自转一样。

自旋量子数(spin quantum number)的取值只有两个,即 $m_s=\pm 1/2$。这说明电子的自旋有两个方向,即顺时针方向和逆时针方向,一般用向上和向下的箭头"↑"和"↓"来表示。

如上所述,原子中每个电子的运动状态可以用 n、l、m、m_s 4 个量子数来描述。即主量子数 n 决定原子轨道的能级(即电子层)和主要决定电子的能量;角量子数 l 决定原子轨道的形状,同时也影响电子的能量;磁量子数 m 决定原子轨道在空间的取向;自旋量子数 m_s 决定电子自旋方向。因此,4 个量子数确定之后,电子在原子核外的运动状态也就确定了。

根据 4 个量子数间的关系,可以得出各电子层中可能存在的电子运动状态的数目,如表 1-2 所示。

表 1-2 核外电子可能存在的状态数

电子层	K $n=1$	L $n=2$	M $n=3$	N $n=4$	n
原子轨道符号	1s	2s,2p	3s,3p,3d	4s,4p,4d,4f	…
原子轨道数	1	1,3	1,3,5	1,3,5,7	…
电子运动状态数	2	8	18	32	$2n^2$

3) 概率密度和电子云

波函数 ψ 没有明确的、直观的物理意义,但波函数的平方 ψ^2 有明确的物理意义。它代表核外空间某处电子出现的概率,即概率密度(probability density)。概率密度是指电子在核外空间某处微体积元内出现的概率,概率密度与该区域微体积元的乘积 $\psi^2\cdot d\tau$ 等于电子在核外某区域中出现的概率。

若以小黑点的疏密程度表示核外空间各点概率密度的大小,则 ψ^2 大的地方,小黑点较密集,表示电子出现的概率密度较大;ψ^2 小的地方,小黑点较稀疏,表示电子出现的概率密度较小。这种以小黑点的疏密表示概率密度分布的图形称为电子云(electronic shell)。因此电子云就是从统计概念出发对核外电子出现的概率密度 ψ^2 形象化的图示。氢原子的 1s 电子云如图 1-4 所示。由图 1-4 可以看出，原子核附近处 ψ^2 较大，而离原子核越远，ψ^2 就越小。

将电子云图中 ψ^2 相等的各点连起来，所得空间曲面称为等概率密度面，氢原子 1s 电子云的等概率密度面如图 1-5 所示。图 1-5 中每一球面上的数字表示概率密度相等的相对大小(最大的概率密度为 1)。从量子力学可以了解到，电子云是没有边界的，即使在离核很远的地方，电子仍有可能出现，只是出现的概率很小，可以忽略而已。因此，若以一个等概率密度面作为界面，使界面内电子出现的概率为 90%，所得到的图形称为电子云界面图。氢原子的 1s 电子云界面图(boundary chart)如图 1-6 所示。

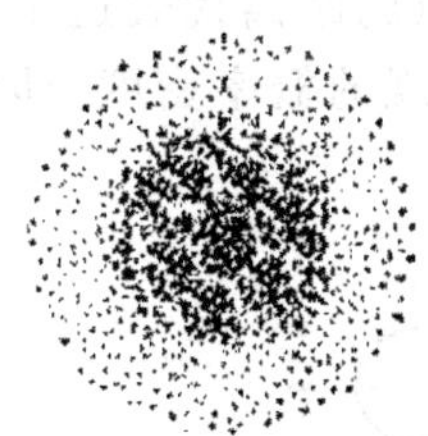

图 1-4　氢原子 1s 电子云图

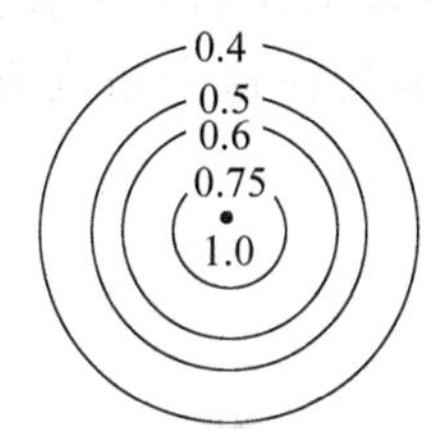

图 1-5　氢原子 1s 电子云的等概率密度面图

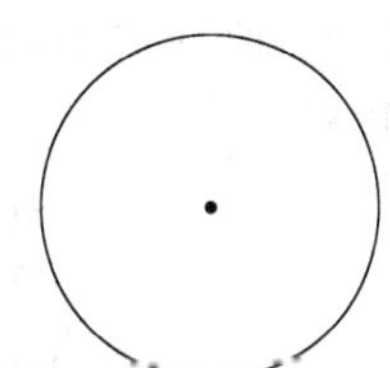

图 1-6　氢原子 1s 电子云界面图

3. 波函数和电子云的分布图

波函数的分布图是 ψ 随 r、θ、ϕ 变化的图形，电子云的分布图是 ψ^2 随 r、θ、ϕ 变化的图形。有关波函数和电子云的图形多种多样，其中的波函数角度分布图、电子云角度分布图和电子云的径向分布图比较重要。

1) 波函数角度分布图

波函数角度分布图(angular distributing-chart of wave function)又称原子轨道角度分布图(angular distributing-chart of atomic orbit)，是波函数 ψ 的角度分布函数 $Y(\theta,\phi)$ 随角度 θ、ϕ 变化的图像。以 $2p_z$ 为例，其波函数角度部分为 $Y_{1,0}=\sqrt{\frac{3}{4\pi}}\cos\theta$(与 ϕ 无关)。

从坐标原点出发，引出与 z 轴的夹角为 θ 的直线，其长度为 $Y(p_z)$值。连接所有线段的端点得到如图 1-7(a)所示的图形，再以 z 轴为轴旋转 180°，就得到如图 1-7(b)所示的 p_z 轨道角度分布图。

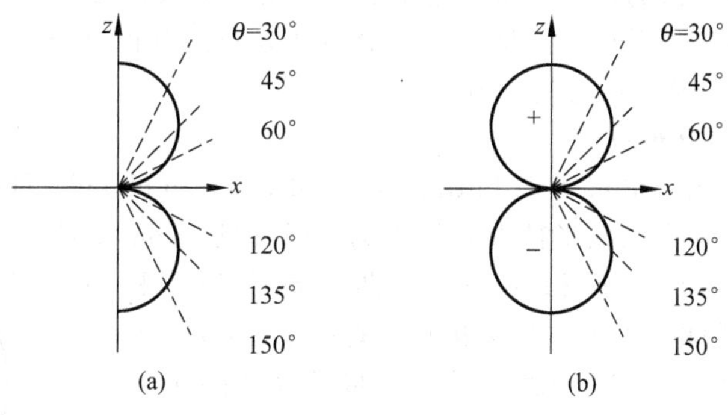

图 1-7　p_z 轨道角度分布图

p_z 的角度分布图形状是两个相切的球体，但上下两球的符号相反。图中的正负号以及

Y 的极大值空间取向将对原子之间能否成键以及成键的方向起着重要作用。部分原子轨道角度分布图及其正负号见图 1-8。

由图 1-8 可以看出，s 轨道、p 轨道和 d 轨道的角度分布依次有 1、3、5 种形式。应注意原子轨道角度分布图只是反映了函数的角度部分，而不是实际形状。

2）电子云角度分布图

电子云角度分布图(angular distributing-chart of electron choud)是表现 Y^2 值随 θ、ϕ 变化的图像。其作图方法与原子轨道角度分布图类似，不同的是以 Y^2 代替 Y。图 1-9 给出了一些轨道的电子云角度分布图。该图表示在曲面上任意一点到原点的距离代表这个角度(θ、ϕ)上 Y^2 值的大小，也可以把它理解为在这个角度方向上电子出现的概率密度(即电子云)的相对大小。

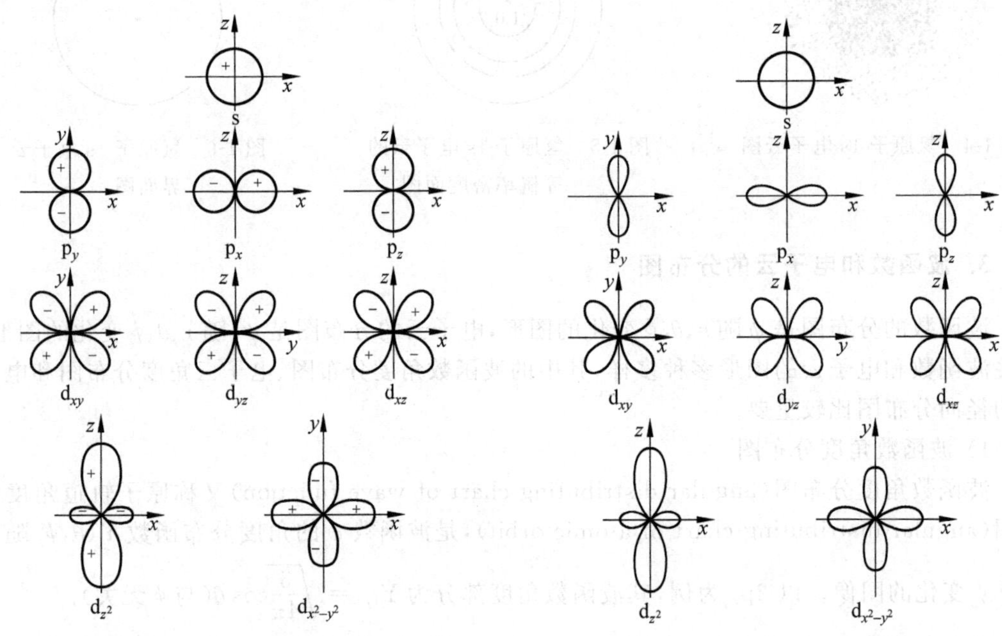

图 1-8 原子轨道角度分布图

图 1-9 电子云角度分布图

比较图 1-8 和图 1-9 可知，原子轨道角度分布图与电子云角度分布图图形相似，存在两点主要区别：一是电子云的角度分布图比原子轨道角度分布图要“瘦”一些，这是因为 Y 值小于 1，所以 Y^2 的值变得更小。二是原子轨道角度分布图有正负号之分，而电子云的角度分布图均为正值，因 Y 平方后总是正值。

3）电子云的径向分布图

电子云径向分布图(radial distributing-chart of electron choud)反映电子出现概率密度与离核远近的关系。一个离核半径为 r、厚度为 dr 的薄层球壳，如图 1-10 所示。

以 r 为半径的球面的面积为 $4\pi r^2$，薄层球壳的体积为 $4\pi r^2 dr$。因此在此薄球壳体积中发现电子的概率为 $4\pi r^2 R^2(r)dr$。若令 $D(r)=4\pi r^2 R^2(r)$，则 $D(r)$ 就是径向分布函数，用 $D(r)$ 对 r 作图就得到电子云的径向分布图，氢原子电子云的径向分布图如图 1-11 所示。$D(r)$ 的数值越大，表示电子在半径为 r、厚度为 dr 的球壳中出现的概率也越大。

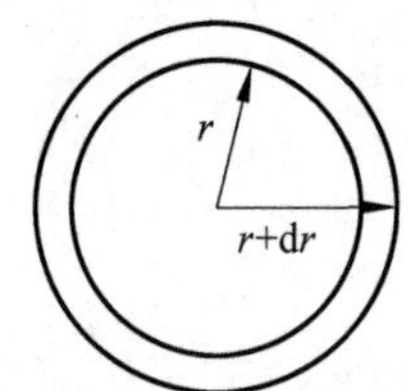

图 1-10 球壳薄层示意图

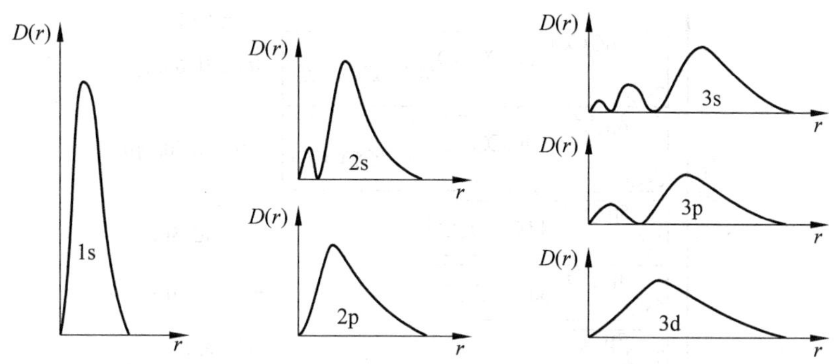

图 1-11　氢原子电子云的径向分布图

由氢原子电子云的径向分布图，可以得到如下几点结论：

(1) 当 $r=a_0=53$ pm 时曲线有一个高峰，在此球壳上电子出现的概率最大。

(2) 在径向分布图中，对 n 确定的轨道有 $n-l$ 个峰，即有 $n-l$ 个极大值。当 n 相同时，l 越小，极大值峰的个数就越多。如 3d 轨道，$n=3$，$l=2$，其极大值峰为 1 个；3p 轨道，$n=3$，$l=1$，其极大值峰为 2 个；3s 轨道，$n=3$，$l=0$，其极大值峰为 3 个。

(3) 当 l 相同时，n 越大，径向分布曲线的最高峰离核就越远；当 n 相同时，l 越小的轨道，它的第一个峰离核的距离就越近，即 l 越小的轨道的一个峰钻得越深。

由径向分布图可知，ns 比 np 多一个离核较近的峰，np 比 nd 也多一个离核较近的峰，nd 又比 nf 多一个离核较近的峰。这些近核的峰都伸入到近核空间中，但伸入的程度各不相同。它对解释多电子原子的能级分裂非常重要。

1.2　多电子原子结构

除氢原子以外，其他元素原子的核外电子都多于一个，这些原子称为多电子原子。多电子原子的能级与氢原子不同，除与主量子数 n 有关外，还与角量子数 l 有关。因此，讨论多电子原子结构，需要先了解多电子原子的能级。

1.2.1　多电子原子的能级

1. 鲍林的原子轨道近似能级图

鲍林(L. Pauling)根据光谱实验结果提出的多电子原子的原子轨道近似能级图(approximate energy level diagram)如图 1-12 所示。图中的能级顺序是原子核外电子排布的顺序，即电子填入原子轨道时各能级能量的相对高低。

鲍林近似能级图中的每个方框代表一个能级组(group of energy)，对应于周期表中的一个周期。能级组内各能级的能量差别不大，组与组之间能级的能量差别较大。能级组的存在是元素周期表中元素划分为各个周期及每个周期应有元素数目的根本原因。方框内的每个圆圈代表一个原子轨道。p 亚层中有 3 个圆圈，表示此亚层有 3 个原子轨道。这 3 个 p 轨道能量相等、形状相同，只是空间取向不同，这种 n、l 相同，m 不同，能量相等的轨道称为

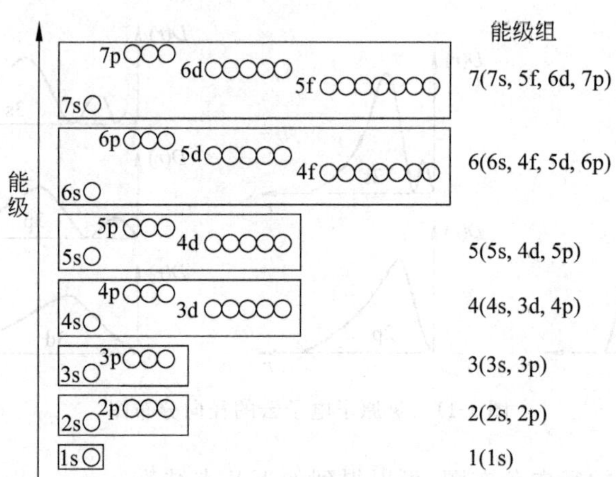

图 1-12　鲍林近似能级图

简并轨道(degenerate orbital)或等价轨道(equivalent orbital)。因此 3 个 p 轨道是三重简并轨道。同理,同一亚层的 5 个 d 轨道(d_{xy}、d_{yz}、d_{zx}、$d_{x^2-y^2}$、d_{z^2})是五重简并轨道。

由鲍林近似能级图可以看出:

(1) 角量子数 l 相同的轨道,其能级由主量子数 n 决定。n 越大,电子离核的平均距离越远,轨道能量越高。例如:$E_{1s}<E_{2s}<E_{3s}<E_{4s}$。

(2) 主量子数 n 相同的轨道,其能级由角量子数 l 决定。l 越大,轨道能量越高。例如:$E_{3s}<E_{3p}<E_{3d}$,$E_{4s}<E_{4p}<E_{4d}<E_{4f}$。

(3) 主量子数 n 和角量子数 l 都不相同的轨道,出现主量子数小的原子轨道能级高于主量子数大的原子轨道能级的现象,这种现象称为能级交错(energy level overlap effect)。例如:$E_{4s}<E_{3d}<E_{4p}$,$E_{5s}<E_{4d}<E_{5p}$,$E_{6s}<E_{4f}<E_{5d}<E_{6p}$。

鲍林近似能级图中的能级顺序与徐光宪能级规律($n+0.7l$)是一致的。上述能级顺序可分别用屏蔽效应(screening effect)和钻穿效应(penetration effect)来解释。

2. 屏蔽效应

氢原子的核电荷 $Z=1$,核外只有一个电子,这个电子只受到原子核的吸引,电子的能量只与主量子数 n 有关。而多电子原子与氢原子的情况不同,在多电子原子中,原子核外的电子除了受到原子核的引力外,还存在着电子之间的排斥力。这种排斥力的存在抵消了一部分核电荷,因此引起了有效核电荷(effective nucleus charge)的降低,削弱了核对该电子的吸引。这种作用称为屏蔽效应。例如锂原子核外有 3 个电子,第一电子层有 2 个电子,第二电子层有 1 个电子。对于第二层的电子来讲,除了受到原子核的引力外,还受到内层两个电子的排斥力。这种排斥力抵消(或屏蔽)了一部分原子核的正电荷,相当于有效电荷数的减小。

在核电荷 Z 和主量子数 n 一定的条件下,屏蔽效应越大,有效核电荷越小,核对该电子的吸引力就越小,因此该层电子的能量就越高。一般说来,内层电子对外层电子的屏蔽作用较大,同层电子的屏蔽作用较小,外层电子对内层电子可近似地看作不产生屏蔽作用,或者说外层电子对内层电子的屏蔽作用可忽略不计。

主量子数 n 相同时,电子所受的屏蔽作用随着角量子数 l 的增大而增大,因此有 $E_{ns}<E_{np}$

$<E_{nd}<E_{nf}$的能级顺序存在。但为什么 n 相同时，其他电子对 l 小的电子屏蔽作用小，对 l 大的电子屏蔽作用大？以及为什么会有能级交错现象出现？这些可通过钻穿效应进行解释。

3. 钻穿效应

可以粗略地利用氢原子电子云的径向分布图（见图 1-11）来说明多电子原子中 n 相同时，其他电子对 l 越大的电子其屏蔽作用越大和能量越高的原因。从图 1-11 可见，同属第三电子层的 3s、3p、3d 轨道，其径向分布有很大的不同，3s 有 3 个峰，这表明 3s 电子除有较多的机会出现在离核较远的区域以外，它还可能钻到（或渗入）内部空间而靠近原子核。像这种外层电子钻到内部空间而靠近原子核的现象，通常称为钻穿效应，也称穿透效应（penetration effect）。3p 有 2 个峰，这表明 3p 电子虽然也有钻穿作用，但小于 3s。3d 有 1 个峰，几乎不存在钻穿作用。由此可见，4s、4p、4d、4f 各轨道上电子的钻穿作用依次减弱。钻穿效应的大小对轨道的能量有明显的影响。电子钻得越深，受其他电子的屏蔽作用就越小，受核的引力就越大，因此能量越低。

同样，能级交错也可以用钻穿效应来解释。参考氢原子的 3d 和 4s 电子云径向分布图（见图 1-13）可以看出，虽然 4s 的最大峰比 3d 离核远得多，但由于它有小峰钻到离核很近的地方，对轨道能量的降低有很大的贡献，因而 4s 比 3d 的能量要低。

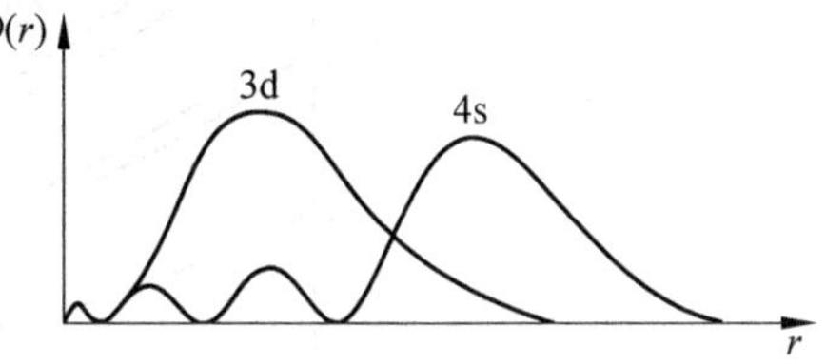

图 1-13　3d 与 4s 电子云径向分布图

通过上面的讨论可以看出，屏蔽效应与钻穿效应是两种相反的作用，某电子的钻穿作用不仅是对其他电子屏蔽作用的反屏蔽，而且会反过来对其他电子造成屏蔽作用。原子能够稳定存在的原因正是这种屏蔽与反屏蔽的作用，使得各电子在核外不断地运动，电子不可能落到核上，也不可能远离核。

4. 科顿的原子轨道能级图

鲍林近似能级图假定所有元素原子的轨道能级高低顺序都是相同的，但实际上并非如此。1962 年，美国化学家科顿（F. A. Cotton）提出了原子轨道的能量与原子序数的关系图，如图 1-14 所示。

科顿原子轨道能级图概括了理论和实验的结果，反映出原子序数为 1 的 H 元素，其主量子数（n）相同的原子轨道（如 3s、3p、3d）的能量相等。随着原子序数的增大，各原子轨道的能量逐渐降低（如 Na 原子的 3s 轨道能量低于 H 原子的 3s 轨道能量），而且不同元素的轨道能量降低程度不同，因此轨道的能量曲线产生了相交现象。例如 3d 与 4s 轨道的能量高低关系：原子序数为 15～20 的元素，$E_{4s}<E_{3d}$；原子序数大于 21 的元素，$E_{3d}<E_{4s}$。科顿的原子轨道能级图主要解决电子的丢失顺序问题。

1.2.2　原子核外电子的排布

原子核外电子的排布情况，通常称为电子层结构（electron configuration of layer），简称电子构型（electron configuration）。在化学中常用两种方法表示原子的电子构型。一种是形象直观的轨道表示式：用一个小圆圈（或方框）代表一个原子轨道，圆圈（或方框）内用箭

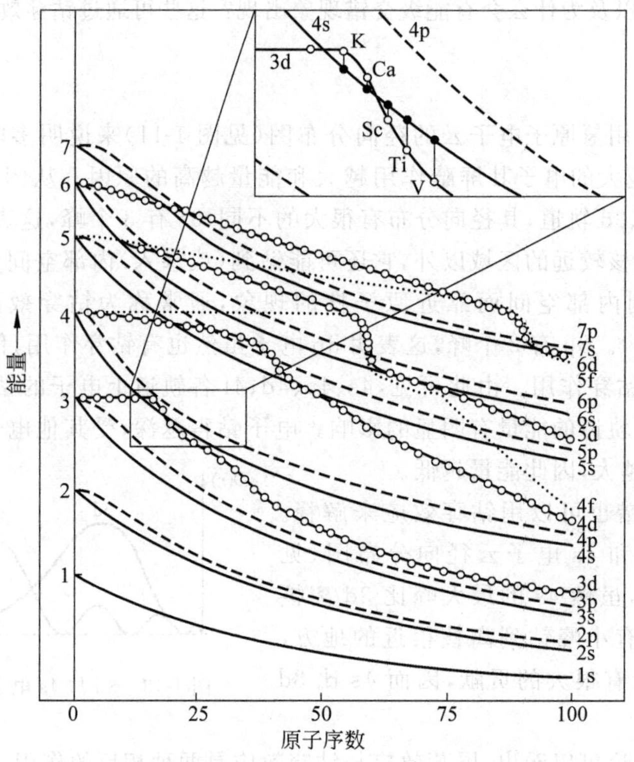

图 1-14　科顿原子轨道能级图

头(↑或↓)表示电子的自旋方向,圆圈(或方框)下面标出该轨道的符号;另一种是简单方便的电子排布式:在原子轨道的右上角用数字注明所排列的电子数。

了解原子核外电子的排布,可以从原子结构的观点认识元素性质变化的周期性的本质。原子核外电子的排布遵循泡利不相容原理(Pauli exclusion principle)、能量最低原理(lowest energy principle)和洪特规则(Hund's rule)3 个原则。

1) 泡利不相容原理

泡利不相容原理简称泡利原理(Pauli principle)。即在同一原子中不可能存在 4 个量子数完全相同的电子,或者说在同一原子中没有运动状态完全相同的电子。也可表述为任何一个原子轨道最多能容纳 2 个自旋方向相反的电子。

2) 能量最低原理

在不违反泡利不相容原理的前提下,电子总是尽可能分布到能量最低的轨道,然后按鲍林的原子轨道近似能级图依次向能量较高的能级分布,这一规律称为能量最低原理。

3) 洪特规则

洪特规则是洪特在 1925 年从大量光谱实验数据中总结出来的规律:电子在简并轨道上排布时,总是优先以自旋相同的方向,单独占据能量相同的轨道。作为洪特规则的特例,简并轨道处于全充满(p^6,d^{10},f^{14})、半充满(p^3,d^5,f^7)或全空(p^0,d^0,f^0)的状态是比较稳定的。

根据原子核外电子排布的 3 个原则,结合鲍林和科顿的原子轨道近似能级图,基本上可以解决核外电子的分布问题。如 Zn 的核外电子排布式为 $1s^2 2s^2 2p^6 3s^2 3p^6 3d^{10} 4s^2$,可简写

为[Ar]$3d^{10}4s^2$(为了避免电子排布式过长，通常可把内层已达到稀有气体电子层结构的部分写成“原子实”，并以此稀有气体的元素符号加[ ]表示)，而不是[Ar]$4s^2 3d^{10}$；Cr 的核外电子排布式为 $1s^2 2s^2 2p^6 3s^2 3p^6 3d^5 4s^1$，可简写为[Ar]$3d^5 4s^1$，而不是[Ar]$3d^4 4s^2$ 或[Ar]$4s^1 3d^5$。表 1-3 列出了元素基态原子的电子排布情况。

表 1-3　元素基态原子的电子排布

周期	原子序数	元素符号	电子层																	
			K	L		M			N				O				P			Q
			1s	2s	2p	3s	3p	3d	4s	4p	4d	4f	5s	5p	5d	5f	6s	6p	6d	7s
1	1	H	1																	
	2	He	2																	
2	3	Li	2	1																
	4	Be	2	2																
	5	B	2	2	1															
	6	C	2	2	2															
	7	N	2	2	3															
	8	O	2	2	4															
	9	F	2	2	5															
	10	Ne	2	2	6															
3	11	Na	2	2	6	1														
	12	Mg	2	2	6	2														
	13	Al	2	2	6	2	1													
	14	Si	2	2	6	2	2													
	15	P	2	2	6	2	3													
	16	S	2	2	6	2	4													
	17	Cl	2	2	6	2	5													
	18	Ar	2	2	6	2	6													
4	19	K	2	2	6	2	6		1											
	20	Ca	2	2	6	2	6		2											
	21	Sc	2	2	6	2	6	1	2											
	22	Ti	2	2	6	2	6	2	2											
	23	V	2	2	6	2	6	3	2											
	24	Cr	2	2	6	2	6	5	1											
	25	Mn	2	2	6	2	6	5	2											
	26	Fe	2	2	6	2	6	6	2											
	27	Co	2	2	6	2	6	7	2											
	28	Ni	2	2	6	2	6	8	2											
	29	Cu	2	2	6	2	6	10	1											
	30	Zn	2	2	6	2	6	10	2											
	31	Ga	2	2	6	2	6	10	2	1										
	32	Ge	2	2	6	2	6	10	2	2										
	33	As	2	2	6	2	6	10	2	3										
	34	Se	2	2	6	2	6	10	2	4										
	35	Br	2	2	6	2	6	10	2	5										
	36	Kr	2	2	6	2	6	10	2	6										

续表

周期	原子序数	元素符号	电子层																	
			K	L		M			N				O				P			Q
			1s	2s	2p	3s	3p	3d	4s	4p	4d	4f	5s	5p	5d	5f	6s	6p	6d	7s
	37	Rb	2	2	6	2	6	10	2	6			1							
	38	Sr	2	2	6	2	6	10	2	6			2							
	39	Y	2	2	6	2	6	10	2	6	1		2							
	40	Zr	2	2	6	2	6	10	2	6	2		2							
	41	Nb	2	2	6	2	6	10	2	6	4		1							
	42	Mo	2	2	6	2	6	10	2	6	5		1							
	43	Tc	2	2	6	2	6	10	2	6	5		2							
	44	Ru	2	2	6	2	6	10	2	6	7		1							
5	45	Rh	2	2	6	2	6	10	2	6	8		1							
	46	Pd	2	2	6	2	6	10	2	6	10									
	47	Ag	2	2	6	2	6	10	2	6	10		1							
	48	Cd	2	2	6	2	6	10	2	6	10		2							
	49	In	2	2	6	2	6	10	2	6	10		2	1						
	50	Sn	2	2	6	2	6	10	2	6	10		2	2						
	51	Sb	2	2	6	2	6	10	2	6	10		2	3						
	52	Te	2	2	6	2	6	10	2	6	10		2	4						
	53	I	2	2	6	2	6	10	2	6	10		2	5						
	54	Xe	2	2	6	2	6	10	2	6	10		2	6						
	55	Cs	2	2	6	2	6	10	2	6	10		2	6			1			
	56	Ba	2	2	6	2	6	10	2	6	10		2	6			2			
	57	La	2	2	6	2	6	10	2	6	10		2	6	1		2			
	58	Ce	2	2	6	2	6	10	2	6	10	1	2	6	1		2			
	59	Pr	2	2	6	2	6	10	2	6	10	3	2	6			2			
	60	Nd	2	2	6	2	6	10	2	6	10	4	2	6			2			
	61	Pm	2	2	6	2	6	10	2	6	10	5	2	6			2			
	62	Sm	2	2	6	2	6	10	2	6	10	6	2	6			2			
	63	Eu	2	2	6	2	6	10	2	6	10	7	2	6			2			
	64	Gd	2	2	6	2	6	10	2	6	10	7	2	6	1		2			
	65	Tb	2	2	6	2	6	10	2	6	10	9	2	6			2			
	66	Dy	2	2	6	2	6	10	2	6	10	10	2	6			2			
	67	Ho	2	2	6	2	6	10	2	6	10	11	2	6			2			
	68	Er	2	2	6	2	6	10	2	6	10	12	2	6			2			
	69	Tm	2	2	6	2	6	10	2	6	10	13	2	6			2			
6	70	Yb	2	2	6	2	6	10	2	6	10	14	2	6			2			
	71	Lu	2	2	6	2	6	10	2	6	10	14	2	6	1		2			
	72	Hf	2	2	6	2	6	10	2	6	10	14	2	6	2		2			
	73	Ta	2	2	6	2	6	10	2	6	10	14	2	6	3		2			
	74	W	2	2	6	2	6	10	2	6	10	14	2	6	4		2			
	75	Re	2	2	6	2	6	10	2	6	10	14	2	6	5		2			
	76	Os	2	2	6	2	6	10	2	6	10	14	2	6	6		2			
	77	Ir	2	2	6	2	6	10	2	6	10	14	2	6	7		2			
	78	Pt	2	2	6	2	6	10	2	6	10	14	2	6	9		1			
	79	Au	2	2	6	2	6	10	2	6	10	14	2	6	10		1			
	80	Hg	2	2	6	2	6	10	2	6	10	14	2	6	10		2			
	81	Tl	2	2	6	2	6	10	2	6	10	14	2	6	10		2	1		
	82	Pb	2	2	6	2	6	10	2	6	10	14	2	6	10		2	2		
	83	Bi	2	2	6	2	6	10	2	6	10	14	2	6	10		2	3		
	84	Po	2	2	6	2	6	10	2	6	10	14	2	6	10		2	4		
	85	At	2	2	6	2	6	10	2	6	10	14	2	6	10		2	5		
	86	Rn	2	2	6	2	6	10	2	6	10	14	2	6	10		2	6		

续表

周期	原子序数	元素符号	电子层																
			K	L		M			N				O				P			Q
			1s	2s	2p	3s	3p	3d	4s	4p	4d	4f	5s	5p	5d	5f	6s	6p	6d	7s
7	87	Fr	2	2	6	2	6	10	2	6	10	14	2	6	10		2	6		1
	88	Ra	2	2	6	2	6	10	2	6	10	14	2	6	10		2	6		2
	89	Ac	2	2	6	2	6	10	2	6	10	14	2	6	10		2	6	1	2
	90	Th	2	2	6	2	6	10	2	6	10	14	2	6	10		2	6	2	2
	91	Pa	2	2	6	2	6	10	2	6	10	14	2	6	10	2	2	6	1	2
	92	U	2	2	6	2	6	10	2	6	10	14	2	6	10	3	2	6	1	2
	93	Np	2	2	6	2	6	10	2	6	10	14	2	6	10	4	2	6	1	2
	94	Pu	2	2	6	2	6	10	2	6	10	14	2	6	10	6	2	6		2
	95	Am	2	2	6	2	6	10	2	6	10	14	2	6	10	7	2	6		2
	96	Cm	2	2	6	2	6	10	2	6	10	14	2	6	10	7	2	6	1	2
	97	Bk	2	2	6	2	6	10	2	6	10	14	2	6	10	9	2	6		2
	98	Cf	2	2	6	2	6	10	2	6	10	14	2	6	10	10	2	6		2
	99	Es	2	2	6	2	6	10	2	6	10	14	2	6	10	11	2	6		2
	100	Fm	2	2	6	2	6	10	2	6	10	14	2	6	10	12	2	6		2
	101	Md	2	2	6	2	6	10	2	6	10	14	2	6	10	13	2	6		2
	102	No	2	2	6	2	6	10	2	6	10	14	2	6	10	14	2	6		2
	103	Lr	2	2	6	2	6	10	2	6	10	14	2	6	10	14	2	6	1	2
	104	U_{nq}	2	2	6	2	6	10	2	6	10	14	2	6	10	14	2	6	2	2
	105	U_{np}	2	2	6	2	6	10	2	6	10	14	2	6	10	14	2	6	3	2
	106	U_{nh}	2	2	6	2	6	10	2	6	10	14	2	6	10	14	2	6	4	2
	107	U_{ns}	2	2	6	2	6	10	2	6	10	14	2	6	10	14	2	6	5	2

应该指出，核外电子排布的 3 个原则只是一般规律。随着原子序数的增大、核外电子数目的增多和原子中电子之间相互作用的增强，核外电子排布常常出现例外的情况。因此对某一具体元素原子的电子排布情况，还应尊重实验事实，结合实验的结果加以判断。

1.2.3　元素周期表

当把元素按原子序数(atomic number)递增的顺序排列起来就会得到元素周期表(periodic table of elements)，元素周期表是元素周期律(periodic rule of elements)的表现形式，元素周期律是元素的性质随着原子序数的递增呈现周期性变化的规律。到目前为止，人们已经提出了多种形式的周期表，但在教学上长期使用的是由维尔纳(A. Werner)首先倡导的长式周期表(本书最后的附表)。

1. 元素的周期

元素周期表共有七个横行，每一横行为一个周期，所以元素周期表共有七个周期。第一周期是特短周期，有 2 种元素；第二、三周期是短周期，各有 8 种元素；第四、五周期是长周期，各为 18 种元素；第六周期是特长周期，有 32 种元素；第七周期也应为特长周期，有 32 种元素(87～118 号)，但是直到 2003 年 8 月才发现第 116 号元素，因此为未完成周期。各周期所包含元素的数目恰好等于相应能级组中原子轨道所能容纳的电子总数。

从原子核外电子排布的规律可知，原子的电子层数与该元素所在的周期数是相对应的，并与原子核外电子填充的最高主量子数的值是一致的；而元素所在的周期数又是与各能级组相对应的，因此能级组的划分是导致周期表中各元素划分为周期的本质原因。

每一周期元素原子最外层上的电子数自 1 增到 8(第一周期除外)，呈现出明显的周期性变化。所以每一周期元素都是从碱金属开始，以稀有气体元素结束。而每一次重复，都意味着一个新周期的开始，一个旧周期的结束。由于元素的性质主要是由原子的核外电子排布和最外层电子数决定的，因此，元素性质的周期性变化是原子核外电子排布周期性变化的反映。

2. 元素的族

元素周期表中共有 18 纵行，有关族的划分主要有两种方法。

一种划分方法是分为 16 个族，除了稀有气体(零族)和第Ⅷ族元素外，还有七个主族(main group)元素和七个副族(subsidiary group)元素。主族元素是指电子最后填充在 s 轨道和 p 轨道上的元素，用 A 表示。最外层电子数等于元素所处的族数。副族元素是指电子最后填充在 d 轨道和 f 轨道上的元素，用 B 表示。最外层电子排布为 $ns^{1\sim2}$，次外层电子排布为 $(n-1)d^{1\sim10}$，外属第三层电子排布是 $(n-2)f^{1\sim14}$。同族内各原子的主量子数不同，但都有相同的外层电子结构，因此同族元素化学性质很相似。

另一种划分方法是 1986 年国际纯粹和应用化学联合会(IUPAC)推荐的，每一个纵行为一族，分为 18 个族，从左向右用阿拉伯数字 1～18 标明族数。

元素中能参与成键的电子称为价电子。主族元素指最外层的 s 电子和 p 电子，副族元素除最外层 s 电子外，还包括 $(n-1)d$ 电子和 $(n-2)f$ 电子。

位于周期表下面的镧系元素(lanthanide elements)和锕系元素(actinide elements)，按其所在的族来说应属于ⅢB 族，但因性质的特殊性而单列。

3. 元素的分区

根据元素原子的外层电子结构，可把周期表中的元素分成 5 个区域，如图 1-15 所示：

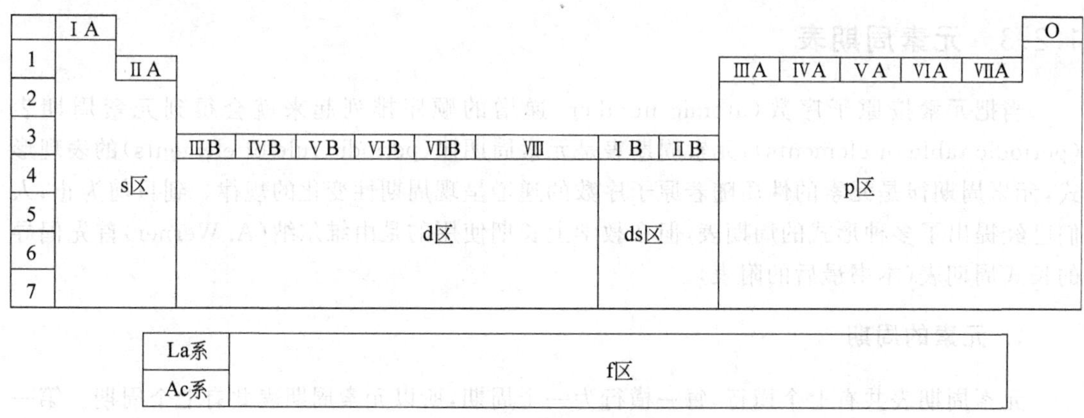

图 1-15 周期表中元素的分区

(1) s 区元素(s-block element)：最后一个电子填充在 s 轨道上的元素称为 s 区元素。包括ⅠA 族碱金属元素和ⅡA 族碱土金属元素，原子的价层电子结构为 $ns^{1\sim2}$。这些元素是活泼金属，在化学反应中容易失去 1 个或 2 个电子形成 M^+ 或 M^{2+} 正离子。

(2) p 区元素(p-block element)：最后一个电子填充在 p 轨道上的元素称为 p 区元素。包括ⅢA～ⅦA 各族和零族元素。除氦元素外，原子的价层电子结构为 $ns^2np^{1\sim6}$。P 区里有最活泼的非金属和一般的非金属，也包括两性元素和活泼性较小的金属元素，稀有气体也在此区域里。

(3) d 区元素(d-block element)：最后一个电子填充在 d 轨道上的元素称为 d 区元素。包括ⅢB～ⅦB 各副族和第Ⅷ族元素，原子的价层电子结构为$(n-1)d^{1\sim9}ns^{1\sim2}$(有例外)。d 区里的元素都是金属元素，性质变化比较缓慢，一般多变价，为过渡元素(transition elements)。过渡元素是指电子进入 d 轨道上的一系列元素。

(4) ds 区元素(ds-block element)：最后一个电子填充在 d 轨道且达到 d^{10} 状态的元素称为 ds 区元素。包括ⅠB 族元素和ⅡB 族元素。原子的价层电子结构为$(n-1)d^{10}ns^{1\sim2}$。在讨论元素性质时，常归为 d 区元素。

(5) f 区元素(f-block element)：最后一个电子填充在 f 轨道上的元素称为 f 区元素。包括镧系(57～71)元素和锕系(89～103)元素，原子的价层电子结构为$(n-2)f^{1\sim14}(n-1)d^{0\sim2}ns^2$(有例外)。f 区元素又称内过渡元素(inner transition elements)，内过渡元素是指电子进入 f 轨道上的一系列元素，特点是化学性质非常相似。

1.3　元素性质的周期性

由于原子核外电子排布的周期性，因此与核外电子排布有关的元素的性质如原子半径(atomic radius)、电离能(ionization energy)、电子亲和能(electron affinity energy)、电负性(electronegativity)等，也呈现明显的周期性。

1.3.1　原子半径

原子半径可理解为原子核到最外层电子的平均距离。

对于任何元素来说，原子总是以键合形式存在于单质或化合物中(稀有气体例外)。从量子力学观点考虑，原子在形成化学键时总是会发生一定程度的原子轨道重叠，因此，严格说来，原子半径有不确定的含义；而且要给出任何情况下均适用的原子半径是不可能的。通常所说的原子半径是指共价半径(covalent radius)、金属半径(metal radius)和范德华半径(van der Waals radius)，如图 1-16 所示。

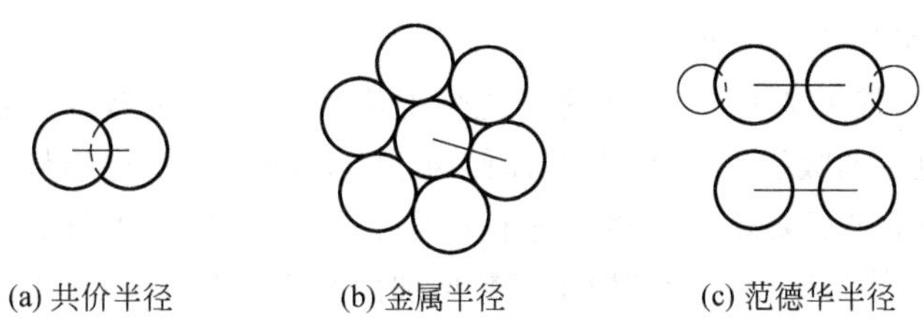

(a) 共价半径　(b) 金属半径　(c) 范德华半径

图 1-16　原子半径示意图

同种元素的两个原子以共价单键结合时(如 H_2、Cl_2 等)，它们核间距离的一半叫做原子的共价半径。

如果把金属晶体看成是由球状的金属原子堆积而成，并假定相邻的两个原子彼此是互相接触的，则它们的核间距离的一半就是该原子的金属半径。

在分子晶体中，两个分子之间是以范德华力(即分子间力)结合的，相邻分子间两个非键合原子核间距离的一半称为范德华半径。

由于原子之间形成共价键时，总是会发生原子轨道的重叠，所以原子的金属半径一般比共价半径要大些。例如，测得金属钠晶体中钠原子之间的核间距离 $d=372$ pm，所以钠原子的金属半径 $r_{Na}=d/2=186$ pm；钠原子在形成气态双原子分子时的共价半径为 154 pm。由于分子间作用力较小，分子间距离较大，因此范德华半径总是较大的。这就提示我们在比较原子半径大小时，应采用同一套数据。

在讨论原子半径的变化规律时，通常采用的是原子的共价半径，但稀有气体元素只能采用范德华半径。周期表中各元素的原子半径如表 1-4 所示。

表 1-4　元素的原子半径表(单位：pm)

H 37																	He 122
Li 152	Be 111											B 88	C 77	N 70	O 66	F 67	Ne 160
Na 186	Mg 160											Al 143	Si 117	P 110	S 104	Cl 99	Ar 191
K 227	Ca 197	Sc 161	Ti 145	V 132	Cr 125	Mn 124	Fe 124	Co 125	Ni 125	Cu 128	Zn 133	Ga 122	Ge 122	As 121	Se 117	Br 114	Kr 198
Rb 248	Sr 215	Y 181	Zr 160	Nb 143	Mo 136	Tc 136	Ru 133	Rh 135	Pd 138	Ag 144	Cd 149	In 163	Sn 141	Sb 141	Te 137	I 133	Xe 218
Cs 265	Ba 217	* Lu 173	Hf 159	Ta 143	W 137	Re 137	Os 134	Ir 136	Pt 136	Au 144	Hg 160	Tl 170	Pb 175	Bi 155	Po 153	At —	Rn —

镧系元素

La	Ce	Pr	Nd	Pm	Sm	Eu	Gd	Tb	Dy	Ho	Er	Tm	Yb
188	183	183	182	181	180	204	180	178	177	177	176	175	194

原子半径的大小主要决定于原子的有效核电荷和核外电子的层数，周期表中的主族元素，从ⅠA 到ⅦA 族，由于原子的核电荷数逐渐增加，电子层数保持不变，新增加的电子依次填充在同一电子层中。电子之间的相互排斥作用虽然增加，但因同层电子的排斥作用增加效果小于核电荷数增加的效果。因此，核对电子的吸引力增大，同一周期中主族元素随着核电荷的增加原子半径逐渐变小。

过渡元素和内过渡元素原子半径的变化情况有所不同。过渡元素随着核电荷数的增加，原子核对外层电子的吸引增加缓慢，从而使原子半径的总体变化趋势是略有减小；当 d 轨道处于全充满时，原子半径要略大一些。对于电子最后填入 f 轨道的镧系和锕系元素，也有类似的情况。即总体趋势是原子半径随原子序数增加而减小，并在 f 轨道处于半充满、全充满时出现原子半径略有增大的情况。

由于镧系元素随着原子序数的增加，原子半径总体上减小，虽然相邻元素的原子半径减小幅度有限，但 10 多个元素的原子半径减小的累积效果，使其后的过渡元素的原子半径也因此而缩小，从而导致了第五周期过渡元素的原子半径与第六周期同族元素的原子半径非常接近，此现象称为镧系收缩(lanthanide contraction)。对同一族的过渡元素，因其价电子构型与原子半径都相似，使它们的化学、物理性质都基本一致。所以，这些元素呈现在自然界中的形式非常相似，并且分离困难。

在同一族中，自上而下，原子中的电子层数是逐渐增多的，其最外层电子的主量子数增大，离核平均距离也增大，因此，原子半径显著增大。其中主族元素的原子半径随周期数增大而增加的幅度较大；而副族元素的原子半径随周期而增加的趋势较小，尤其是第五周期和第六周期的同族元素，因镧系收缩的影响，原子半径非常接近。

1.3.2　电离能和电子亲和能

原子失去电子的难易程度可用电离能来衡量，结合电子的难易程度可用电子亲和能进行定性比较。电离能和电子亲和能只表征孤立气态原子或离子得失电子的能力。

1. 电离能

基态气态原子或离子失去电子的过程称为电离，完成这一过程所需要的能量称为电离能，常用符号 I 表示，单位为 $kJ \cdot mol^{-1}$。电离所需能量的多少反映了原子或离子失去电子的难易程度。

一个基态的气态原子失去一个电子形成+1 价气态阳离子所需的能量称为第一电离能(I_1)，由+1 价气态阳离子再失去一个电子形成+2 价气态阳离子所需的能量称为该元素原子的第二电离能(I_2)，以此类推，且 $I_1 < I_2 < I_3 \cdots$。例如：

$$Li(g) - e^- \longrightarrow Li^+(g) \qquad I_1 = 520.2\ kJ \cdot mol^{-1}$$

$$Li^+(g) - e^- \longrightarrow Li^{2+}(g) \qquad I_2 = 7298.1\ kJ \cdot mol^{-1}$$

$$Li^{2+}(g) - e^- \longrightarrow Li^{3+}(g) \qquad I_3 = 11\,815\ kJ \cdot mol^{-1}$$

通常所说的电离能是指第一电离能。元素的电离能越小，原子越容易失去电子，元素的金属性就越强；反之，元素的电离能越大，原子越难失去电子，元素的金属性就越弱。表 1-5 列出了元素的第一电离能数据。

表 1-5　元素的第一电离能 I_1（单位：$kJ \cdot mol^{-1}$）

H 1310																	He 2370
Li 519	Be 900											B 799	C 1096	N 1401	O 1310	F 1680	Ne 2080
Na 494	Mg 736											Al 577	Si 786	P 1060	S 1000	Cl 1260	Ar 1520
K 418	Ca 590	Sc 632	Ti 661	V 648	Cr 653	Mn 716	Fe 762	Co 757	Ni 736	Cu 745	Zn 908	Ga 577	Ge 762	As 966	Se 941	Br 1140	Kr 1350
Rb 402	Sr 548	Y 636	Zr 669	Nb 653	Mo 694	Te 699	Ru 724	Rh 745	Pd 803	Ag 732	Cd 866	In 556	Sn 707	Sb 833	Te 870	I 1010	Xe 1170
Cs 376	Ba 502		Hf 531	Ta 760	W 779	Re 762	Os 841	Ir 887	Pt 866	Au 891	Hg 1010	Tl 590	Pb 716	Bi 703	Po 812	At 920	Rn 1040

镧系元素

La	Ce	Pr	Nd	Pm	Sm	Eu	Gd	Tb	Dy	Ho	Er	Tm	Yb	Lu
538	528	523	530	536	543	547	592	564	572	581	589	597	603	524

同一周期从左到右，主族元素原子核作用在最外层电子上的有效核电荷逐渐增大，原子半径逐渐减小，原子核对最外层电子的吸引力逐渐增强，元素的电离能呈增大趋势；副族元素由于增加的电子排布在次外层的轨道上，有效核电荷增加不多，原子半径减小缓慢，电离能增加不显著，且没有规律。

同一族自上而下，主族元素原子核作用在最外层电子上的有效核电荷增加不多，而原子半径明显增大，致使原子核对外层电子的吸引力减弱，因此元素的电离能减小。

2. 电子亲和能

一个基态的气态原子得到一个电子形成－1 价气态阴离子时所放出的能量，称为元素的第一电子亲和能，用符号 E 表示（为与后面章节中焓变值正、负取得一致，本教材用负号表示放出的能量），例如：

$$F(g)+e^- \longrightarrow F^-(g) \quad E_1=-328\ \mathrm{kJ\cdot mol^{-1}}$$

元素的第一电子亲和能除ⅡA 族和零族元素外，一般都为负值；所有元素的第二电子亲和能都是正值。元素的第一电子亲和能越小，原子就越容易得到电子；反之，电子亲和能越大，其获得电子的能力就越小。表 1-6 列出了部分元素的电子亲和能数据。

表 1-6 元素的电子亲和能 E_1（单位：$\mathrm{kJ\cdot mol^{-1}}$）

H −72.8															
Li −60	Be >0										B −27	C −122	N >0	O −141.1	F −328
Na −52.7	Mg >0										Al −44	Si −120	P −71.7	S −210.4	Cl −348.8
K −48.4	Ca >0	Ti −38	V −91	Cr −65	Mn	Fe −55	Co −90	Ni −111	Cu −118	Zn >0	Ga −29	Ge −116	As −77	Se −195	Br −324.6
Rb −47.0	Sr >0	Zr	Nb	Mo −92	Te	Ru	Rh	Pd	Ag	Cd >0	In −29	Sn −116	Sb −106	Te −190	I −295
Cs −46.0	Ba >0	Hf	Ta −81	W −79	Re −15	Os	Ir	Pt −205	Au −233	Hg	Tl −31	Pb −96	Bi −92	Po −180	At −270

同一周期从左到右，随着元素原子的有效核电荷数增大，原子半径逐渐减小，核对外层电子的吸引力增强，因此元素原子的电子亲和能的代数值总的变化趋势是减小，原子得到电子的能力增大。当原子核外电子的排布处于全充满、半充满或全空的较稳定状态时，若要得到一个电子，则要破坏这种稳定排布，因此ⅡA、ⅤA 族元素原子的第一电子亲和能大于其相邻元素原子的第一电子亲和能。若获得电子后，原子核外电子的排布达到半充满或全充满排布，则放出能量就多，电子亲和能代数值就小。

同一主族元素，自上而下，电子亲和能代数值总的趋势是逐渐增大，得到电子的能力降低。

1.3.3 电负性

电离能和电子亲和能从两个不同的侧面分别讨论了气态原子得失电子的能力。由于原

子组成分子的过程是原子之间得失电子综合能力的全面体现，因此单纯用得电子或失电子的能力大小来考察分子中各原子吸引电子的情况显然是不全面的。为了全面衡量分子中各原子吸引电子的能力，引入了电负性的概念。

1932 年，鲍林定义元素的电负性是元素原子在分子中吸引电子的能力，并指定氟的电负性为 4.0，然后通过热化学方法计算得到其他元素的电负性 χ_P（见表 1-7）。

表 1-7　鲍林的元素电负性

H 2.1																
Li 1.0	Be 1.5											B 2.0	C 2.5	N 3.0	O 3.5	F 4.0
Na 0.9	Mg 1.2											Al 1.5	Si 1.8	P 2.1	S 2.5	Cl 3.0
K 0.8	Ca 1.0	Sc 1.3	Ti 1.5	V 1.6	Cr 1.6	Mn 1.5	Fe 1.8	Co 1.9	Ni 1.9	Cu 1.9	Zn 1.6	Ga 1.6	Ge 1.8	As 2.0	Sc 2.4	Br 2.8
Rb 0.8	Sr 1.0	Y 1.2	Zr 1.4	Nb 1.6	Mo 1.8	Te 1.9	Ru 2.2	Rh 2.2	Pd 2.2	Ag 1.9	Cd 1.7	In 1.7	Sn 1.8	Sb 1.9	Te 2.1	I 2.5
Cs 0.7	Ba 0. 9	Lu 1.2	Hf 1.3	Ta 1.5	W 1.7	Re 1.9	Os 2.2	Ir 2.2	Pt 2.3	Au 2.4	Hg 1.9	Tl 1.8	Pb 1.9	Bi 1.9	Po 2.0	At 2.2

元素的电负性越大，表示元素原子在分子中吸引电子的能力越强，生成阴离子的倾向越大，非金属性越强；反之，元素的电负性越小，表示元素原子在分子中吸引电子的能力越弱，生成阳离子的倾向越大，金属性越强。一般来说，非金属元素的电负性大于金属元素，非金属元素的电负性大多在 2.0 以上，而金属元素的电负性多数在 2.0 以下。

在元素周期表中，主族元素的电负性呈现周期性的变化规律。同一周期从左到右，电负性随着核电荷数的增加而增大，同一族自上而下，电负性随着电子层数的增加而减小。因此，除稀有气体外，电负性大的元素位于周期表的右上角，氟的电负性最大，非金属性最强；电负性小的元素位于周期表的左下角，铯的电负性最小，金属性最强。

副族元素电负性的变化规律不明显。

1.3.4　元素的氧化数

元素的氧化数是指元素的原子得失或偏移电子的数目。氧化数主要在氧化还原反应中使用。确定元素氧化数的规则如下：

单质元素原子的氧化数为零。

在化合物中，氢的氧化数一般为＋1（但在金属氢化物如 NaH、CaH_2 中氢的氧化数为－1），氧的氧化数一般为－2（但在过氧化物如 H_2O_2、Na_2O_2 中氧的氧化数为－1，在氧的氟化物如 OF_2 和 O_2F_2 中氧的氧化数分别为＋2 和＋1）；在所有的氟化物中，氟的氧化数为－1。

在中性分子中，各元素氧化数的代数和等于零。

在单原子离子中，元素的氧化数等于离子所带的电荷数，如 Cu^{2+}、Cl^-、S^{2-} 的氧化数分别为＋2、－1、－2；在多原子离子中，各元素的氧化数的代数和等于该离子所带的电荷数。

由于氢的氧化数是＋1，氧的氧化数是－2，所以元素的氧化数可以是分数，如在 Fe_3O_4

中铁的氧化数为$+\frac{8}{3}$。而且同一元素可以有不同的氧化数，如在$S_2O_3^{2-}$、$S_4O_6^{2-}$、$S_2O_8^{2-}$中硫的氧化数分别为+2、$+\frac{5}{2}$、+7；在CO、CO_2、CH_4、C_2H_5OH中碳的氧化数分别为+2、+4、-4、-2。

元素的氧化数与原子的价电子数及其排布直接相关。主族元素与副族元素的价层电子排布不同，它们的氧化数变化情况也不一样。

主族元素(F、O除外)的最高氧化数等于该元素原子的价电子总数或族数，如表1-8所示。即在同一周期中，主族元素的最高氧化数从左到右逐渐增加，呈现出周期性的变化规律。

表1-8　主族元素的氧化数与价电子数的对应关系

族数	ⅠA	ⅡA	ⅢA	ⅣA	ⅤA	ⅥA	ⅦA
价层电子构型	ns^1	ns^2	ns^2np^1	ns^2np^2	ns^2np^3	ns^2np^4	ns^2np^5
价电子总数	1	2	3	4	5	6	7
主要氧化数	+1	+2	+3(Tl有+1)	+4，+2(C有-4)	+5，+3(N、P有-3，N有+1，+2，+4)	+6，+4，-2(O主要为-1，-2)	+7，+5，+3，+1，-1(F只有-1)
最高氧化数	+1	+2	+3	+4	+5	+6	+7

对于d区副族元素，从ⅢB族到ⅦB族元素的最高氧化数从+3逐渐变为+7，与其族数相同；而第Ⅷ族元素中，只有Os、Ru达到+8氧化数，第四、五周期的元素因有效核电荷较大，核对外层电子的吸引力强，使得次外层的d轨道不易全部参与形成化学键，因此，它们的最高氧化数在同周期中有随核电荷增加而减小的趋势。

ds区(ⅠB、ⅡB族)元素中，ⅡB族元素的次外层排布较稳定，不能参与形成化学键，所以ⅡB族元素的最高氧化数与其族数相同。但ⅠB族元素的次外层d电子也能部分参与成键，所以其最高氧化数与族数不同。

1.3.5　元素的金属性和非金属性

元素的金属性是指其原子在化学反应中失去电子成为正离子的性质；元素的非金属性是指其原子在化学反应中得到电子成为负离子的性质。元素的原子在化学反应中越易失去电子，其金属性越强；元素的原子在化学反应中越易得到电子，其非金属性越强。

元素金属性和非金属性的相对强弱可以用电离能、电子亲和能和电负性的相对大小来衡量。一般来说，元素原子的电离能或电负性越小，元素的金属性就越强；元素原子的电子亲和能越小或电负性越大，元素的非金属性就越强。图1-17列出了周期表中各元素的金属性与非金属性的递变。

从图1-17可以看出，s区(除氢外)、d区、ds区和f区都是金属元素，p区中一部分是金属元素，一部分是非金属元素。

需要注意的是，原子难以失去电子，不一定就容易得到电子。例如，稀有气体既难失去电子，又不易得到电子。

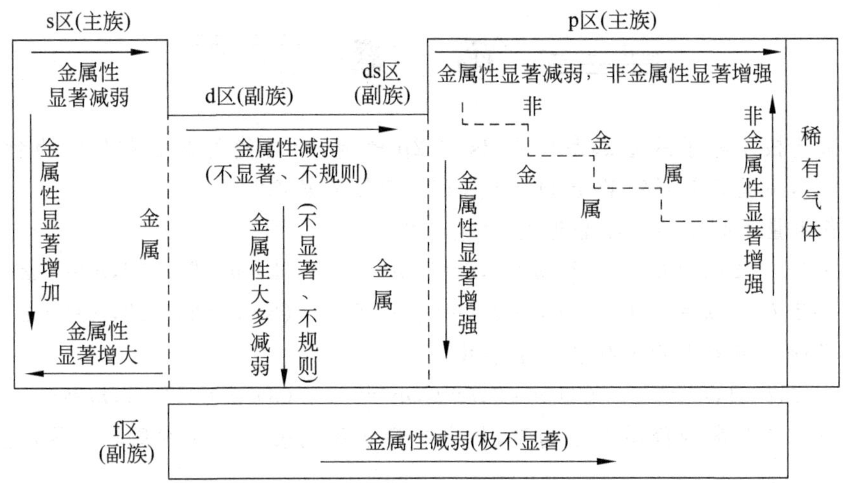

图 1-17　周期表中各元素的金属性与非金属性的递变

思考题

1-1　原子中电子运动有什么特点？概率和概率密度有何区别？

1-2　简述德布罗意提出的微观粒子具有波粒二象性假设的具体内容。电子衍射实验如何证实了德布罗意的假设？

1-3　简述测不准原理的主要内容，并写出数学表达式。

1-4　波函数与原子轨道的含义是什么？两者有什么关系？概率密度和电子云的含义是什么？两者有什么关系？

1-5　量子数 n、l、m、m_s 各有什么意义？如何取值？

1-6　s、2s、$2s^1$ 各代表什么意义？指出 5s、3d、4p 各能级相应的量子数及轨道数。

1-7　在氢原子中，4s 轨道和 3d 轨道哪一个轨道能量高？钾原子的 4s 轨道和 3d 轨道哪一个能量高？说明理由。

1-8　指出下列各元素原子的基态电子排布式的写法各违背了什么原理并予以改正。

(1) Be　$1s^2 2p^2$　　(2) B　$1s^2 2s^3$　　(3) N　$1s^2 2s^2 2p_x^2 2p_z^1$

1-9　试写出 s 区、p 区、d 区及 ds 区元素的价层电子构型。

1-10　为什么原子的最外电子层上最多只能有 8 个电子，次外电子层上最多有 18 个电子？

1-11　元素的金属性和非金属性与什么因素有关？

1-12　为什么周期表中各周期的元素数目不一定等于原子中相应电子层的电子最大容量数 $(2n^2)$？

1-13　何谓电负性？电负性大小说明元素什么性质？

1-14　氧的电负性比氮大，为什么氧原子的电离能小于氮原子？

1-15　Na 的第一电离能小于 Mg，而 Na 的第二电离能却大于 Mg，为什么？

习题

1-1 将氢原子核外电子从基态激发到 2s 或 2p 轨道，所需能量是否相同？为什么？若是 He 原子，情况又怎样？若是 He^+ 或 Li^{2+}，情况又怎样？

1-2 下列各组量子数哪些是不合理的，为什么？

(1) $n=2,l=2,m=0$　(2) $n=2,l=1,m=-1$　(3) $n=2,l=2,m=-2$

(4) $n=2,l=0,m=-1$　(5) $n=2,l=0,m=0$　(6) $n=2,l=3,m=+2$

1-3 用原子轨道符号表示下列各组量子数

(1) $n=2,l=1,m=0$　(2) $n=2,l=0,m=0$　(3) $n=2,l=1,m=-1$

1-4 根据下列各元素的价层电子构型，指出它们在周期表中所处的周期和族，是主族还是副族？

$$3s^1,4s^24p^3,3d^24s^2,3d^54s^1,3d^{10}4s^1$$

1-5 价层电子构型分别满足下列条件的是哪一类或哪一种元素？

(1) 具有 3 个 p 电子；

(2) 有 2 个 $n=4,l=0$ 的电子和 6 个 $n=3,l=2$ 的电子；

(3) 3d 为全满，4s 只有一个电子。

1-6 A、B、C、D 都为第四周期元素，原子序数依次增大，价电子数依次为 1、2、2、7，A 元素和 B 元素次外层电子数均为 8，C 元素和 D 元素次外层电子数均为 18，指出 A、B、C、D 四种元素的元素名称、特点及原子序数。

1-7 A、B 两元素的原子仅差一个电子，然而 A 的单质是原子序数最小的活泼金属，B 的单质却是极不活泼的气体。试说明：

(1) A 原子最外层电子的 4 个量子数，它们所处原子轨道的形状，A 的元素符号；

(2) B 的元素符号；

(3) A、B 性质差别很大的根本原因。

1-8 对某一多电子原子来说：

(1) 原子轨道 3s、$3p_x$、$3p_y$、$3p_z$、$3d_{xy}$、$3d_{xz}$、$3d_{yz}$、$3d_{z^2}$、$3d_{x^2-y^2}$ 中，哪些是等价（简并）轨道？

(2) 具有下列量子数的电子，按其能量由低到高排序，如能量相同则排在一起（可用"<"、"="符号表示）。

① 4,1,0,−1/2　② 3,1,0,+1/2　③ 4,2,1,−1/2

④ 2,1,−1,+1/2　⑤ 2,1,0,−1/2　⑥ 3,2,−1,+1/2

⑦ 3,2,0,−1/2　⑧ 4,2,−1,+1/2

1-9 某原子的 6 个电子，其状态分别用 4 个量子数表示如下：

① 3,2,−2,1/2　② 4,0,0,−1/2　③ 2,0,0,1/2

④ 4,0,0,1/2　⑤ 2,1,0,1/2　⑥ 3,1,−1,1/2

(1) 用主量子数和角量子数的光谱学符号相结合的方式（例如 2p,3s），表示每个电子所处的轨道；

(2) 将各个轨道按能量由高到低的次序排列起来。

1-10　推断下列元素的原子序数：

(1) 最外电子层为 $3s^2 3p^6$；

(2) 最外电子层为 $4s^2 4p^5$；

(3) 最外电子层为 $4s^1$，次外电子层的 d 亚层仅有 5 个电子。

1-11　已知 M^{2+} 离子 3d 轨道中有 5 个 d 电子，请推出：

(1) M 原子的核外电子排布；

(2) M 元素在周期表中的位置；

(3) M 原子的最外层和最高能级组中的电子数。

1-12　已知某元素在氪之前，当该元素的原子失去 3 个电子形成 +3 氧化数的离子时，在它的角量子数为 2 的轨道中刚好处于半充满状态，试判断它是什么元素。

1-13　指出第四周期中具有下列性质的元素：

(1) 非金属性最强的元素　　(2) 金属性最强的元素

(3) 电离能最小的元素　　(4) 电子亲和能最小的元素

(5) 原子半径最大的元素　　(6) 电负性最大的元素

(7) 化学性质最不活泼的元素

1-14　元素原子的最外层仅有一个电子，该电子的量子数是 $n=4, l=0, m=0, m_s=1/2$，试问：

(1) 符合上述条件的元素可以有几种？原子序数各为多少？

(2) 写出相应元素原子的电子排布式，并指出其在周期表中的位置。

1-15　A、B 两元素基态时的电子排布，其主量子数最大为 4，次外层电子数都不是 8；未成对电子数 A 为 6，B 为 2，且原子 B 在反应中易得电子，成为简单负离子。根据以上条件试填下表：

元素	名称及符号	族	价层电子构型	原子序数	金属或非金属	区
A						
B						

第 2 章

化学键与物质结构

化学键(chemical bond)讨论的是分子或晶体中相邻原子或离子之间的结合方式。根据分子或晶体中电子的运动方式不同,化学键分为离子键(ionic bond)、共价键(covalent bond)和金属键(metalic bond)。

通过不同类型的化学键结合形成的物质结构不同,所表现出的各自特征和性质也不相同。物质是由分子组成的,分子是保持物质性质的最小微粒,也是物质参与化学反应的基本单元。因此,研究物质性质及其变化的根本原因,必须进一步研究物质的微观结构,研究物质的微观结构就是研究物质的分子结构。分子的结构通常包含以下几个方面:

(1) 分子中直接相邻的原子或离子间的强相互作用力,即化学键;

(2) 分子中的原子或离子在空间的排列,即空间构型(geometry contiguration),也称几何构型(geometric contiguration);

(3) 分子之间的弱相互作用力,包括范德华力(van der Waals force)和氢键(hydrogen bond)的作用力;

(4) 分子的结构与物质性质的联系。

本章将在原子结构的基础上,讨论上述 4 个方面所涉及的基本理论和基础知识,这对于掌握物质性质及其变化规律具有十分重要的意义。

2.1 离子键与离子晶体

活泼的金属原子与活泼的非金属原子结合形成的化合物,如 NaCl、MgO、CaO 等,具有结晶状固体,熔融状态和其水溶液能导电,有较高的熔点、沸点等一些共同的特征,其原因是活泼金属与活泼非金属之间形成了离子键。

2.1.1 离子键理论

离子键理论是德国化学家科塞尔(Kossel)根据稀有气体具有的稳定结构的事实于 1916 年提出的,他认为不同元素的原子在相互结合时,都有达到稀有气体稳定结构的倾向,它们通过得失电子形成正、负离子,并通过静电吸引作用结合而形成化合物。

1. 离子键的形成

当电负性较小的活泼金属原子与电负性较大的活泼非金属原子在一定条件下相互接近

时，金属元素的原子容易失去最外层电子，形成具有稀有气体稳定电子结构的正离子；而非金属元素的原子容易得到电子，形成具有稀有气体稳定电子结构的负离子；正、负离子之间除了静电相互吸引力外，还存在着电子之间、原子核之间的相互排斥力。当正、负离子接近到一定距离时，吸引力和排斥力达到平衡，系统的能量达到最低，这时，正、负离子在平衡位置附近振动，形成了稳定的化学键。这种正、负离子间通过静电作用所形成的化学键称为离子键。离子键的本质是正、负离子间的静电作用力。

以 NaCl 为例，离子键的形成过程可简单表述如下：

$$\left.\begin{array}{l} n\mathrm{Na}(3s^1)\xrightarrow{-ne^-}n\mathrm{Na}^+(2s^2 2p^6) \\ n\mathrm{Cl}(3s^2 3p^5)\xrightarrow{+ne^-}n\mathrm{Cl}^-(3s^2 3p^6) \end{array}\right\}\xrightarrow{\text{静电作用}}n\mathrm{Na}^+\mathrm{Cl}^-$$

由离子键结合所形成的化合物称离子型化合物(ionic compound)。在元素周期表中，碱金属和碱土金属(Be 除外)与卤素、氧等形成的化合物是典型的离子型化合物。一般来说，元素的电负性差值越大，形成的离子键越强。当两种元素的电负性差值为 1.7 时，它们之间形成的单键离子性约有 50%，因此一般把元素电负性差值大于 1.7 时形成的化学键看成是离子键。

2. 离子键的特征

离子键的特征是无方向性(non-orientation)和无饱和性(non-saturation)。

离子键无方向性是说在离子型化合物中，一个正离子对它周围所有的负离子有相同的吸引力，同理，一个负离子对它周围所有的正离子也有相同的吸引力，并不存在某一方向上相反离子静电作用更大的问题。这是因为离子的电荷分布具有球形对称的结构，因此正离子与负离子可以从各个方向相互接近而形成离子键。

离子键无饱和性是说在形成离子键时，只要空间条件允许，每一个离子可以吸引尽可能多的电荷相反的离子，并不受离子本身所带电荷的限制。一个离子周围到底能有多少带相反电荷的离子，受离子的半径、离子电荷数等多种因素影响。如 NaCl 晶体中，每个 Na^+ 周围有 6 个 Cl^-，同时，每个 Cl^- 周围也有 6 个 Na^+。

基于离子键以上的特征，在离子晶体中无法分辨出一个个独立的“分子”，例如在 NaCl 晶体中，不存在所谓的 NaCl 分子。所以，NaCl 只是氯化钠的化学式，而不是分子式。

3. 离子的结构

离子的结构是指离子的电荷数、离子的半径和离子的电子构型。

1) 离子的电荷数

离子的电荷数与原子结构相关。在形成离子键时，原子在达到 8 电子(或 2 电子)结构、形成离子时失去或得到的电子数称为离子的电荷数。从离子键的形成过程可知，正离子的电荷数是原子失去相应电子达到 8 电子(或 2 电子)结构后形成的，而负离子的电荷数则是原子获得相应电子达到 8 电子(或 2 电子)结构后形成的。正、负离子的电荷数主要取决于相应原子的核外电子排布、电离能和电子亲和能等。

离子的电荷是影响离子化合物性质的重要因素。离子电荷越高，对相反电荷离子的静电引力越强，因而化合物的熔点就越高。如 CaO 的熔点(2590℃)比 KF 的熔点(856℃)要高得多。

2）离子半径

与原子一样，单个离子也不存在明确的界面。所谓离子半径，是根据晶体中相邻正、负离子的核间距(d)测出的，核间距可以看作正、负两个相邻离子的半径之和。

离子半径具有如下规律：

(1) 同一周期中，主族元素随着族数的增加，正离子的电荷数增大，核对外层电子的吸引作用增强，离子半径依次减小。

(2) 同一主族元素，自上而下，因电子层数依次增加，所以具有相同电荷数的同族离子的半径依次增大。

(3) 同一元素负离子半径大于原子半径，正离子半径小于原子半径；且正离子所带电荷数越多，离子半径越小；负离子所带电荷数越多，离子半径越大。

离子半径的大小直接影响离子间吸引作用的强弱，半径较小的离子所形成的离子键的核间距小，正、负离子的吸引作用大，形成的离子化合物的熔、沸点高，硬度大。

3）离子的电子构型

所有简单负离子（如 F^-、Cl^-、S^{2-}）的最外电子层，都有 8 个电子（$ns^2\ np^6$）的稳定的稀有气体型结构。而正离子的情况比较复杂，其电子构型有以下几种：

(1) 2 电子构型：最外层电子数为 2 个电子的离子(ns^2)，如 Li^+、Be^{2+} 等；

(2) 8 电子构型：最外层电子数为 8 个电子的离子(ns^2np^6)，如 Na^+、Mg^{2+}、Al^{3+} 等；

(3) 18 电子构型：最外层电子数为 18 个电子的离子($ns^2np^6nd^{10}$)，如 Ag^+、Hg^{2+} 等；

(4) 18＋2 电子构型：次外层电子数为 18 个电子，最外层为 2 个电子的离子[$(n-1)s^2(n-1)p^6(n-1)d^{10}ns^2$]，如 Pb^{2+}、Sn^{2+}、Bi^{3+} 等；

(5) 9～17 电子构型：最外层电子数在 9～17 之间，又称不饱和电子构型($ns^2np^6nd^{1\sim9}$)，如 Fe^{3+}、Mn^{2+}、Cu^{2+} 等。

4. 离子键的强度

离子键的强度可以用离子键的键能(bond energy)来表示，也可以用离子晶体的晶格能(lattice energy)来表示。

1）用离子键的键能表示

在 298.15 K 和标准态下，将气态离子化合物 1 mol 离子键断开，使其分解成气态中性原子（或原子团）时所需要的能量，称为该离子键的键能，用符号 E 表示，例如：

$$NaCl(g) \xlongequal{} Na(g) + Cl(g) \quad \Delta_r H_m^\ominus = 398\ kJ \cdot mol^{-1}$$

即键能 $E=398\ kJ \cdot mol^{-1}$。离子键的键能越大，键的稳定性越高。

2）用离子晶体的晶格能表示

离子晶体的晶格能的定义是：在标准态下，将 1 mol 离子型晶体（如 NaCl）拆分为 1 mol 气态正离子（Na^+）和 1 mol 气态负离子（Cl^-）所需要的能量，用符号 U 表示，单位为 $kJ \cdot mol^{-1}$。离子晶体的晶格能是衡量离子键强度的标志，晶格能越大，离子键强度就越大，熔化或破坏离子晶体时消耗的能量也就越多，离子晶体的硬度越大，熔点越高。

由于实验技术上的问题，至今还不能直接测定离子晶体的晶格能。目前有两种主要的计算方法。

(1) 玻恩-哈伯循环法

玻恩(M. Born)和哈伯(F. Harber)根据热力学的基本定律，将离子晶体拆分成气态正、负离子的过程分成若干步骤，设计出热力学循环，利用热力学的数据，间接地计算出离子晶体的晶格能，这种方法称为玻恩-哈伯循环法。以 NaCl 晶体为例，可以设想反应分为以下几个步骤进行：

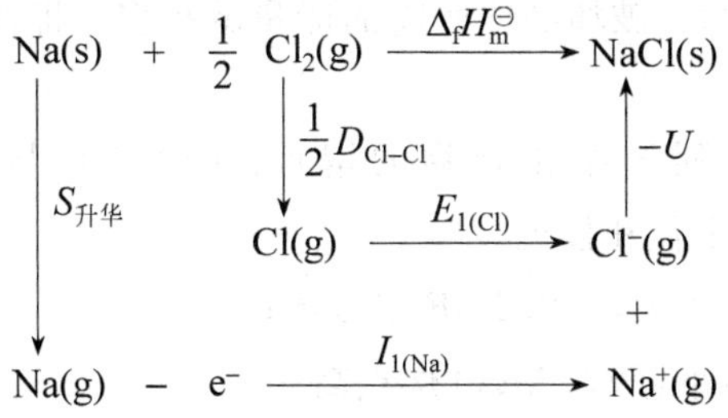

$$\begin{array}{ccccc}
\mathrm{Na(s)} & + & \frac{1}{2}\mathrm{Cl_2(g)} & \xrightarrow{\Delta_f H_m^\ominus} & \mathrm{NaCl(s)} \\
\downarrow S_{升华} & & \downarrow \frac{1}{2}D_{\mathrm{Cl-Cl}} & & \uparrow -U \\
 & & \mathrm{Cl(g)} & \xrightarrow{E_{1(\mathrm{Cl})}} & \mathrm{Cl^-(g)} \\
 & & & & + \\
\mathrm{Na(g)} & - & \mathrm{e^-} & \xrightarrow{I_{1(\mathrm{Na})}} & \mathrm{Na^+(g)}
\end{array}$$

因为

$$\Delta_f H_m^\ominus = S_{升华} + I_{1(\mathrm{Na})} + \frac{1}{2}D_{\mathrm{Cl-Cl}} + E_{1(\mathrm{Cl})} - U$$

所以 NaCl 的晶格能为

$$U = S_{升华} + I_{1(\mathrm{Na})} + \frac{1}{2}D_{\mathrm{Cl-Cl}} + E_{1(\mathrm{Cl})} - \Delta_f H_m^\ominus$$

等式右边各项数据都可以从热力学数据手册中查到，代入上式即可计算出离子晶体的晶格能

$$\begin{aligned} U &= 106 + 121.3 + 495.8 + (-348.7) - (-411) \\ &= 785.4(\mathrm{kJ \cdot mol^{-1}}) \end{aligned}$$

(2) 玻恩-郎德公式

玻恩(M. Born)和郎德(Lander)根据离子的静电吸引作用力的基本规律，把离子看作晶格结点上的点电荷，结合离子在不同晶格的晶体中的分布情况，用数学方法推导出了计算离子化合物的摩尔晶格能的理论公式，其形式如下：

$$U = 1.38940 \times 10^5 \frac{Z_+ Z_- A}{R_0}\left(1 - \frac{1}{n}\right) \tag{2-1}$$

式中，Z_+、Z_- 是正、负离子的电荷数的绝对值；R_0 是正、负离子间的距离，即正、负离子半径之和，单位 pm；A 为马德隆(Madelung)常数；n 是与离子的电子构型有关的常数，称为玻恩指数。其中 A 和 n 一般可从手册上查到。对于 AB 型离子化合物，A 与 n 的数值如表 2-1 所示。

表 2-1　AB 型离子的马德隆常数和玻恩指数

晶格类型	CsCl	NaCl	ZnS
A	1.763	1.748	1.638

离子的电子构型	He	Ne	Ar 或 Cu^+	Kr 或 Ag^+	Xe 或 Au^+
n^*	5	7	9	10	12

* 注：如果正、负离子属于不同电子构型，n 取两种类型的平均值。

例如 NaCl 晶体中，$R_0 = 95 + 181 = 276(\mathrm{pm})$，$Z_+ = Z_- = 1$，$A = 1.748$，$n = \frac{1}{2}(7+9) = 8$，

所以晶格能为

$$U = 1.38940 \times 10^5 \ \frac{1 \times 1 \times 1.748}{276}\left(1 - \frac{1}{8}\right) = 770(\text{kJ} \cdot \text{mol}^{-1})$$

从晶格能计算方法的讨论可知，影响离子晶体晶格能的因素有正、负离子的半径，离子的电荷数，离子的电子构型和晶格的类型。离子的半径越小、电荷数越高、配位数越大，则正、负离子间的吸引作用越大，破坏晶体所需的能量就越多。即晶体的晶格能越大，晶体就越稳定。

例题 2-1 试比较下列 3 组化合物的熔点：(1) NaF 与 NaCl；(2) MgO 与 CaO；(3) NaF 与 CaO(二者离子半径和接近)。

解 (1) Cl^- 比 F^- 半径大，所以 NaF 熔点高；

(2) Mg^{2+} 比 Ca^{2+} 半径小，所以 MgO 熔点高；

(3) Ca^{2+}、O^{2-} 比 Na^+、F^- 电荷高，所以 CaO 熔点高。

2.1.2 离子晶体

1. 晶体的基本知识

物质通常有气、液、固三种聚集状态。其中固体物质可分为晶体(crystal)和非晶体(non-crystal)。晶体是指物质的内部质点(分子、原子或离子)在空间按一定规律周期性重复排列所构成的固态物质，如氯化钠、石英等。晶体又可分为单晶(single crystal)和多晶(polycrystal)：单晶是指整个晶体内部都按一套规律排列；多晶是许多单晶的集合体(或聚集体)。非晶体又称为无定形体(amorphous solid)，其内部质点的排列没有规律，如玻璃、松香、石蜡、沥青等均属非晶体。这里介绍有关晶体的一些基本规律和知识。

1) 晶体的特征

晶体与非晶体相比，具有以下三个特征。

(1) 有一定的几何外形

晶体在生长过程中，将自发地形成晶面。晶面相交形成晶棱，晶棱相会形成晶角。从而使形成的晶体一般都有一定的几何外形。如：

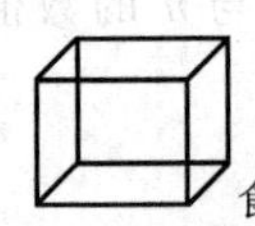
食盐(立方体)

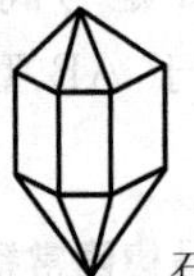
石英(六角柱体)

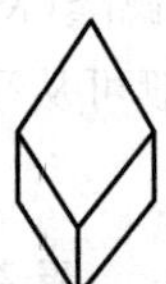
方解石(棱面体)

非晶体，如玻璃、石蜡等没有一定的几何外形，称为无定形体。

由极微小晶体组成的物质称为微晶体(micro crystal)。如炭墨和化学反应刚析出的沉淀等，从外观看不具有整齐的外形，但仍属晶体的范畴。

(2) 有固定的熔点

在一定的压力下，将晶体加热，当达到某一温度(熔点)时，晶体开始熔化。在晶体没有完全熔化前，即使继续加热，晶体本身的温度也不会上升，而是保持恒定；只有当晶体完全熔化后，系统的温度才会重新上升。

非晶体没有固定的熔点，只有一段软化的温度范围，如松香在 50～70℃之间软化。

(3) 各向异性

晶体的某些性质，如光学性质、力学性质、导热导电性、溶解性等，从晶体的不同方向测定时，常常是不同的。晶体的这种性质称为各向异性(anisotropy)。造成晶体各向异性的原因是晶体内部微粒排列是有次序和有规律的，并按某些确定的规律重复地排列。

非晶体是各向同性的。因为非晶体内部微粒的排列是无次序的、不规律的。

晶体的宏观性质是由其微观结构决定的，要了解晶体的性质就必须了解它的微观结构。

2) 晶体的内部结构

晶体中规则排列的微粒，抽象为几何学中的点，称为结点(crunode)，这些结点的总和称为空间点阵(lattice)。沿着一定的方向按某种规则把结点连接起来，得到的描述各种晶体内部结构的几何图像，称为晶格(crystal lattice)。晶格中，表现其结构一切特征的最小部分，称为晶胞(unit cell)。晶胞的大小和形状可用六面体中经过同一顶点的三个棱长 a、b、c 和通过同一顶点的三个棱的夹角 α、β、γ 6 个常数(参数)来描述，称为晶胞参数。晶胞参数可由 X 射线衍射法测得。晶胞在三维空间的无限重复就形成了晶格。

根据晶胞形状及晶胞参数的不同，可将晶体归结为 7 个晶系。表 2-2 列出了 7 个晶系的特征。

表 2-2 7 个晶系的特征

晶 系	晶 轴	晶 角	实 例
立方晶系	$a=b=c$	$\alpha=\beta=\gamma=90°$	NaCl、ZnS
四方晶系	$a=b\neq c$	$\alpha=\beta=\gamma=90°$	SnO_2、Sn
正交晶系	$a\neq b\neq c$	$\alpha=\beta=\gamma=90°$	$BaCO_3$、$HgCl_2$
三方晶系	$a=b=c$	$\alpha=\beta=\gamma\neq 90°$	Al_2O_3、Bi
单斜晶系	$a\neq b\neq c$	$\alpha=\gamma=90°,\beta\neq 90°$	$KClO_3$、$Na_2B_4O_7$
三斜晶系	$a\neq b\neq c$	$\alpha\neq\beta\neq\gamma\neq 90°$	$CuSO_4\cdot 5H_2O$
六方晶系	$a=b\neq c$	$\alpha=\beta=90°,\gamma=120°$	SiO_2(石英)、AgI

7 个晶系按照带心型式分类，可分为 14 种布拉维(Bravais)晶格，如图 2-1 所示。

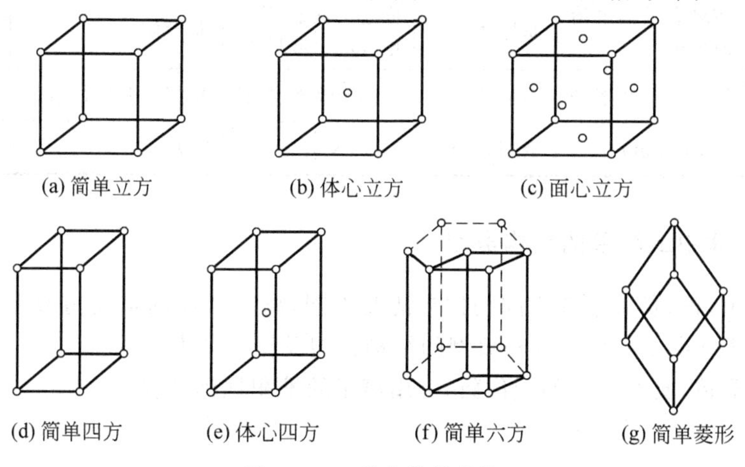

图 2-1 14 种布拉维晶格

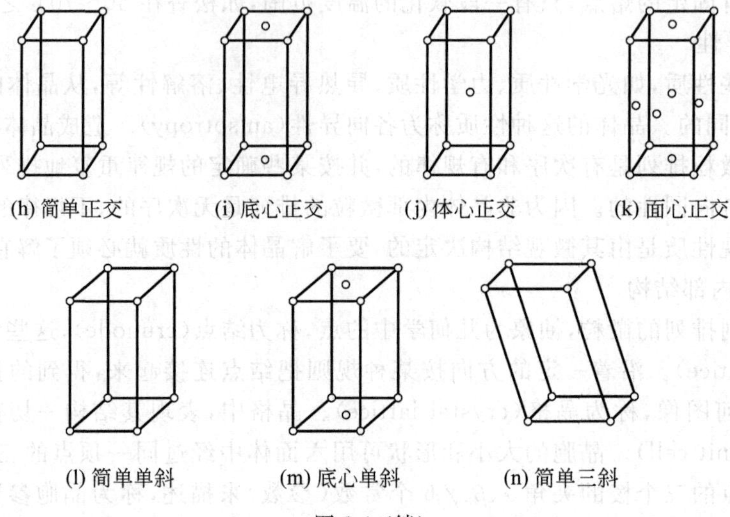

图 2-1（续）

3）晶体的基本类型

按照晶格结点上粒子种类及粒子之间结合力的不同，晶体可分为离子晶体（ionic crystal）、共价晶体（covalent crystal）、分子晶体（molecular crystal）和金属晶体（metallic crystal）。4 类晶体的内部结构及性质特征见表 2-3。

表 2-3　各类晶体的内部结构及性质特征

晶体类型	离子晶体	共价晶体	分子晶体		金属晶体
结点上的粒子	正、负离子	原子	极性分子	非极性分子	原子、正离子
结合力	离子键	共价键	分子间力、氢键	分子间力	金属键
熔、沸点	高	很高	低	很低	较高（有例外）
硬度	硬	很硬	软	很软	软、硬不一样
机械性质	脆	很脆	弱	很弱	有延展性
导电导热性	熔融态及其水溶液导电	非导体	固态、液态不导电，水溶液导电	非导体	良导体
溶解性	易溶于极性溶剂	不溶性	易溶于极性溶剂	易溶于非极性溶剂	不溶性
实例	NaCl、MgO	金刚石、SiC	HCl、NH_3	CO_2、I_2	W、Ag、Cu

2. 离子晶体中最简单的结构类型

离子晶体中，正、负离子在空间的排布情况不同，离子晶体的空间构型也不同。最简单的立方晶系 AB 型离子晶体的 3 种典型的结构类型及特征见表 2-4。

同是离子晶体，具有不同的配位数，可用离子的堆积规则解释。

表 2-4　AB 型离子晶体的结构类型及特征

结构类型	NaCl 型	CsCl 型	ZnS 型	
配位数	6	8	4	
配位比	6∶6	8∶8	4∶4	
晶胞形状	正立方体	正立方体	正立方体(粒子排布复杂)	
晶格类型	面心立方	体心立方	立方 ZnS	六方 ZnS
实例	KI、NaBr、MgO	CsBr、CsI、TiCl	AgI、ZnS	AgI、ZnO
晶体结构	Na^+　Cl^-	Cs^+　Cl^-	Zn^{2+}　S^{2-}	

3. 离子晶体的半径比定则

在 AB 型离子化合物中，离子晶体的结构类型与正、负离子的半径大小、离子的电荷及离子的价层电子构型有关。其中，与正、负离子半径的相对大小的关系最为密切，因为只有当正、负离子能紧密接触，同时同性离子尽可能远离时所形成的离子晶体的构型才是最稳定的。通常情况下，负离子因核外电子数多，电子间的排斥作用大，使得负离子的半径较大；而正离子因核外的电子数少，电子之间的排斥作用小，半径通常较小。

在配位数为 6 的面心立方晶格中，某一层的离子如图 2-2 所示。

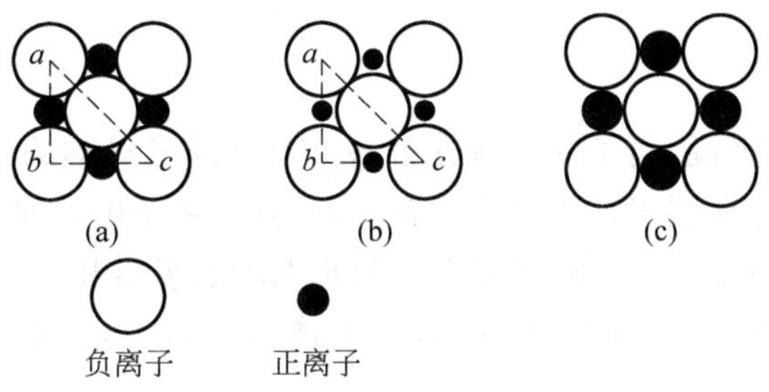

图 2-2　半径比与配位数的关系

图 2-2(a)中正、负离子相切，同时，负离子与负离子也相互接触。若负离子的半径为 r_-，正离子的半径为 r_+，则有

$$ab = bc = 2r_+ + 2r_-$$

$$ac = 4r_-$$

$$(ac)^2 = (ab)^2 + (bc)^2$$

则有

$$16r_-^2 = 2(2r_+ + 2r_-)^2$$

所以

$$\frac{r_+}{r_-}=0.414$$

即当正、负离子半径的比值为 0.414 时，在同一平面中，负离子周围有四个正离子，另外上、下两层各有一个正离子，所以此时晶体中离子的配位数为 6。

当 $r_+/r_-<0.414$ 时(图 2-2(b))，负离子相互接触，而正、负离子分离。这时离子间的排斥力将大于吸引力，晶体不能稳定存在，此时晶体中的配位数将降低，即正离子周围的空间只能容纳 4 个负离子，即形成了 ZnS 型晶格的离子晶体。如再有负离子接近正离子，将使正、负离子之间的间距加大，晶体的能量升高。

当 $r_+/r_->0.414$ 时(图 2-2(c))，正、负离子相互接触，而负离子之间有一定的空隙，这种结构较为稳定，此时正、负离子的配位数为 6。当 r_+/r_- 增大时，正离子的半径相对增大，它周围的空间也随之增大，由于离子键没有饱和性，所以每个离子都有吸引更多异性离子的倾向。如 r_+/r_- 进一步增大到 0.732 以上时，正离子周围的空间足够容纳 8 个负离子，此时形成配位数为 8 的 CsCl 型晶格将更稳定。

利用正、负离子的半径比可以判断离子的晶格类型。当 $r_+/r_-<0.414$ 时，离子的配位数为 4，形成 ZnS 型晶格；当 $0.414<r_+/r_-<0.732$ 时，离子的配位数为 6，形成 NaCl 型的晶格；而当 $r_+/r_->0.732$ 时，形成配位数为 8 的 CsCl 型的晶格。

应用离子的半径比定则判断离子化合物晶体的构型时，应注意以下问题：当离子的半径比处于极限值附近时，该化合物可能有两种构型；离子型化合物的正、负离子半径比定则只能应用于离子型晶体，而不能用它判断共价型化合物的结构。

离子晶体的构型除了与正、负离子的半径比有关外，还与离子的电子构型有关。离子的电子构型对离子晶体性质的影响，需从离子极化的角度来说明。

2.1.3 离子极化及其对物质性质的影响

1. 离子的极化

对孤立的简单离子来说，离子的电荷分布基本上是球形对称的，离子本身的正、负电荷中心是相互重合的，不存在偶极。当把离子置于电场中，离子中的原子核就会受到正电场的排斥和负电场的吸引，而离子中的电子则会受到正电场的吸引和负电场的排斥，从而使离子中的正、负电荷中心不重合，离子发生变形，产生诱导偶极，这个过程称为离子的极化(如图 2-3 所示)。

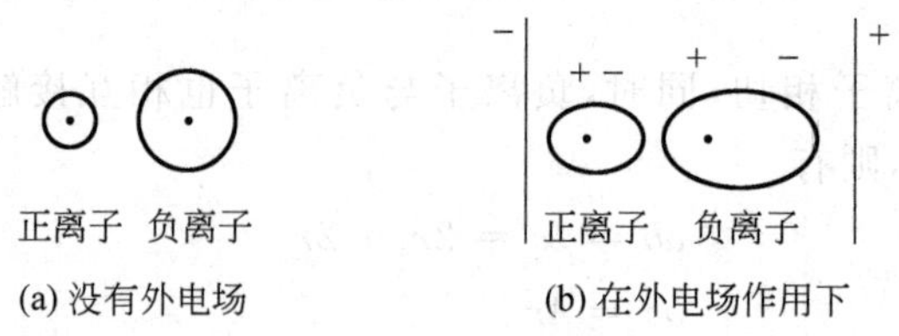

图 2-3 离子极化示意图

由于在离子晶体中，正、负离子本身带有电荷，也能产生电场，因此离子在周围带相反电

荷离子的作用下，原子核与电子发生相对位移，导致离子变形而产生诱导偶极。所以在离子化合物中，每个离子都会发生极化现象。

离子极化的强弱决定于两个因素：离子的极化力和离子的变形性。

1）离子的极化力

离子的极化力是指离子使带相反电荷离子极化而发生变形的能力。影响离子的极化力的因素有离子的半径、电荷数和电子构型。

（1）离子的半径：当离子的电荷数和电子构型相同时，离子的半径越小，产生的电场越强，极化力越大，例如：$Mg^{2+}>Ba^{2+}$，$Na^{+}>K^{+}$。

（2）离子的电荷数：当离子半径相近时，正离子的电荷数越高，产生的电场强度越大，极化力越强，例如：$Si^{4+}>Al^{3+}>Mg^{2+}>Na^{+}$。

（3）离子的电子构型：当离子电荷相同、半径相近时，离子的电子构型对离子的极化力就起决定性的影响。其强弱有下列关系：18+2，18，2 电子构型>9～17 电子构型>8 电子构型。

2）离子的变形性

离子的变形性是指离子被相反电荷极化而发生变形的能力。离子变形性的大小取决于离子的半径、电荷数和电子构型。

（1）离子的半径：当离子的电荷数和电子构型相同时，离子的半径越大，变形性越大，例如：$I^{-}>Br^{-}>Cl^{-}>F^{-}$。

（2）离子的电荷数：当离子的电子构型相同时，负离子的电荷数越高，变形性越大；而正离子的电荷数越高，变形性越小。如下列离子的变形性顺序为：$O^{2-}>F^{-}>(Ne)>Na^{+}>Mg^{2+}>Al^{3+}>Si^{4+}$。

（3）离子的电子构型：当离子电荷相同、半径相近时，离子的电子构型对离子的变形性就起决定性的影响。其大小有下列关系：18+2，18，9～17 电子构型>8 电子构型。

总的来说，最容易变形的离子是体积大的负离子。18 或 18+2 电子构型以及不规则电子层的少电荷正离子的变形性也是相当大的。最不容易变形的离子是半径小、电荷高、外层电子少的正离子。

由于正离子的半径小、极化力大、变形性小，而负离子半径大、极化力小、变形性大，因此在讨论离子极化时，主要考虑正离子的极化力和负离子的变形性。

3）离子的极化规律

正离子对负离子的极化作用即正离子使负离子变形，产生诱导偶极的规律如下：

（1）负离子半径相同时，正离子所带的电荷越多，负离子越容易被极化，产生的诱导偶极越大。

（2）正离子电荷相同时，正离子的半径越小，负离子被极化的程度越大，产生的诱导偶极越大。

（3）正离子电荷相同、半径相近时，负离子半径越大，越容易被极化，产生的诱导偶极越大。

当正离子和负离子一样，也容易发生变形时，如电子构型为 18 和 18+2 的正离子，此时除要考虑正离子对负离子的极化外，还必须考虑负离子对正离子的极化作用，即附加极化。

4）离子的附加极化

一般情况下，负离子的极化能力和正离子的变形性都不大，所以在讨论离子间的相互极化作用时，总是考虑正离子对负离子的极化作用。但对于价电子层中含有 d 电子且半径比较大的正离子来说，也容易发生变形，即负离子也会诱导变形性大的非稀有气体型正离子，使正离子也发生变形。正离子所产生的诱导偶极会加强正离子对负离子的极化能力，使负离子的诱导偶极增大，这种现象称为离子的附加极化。通常情况下，离子价电子层中的 d 电子越多，电子层数越多，附加极化的作用就越强。

2. 离子极化对物质的结构和性质的影响

1）离子极化对化学键类型的影响

正离子与负离子之间如果完全没有极化作用，则所形成的化学键为离子键。但是，实际上正离子与负离子之间存在不同程度的极化作用。当极化力强、变形性又大的正离子与变形性大的负离子相互接触时，由于正、负离子相互极化作用显著，负离子的电子云将向正离子方面偏移，同时正离子的电子云也会发生相应变形。结果使正、负离子之间的核间距减小，其外层轨道发生不同程度的重叠，键的极性减弱，从而使键型由离子键向共价键方向过渡（如图 2-4 所示）。

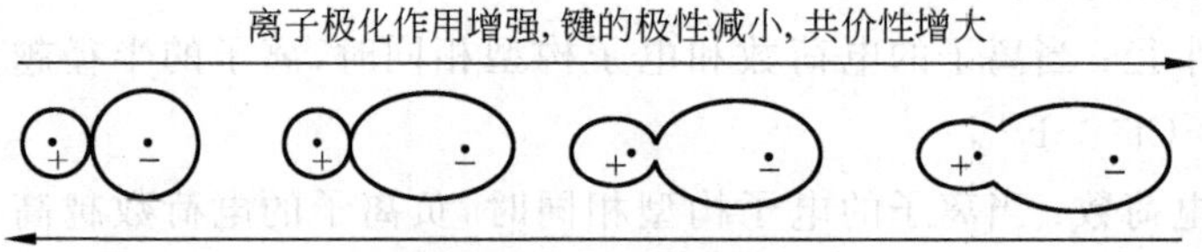

图 2-4　离子极化对键型的影响

离子极化导致键型的改变可以 AgX 为例加以说明。Ag^+ 为 18 电子构型，极化力和变形性都较大，而卤素离子从 $F^- \longrightarrow I^-$ 离子的半径逐渐增大，变形性增强。变形性较小的 F^- 离子与 Ag^+ 离子形成的化学键是典型的离子键。随着卤素离子半径的加大，离子的变形性增加，受 Ag^+ 离子的极化作用增强，形成的化学键的极性减弱。所以，AgCl、AgBr 中的化学键是兼有离子键和共价键性质的过渡键型，而 AgI 的化学键已是较典型的共价键了。表 2-5 列出了卤化银的键长、键型等数据。

表 2-5　卤化银的键型

卤　化　银	AgF	AgCl	AgBr	AgI
卤素离子的半径/pm	136	181	195	216
阳、阴离子半径之和/pm	246	277	288	299
键型	离子键	过渡键型	过渡键型	共价键

AgX 的键型变化说明：离子键和共价键之间没有绝对的分界线，很多化学键中都含有部分离子键成分和部分共价键成分，只是含有这两种键的成分多少不同而已。即使是典型的离子键，也含有一定的共价键成分；同样，典型的共价键也含有部分的离子键成分。

2）离子极化对晶体构型的影响

晶体中的离子在其平衡位置附近不断地、有规律地振动着，当离子离开其正常位置而稍偏向某异电荷离子时，将会产生诱导偶极，导致以下两种结果：

（1）在正离子极化力不大，负离子的变形性也不大的情况下，由于极化作用不显著，在热运动的作用下，该离子将能回到原来的正常位置，离子晶体的晶体构型维持不变。

（2）如果正离子的极化力大，负离子的变形性也大时，正、负离子之间的强极化作用缩短了离子间的距离，使晶体向配位数减小的晶体构型转变。

表 2-6 列出了卤化银的正、负离子半径比和晶型。

表 2-6　卤化银的正、负离子半径比、晶型和配位数

化合物	AgF	AgCl	AgBr	AgI
r_+/r_-	0.85	0.63	0.57	0.51
晶型	NaCl 型	NaCl 型	NaCl 型	ZnS 型
配位数	6	6	6	4

由表 2-6 可知，AgF 的 r_+/r_- 虽然大于 0.732，但因 Ag^+ 与 F^- 之间有一定的极化作用，使其晶体构型不是 CsCl 型，而是 NaCl 型。AgI 的 r_+/r_- 虽然大于 0.414，但由于 Ag^+ 的极化力大、I^- 的变形性大，使得 AgI 的实际晶体结构为 ZnS 型，而不是 NaCl 型。

实际上，由于离子极化现象的普遍存在，典型的离子化合物并不太多，大多数所谓的离子化合物是介于离子键和共价键之间的过渡键型化合物。

3）离子极化对物质物理性质的影响

离子极化作用，使化学键由离子键向共价键过渡，引起晶格能降低，导致化合物的熔点和沸点降低。如 AgCl 和 NaCl，两者晶型相同，但 Ag^+ 的极化能力大于 Na^+，导致键型不同，所以 AgCl 的熔点是 455℃，而 NaCl 的熔点是 801℃。又如 $HgCl_2$，Hg^{2+} 是 18 电子构型，极化能力强，又有较大的变形性，Cl^- 也具有一定的变形性，离子的相互极化作用使 $HgCl_2$ 的化学键有显著的共价性，因此 $HgCl_2$ 的熔点为 276℃，沸点为 304℃，都较低。

离子极化作用对物质的溶解度也会产生较大的影响，离子间的极化作用越强，化学键的共价成分越多，物质在水中的溶解度越小。例如，在银的卤化物中，由于 F^- 半径很小，不易发生变形，所以 AgF 是离子型化合物，它可溶于水。而对于 AgCl、AgBr 和 AgI，随着 Cl^-、Br^- 和 I^- 的半径依次增大，变形性也随之增大。Ag^+ 的极化能力很强，所以这三种化合物都具有较大的共价性。AgCl、AgBr 和 AgI 的共价程度依次增大，故溶解度依次减小。

离子极化作用是影响化合物颜色的重要因素之一。一般情况下，如果组成化合物的两种离子都是无色的，那么这个化合物也无色，如 NaCl、$NaNO_3$ 等。如果其中一个离子是无色的，另一个离子有颜色，则这个离子的颜色就是该化合物的颜色，如 K_2CrO_4 呈黄色。但比较 AgI 和 KI 时发现，AgI 是黄色而不是无色。这显然与 Ag^+ 具有较强的极化作用有关，因为极化作用导致 AgI 吸收部分可见光，从而呈现颜色。总之，极化作用越强，对于化合物的颜色影响越大，所以 AgCl、AgBr 和 AgI 随着正、负离子相互极化作用的增强，其颜色由白色到淡黄色再到黄色。

2.2 共价键与共价晶体

共价键是电负性相同或相差不大的两个元素的原子相互作用时，原子之间通过共用电子对所形成的化学键。为了阐明这一类型的化学键问题，早在1916年，美国化学家路易斯(Lewis)就提出了原子间共用电子对的共价键理论。这一理论认为，分子中的每个原子力图通过共用一对或几对电子使其达到相应稀有气体原子的电子结构。路易斯的经典共价键理论初步揭示了共价键与离子键的区别，但是无法阐明共价键的本质。它不能解释为什么两个带负电荷的电子不互相排斥而可以通过相互配对形成共价键，也不能说明为什么有些分子的中心原子最外层电子构型虽然不是稀有气体的8电子结构（如 BF_3、PCl_5、SF_6 等），但也能稳定存在的事实。

1927年，海特勒(W. Heitler)和伦敦(F. London)把量子力学的成就应用于最简单的 H_2 结构中，使共价键的本质得到了初步的解答，从而建立了现代价键理论(valence bond theory)。

2.2.1 价键理论——电子配对理论(VB法)

1. 共价键的形成

用量子力学处理H原子形成 H_2 分子系统时，发现有两种情况：

其一，当两个H原子的未成对电子的自旋方向相同时，随着两氢原子的逐渐靠近，两核间电子出现的概率密度降低（见图2-5(a)），两原子核的排斥力增大，使系统的能量升高，这种状态称为排斥态(exclude state)（见图2-6）。处于排斥态的两个原子核及两个电子之间的排斥作用大于原子核对另一个H原子中电子的吸引作用，在这种状态下将不能生成 H_2 分子。

其二，当两个氢原子的未成对电子的自旋方向相反时，随着两氢原子相互靠近，两核间形成一个电子概率密度较大的区域（见图2-5(b)），使系统能量逐渐降低，两个原子的吸引作用要大于排斥作用，在核间距达到 R_0（平衡距离）时系统能量最低，两个氢原子形成了稳定的氢分子，此种状态称为氢分子的基态(ground state)（见图2-6）。当核间距小于平衡距离 R_0 时，系统的能量随核间距的减小又迅速升高。所以，两个氢原子在核间距达到平衡距离时形成稳定的 H_2 分子，即可以形成稳定的共价键。

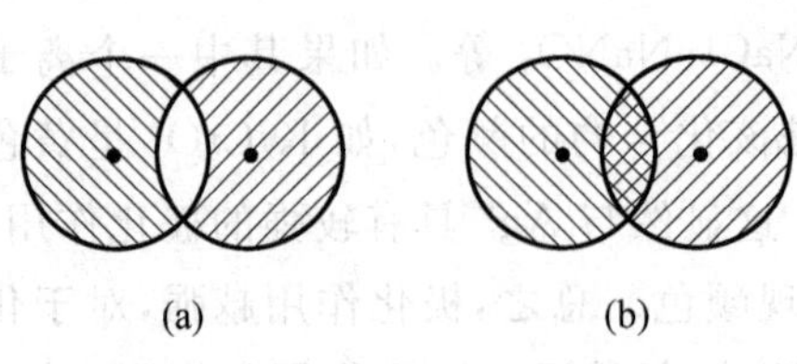

图2-5 两种电子云的分布状况

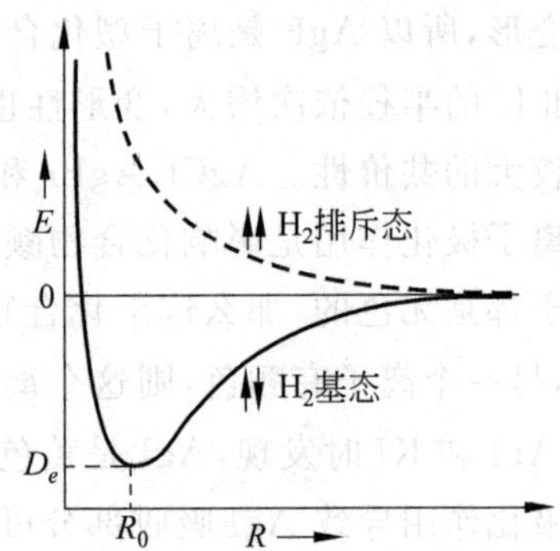

图2-6 两种情况下系统能量的变化

将量子力学处理氢分子的方法推广到双原子分子或多原子分子系统，即可得到价键理论的基本要点：

(1) 两原子相互接近时，自旋反向的未成对电子可以配对形成共价键。

(2) 成键电子的原子轨道重叠越多，所形成的共价键越牢固，这就是最大重叠原理(biggest overlap theory)。

2. 共价键的特征

共价键的特征与前面讲的离子键特征恰好相反，共价键具有饱和性和方向性。

共价键具有饱和性是说，已键合的电子不再形成新的共价键，即一个原子所能形成的共价键的数目是受未成对电子(包括原子在激发后形成的未成对电子)数限制的。例如，Cl 原子的价电子层中有 1 个未成对电子，它只能与其他原子生成一个共价键，如 HCl、Cl_2 等分子；而 N 原子的价电子层中有 3 个未成对电子，它可以与其他原子形成 3 个共价键，如 NH_3 及 N_2(共价叁键)等分子。

共价键的饱和性是由于原子外层未成对电子及其占有的轨道数目有限而造成的，是由成键原子的价层电子结构决定的。两个原子之间如只有一对共用电子，形成的化学键称为单键；若两个原子间有两对共用电子对，就称为双键；若有三对共用电子对，就称为叁键。

共价键具有方向性是说，共价键的形成在可能范围内，原子轨道的重叠一定采取电子云密度最大的方向。除 s 原子轨道外，p、d 原子轨道在空间都有自己特定的伸展方向，因此，在形成共价键时，只有沿着这些原子轨道的空间伸展方向重叠才能达到最大程度的重叠，形成的共价键才能达到最稳定的状态，形成稳定的共价键。

例如，在形成 HCl 分子时，H 原子的 1s 轨道只有在沿着 Cl 原子的未成对电子所占的 p 轨道的空间伸展方向上接近 Cl 原子，才能达到最大程度的重叠，形成稳定的共价键(见图 2-7(a))。而在其他方向上的各种重叠形式(见图 2-7(b)和(c))，其原子轨道的重叠互相抵消或较小，也就不能形成稳定的共价键。由于原子轨道具有一定的空间伸展方向，为了满足最大重叠原理，使得轨道重叠后所生成的共价键具有一定的方向性。共价键的方向性决定了共价化合物分子的空间构型，进而对分子的性质产生了重大的影响。

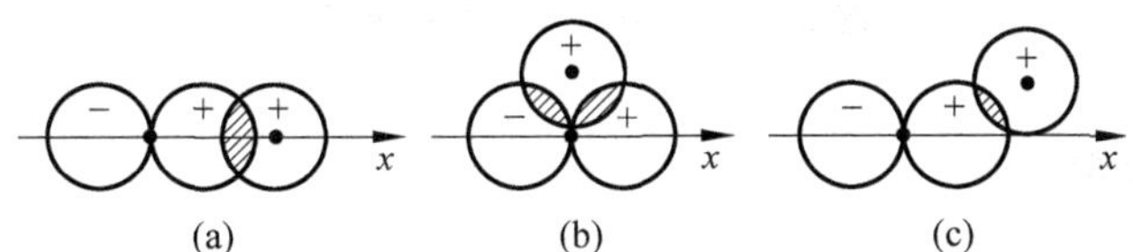

图 2-7　s 和 p 轨道的重叠形式

3. 共价键的类型

按原子轨道重叠方式的不同，共价键可以分为 σ 键和 π 键两种类型。

σ 键是原子轨道沿着键轴(两原子核间连线)方向以“头碰头”的方式发生重叠所形成的共价键。形成 σ 键时，轨道的重叠部分对于键轴呈圆柱形对称，沿键轴方向旋转任意角度，轨道的形状和符号均不发生改变，如图 2-8(a)所示。

π 键是原子轨道沿着键轴方向以“肩并肩”的方式发生重叠所形成的共价键。形成 π 键时，轨道的重叠部分对通过键轴的平面呈镜面反对称，如图 2-8(b)所示。

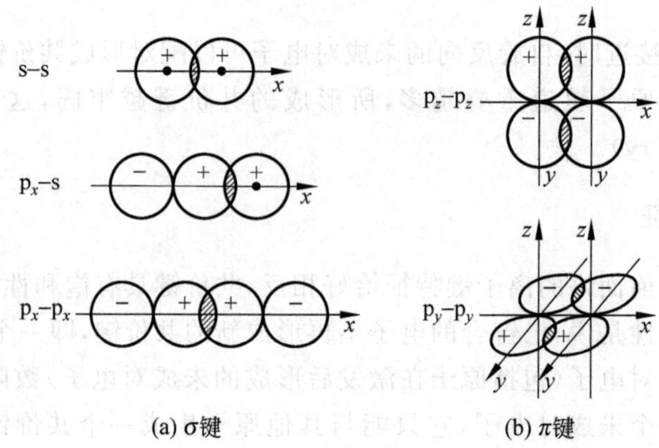

图 2-8　σ键和π键

在两种重叠方式中，由于“头碰头”的重叠比“肩并肩”的重叠程度大，因此σ键的键能大，稳定性高；π键的键能相对小，稳定性较低，是化学反应的积极参与者。

当两个原子形成共价单键时，原子轨道总是沿键轴方向达到最大程度重叠，所以单键都是σ键；形成共价双键时，有一个σ键和一个π键；形成共价叁键时，有一个σ键和两个π键。例如 N_2 分子，N 的价层电子构型为 $2s^2 2p^3$，有 3 个未成对的 p 电子(p_x^1、p_y^1、p_z^1)。两个 N 原子沿键轴(x 轴)相互接近时，形成 $\sigma(p_x\text{-}p_x)$、$\pi(p_y\text{-}p_y)$和 $\pi(p_z\text{-}p_z)$3 个共价键(两个π键互相垂直)，如图 2-9 所示。

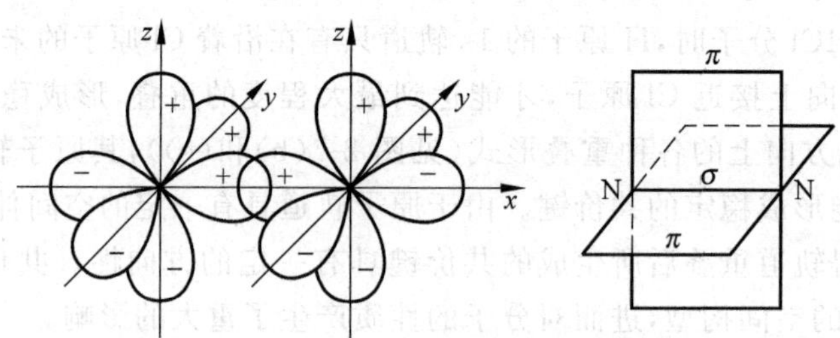

图 2-9　N_2 中的共价叁键示意图

4. 共价键的参数

表征共价键特性的物理量称为共价键参数，简称键参数(bond parameter)。键参数通常指键能(bond energy)、键长(bond length)、键角(bond angle)和键的极性(bond polarity)等。

1) 键能

键能指气态分子断裂单位物质的量(1 mol)的某键时的焓变，例如：

$$HCl(g)\xrightarrow[100\ kPa]{298.15\ K}H(g)+Cl(g)\quad \Delta_r H_m^\ominus=431\ kJ\cdot mol^{-1}$$

上式即表示 298.15 K、标准态下，H—Cl 键的键能 $E=431\ kJ\cdot mol^{-1}$。

根据能量守恒定律：

断裂化学键所需的能量=形成该键时释放出的能量

键能可以作为衡量化学键牢固程度的键参数。键能越大，共价键越牢固，分子越稳定。

对于双原子分子来说，键能(E)在数值上等于键的解离能(D)。如 298.15 K、标准态下：

$$H_2(g) = 2H(g) \quad E(H—H) = D(H—H) = 436\ kJ \cdot mol^{-1}$$

对于多原子分子来说，键能(E)等于解离能(D)的平均值。如 298.15 K、标准态下：

$$H_2O(g) = 2H(g) + O(g)$$

$$D(H—OH) = 495\ kJ \cdot mol^{-1}, \quad D(O—H) = 429\ kJ \cdot mol^{-1}$$

$$E(O—H) = \frac{1}{2}[D(H—OH) + D(O—H)] = \frac{1}{2}(495 + 429) = 462(kJ \cdot mol^{-1})$$

2) 键长

分子内成键两原子核间的平衡距离称为键长。键长越短，键的稳定性越高。几种键的键长和键能如下：

	C—C	C=C	C≡C	N—N	N=N	N≡N
键长/pm	154	134	120	146	125	109.8
键能/($kJ \cdot mol^{-1}$)	356	598	813	160	418	946

双键键长是单键键长的 85%～90%，叁键键长为单键键长的 75%～80%。

3) 键角

在分子中，键与键之间的夹角称为键角。键角是反映分子空间结构的一个重要因素。例如，H_2O 分子中两个 O—H 键之间的夹角为 104.5°，这就决定了 H_2O 分子的 V 形结构；NH_3 分子中 3 个 N—H 键之间的夹角为 107.3°，从而决定了 NH_3 分子的三角锥体结构。

4) 键的极性

按共用电子对是否发生偏移，共价键可分为非极性共价键(non-polar covalent bond)和极性共价键(polar covalent bond)，简称非极性键和极性键。

同种元素的原子形成的共价键因两原子的电负性相同，正、负电荷中心重合，属非极性键。

异种元素的原子形成的共价键，由于两个原子的电负性不同，共用电子对偏向于电负性较大的原子，导致共价键中正、负电荷中心不重合，属极性键。共价键的极性与成键原子的电负性差值有关，电负性差值越大，共价键的极性就越大。

离子键是化学键的一个极端，由于成键的两个原子的电负性差值足够大，它们对电子的吸引能力的差别使得电负性小的原子中的电子转移到电负性大的原子上，从而形成了带正电荷的正离子和带负电荷的负离子。而非极性键是化学键的另一个极端，组成化学键的两个原子的电负性差值为零，对电子的吸引能力相等，正、负电荷中心重合。在上述两者之间存在着一系列极性不同的共价键。共价键的极性对分子的物理、化学性质具有很大的影响。

2.2.2 杂化轨道理论

价键理论比较简明地阐述了共价键的形成过程，成功地解释了共价键的饱和性和方向性问题。但对于多原子分子的空间构型，价键理论遇到了许多难以解释的问题。如按照价键理论，由于C原子的价层电子排布为$2s^2 2p^2$，有两个未成对电子，可与两个H原子形成两个C—H键，键角90°。即使考虑2s轨道上的一个电子可被激发到2p轨道上，C原子能生成四个C—H键，但是形成的四个共价键的键能也是不同的。而近代实验测定的结果表明：CH_4分子的空间构型是正四面体，C原子位于正四面体的中心，四个H原子分别占据正四面体的四个顶点，并且分子中的四个C—H键的键长、键能均相等，键角为109°28′。对于H_2O分子来说，其空间构型和键角的理论值与实验值也是不相符的。为了较好地解释类似CH_4、H_2O这样的实验事实，1931年，鲍林在价键理论的基础上提出了杂化轨道理论(hybrid orbital theory)。

1. 杂化轨道理论的基本要点

原子在形成分子的过程中，中心原子在成键原子的作用下，其价层几个形状不同、能量相近的原子轨道改变原来状态，混合起来重新分配能量和调整伸展方向，组合成新的利于成键的轨道，这种原子轨道重新组合的过程就称为原子轨道的杂化(hybridization of atomic orbitals)，简称杂化。形成的新轨道称杂化轨道(hybrid orbital)。

原子轨道的杂化只发生在分子的形成过程中，是原子的外层轨道在原子核及键合原子的共同作用下发生的，孤立的原子不会发生杂化。

杂化后轨道在空间的分布使电子云更加集中，在与其他原子成键时重叠程度更大，成键能力更强，形成的分子更稳定。

杂化轨道的数目和类型，取决于参加杂化的原子轨道的数目和种类，决定了杂化轨道分布的形状和所形成分子的空间构型。

2. 杂化的类型与分子空间构型

在形成分子的过程中，通常存在着激发、杂化、轨道重叠等过程。根据参加杂化的原子轨道的种类和数目的不同，可以组成不同类型的杂化轨道，形成不同构型的分子。

1) sp杂化

中心原子的1个ns轨道和1个np轨道杂化形成2个sp杂化轨道，每个sp杂化轨道含有$\frac{1}{2}$s成分和$\frac{1}{2}$p成分，杂化轨道间的夹角为180°，空间构型为直线形。

例如气态的$BeCl_2$分子中，Be原子的基态价层电子构型为$2s^2$。成键时，Be原子的1个2s电子激发到2p轨道上，成为激发态$2s^1 2p^1$。Be原子的1个2s轨道与一个有1个电子占据的2p轨道进行sp杂化，形成2个能量相等、形状相同、伸展方向不同的sp杂化轨道：

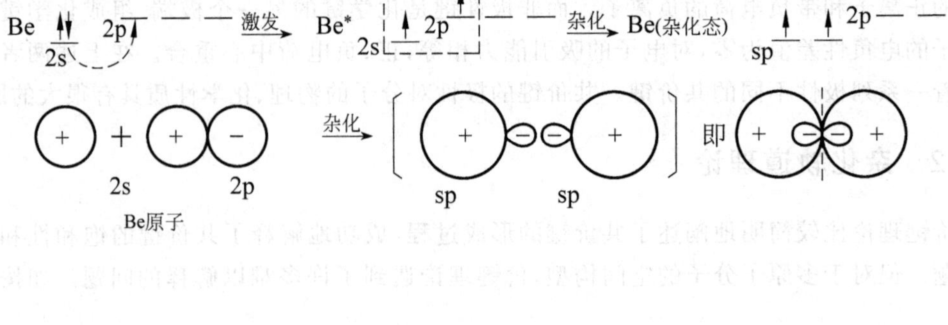

2 个 sp 杂化轨道分别与 2 个 Cl 原子的 3p 轨道重叠，形成 2 个 sp-p 型的 σ 键：

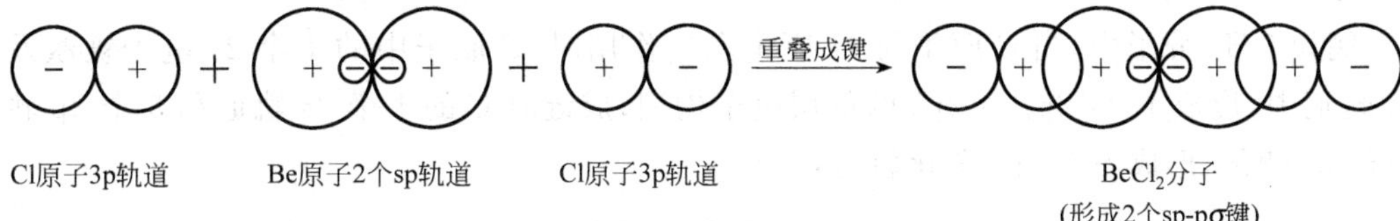

由于 2 个 sp 杂化轨道的夹角为 180°，因此形成的 $BeCl_2$ 分子的空间构型是直线形。杂化轨道理论对 $BeCl_2$ 分子结构的推测与实验测定的结果完全一致。

2) sp^2 杂化

中心原子的 1 个 ns 轨道和 2 个 np 轨道杂化形成 3 个 sp^2 杂化轨道，每个 sp^2 杂化轨道含有 $\frac{1}{3}$s 成分和 $\frac{2}{3}$p 成分，杂化轨道间的夹角为 120°，空间构型为平面三角形。

例如 BF_3 分子中，B 原子的价层电子构型为 $2s^2 2p^1$，当 B 原子与 F 原子发生作用时，B 原子中的 1 个 2s 电子被激发到一个空的 2p 轨道中，成为激发态 $2s^1 2p_x^1 2p_y^1$，这 3 个含有未成对电子的轨道进行 sp^2 杂化，形成 3 个能量相等、形状相同、伸展方向不同的 sp^2 杂化轨道：

B 2s 2p —激发→ B* 2s 2p —杂化→ B(杂化态) sp^2 2p

2s　2个2p轨道　B原子　—杂化→　3个sp^2杂化轨道

3 个 sp^2 杂化轨道分别与 3 个 F 原子的 2p 轨道重叠，形成 3 个 sp^2-p 型的 σ 键。因 3 个 sp^2 杂化轨道处于同一平面上，且轨道夹角为 120°，所以 BF_3 分子具有平面三角形的结构。杂化轨道理论对 BF_3 分子结构的推测与实验测定的结果完全一致。BF_3 分子的形成过程如下：

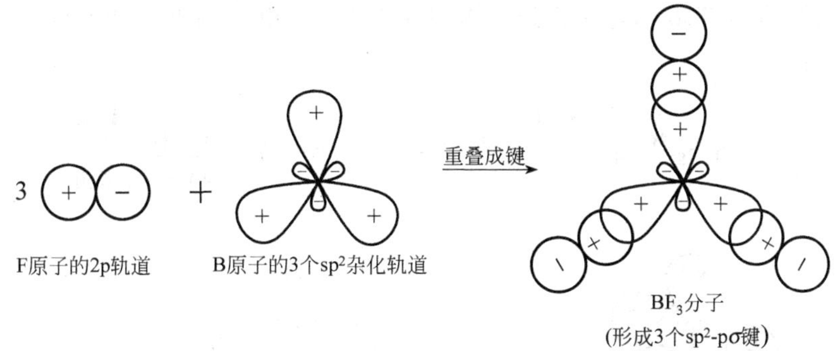

3) sp^3 杂化

中心原子的 1 个 ns 轨道与 3 个 np 轨道杂化形成 4 个 sp^3 杂化轨道，每个 sp^3 杂化轨道含有$\frac{1}{4}$s 成分和$\frac{3}{4}$p 成分，杂化轨道间的夹角为 109°28′，空间构型为正四面体。

例如 CH_4 分子中，当 C 原子与 H 原子发生作用时，C 原子中的 1 个 2s 电子被激发到 $2p_z$ 轨道中，形成了 $2s^1 2p_x^1 2p_y^1 2p_z^1$ 的价层电子构型，成键时 C 的 1 个 2s 轨道和 3 个 2p 轨道进行 sp^3 杂化，形成 4 个 sp^3 杂化轨道：

C 2s↑↓ 2p↑ ↑ — $\xrightarrow{激发}$ C* 2s↑ 2p↑ ↑ ↑ $\xrightarrow{杂化}$ C(杂化态) sp^3 ↑ ↑ ↑ ↑

4 个 sp^3 杂化轨道分别与 4 个 H 原子的 1s 轨道重叠，形成 4 个 sp^3-s 型的 σ 键。按最大重叠原理，4 个 C—H 键分别指向正四面体的 4 个顶点，键角为 109°28′，与实验测定的结果相符。CH_4 分子的形成过程如下：

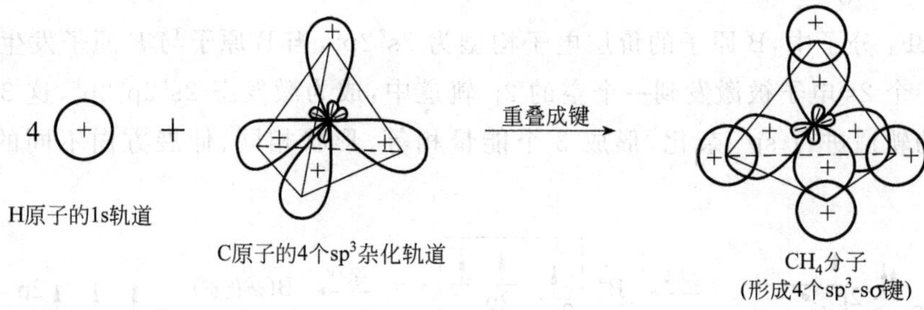

3. 等性杂化和不等性杂化

前面介绍的几种杂化轨道都是能量和空间占有体积完全相同的杂化轨道，这样的杂化称为等性杂化(even hybridization)。但在 H_2O 分子中，虽然中心 O 原子也采取 sp^3 杂化，但有 2 个杂化轨道各含有 1 个未成对的电子，另外 2 个杂化轨道则各含有 1 对电子，因此，它们在能量和空间占有体积上有所不同，这样的杂化称为不等性杂化(uneven hybridization)。

O 原子的 2 个含有未成对电子的杂化轨道分别与 2 个 H 原子的 1s 轨道重叠形成 2 个 sp^3-s 型的 σ 键。由于孤电子对所占用的杂化轨道其电子云比较密集，因此它对成键电子对所占用的杂化轨道起到排斥和压缩作用，结果使 2 个 O—H 键间的夹角被压缩成 104.5°，而不是正四面体的 109°28′，H_2O 的分子构型为 V 字形，电子构型为四面体。H_2O 分子的形成过程如下：

O 2s↑↓ 2p↑↓ ↑ ↑ $\xrightarrow{sp^3杂化}$ O (杂化态) ↑↓ ↑↓ ↑ ↑

4个sp^3杂化轨道

O H H　　:O: H H 104.5°

除了水分子外，NH_3 分子中的 N 原子也是 sp^3 不等性杂化，不同的是只有 1 个杂化轨道含有 1 对电子，其余 3 个杂化轨道各含有 1 个电子，可形成 3 个 σ 键。因 NH_3 分子中只有一对孤电子对，成键电子对所受的排斥和压缩作用小于水分子中的 O—H 键，所以 N—H 键之间的夹角为 107.3°，大于水分子中 O—H 键间的夹角，NH_3 的电子构型为四面体，分子构型为三角椎体。NH_3 分子的形成过程如下：

N ↑↓ 2s　2p ↑ ↑ ↑ $\xrightarrow{sp^3杂化}$ N（杂化态） ↑↓ ↑ ↑ ↑ 4个sp^3杂化轨道

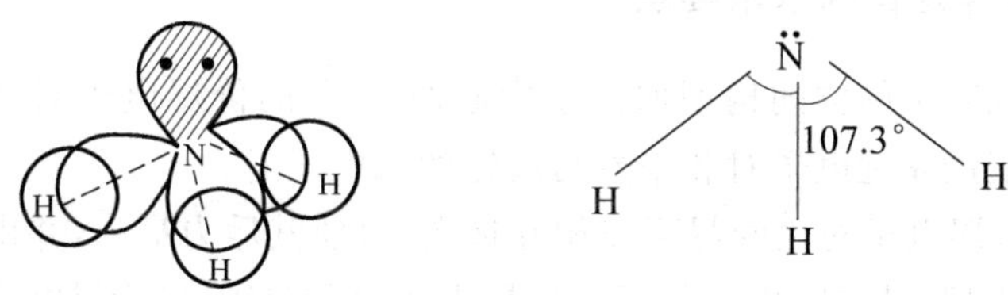

杂化轨道理论还可以解释一些分子的极性，例如 $BeCl_2$、BF_3 和 CH_4 分子中的键属于极性键，但整个分子的正负电荷中心重合，为非极性分子；而 H_2O、NH_3 分子的正负电荷中心不重合，为极性分子。

以上介绍了 s 轨道和 p 轨道的 3 种杂化形式，现简要归纳于表 2-7 中。

表 2-7　s-p 杂化与分子构型

杂化类型	sp	sp^2	sp^3		
用于杂化的原子轨道	1 个 s，1 个 p	1 个 s，2 个 p	1 个 s，3 个 p		
杂化轨道数	2 个 sp 杂化轨道	3 个 sp^2 杂化轨道	4 个 sp^3 杂化轨道		
杂化轨道空间形状	直线形	三角形	四面体		
杂化轨道中孤电子对数	0	0	0	1	2
分子空间构型	直线形	正三角形	正四面体	三角锥体	折线(V)形
实例	$BeCl_2$、CO_2 $HgCl_2$、C_2H_2	BF_3、BCl_3 CO_3^{2-}、NO_3^-	CH_4、$SiCl_4$ SO_4^{2-}、CCl_4	NH_3	H_2O
键角	180°	120°	109°28′	107.3°	104.5°
分子极性	无	无	无	有	有

在第三周期以后的元素原子中，其价层中除了含有 s、p 两种类型的轨道外，还含有 d 轨道，这些 d 轨道也能参与杂化，形成 s-p-d 类型的杂化轨道。

杂化轨道理论可以通过杂化轨道的类型，较好地解释多电子原子分子的空间构型，帮助人们了解这些分子的空间结构，继而掌握分子的性质。但对于任意一个共价分子，有时难于预测中心原子究竟采用什么杂化方式成键，因而影响了该理论的广泛适用性。

2.2.3 价层电子对互斥理论

价层电子对互斥理论(vallence shell electron pair repulsion theory),简称 VSEPR 法。这个理论在1940年由英国科学家西奇威克(N. V. Sidgwick)和美国科学家鲍威尔(H. M. Powell)首先提出,随后被加拿大科学家吉莱斯皮(R. J. Gillespie)和尼霍姆(R. S. Nyholm)进一步整理而成。虽然这个理论只是定性地说明问题,但对预测和推断 AX_n 型(A为中心原子,X为配位原子,n 为X的数目)多原子分子或离子的空间构型非常简便实用,便于掌握。

1. 价层电子对互斥理论的基本要点

(1) AX_n 型分子或离子的空间构型取决于中心原子 A 的价层电子对数。中心原子 A 的价层电子对是指价层的 σ 键电子对和未参与成键的孤电子对。

(2) 中心原子的价层电子对之间尽可能相互远离,以使其斥力最小,并由此决定了 AX_n 型分子或离子的空间构型。因此,中心原子的价层电子对数(VP)与价层电子对的空间构型之间的关系如表2-8所示。

表 2-8 价层电子对数与价层电子对的空间构型

价层电子对数(VP)	2	3	4	5	6
价层电子对的空间构型	直线形	平面三角形	四面体	三角双锥	八面体

(3) 价层电子对之间排斥力的大小与价层电子对数目、电子对的类型和电子对之间的夹角大小等因素有关,一般有以下规律:

① 中心原子周围的价电子对数目越多,斥力越大。

② 不同类型电子对间斥力大小有以下递变规律:

孤电子对－孤电子对＞孤电子对－成键电子对＞成键电子对－成键电子对

这是因为成键电子对受两个原子核的共同吸引,因此它们离中心原子的平均距离较远,对中心原子周围的其他电子对的排斥作用小,而孤电子对因只受中心原子的原子核吸引,它的运动范围离中心原子的原子核近,在中心原子的原子核周围占据的空间大,从而对其他电子对的排斥作用强。这种斥力还与是否形成 π 键以及中心原子与配位原子之间的电负性有关,形成重键的数目不同,斥力也不同:

叁键＞双键＞单键

这是因为重键比单键所含电子数量多,对其他电子对的排斥作用强。

③ 电子对间夹角越小,斥力越大。一般当电子对间夹角大于90°时,可不考虑电子对间斥力对分子空间结构的影响。

2. 推断分子或离子空间构型的步骤

根据 VSEPR 理论,可按以下步骤推断分子或离子的空间构型。

(1) 确定中心原子的价层电子对数 VP,推断价层电子对的空间构型。

对于 AX_n 型分子或离子,其价层电子对数的确定方法为:

$$VP=\frac{1}{2}(\text{中心原子价电子数}+\text{配位原子提供的价电子数}\pm\text{离子电荷数})$$

计算 VP 时有如下规定：

① 中心原子价电子数等于该元素所处的族数。

② 氢和卤素作为配位原子时，每个原子提供 1 个价电子，氧族元素作为配位原子可认为不提供价电子。

③ 公式中的“±离子电荷数”，负离子取“+”号，正离子取“−”号。

④ 若计算价层电子对数的结果出现小数(如 1.5)，则进为整数(2)；双键、叁键作为单键看待。

根据中心原子的价层电子对数，从表 2-8 中找到相应的电子对的空间构型。例如：H_2O 的中心原子 O 有 6 个价电子，加上两个配位的 H 原子提供的 2 个电子，O 周围的总电子数为 2+6=8，则电子对数为 4，价层电子对的空间构型为四面体；ClF_3 的中心原子 Cl 有 7 个价电子，3 个 F 原子提供 3 个电子，Cl 周围的总电子数为 7+3=10，电子对数为 5，价层电子对的空间构型为三角双锥；SO_4^{2-} 的中心原子 S 的价电子数为 6，而 4 个配位原子 O 不提供价电子，SO_4^{2-} 带 2 个负电荷，因此 S 周围的价电子对数为 $\frac{6+0+2}{2}=4$，价层电子对的空间构型为四面体；NO_2 的中心原子 N 有 5 个价电子，而 2 个配位原子 O 不提供价电子，因此 N 周围的价电子对数为 $\frac{5+0}{2}=2.5\approx3$，价层电子对的空间构型为平面三角形。

(2) 确定中心原子的孤电子对数 LP，成键电子对数 BP，推断分子或离子的空间构型。

若中心原子价层电子对数等于中心原子周围的配位原子数，则价层电子对都是成键电子对，价层电子对的空间构型就是该分子或离子的空间构型。如 BeH_2、BF_3、SO_4^{2-}、PCl_5、SF_6 分别是直线形、平面三角形、四面体、三角双锥和八面体。

若中心原子价层电子对中有孤电子对，分子或离子的空间构型将不同于价层电子对的空间构型。这时需要确定中心原子的成键电子对数 BP、孤电子对数 LP，通过分析各电子对之间相互排斥作用的大小，推断分子或离子的空间构型。其中孤电子对数 LP 等于价层电子对数 VP 减去成键电子对数 BP，例如：

NO_2 分子中 N 的价层电子对数近似为 3，其中有两对是成键电子对，一个成单电子当做一对孤电子对，所以 NO_2 分子的空间构型为 V 字形，O—N—O 键角约为 120°。

在 SF_4 分子中，中心原子 S 的价层电子对数为 $\frac{6+4}{2}=5$，其中四对成键电子对，一对孤电子对，孤电子对的排布方式有两种，如图 2-10 所示；两种排布方式中哪种更稳定，可根据三角双锥中成键电子对和孤电子对之间 90°夹角的排斥作用数目来判定。

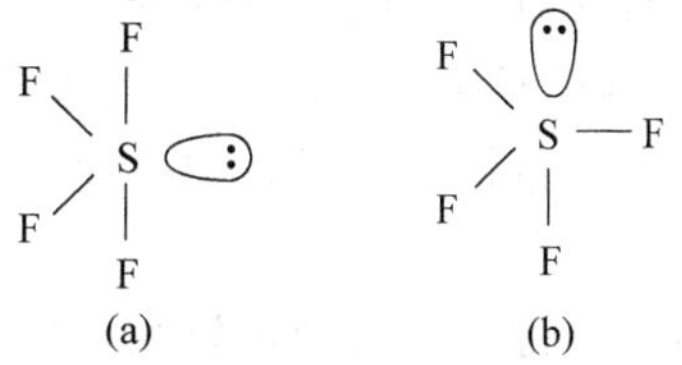

图 2-10　SF_4 分子两种可能的空间构型

从图 2-10 中可知，在(a)、(b)两种排布中，成键电子对和孤电子对之间 90°夹角的排斥作用数目分别为 2 和 3，因此(b)的斥力更大，所以 SF_4 分子采用(a)种排布，即为变形四面体。表 2-9 给出了价层电子对与分子或离子空间构型的关系。

表 2-9 价层电子对与分子或离子空间构型的关系

价层电子对(VP)	价层电子对空间构型	成键电子对(BP)	孤电子对(LP)	分子或离子空间构型	实例
2	直线形	2	0	直线形	$HgCl_2$、CO_2
3	平面三角形	3	0	平面三角形	BF_3、SO_3
		2	1	V 形	$PbCl_2$、SO_2
4	四面体	4	0	四面体	CH_4、SO_4^{2-}
		3	1	三角锥体	NH_3、SO_3^{2-}
		2	2	V 形	H_2O、ClO_2^-
5	三角双锥	5	0	三角双锥	PCl_5
		4	1	变形四面体	SF_4、$TeCl_4$
		3	2	T 形	ClF_3、BrF_3
		2	3	直线形	XeF_2、I_3^-
6	八面体	6	0	八面体	SF_6、$[AlF_6]^{3-}$
		5	1	四方锥	IF_5、$[SbF_5]^{2-}$
		4	2	平面正方形	XeF_4、ICl_4^-

3. 影响键角的因素

价层电子对的空间构型既包括成键电子对也包括孤电子对，而分子或离子的空间构型只考虑成键电子对数目以及周围的孤电子对对成键电子对空间结构的影响。如 NH_3 分子价层电子对数为 4，价层电子对的空间构型为四面体，但由于四面体的一顶角被 N 原子的一对孤电子对占据，对邻近的成键电子对有较大的排斥作用，使价电子对的理想排布发生变形，键角变小，形成三角锥的空间构型，键角为 107.3°<109°28′。又如 H_2O 分子，价层电子对的空间构型为四面体，而分子空间构型为 V 形，且键角由于受 2 对孤对电子影响而进一步被压缩为 104.5°。

对含有双键或叁键的分子或离子的空间构型进行推测时，可把重键当做一个单键对待。例如 CO_2、C_2H_2 和 BeF_2 一样都是直线形构型。

由于重键电子云在中心原子周围占据的空间比单键电子云大些，使斥力大小次序为：

叁键＞双键＞单键

因而含重键的分子键角较大，例如 F_2CO 分子：

F 123.2°
11.25° C=O
F

若中心原子(A)相同，随着配位原子电负性的增大，成键电子对的电子云将远离中心原子，对其他电子对的排斥作用减弱，键角变小。例如：NH_3 分子和 NF_3 分子，由于 F 原子的电负性(4.0)比 H 的电负性(2.1)大，吸引成键电子对的能力强，NF_3 分子中成键电子对离

N 原子较远，因而 NF_3 分子中成键电子对的排斥力小于 NH_3 分子成键电子对的排斥力，所以 NF_3 分子的键角(102°6′)小于 NH_3 分子的键角(107°18′)。

若配位原子(X)相同，随着中心原子电负性的增大，成键电子对的电子云将靠近中心原子，对其他电子对的排斥作用增强，键角将变大。例如：

分子	NH_3	PH_3	AsH_3	SbH_3
中心原子的电负性	3.0	2.1	2.0	1.9
键角	107°18′	93°20′	91°24′	91°18′

价层电子对互斥理论能成功地预测由第一、第二、第三周期元素所组成的多原子分子或离子的空间构型及键角变化等，但用此法判断含有 d 电子的过渡元素以及长周期主族元素形成的分子时常与实验结果有出入。同时，它也无法解释多原子分子中共价键的形成原因和相对稳定性。

以上讨论的价键理论、杂化轨道理论和价层电子对互斥理论，总的说来模型直观，比较好地解释了分子共价键的形成和分子的空间构型。但上述理论具有局限性，认为分子中的电子仍属于原来的原子，成键后的共用电子对只在两个成键原子之间的小区域内运动，没有把分子作为一个整体来全面考虑，因而遇到了不少困难。例如，按照价键理论，O_2 分子中的两个氧原子之间形成了一个 σ 键和一个 π 键，分子中所有的电子均已配对。但从 O_2 分子的磁性实验可知，O_2 分子具有磁性，易被磁场吸引，这就说明在 O_2 分子中含有未成对电子，这是价键理论无法解释的。又如，实验证明可存在 H_2^+，即一个 H 原子和一个 H^+ 离子共用一个未成对电子，形成一个单电子的共价键，这也与价键理论中认为共价键的形成需要电子配对的基础相矛盾。1932 年，美国化学家密立根(R. A. Millikan)和德国化学家洪特(F. Hund)提出了分子轨道理论(molecular orbital theory)。

2.2.4 分子轨道理论

分子轨道理论着眼于分子的整体性，它把分子作为一个整体来考虑，比较全面地反映了分子内部电子的各种运动状态。分子轨道理论认为原子在形成分子时，所有电子对成键都有贡献，分子中的电子不再属于个别原子，而是在分子中运动。这样，对分子中的各种成键形式、成键过程的能量变化及分子的空间结构问题都能给出很好的解释。因此，分子轨道理论在共价键理论中占有非常重要的地位。

1. 分子轨道理论的基本要点

(1) 分子中的电子围绕整个分子运动，其运动状态可用分子轨道波函数 ψ 来描述，每个分子轨道都有相应的能量和形状。ψ^2 是指分子中电子在各处出现的概率密度，或称为分子的电子云。

(2) 分子轨道由组成分子的各原子轨道组合而成。n 个原子轨道可以组成 n 个分子轨道，其中有 $n/2$ 个分子轨道的能量低于原来原子轨道的能量，叫成键分子轨道(bonding molecular orbital)；$n/2$ 个分子轨道的能量高于原来原子轨道的能量，叫反键分子轨道

(antibonding molecular orbital)。如两个 Li 原子形成 Li_2 分子时，两个 Li 原子的 1s 轨道经组合后形成了两个分子轨道；同时，每个 Li 原子的 2s 轨道也组合成两个分子轨道，即形成 Li_2 分子时，两个 Li 原子的 4 个原子轨道经组合后形成 4 个分子轨道，其中有两个分子轨道所具有的能量分别低于 Li 原子的 1s 轨道和 2s 轨道的能量，有两个分子轨道所具有的能量分别高于 Li 原子的 1s 轨道和 2s 轨道的能量，可用图形表示如下：

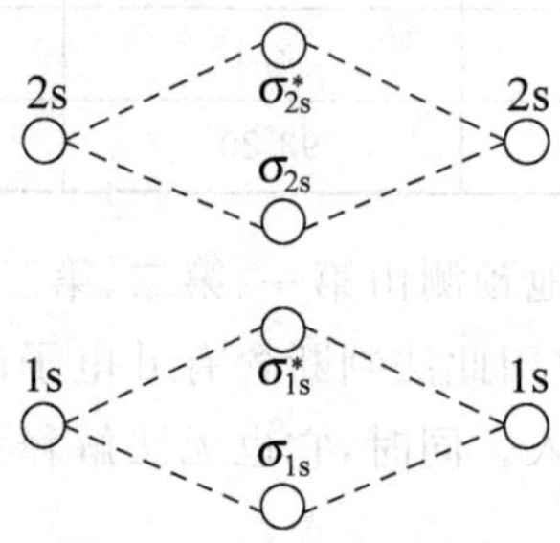

而且成键轨道放出的能量等于反键轨道吸收的能量，因此分子轨道的总能量和原来原子轨道的能量是相等的。

(3) 电子在分子中的排布像电子在原子中的排布一样，也遵守泡利不相容原理、能量最低原理和洪特规则。

2. 分子轨道的形成

原子轨道组合成分子轨道需要符合对称性匹配、能量相近和最大重叠三个成键原则，这些原则是有效组成分子轨道的必要条件。

(1) 对称性匹配原则

原子轨道有正、负号之分，我们将原子轨道的正值部分与正值部分组合、负值部分与负值部分组合称为对称性匹配，只有对称性匹配才能组成成键分子轨道；而正值部分与负值部分组合称为对称性不匹配，只能组成反键分子轨道。

(2) 能量相近原则

能量相近原则是要求组成分子轨道的原子轨道能量相近，并且原子轨道的能量越相近，形成分子轨道的能量就越低。如果两个原子轨道的能量相差很大，则具有较高能量原子的轨道中的电子将迁移至能级较低的原子的原子轨道中，从而只能形成离子键。

(3) 最大重叠原则

在对称性匹配的条件下，原子轨道的重叠程度越大，成键轨道相对于原来的原子轨道的能量降低值越大，形成的化学键越稳定。

在上述三个原则中，对称性匹配原则是最基本的原则，它决定了原子轨道能否组成成键分子轨道，而能量相近原则和最大重叠原则只是决定了组合的效率，即形成共价键的强度大小。

3. 分子轨道的形状与能级图

分子轨道的形状可以通过原子轨道的组合近似地图示如下：

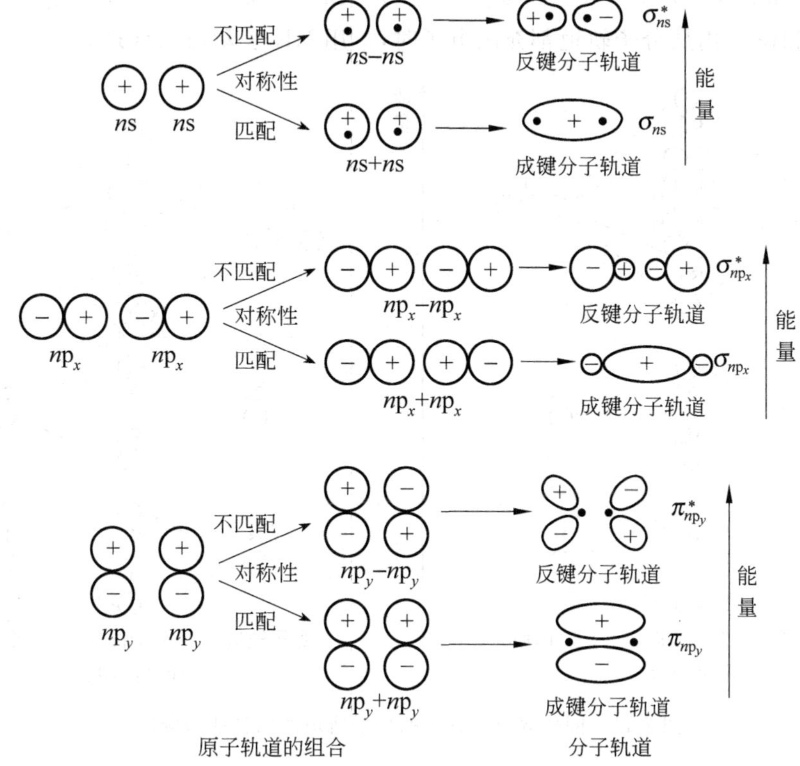

同理，当 2 个原子的 np_z 原子轨道沿着 x 轴的方向相互接近，可组合成 π_{np_z} 成键分子轨道和 $\pi_{np_z}^*$ 反键分子轨道。π_{np_y} 轨道与 π_{np_z} 轨道，$\pi_{np_y}^*$ 轨道与 $\pi_{np_z}^*$ 轨道，其形状相同，能量相等，只是空间取向互成 90°角。

每个分子轨道都有相应的能级，这些轨道的能级顺序目前主要由光谱实验数据来确定。将分子中各分子轨道的能级按顺序排列，可以得到分子轨道能级图。图 2-11 是第二周期元素形成的同核双原子分子的分子轨道能级顺序图。

由能量相近原则可知，两个相同原子形成双原子分子时，只能是能量相近的 1s 与 1s、2s 与 2s、2p 与 2p 原子轨道组合形成分子轨道。但 2s、2p 轨道形成的分子轨道的能级也受二者能级差的影响。当 2s 与 2p 轨道能量相差较大时，同核双原子分子的分子轨道能级如图 2-11(a)所示。此时 $E(\pi_{2p})>E(\sigma_{2p})$，$E(\pi_{2p}^*)<E(\sigma_{2p}^*)$；但当 2s 与 2p 轨道的能量相差较小时，最终的分子轨道能级顺序如图 2-11(b)所示，其中 $E(\pi_{2p})<E(\sigma_{2p})$，$E(\pi_{2p}^*)<E(\sigma_{2p}^*)$。

在第二周期的各元素中，只有 O 和 F 原子的 2s、2p 原子轨道的能量相差足够大，形成分子轨道时 2s、2p 轨道不能有效重叠，因此形成的 O_2、F_2 分子的分子轨道能级顺序如图 2-11(a)所示；而 N、C、B 等原子的 2s、2p 轨道能量接近，在形成双原子分子时它们之间也产生重叠，最终形成了如图 2-11(b)所示的分子轨道能级顺序。

所以，第二周期元素所组成的同核双原子分子中，从 Li_2 到 N_2 的分子轨道能级排列顺序为：

$$(\sigma_{1s})(\sigma_{1s}^*)(\sigma_{2s})(\sigma_{2s}^*)(\pi_{2p_y})=(\pi_{2p_z})(\sigma_{2p_x})(\pi_{2p_y}^*)=(\pi_{2p_z}^*)(\sigma_{2p_x}^*)$$

F_2、O_2 分子的分子轨道排列式为：

$$(\sigma_{1s})(\sigma_{1s}^*)(\sigma_{2s})(\sigma_{2s}^*)(\sigma_{2p_x})(\pi_{2p_y})=(\pi_{2p_z})(\pi_{2p_y}^*)=(\pi_{2p_z}^*)(\sigma_{2p_x}^*)$$

当(σ_{1s})和(σ_{1s}^*)内层分子轨道都充满电子时，常用 KK 表示$(\sigma_{1s})^2(\sigma_{1s}^*)^2$。

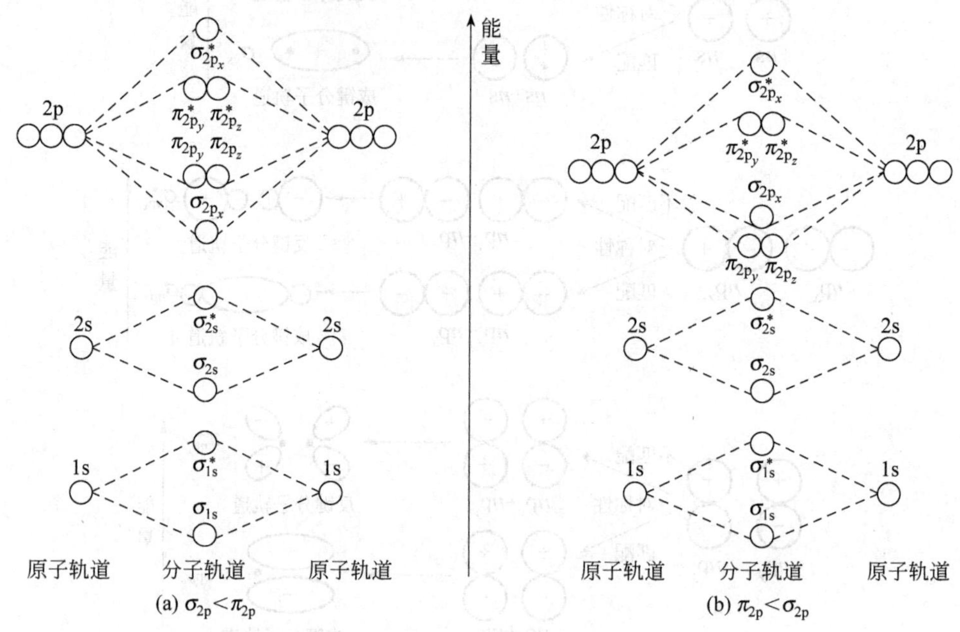

图 2-11　同核双原子分子的分子轨道的两种能级顺序

4. 分子轨道理论的应用

1) O_2 的结构

O_2 的分子轨道式为：$KK(\sigma_{2s})^2(\sigma_{2s}^*)^2(\sigma_{2p_x})^2(\pi_{2p_y})^2(\pi_{2p_z})^2(\pi_{2p_y}^*)^1(\pi_{2p_z}^*)^1$。

在 O_2 分子中，$(\sigma_{2s})^2$ 和$(\sigma_{2s}^*)^2$ 各填满 2 个电子，由于能量的升高和降低互相抵消，相当于这些电子没有成键。实际上，在 O_2 分子中对成键有贡献的是$(\sigma_{2p_x})^2$ 构成 O_2 分子中的 1 个 σ 键，$(\pi_{2p_y})^2(\pi_{2p_y}^*)^1$ 构成 O_2 分子的 1 个三电子 π 键，$(\pi_{2p_z})^2(\pi_{2p_z}^*)^1$ 构成 O_2 分子的另一个三电子 π 键。所以 O_2 的结构为：

:O ⁝⁝⁝ O:

说明分子中存在 2 个自旋方向相同的成单电子(具有顺磁性)，这与实验事实恰好相符。

O_2 分子所具有的结构是价键理论无法解释的，但是用分子轨道理论处理就会很自然地得出结论。

三电子 π 键中有 1 个电子在反键轨道上，这就削弱了键的强度，三电子 π 键不如双电子 π 键牢固，所以，1 个三电子 π 键相当于半个 π 键，2 个三电子 π 键相当于 1 个正常 π 键。从这个角度来看，分子中仍相当于 O═O 双键，但由于存在三电子 π 键，有未成对的电子和未充满的轨道，所以表现出较大的活性。

2) N_2 的结构

N_2 的分子轨道式为：$KK(\sigma_{2s})^2(\sigma_{2s}^*)^2(\pi_{2p_y})^2(\pi_{2p_z})^2(\sigma_{2p_x})^2$。

在 N_2 中，$(\sigma_{2s})^2$ 和$(\sigma_{2s}^*)^2$ 对成键没有贡献，只有$(\pi_{2p_y})^2(\pi_{2p_z})^2(\sigma_{2p_x})^2$ 对成键有贡献，共

形成 3 个键，1 个 σ 键和 2 个 π 键，而且分子中 π 轨道的能量较低，使系统的能量大大下降，所以 N_2 具有特殊的稳定性。

3）键级和分子的稳定性

分子所具有的稳定性，在分子轨道理论中常用键级（bond order）的大小来衡量，键级表示两个相邻原子之间成键的强度。

$$\text{键级}=\frac{1}{2}(\text{成键轨道电子数}-\text{反键轨道电子数})$$

一般来说，键级越大，键长越短，所形成的键越牢固，分子就越稳定，如果键级为零，表示两个原子不能成键形成分子。如：

$$N_2\ \text{的键级}=\frac{1}{2}(8-2)=3,\quad O_2\ \text{的键级}=\frac{1}{2}(8-4)=2$$

因 N_2 的键级比 O_2 的键级大，所以 N_2 比 O_2 稳定。

键级的大小与键能的大小有关，一般来说键级越大，键能越大。如：

分子或离子	He_2	H_2^+	H_2	N_2
键级	$\frac{2-2}{2}=0$	$\frac{1-0}{2}=0.5$	$\frac{2-0}{2}=1$	$\frac{8-2}{2}=3$
键能/($kJ\cdot mol^{-1}$)	0	256	436	946

键级只能定性地推断键能的区别，粗略地估计分子结构稳定性的大小，事实上键级相同的分子，其稳定性也可能有差别。

例题 2-2　通过键级判断 Be_2 和 B_2 能否稳定存在。

解　因为 Be 原子核外电子排布为 $1s^2 2s^2$，所以 Be_2 的分子轨道式为 $KK(\sigma_{2s})^2(\sigma_{2s}^*)^2$。

Be_2 的键级 $=\frac{1}{2}(2-2)=0$，故 Be_2 不能存在。

因为 B 原子核外电子排布为 $1s^2 2s^2 2p^1$，所以 B_2 的分子轨道式为 $KK(\sigma_{2s})^2(\sigma_{2s}^*)^2(\pi_{2p_y})^1(\pi_{2p_z})^1$。

B_2 的键级 $=\frac{1}{2}(4-2)=1$，故 B_2 能存在。

2.2.5 共价晶体

共价晶体即我们熟知的原子晶体（atomic crystal），其晶格结点上排列的是原子，原子之间通过共价键相互结合，因此称为共价晶体。共价晶体中不存在独立的小分子，可将整个晶体看成由无数多个原子组成的巨大分子。由于共价键的结合力很强，要破坏这些共价键需要很大的能量，所以共价晶体的特点是熔点很高，硬度很大。共价晶体通常情况下导电、导热性差，熔融状态下也不能导电，在大多数溶剂中不溶解。例如金刚石就是共价晶体，它的熔点高达 3750℃，是自然界中硬度最大的晶体。

在金刚石晶体中，每个碳原子都以 sp^3 杂化形式与相邻的 4 个碳原子形成共价键，形成正四面体的结构，如图 2-12 所示。

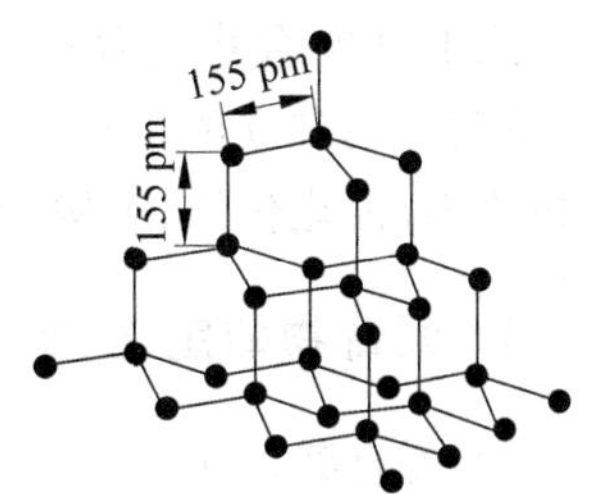

图 2-12　金刚石的结构

除金刚石共价晶体外，碳化硅(SiC)、石英(SiO_2)、氮化铝(AlN)等固体也是共价晶体。由于共价晶体具有良好的隔热、耐高温性能，常被作为绝热、保温、耐热材料等；因其具有很高的硬度，常被用作耐磨材料等。

2.3 配位键和配位化合物

2.3.1 配位键

配位键(coordination bond)是由一个成键原子单独提供共用电子对，另一个成键原子提供空轨道而形成的共价键。如在 NH_3 与 H^+ 形成 NH_4^+ 时，NH_3 分子中 N 原子含有孤电子对，H^+ 离子中有空的 s 轨道，这样，氮原子的孤电子对就可以进入 H^+ 的空轨道中，形成一个配位共价键。

$$H-\overset{\displaystyle H}{\underset{\displaystyle H}{\overset{|}{\underset{|}{N}}}}: + H^+ \longrightarrow \left[H-\overset{\displaystyle H}{\underset{\displaystyle H}{\overset{|}{\underset{|}{N}}}}\rightarrow H \right]^+$$

同样，CO 分子也是以 x 轴方向成键的，C 原子中的两个未成对电子分别占据 p_x、p_y 轨道，与 O 原子的 p_x、p_y 轨道中的未成对电子分别形成一个 σ 键和一个 π 键。同时，它们的 p_z 轨道也以"肩并肩"的方式发生重叠，但 C 原子的 p_z 轨道是一个空轨道，而 O 原子的 p_z 轨道中含有一对孤电子对，因此，在 z 轴方向上 C 原子与 O 原子之间形成了一个具有镜面反对称的 π 配位键。CO 的价键结构式为

$$C \overset{\longleftarrow}{=} O$$

配位共价键也有 σ 键和 π 键之分，通常在分子结构式中以"→"符号表示配位键，箭头所指的原子为电子对接受体。需要说明的是：配位键与正常共价键的区别只在于化学键的形成过程，配位键中共用电子对的来源与正常共价键是不同的，但配位键一旦形成，与正常的共价键就没有区别了，如在 NH_4^+ 离子中，4 个 N—H 键是完全相同的，CO 分子中的两个 π 键也是完全相同的，不会因为其中某个键的电子对来源不同而产生差别。

2.3.2 配合物的基本概念

配位化合物(coordination compound)简称配合物，旧称络合物(complex)，是一类组成复杂、种类繁多、应用广泛的化合物。早在 18 世纪初期人类就已制备出配合物：KCN · $Fe(CN)_2$ · $Fe(CN)_3$。

人们在配合物的合成、性质、结构和应用方面做了大量的工作，使配合物的研究迅速发展，成为一门独立的学科——配位化学(coordination chemistry)，并且广泛地渗透到分析化学、有机化学、催化化学、结构化学和生物化学等各个领域，已成为无机化学发展的主要方向。

1. 配合物的定义、组成、命名

1) 配合物的定义

在 1980 年中国化学会公布的《无机化学命名原则》中，配位化合物的定义为："配位化

合物是由可以给出孤对电子或多个不定域电子的一定数目的离子或分子(称为配体)和具有接受孤对电子或多个不定域电子的空位的原子或离子(统称中心原子)按一定的组成和空间构型所形成的化合物。”

通常把由一定数目的配体(ligand)与形成体(formed body)所形成的复杂分子或离子称为配位个体(coordination unit)或配位单元。配位个体可以是配阳离子,如$[Ag(NH_3)_2]^+$和$[Cu(NH_3)_4]^{2+}$;配阴离子,如$[PtCl_6]^{2-}$;也可以是不带电荷的中性配位分子,如$Ni(CO)_4$,配位分子本身就是配合物。

配位个体与异号电荷的离子结合即形成配合物,如$[Ag(NH_3)_2]Cl$、$K_2[PtCl_6]$、$[Cu(NH_3)_4]SO_4$、$Ni(CO)_4$ 等均为配合物。

2) 配合物的组成

配合物由内界(inner sphere)和外界(outer sphere)两部分组成。内界就是配位个体,是配合物的核心部分,是由形成体(亦称中心离子或中心原子)和配位体(简称配体)通过配位键结合而成的一个相对稳定的整体,一般用方括号标明。配合物中与内界具有相反电荷的离子是外界,由于配合物是电中性的,因此配位个体与外界离子所带电荷的数量相同、符号相反。$Ni(CO)_4$、$[PtCl_4(NH_3)_2]$等中性配位个体没有外界;在配合物$[Pt(Py)_4][PtCl_4]$中,可以认为$[Pt(Py)_4]^{2+}$和$[PtCl_4]^{2-}$均为内界,或者认为二者互为内外界。

(1) 形成体

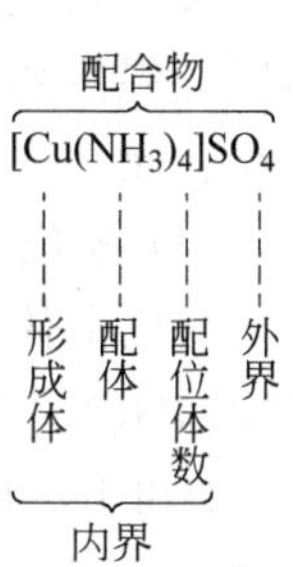

组成配位个体的金属离子或原子统称为配合物的形成体,形成体位于配位个体的中心,是配位个体的核心部分。配合物的形成体多为过渡元素的离子或原子,如$[Ag(NH_3)_2]^+$、$[Cu(NH_3)_4]^{2+}$、$K_2[PtCl_6]$和 $Ni(CO)_4$ 中的 Ag^+、Cu^{2+}、Pt^{4+}和 Ni 均为配合物的形成体。

(2) 配体和配位原子

在配位个体中,提供孤电子对的离子或分子称为配体,如 OH^-、CN^-、X^-(卤离子)等离子以及 H_2O、NH_3 等分子。配体中提供孤电子对与形成体形成配位键的原子称为配位原子(coordination atom),常见的配位原子为电负性较大的非金属原子,如 X(卤素)、O、S、C、N、P 等。

按配体中所含配位原子数目的多少,可将配体分为单齿配体(monodentate ligand)和多齿配体(multidentate ligand)。只含有一个配位原子的配体称为单齿配体,如 :X^-、H_2O:、:NH_3、:CO(羰基)、:CN^-、:OH^-、:ONO^-(亚硝酸根)、:NO_2^-、:SCN^-(硫氰酸根)、:NCS^-(异硫氰酸根)、Py(吡啶)等。

含有 2 个或 2 个以上配位原子的配体称为多齿配体,如:

乙二胺(en)　$H_2\ddot{N}—CH_2—CH_2—\ddot{N}H_2$

草酸根(OX)　$^-\ddot{O}(O=)C—C(=O)\ddot{O}^-$

氨基乙酸　$\ddot{N}H_2—CH_2—C(=O)\ddot{O}H$

邻菲罗啉(*o*-phen)

联吡啶(bpy)

以上五个配体都是二齿配体。

乙二胺四乙酸(H_4Y)

$$\begin{array}{c}\mathrm{HO\ddot{O}(O{=})C{-}CH_2} \quad\quad\quad\quad \mathrm{CH_2{-}C({=}O)\ddot{O}H}\\ \diagdown\ddot{N}-CH_2-CH_2-\ddot{N}\diagup \\ \mathrm{HO\ddot{O}(O{=})C{-}CH_2} \quad\quad\quad\quad \mathrm{CH_2{-}C({=}O)\ddot{O}H}\end{array}$$

乙二胺四乙酸又称 EDTA,是六齿配体。

(3) 配位数

配位个体中直接与形成体相连的配位原子的数目称为配位数(coordination number),是形成体与配体形成配位键的数目。如$[Ag(NH_3)_2]^+$中Ag^+的配位数是 2,$[Cu(en)_2]^{2+}$和$[Cu(NH_3)_4]^{2+}$中Cu^{2+}的配位数是 4,在$K_2[PtCl_6]$、$[Fe(CN)_6]^{4-}$中Pt^{4+}、Fe^{2+}的配位数是 6。在配合物中,形成体的配位数可以从 1 到 12。而最常见的配位数是 4 和 6。

形成体的配位数＝单齿配体个数＝配位原子的个数

形成体配位数的多少取决于形成体和配体的电荷、半径及核外电子的排布。一般来说,形成体所带正电荷越多,配位数越大;形成体半径越大,配位数也越大。与此相反,配体所带的负电荷越高,配位数越小;配体的半径越大,配位数也越小。此外,配体的浓度和反应温度对配位数也有影响,如增大配体的浓度,降低反应的温度,有利于生成高配位的配合物。

(4) 配位个体的电荷

配位个体的电荷等于形成体的电荷与配体总电荷的代数和。例如$[Ag(NH_3)_2]^+$、$[Cu(NH_3)_4]^{2+}$中,由于配体是中性分子,所以配位个体的电荷就等于形成体的电荷,分别为＋1 和＋2;而在$[CoCl_6]^{3-}$、$[Fe(CN)_6]^{4-}$中,由于形成体和配体都带电荷,所以配位个体的电荷分别为$(+3)+(-1)\times 6=-3$和$(+2)+(-1)\times 6=-4$。

如果配位个体带正电荷或负电荷,为了保证配合物的电中性,其外界必带与配位个体相反的等量电荷。因此,根据外界所带电荷数,也可判断配位个体的电荷数。如$K_2[PtCl_6]$中配位个体的电荷数为－2。

3) 配合物的命名

配合物的命名(nomenclature)原则与一般无机化合物的命名原则相同,不同之处在于配合物的内界。内界中,以"合"字将配体与形成体连接起来,并按如下格式命名:

配体数——配体名称——"合"——形成体名称(形成体氧化数)

其中配体数用一、二、三、四、……表示,氧化数用罗马数字Ⅰ、Ⅱ、Ⅲ……表示,几种不同配体之间要用"·"隔开。

配体的命名次序为:先无机配体,后有机配体;先负离子,后中性分子;若配体均为负离子或均为中性分子时,按配位原子元素符号的英文字母顺序排列。

命名实例如下:

$[Co(NH_3)_6]Cl_3$	三氯化六氨合钴(Ⅲ)
$[Fe(en)_3]Br_3$	三溴化三(乙二胺)合铁(Ⅲ)
$K[Ag(SCN)_2]$	二硫氰酸根合银(Ⅰ)酸钾
$K[Pt(NH_3)Cl_3]$	三氯·一氨合铂(Ⅱ)酸钾

$H_2[PtCl_6]$	六氯合铂(Ⅳ)酸
$[Ag(NH_3)_2]OH$	氢氧化二氨合银(Ⅰ)
$[Co(NH_3)_5(H_2O)]_2(SO_4)_3$	硫酸五氨·一水合钴(Ⅲ)
$[Pt(Py)_4][PtCl_4]$	四氯合铂(Ⅱ)酸四吡啶合铂(Ⅱ)
$[Fe(CO)_5]$	五羰基合铁(0)
$K_2[SiF_6]$	六氟合硅(Ⅳ)酸钾
$[Co(ONO)(NH_3)_5]CO_3$	碳酸一亚硝酸根·五氨合钴(Ⅲ)
$[Co(NO_2)_3(NH_3)_3]$	三硝基·三氨合钴(Ⅲ)
$NH_4[Cr(NCS)_4(NH_3)_2]$	四异硫氰酸根·二氨合铬(Ⅲ)酸铵

2. 螯合物

螯合物(chelate)是由形成体与多齿配体形成的具有环状结构的配合物。如乙二胺四乙酸(EDTA)有 6 个配位原子(2 个氨基氮和 4 个羧基氧)。一个 EDTA 配体能与一个金属离子配合，形成配位数为 6 的配合物。这种配合物具有环状结构，比简单配合物稳定。如图 2-13 所示。

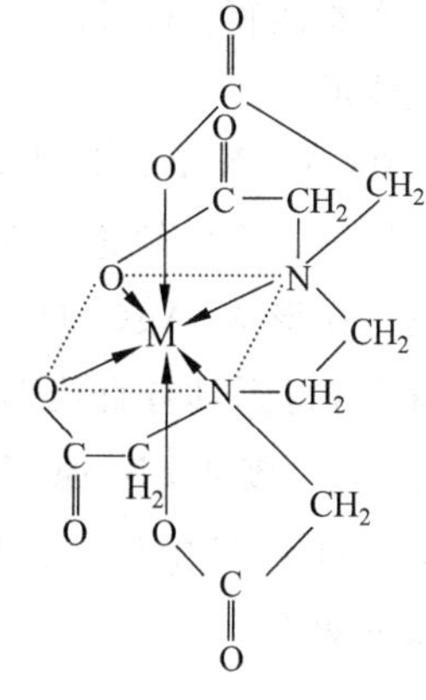

图 2-13　螯合物的空间结构

由图 2-13 可见，一共形成 5 个环，每个环都有 5 个原子，每一个五原子环上与金属离子直接配位的 2 个原子很像螃蟹的两个螯，把金属离子紧紧地钳住，这种配合物就是螯合物。

螯合物中的配体数虽然小于配位数，但由于具有环状结构，使其具有特殊的稳定性。一般来说，成环数目越多，螯合物越稳定，具有五原子环或六原子环的螯合物最稳定。由于螯合物结构复杂，且多具有特殊颜色，常用于金属离子的鉴定、溶剂萃取、比色定量分析工作中。

2.3.3　配合物的化学键理论

配合物中的化学键主要指形成体与配体之间形成的配位键。配合物中的化学键理论与分子结构中的化学键理论相比，具有以下 3 个特点：

(1) 在配合物中，形成体多为过渡元素，次外层 d 轨道未充满电子，而且 $(n-1)$d、ns、np 轨道，甚至 nd 轨道的能量相近，因此容易激发和杂化，从而使得 d 轨道也参与成键。

(2) 在配合物中要考虑形成体 d 轨道的两种价态——最低能态和激发态。因为这些状态的存在涉及配位个体的颜色和光的吸收，同时也受到配体的影响。

(3) 多数配合物中含有未成对的电子，从而表现出顺磁性，这些也受到配体的影响。

根据以上 3 个特点，目前用来解释配合物化学键的理论主要有价键理论、晶体场理论和配位场理论。这里介绍价键理论和晶体场理论(crystal field theory，CFT)，配位场理论(ligand field theory，LFT)将在知识扩展篇中简介。

1. 配合物的价键理论

配合物的价键理论是鲍林将杂化轨道理论应用于配合物中逐渐形成和发展起来的。该理论概念简单明确，能解释许多配合物形成体的配位数、配位个体的空间构型、磁性和稳定性。

1）基本要点

价键理论认为：形成体与配体之间是通过配位键结合的，在形成配位个体时，形成体提供空轨道，配体提供孤电子对。为了提高成键能力，形成体提供的空轨道（s、p、d 或 s、p）必须先进行杂化，形成数目相等的杂化轨道。杂化轨道分别与配体中配位原子的孤电子对轨道在一定的方向彼此接近，发生最大程度的重叠，从而形成 σ 配位键，构成各种不同构型的配合物。

形成体的配位数、配位个体的空间构型和稳定性，主要取决于形成体所提供的杂化轨道的数目和类型。

根据这个基本理论，我们可以解释各种构型的配位个体。

2）不同配位数的配位个体构型

（1）配位数为 2 的配位个体形成

实验测得$[Ag(NH_3)_2]^+$配位个体中 2 个 $Ag^+ \longleftarrow NH_3$ 键的键能、键长相等，空间构型为直线形。

在$[Ag(NH_3)_2]^+$中，形成体是 Ag^+，配体是 2 个 NH_3。在形成$[Ag(NH_3)_2]^+$时，需要 Ag^+ 提供 2 个空轨道。Ag^+ 的价层电子排布为 $4d^{10}5s^0 5p^0$，4d 轨道全满，5s 轨道和 5p 轨道全空。在形成$[Ag(NH_3)_2]^+$配位个体时，形成体 Ag^+ 提供了 1 个 5s 和 1 个 5p 空轨道进行 sp 杂化，得到具有直线形的 2 个等价的 sp 杂化轨道。两个配体 NH_3 分子分别从两头沿直线与 Ag^+ 接近，N 原子上的孤对电子填入空的 sp 杂化轨道，形成 σ 配位键，因此$[Ag(NH_3)_2]^+$配位个体具有直线形构型。$[Ag(NH_3)_2]^+$配位个体的形成过程可用轨道图示表示如下：

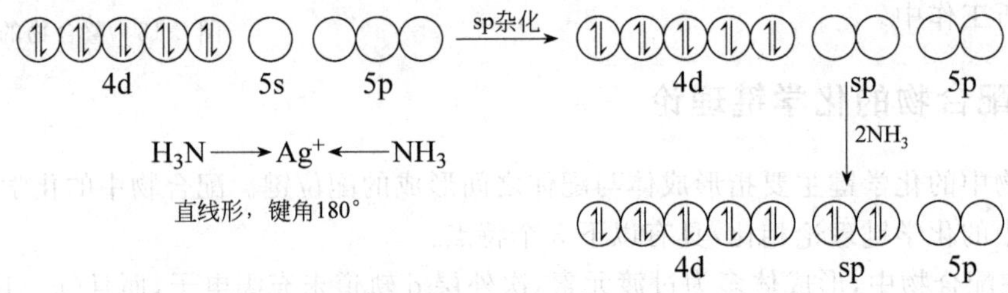

（2）配位数为 4 的配位个体形成

① $[Zn(NH_3)_4]^{2+}$配位个体的形成

实验测得$[Zn(NH_3)_4]^{2+}$配位个体中 4 个 $Zn^{2+} \longleftarrow NH_3$ 键的键能、键长相等，空间构型为正四面体。

Zn^{2+} 的价层电子排布为 $3d^{10}4s^0 4p^0$，外层有 1 个 4s、3 个 4p 共 4 个空轨道。价键理论认为，Zn^{2+} 与 NH_3 形成$[Zn(NH_3)_4]^{2+}$时，Zn^{2+} 外层空的 1 个 4s 轨道和 3 个 4p 轨道先进行 sp^3 杂化，形成具有正四面体构型的 4 个等价的 sp^3 杂化轨道，4 个 NH_3 分子中的 N 原子各提供一对孤电子对进入 sp^3 杂化轨道，形成 4 个 σ 配位键。所以 Zn^{2+} 的配位数是 4，$[Zn(NH_3)_4]^{2+}$空间构型为正四面体。$[Zn(NH_3)_4]^{2+}$配位个体的形成过程可用轨道图示表示如下：

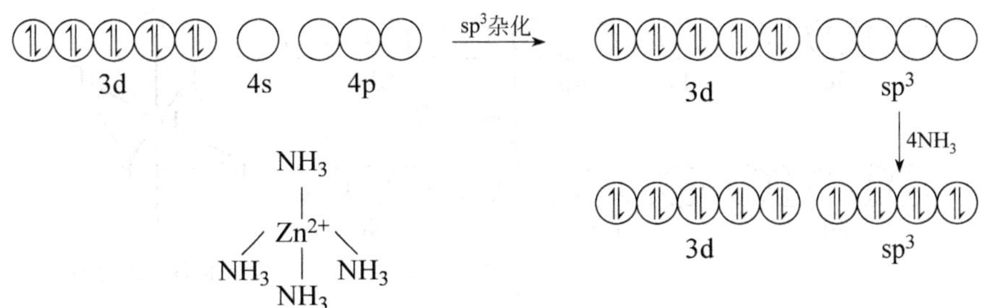

② $[Ni(CN)_4]^{2-}$ 配位个体的形成

实验测得 Ni^{2+} 具有顺磁性，$[Ni(CN)_4]^{2-}$ 配位个体具有反磁性，4 个 $Ni^{2+} \leftarrow CN^-$ 键的键能、键长相等，空间构型为平面正方形。

Ni^{2+} 的价层电子排布为 $3d^8 4s^0 4p^0$，轨道中有 2 个自旋方向相同的未成对电子，因此具有顺磁性。但当 Ni^{2+} 与 4 个 CN^- 离子形成配位个体时，原来 3d 轨道上的 2 个未成对电子合并到 1 个 3d 轨道上，腾出了 1 个 3d 轨道，与外层的 1 个 4s 轨道和 2 个 4p 轨道杂化形成 4 个等价的 dsp^2 杂化轨道，dsp^2 杂化轨道在空间的最小排斥是伸向平面正方形的 4 个顶角，键角 90℃，4 个 CN^- 离子中的 C 原子各提供一对孤电子对进入 dsp^2 杂化轨道，形成 4 个 σ 配位键。Ni^{2+} 的配位数是 4，$[Ni(CN)_4]^{2-}$ 空间构型为平面正方形，在 $[Ni(CN)_4]^{2-}$ 中电子均已成对，因此具有反磁性。$[Ni(CN)_4]^{2-}$ 配位个体的形成过程可用轨道图示表示如下：

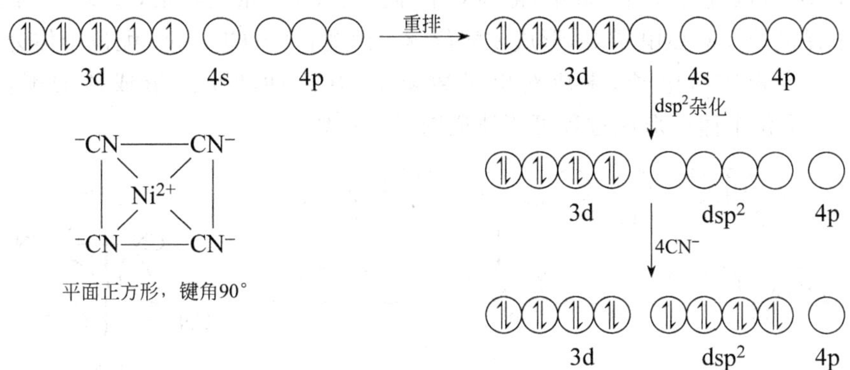

(3) 配位数为 6 的配位个体形成

① $[FeF_6]^{3-}$ 配位个体的形成

实验测得 Fe^{3+} 与 $[FeF_6]^{3-}$ 磁性相同，6 个 $Fe^{3+} \leftarrow F^-$ 键的键能、键长相等，空间构型为正八面体。Fe^{3+} 的价层电子排布为 $3d^5 4s^0 4p^0$，含有 5 个自旋平行的未成对电子。由实验得知 Fe^{3+} 与 $[FeF_6]^{3-}$ 的磁性相同，说明 Fe^{3+} 在形成配位个体前后未成对电子数没有发生改变。因此，在形成 $[FeF_6]^{3-}$ 配位个体时，Fe^{3+} 是利用外层的 1 个 4s 轨道、3 个 4p 轨道和 2 个 4d 轨道进行杂化，得到具有正八面体构型的 6 个等价的 sp^3d^2 杂化轨道，分别接受 F^- 提供的孤电子对，形成 6 个配位键，键角为 90°，形成体 Fe^{3+} 的配位数是 6。$[FeF_6]^{3-}$ 配位个体的形成过程可用轨道图示表示如下：

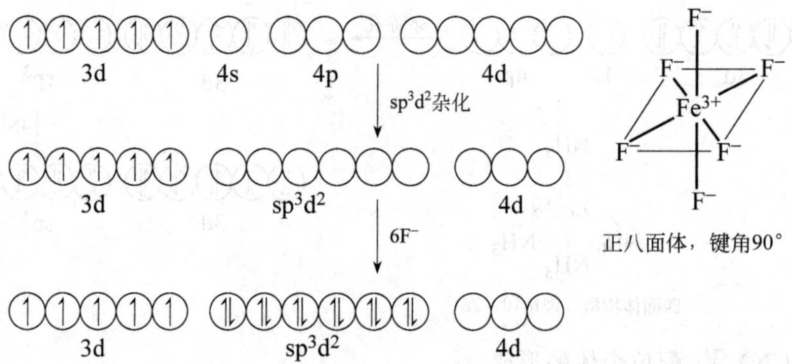

由于形成$[FeF_6]^{3-}$时，参与杂化的空轨道是同层的4s、4p和4d，故称$[FeF_6]^{3-}$为外轨型配合物(outer orbital coordination compound)。价键理论将形成体提供同层空轨道参与杂化而形成的配位键称为外轨型配位键，简称外轨配键，由此所形成的配合物称为外轨型配合物。

② $[Fe(CN)_6]^{3-}$配位个体的形成

实验结果表明$[Fe(CN)_6]^{3-}$配位个体的空间构型也是正八面体，6个$Fe^{3+} \leftarrow CN^-$键的键能、键长相等，但$[Fe(CN)_6]^{3-}$配位个体的磁性比Fe^{3+}磁性小。

价键理论认为，这是因为$[Fe(CN)_6]^{3-}$中的Fe^{3+}在配体CN^-的影响下，将其价层电子发生重排，原来3d轨道上的5个自旋平行的未成对电子中，有4个两两配对，自旋相反地分别挤入2个轨道中，剩余1个未成对电子占据一个轨道。空出2个3d轨道与外层的1个4s轨道和3个4p轨道进行d^2sp^3杂化，得到6个等价的d^2sp^3杂化轨道，接受6个配体中的6个配位原子提供的6对孤电子对，形成σ配位键。因此，$[Fe(CN)_6]^{3-}$配位个体为正八面体构型，含有1个未成对电子(未成对电子数减少，其磁性减小)，形成体的配位数为6。$[Fe(CN)_6]^{3-}$配位个体的形成过程可用轨道图示表示如下：

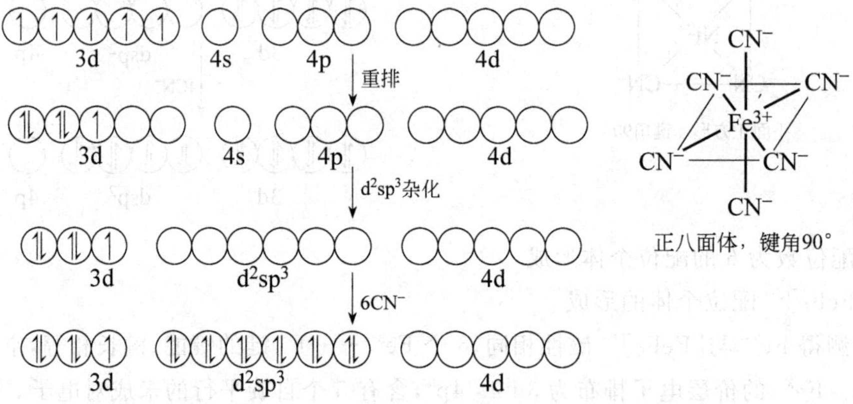

由于$[Fe(CN)_6]^{3-}$形成时，参与杂化的空轨道是3d、4s和4p，分别来自外层(n层)和次外层($n-1$层)，故称$[Fe(CN)_6]^{3-}$为内轨型配合物(inner orbital coordination compound)。价键理论将形成体提供外层和次外层空轨道参与杂化而形成的配位键称为内轨型配位键，简称内轨配键，由此所形成的配合物称为内轨型配合物。在形成内轨型配合物时，在配体的作用下，形成体次外层d轨道上的电子通常会发生重排或者跃迁，以腾出内层d轨道来参与杂化，如$[Cu(NH_3)_4]^{2+}$、$[Ni(CN)_4]^{2-}$、$[Co(NH_3)_6]^{3+}$等配位个体都是内轨型配合物。一般来说，当配体是CN^-、NO_2^-等离子时，容易形成内轨型配合物。内轨型配合物的键能大，配合物稳定，且在水中不易解离。

内轨型配合物的形成体成键轨道是d^2sp^3杂化轨道，它比sp^3d^2杂化轨道的能量低。因此，内轨型配合物比外轨型配合物更稳定。

形成体的价层电子构型是影响外轨型或内轨型配位个体形成的主要因素。如果形成体内层 d 轨道已全充满(如Zn^{2+}：$3d^{10}$，Ag^+：$4d^{10}$)，没有可利用的内层空轨道，只能形成外轨型配合物；如果形成体本身具有空的内层 d 轨道(如Cr^{3+}：$3d^3$)，一般倾向于形成内轨型配合物；如果形成体的内层 d 轨道未完全充满(d^4～d^7)，则既可形成外轨型配合物，又可形成内轨型配合物，此时，配体是决定配合物类型的主要因素：

- F^-、H_2O、OH^-等配体中配位原子 F、O 的电负性较高，吸引电子的能力较强，不容易给出孤电子对，对形成体内层电子的排斥作用较小，基本不影响其价层电子结构，因而只能利用形成体的外层空轨道成键，倾向于形成外轨型配合物。
- CN^-、CO、NO_2^-等配体中配位原子 C、N 的电负性较低，给出电子的能力较强，其孤电子对对形成体内层电子的排斥作用较大，内层电子容易发生重排(如Fe^{3+}：$3d^5$，Ni^{2+}：$3d^8$)或激发(Cu^{2+}：$3d^9$)，从而空出内层 d 轨道，倾向于形成内轨型配合物 。
- 配体为NH_3分子时，既可能形成外轨型配合物，又可能形成内轨型配合物。如在$[Co(NH_3)_6]^{2+}$配位个体中，形成体Co^{2+}的价层电子构型为$3d^74s^0$，形成配位个体时，Co^{2+}的 3d 轨道上的电子不能重排，采取sp^3d^2杂化，形成外轨型配合物；而在$[Co(NH_3)_6]^{3+}$配位个体中，形成体Co^{3+}的价层电子构型为$3d^64s^0$，在配体NH_3的作用下，Co^{3+}的 3d 轨道上的电子发生重排，采取d^2sp^3杂化，形成内轨型配合物。

3) 磁矩与键型的关系

磁矩(μ)是表示物质磁性强弱的物理量。$\mu=0$的物质，其轨道上的电子都是成对的，是反磁性物质；$\mu>0$的物质，其轨道上有未成对的电子存在，是顺磁性物质。磁矩的数值随物质中未成对电子数的增多而增大，二者的关系如下：

$$\mu=\sqrt{n(n+2)}\quad (n\text{ 为未成对电子数}) \tag{2-2}$$

式(2-2)适用于 d 区第四周期过渡元素所形成的配位个体，磁矩的最小单元为玻尔磁子，符号为 B. M. 。根据上式可估算出未成对电子数$n=1$～5 的磁矩的理论值。

n	1	2	3	4	5
μ/B. M.	1.73	2.83	3.87	4.90	5.92

反之，测出配合物的磁矩，也可利用上式求出形成体未成对电子数(其值要四舍五入)，从而可以确定该配合物属于内轨型还是外轨型。

例题 2-3　实验测出下列配合物的磁矩如下：$[CoF_6]^{3-}$(4.5)，$[Ni(NH_3)_4]^{2+}$(3.2)，$[Ni(CN)_4]^{2-}$(0.0)，$[Mn(CN)_6]^{4-}$(1.8)，试判断它们的空间构型，并指出哪些属于内轨型配合物，哪些属于外轨型配合物。

解　由$\mu=\sqrt{n(n+2)}$得$n=\dfrac{-2+\sqrt{4+4\mu^2}}{2}$，代入数据后以列表形式解答如下：

配位个体	$[CoF_6]^{3-}$	$[Ni(NH_3)_4]^{2+}$	$[Ni(CN)_4]^{2-}$	$[Mn(CN)_6]^{4-}$
M^{n+}的d电子数	$3d^6$	$3d^8$	$3d^8$	$3d^5$
$[ML_x]$d电子数	3.61≈4	2.35≈2	0	1.06≈1
M^{n+}杂化类型	sp^3d^2	sp^3	dsp^2	d^2sp^3
空间构型	正八面体	正四面体	平面正方形	正八面体
内、外轨型	外轨型	外轨型	内轨型	内轨型

例题 2-4 $[Fe(CN)_6]^{3-}$、$[Fe(CN)_6]^{4-}$、$[FeF_6]^{3-}$ 3 个配位个体中，哪个理论磁矩最大？

解 因为 $\mu=\sqrt{n(n+2)}$，所以只要已知 n 值，即可求出 μ 值；根据 μ 值，即可判断出具有最大理论磁矩的配位个体。

前面已讲对形成体影响大的配体，在形成配位个体时，可使形成体 d 轨道上的电子发生重排，从而使磁矩变小，形成内轨型配合物；而对形成体影响小的配体，在形成配位个体时，不能使形成体 d 轨道上的电子发生重排，从而使磁矩不发生改变，形成外轨型配合物。

配 位 个 体	M^{n+}的d电子数	未成对电子数	μ/B. M.
$[Fe(CN)_6]^{3-}$	$3d^5$	1	1.73
$[Fe(CN)_6]^{4-}$	$3d^6$	0	0
$[FeF_6]^{3-}$	$3d^5$	5	5.92

所以，$[FeF_6]^{3-}$ 的磁矩最大。

由以上讨论可以看出，价键理论能较好地说明配合物的形成、空间构型、配位数、磁性和稳定性。但是，它忽略了配体对形成体的作用。价键理论只是定性理论，不能定量或半定量地说明配合物的性质，如配位个体的吸收光谱和特征颜色。因此，从 20 世纪 50 年代以来，价键理论逐渐被晶体场理论和配位场理论所取代。

2. 配合物的晶体场理论

晶体场(crystal field)是指以一定对称性分布的配位体对形成体所施加的电场。晶体场理论是皮塞(H. Bethe)在 1929 年提出来的，是一种静电作用理论。这个理论把形成体看作带正电的点电荷，而把配体看作带负电的点电荷，形成体和配体的结合完全靠静电引力，而不是形成共价键。首先介绍这个理论有关八面体场的基本要点。

1) 基本要点

(1) 形成体的 d 轨道在晶体场的作用下要发生能级分裂，分裂的情况主要决定于配位体的空间分布。

在没有电场存在时，5 个 d 轨道是简并的；如果把 5 个 d 轨道放入球形对称的静电场中，则 5 个 d 轨道的能量有所升高，但仍是简并的；如果把 5 个 d 轨道放入八面体场中，这时形成体的 d 轨道就要发生能级分裂(energy level splitting)，5 个 d 轨道分裂为 2 组：一组是

能量相对低的 d_{xy}、d_{yz} 和 d_{zx} 轨道(三重简并轨道),称为 t_{2g} 轨道或称 d_ε 能级,一组是能量较高的 $d_{x^2-y^2}$ 和 d_{z^2} 轨道(二重简并轨道),称为 e_g 轨道或称 d_γ 能级,如图 2-14 所示。

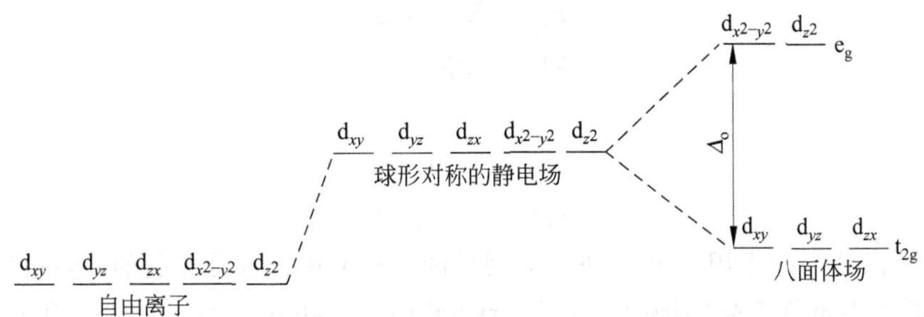

图 2-14 正八面体场中形成体 d 轨道的分裂

形成体价层电子的 5 个 d 轨道与配体的相对位置如图 2-15 所示。

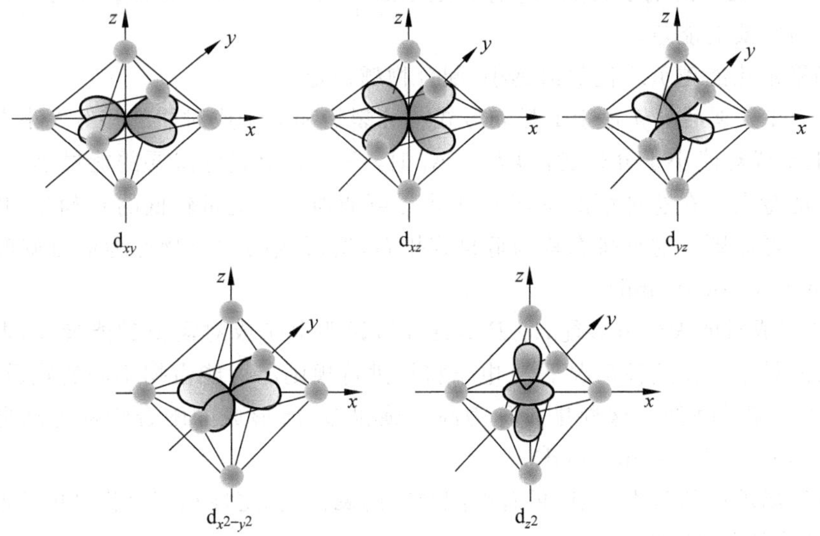

图 2-15 正八面体场配合物中形成体 d 轨道和配体的相对位置

形成体 d 轨道上的电子受到配体的排斥,5 个 d 轨道的能量都升高。由图 2-15 可以看出,由于 $d_{x^2-y^2}$ 和 d_{z^2} 轨道正好与配体迎头相碰,使这两个轨道的能量升高(与球形场相比);而 d_{xy}、d_{xz}、d_{yz} 轨道指向正八面体相邻两顶角之间,这 3 个轨道中的电子受配体的排斥力较小,能量虽也升高,但比在球形场的低些。

(2) 分裂后的 t_{2g} 轨道与 e_g 轨道的能量是不同的,其差值称为分裂能(splitting energy),八面体场的分裂能用 Δ_o 表示。一般来说,形成体的氧化数(所带电荷)越高,分裂能越大;形成体的半径(所属周期数)越大,分裂能越大;配位体场越强,分裂能越大。如果形成体相同,则分裂能随配位体场的强弱不同而异,常见配位体场强弱的顺序为:

$$I^- < Br^- < SCN^- < Cl^- < NO_3^- < F^- < OH^- < ONO^- < C_2O_4^{2-} < H_2O$$
$$< NCS^- < NH_3 < en < SO_3^{2-} < NO_2^- < CN^- < CO$$

这一顺序是从光谱化学分析得来的,所以称为光谱化学序(spectrochemical series)。

(3) 分裂能在数值上相当于一个电子由 t_{2g} 轨道跃迁到 e_g 轨道所需要的能量,即,E_{e_g} −

$E_{t_{2g}}=\Delta_o$，而且 2 个 e_g 轨道升高的总能量与 3 个 t_{2g} 轨道降低的总能量在数值上是相等的，所以有 $2E_{e_g}+3E_{t_{2g}}=0$。列方程组

$$\begin{cases} E_{e_g}-E_{t_{2g}}=\Delta_o \\ 2E_{e_g}+3E_{t_{2g}}=0 \end{cases}$$

解得

$$\begin{cases} E_{e_g}=+0.6\Delta_o \\ E_{t_{2g}}=-0.4\Delta_o \end{cases}$$

(4) 由于晶体场的作用，d 电子进入分裂后的 d 轨道比进入分裂前的 d 轨道所需要的能量低，所降低的能量称为晶体场稳定化能(crystal field stabilization energy)，用 CFSE 表示。

$$\mathrm{CFSE}=xE_{t_{2g}}+yE_{e_g}+(n_1-n_2)P_o \tag{2-3}$$

式中，x 为 t_{2g} 轨道上的电子数，y 为 e_g 轨道上的电子数，n_1 为分裂后 d 轨道上的电子对数，n_2 为分裂前 d 轨道上的电子对数，P_o 称为电子成对能(electron pairing energy)。电子成对能是电子成对需要的能量。

晶体场稳定化能越负或代数值越小，配合物越稳定。

(5) 电子在分裂后 d 轨道上的排布方式与分裂能和电子成对能的相对大小有关。

① 当电子成对能小于分裂能，即 $P_o<\Delta_o$ 时，说明电子成对需要的能量小，电子发生跃迁所需要的能量大。在这种情况下，d 电子将尽可能地填入能量较低的 t_{2g} 轨道，以符合电子排布的能量最低原则。这种排布称为低自旋排布，所形成的配合物称为低自旋配合物(low spin coordination compound)。

② 当电子成对能大于分裂能，即 $P_o>\Delta_o$ 时，说明电子成对需要的能量大，电子发生跃迁所需要的能量小。在这种情况下，d 电子将按洪特规则尽可能占据不同的轨道，减小电子成对能，使系统能量降低。这种排布称为高自旋排布，所形成的配合物称为高自旋配合物(high spin coordination compound)。

根据晶体场理论的基本要点，可解释配合物的磁性、稳定性和配合物显色的原因。

2) 晶体场理论的应用

(1) 配合物的磁性

$[FeF_6]^{3-}$ 和 $[Fe(CN)_6]^{3-}$ 都具有磁性，但 $[FeF_6]^{3-}$ 的磁性比 $[Fe(CN)_6]^{3-}$ 的磁性大。这是因为两个配合物中的 d 电子在分裂后 d 轨道上的排布方式不同，使其具有的未成对电子数不同，导致磁性的大小不同。对于 $[FeF_6]^{3-}$ 来说，F^- 属于弱配位体场，其电子成对能大于分裂能，d 电子采取高自旋排布 $(t_{2g})^3(e_g)^2$，形成高自旋配合物。在 $[FeF_6]^{3-}$ 中有 5 个未成对电子存在，因而显示出很强的磁性。而对于 $[Fe(CN)_6]^{3-}$ 来说，CN^- 是强配位体场，其电子成对能小于分裂能，d 电子采取低自旋排布 $(t_{2g})^5$，形成低自旋配合物。在 $[Fe(CN)_6]^{3-}$ 中只有 1 个未成对电子存在，所以磁性较小。

一般来说，当形成体的电子数为 d^4、d^5、d^6、d^7 时，如果处于强的配位体场中，由于电子成对能小于分裂能($P_o<\Delta_o$)，电子将尽可能占据能量低的轨道，形成低自旋配合物；如果处于弱的配位体场中，由于电子成对能大于分裂能($P_o>\Delta_o$)，电子将尽可能占据较多的平行自旋轨道，形成高自旋配合物。低自旋配合物较高自旋配合物稳定。

而当形成体的 d 电子数为 d^1、d^2、d^3 和 d^8、d^9、d^{10} 时，无论处于哪种配位体场中，都只能

采取一种排布方式，并遵循电子在原子中排布的三个原则，形成的配合物没有高低自旋之分。

（2）配合物的稳定性

在比较配合物的稳定性时，高自旋与外轨型、低自旋与内轨型有对应关系，但两者在概念上是有区别的。内、外轨型配合物是以内、外层轨道的能量不同为出发点的；而高、低自旋配合物是以晶体场稳定化能为出发点的。后者是从 d 电子进入分裂后的 d 轨道比进入分裂前 d 轨道所降低的总能量考虑的。显然，这种能量越负或代数值越小，配合物越稳定。$[Fe(CN)_6]^{3-}$ 比 $[FeF_6]^{3-}$ 稳定的原因是前者释放出的晶体场稳定化能比后者的多。

例题 2-5　分别计算 Co^{3+} 离子形成的弱场和强场正八面体配合物的 CFSE，并比较两种配合物的稳定性。

解　Co^{3+} 有 6 个 d 电子（$3d^6$），其电子分布情况为：

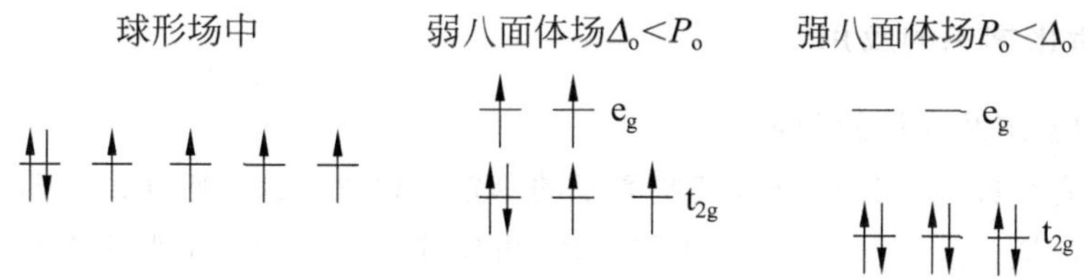

$$\text{CFSE}=xE_{t_{2g}}+yE_{e_g}+(n_1-n_2)P_o$$

弱场：$\text{CFSE}=4E_{t_{2g}}+2E_{e_g}+(1-1)P_o=4\times(-0.4\Delta_o)+2\times(+0.6\Delta_o)=-0.4\Delta_o$

强场：$\text{CFSE}=6E_{t_{2g}}+0E_{e_g}+(3-1)P_o=6\times(-0.4\Delta_o)+2P_o$

$=(-2.4\Delta_o+2P_o)<-0.4\Delta_o$　（因 $\Delta_o>P_o$）

计算结果表明，Co^{3+} 与弱场配体和强场配体所形成的配合物的能量，均比能级未分裂时的低；强场配体形成的配合物能量更低，故强场配体形成的配合物更稳定。

（3）配合物显色的原因

实验结果表明，含有 $d^1 \sim d^9$ 电子的金属离子所形成的配合物一般都是有颜色的，如：

d^1	d^2	d^3	d^4	d^5
$Ti(H_2O)_6^{3+}$	$V(H_2O)_6^{3+}$	$Cr(H_2O)_6^{3+}$	$Cr(H_2O)_6^{2+}$	$Mn(H_2O)_6^{2+}$
紫红	绿	紫	天蓝	肉红
d^6	d^7	d^8	d^9	
$Fe(H_2O)_6^{2+}$	$Co(H_2O)_6^{2+}$	$Ni(H_2O)_6^{2+}$	$Cu(H_2O)_4^{2+}$	
淡绿	粉红	绿	蓝	

晶体场理论认为，含有 $d^1 \sim d^9$ 电子的过渡金属配位个体具有颜色是因为过渡金属离子在 t_{2g} 轨道和 e_g 轨道上的电子没有充满，d 电子可以在两个轨道之间跃迁。

当可见光照射到配合物上时，如果 t_{2g} 轨道上有电子，e_g 轨道上有空位，那么 t_{2g} 轨道上的电子吸收与分裂能相当的光后，就要跃迁到 e_g 轨道上去（电子在 t_{2g} 轨道与 e_g 轨道之间发生的跃迁称为 d-d 跃迁）。可见光中没被吸收的部分就被反射或通过，因而呈现一定的颜色（所显颜色是吸收光的补色）。由于 d 轨道受配体的影响不同，所以 d 轨道分裂时的分裂能大小不同，这样可被吸收光的波长或光波能量不同，因而配合物呈现出的颜色也就不同。一般来说，当轨道的分裂能减小时，被吸收的光就会向长波长方向移动。

电子构型为 d^{10} 的形成体(如 Zn^{2+}、Ag^{+}),因 d 轨道上已全充满电子,它们的配合物不可能产生 d-d 跃迁,因而没有颜色。

晶体场理论虽能对配合物的磁性、颜色和稳定性作出合理的解释,但也存在着缺点,其中最主要的缺点是这个理论只考虑了形成体与配体之间的静电作用,没有考虑二者之间在一定程度上的共价结合,所以也是不全面的。为此又提出了配位场理论(在知识扩展篇中对此理论进行了简单介绍)。

2.3.4 配合物的应用

随着科学技术的发展,配合物的研究已成为当代化学的前沿领域之一,配合物的发展打破了传统的无机化学和有机化学之间的界限,使其在科学研究和生产实践中的应用也日益广泛。

1. 在分析化学中的应用

1) 离子的鉴定及含量的测定

通过形成有色配位个体可进行某些离子的鉴定。例如,在溶液中 Fe^{3+} 与 SCN^{-} 能形成血红色的 $[Fe(SCN)_n]^{3-n}$($n=1\sim6$)配位个体,可借此配位解离反应鉴定 Fe^{3+}。

通过形成难溶有色配合物也可鉴定某些离子,例如丁二肟在弱碱性介质中可与 Ni^{2+} 形成鲜红色的难溶二丁二肟合镍(Ⅱ)沉淀:

$$Ni^{2+} + 2\begin{array}{c} CH_3-C{=}NOH \\ | \\ CH_3-C{=}NOH \end{array} \longrightarrow \left[\begin{array}{ccccc} & O-H\cdots O & \\ & | \quad\quad \uparrow & \\ CH_3-C{=}N & & N{=}C-CH_3 \\ | \quad\quad\searrow & Ni & \swarrow\quad\quad | \\ CH_3-C{=}N & & N{=}C-CH_3 \\ & \downarrow \quad\quad | & \\ & O\cdots H-O & \end{array}\right] + 2H^{+}$$

(鲜红)

借此可以鉴定 Ni^{2+},也可用于 Ni^{2+} 的测定。

EDTA 酸根 Y^{4-} 与许多金属离子可以形成稳定性很高的螯合物,在分析化学中形成了一类独立的定量分析方法——配位滴定法。例如水总硬度的测定和 $Al(OH)_3$ 溶胶中 Al_2O_3 含量的测定等。

2) 离子的分离

在含有 Zn^{2+} 和 Al^{3+} 的溶液中,通过加入过量的氨水,使 Zn^{2+} 和 Al^{3+} 分别生成可溶的 $[Zn(NH_3)_4]^{2+}$ 和难溶的 $Al(OH)_3$,从而达到分离 Zn^{2+} 与 Al^{3+} 的目的。

3) 离子的掩蔽

在含有 Co^{2+} 和 Fe^{3+} 的混合溶液中,加入配合剂 KSCN 鉴定 Co^{2+} 时,发生如下反应:

$$\underset{(粉红色)}{[Co(H_2O)_6]^{2+}} + 6SCN^{-} \xrightarrow{丙酮} \underset{(宝石蓝)}{[Co(SCN)_6]^{4-}} + 6H_2O$$

与此同时,溶液中的 Fe^{3+} 与 SCN^{-} 将发生如下反应:

$$Fe^{3+} + nSCN^{-} \longrightarrow \underset{(血红色)}{[Fe(SCN)_n]^{3-n}} \ (n=1\sim6)$$

妨碍 Co^{2+} 的鉴定,若在加入 KSCN 之前,先加入 NaF 或 NH_4F,使其发生如下反应:

$$Fe^{3+} + 6F^{-} \longrightarrow [FeF_6]^{3-}$$

则可排除 Fe^{3+} 对 Co^{2+} 的干扰作用。这种排除干扰作用的效应称为掩蔽效应(masking effect),NaF 或 NH_4F 称为掩蔽剂(masking agent)。

2. 在冶金工业中的应用

1) 提炼金属

将含有 Au、Ag 等单质的矿石放在 NaCN 或 KCN 溶液中,经搅拌,借助于空气中氧的作用,使 Au 和 Ag 分别形成 $[Au(CN)_2]^-$ 和 $[Ag(CN)_2]^-$ 而溶解。以 Au 为例,其溶解反应为:

$$4Au + 8CN^- + 2H_2O + O_2 \longrightarrow 4[Au(CN)_2]^- + 4OH^-$$

然后在溶液中加 Zn 还原,即可得到金。还原反应式为:

$$Zn + 2[Au(CN)_2]^- \longrightarrow 2Au\downarrow + [Zn(CN)_4]^{2-}$$

2) 分离金属元素

锆(Zr)和铪(Hf)在矿物中往往共生(ZrO^{2+}、HfO^{2+}),其性质极为相似,我们可用磷酸三丁酯(TBP)将二者分开。

$$ZrO^{2+} + 2H^+ + 4NO_3^- + 2TBP = Zr(NO_3)_4 \cdot 2TBP + H_2O$$

$$HfO^{2+} + 2H^+ + 4NO_3^- + 2TBP = Hf(NO_3)_4 \cdot 2TBP + H_2O$$

$Zr(NO_3)_4 \cdot 2TBP$ 溶于煤油中,$Hf(NO_3)_4 \cdot 2TBP$ 溶于水中,从而使二者分离。

3. 配位催化作用

过渡金属化合物如 $PdCl_2$ 可以与乙烯分子配位,在形成的配合物中,乙烯分子中的 C═C 键增长,导致活化,经过中间体,乙烯转变为乙醛。反应过程较复杂,可简单写为:

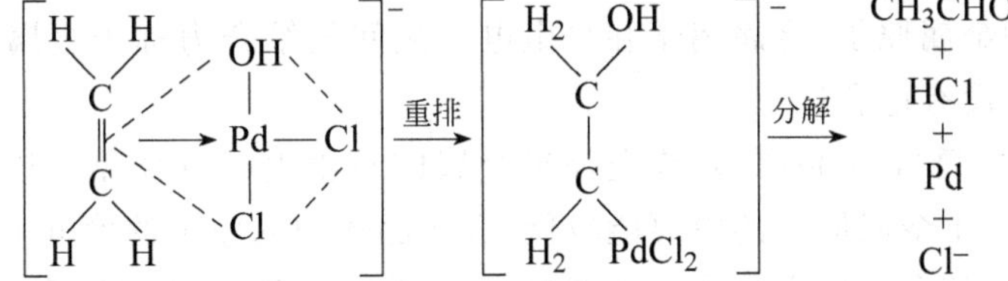

配位催化反应在石油化学工业、合成橡胶等工业常被使用。

4. 在医药中的应用

在医学上常利用配位反应治疗人体中某些元素的中毒。例如,EDTA(Y^{4-})的钙盐是人体铅中毒的高效解毒剂。铅的慢性中毒会导致贫血,损坏神经及肾脏。对于铅中毒病人,可注射溶于生理盐水或葡萄糖溶液的 $Na_2[CaY]$,这是因为:

$$Pb^{2+} + [CaY]^{2-} = [PbY]^{2-} + Ca^{2+}$$

$[PbY]^{2-}$ 及剩余的 $[CaY]^{2-}$ 均可随尿排出体外,从而达到解铅毒的目的。但是切不可用 Na_2H_2Y 代替 $Na_2[CaY]$ 作注射液,它会使人体缺钙。

另外,治疗糖尿病的胰岛素、治疗血吸虫病的酒石酸锑钾以及抗癌药碳铂等都是某种配合物。

5. 电镀与电镀液的处理

用过的电镀液中含有的 CN^- 是剧毒物质,电镀废液对水源的污染是非常严重的问题。

可在电镀废液中加入 $FeSO_4$，使之与 CN^- 配位，形成无毒的 $[Fe(CN)_6]^4$，而后排放。

6. 在生物化学中的应用

金属配合物在生物化学中的应用非常广泛而且极为重要。生物体中能量的转换、传递或电荷转移、化学键的断裂或生成等，很多是通过金属离子与有机体生成的复杂配合物而起着重要的作用。例如，铁和球蛋白(一种有机大分子物质)以及水所形成的血红蛋白就是一种配合物，血红蛋白是生物体在呼吸过程中传送氧的物质，称为氧的载体。在肺里：

$$\text{血红蛋白}\cdot H_2O(aq)+O_2 = \text{血红蛋白}\cdot O_2(aq)+H_2O(l)$$

随着血液循环，再将 O_2 释放给人体的其他需要氧的器官。

当有 CO 存在时：

$$\text{血红蛋白}\cdot O_2(aq)+CO(g) = \text{血红蛋白}\cdot CO(aq)+O_2(l)$$

失去输送氧的功能。

2.4 金属键与金属晶体

金属和许多合金显示出离子化合物和共价化合物所不具备的、非常独特的性质：金属光泽，良好的导电性、导热性和延展性。目前有两种较为成熟的金属键理论可以解释上述这些特性，一个是金属键的改性共价键理论，另一个是金属键的能带理论(band theory)。

2.4.1 金属键的改性共价键理论

金属晶体中的金属原子、金属离子和自由电子之间的结合力称为金属键。金属键的特征是没有方向性和没有饱和性。

20 世纪初，德鲁德(Drude)等人首先提出金属的自由电子气模型。该模型认为：在固态或液态金属中，由于金属原子的电离能较低，金属晶体中的原子的价电子可以脱离原子核的束缚，成为能够在整个晶体中自由运动的电子，这些电子称为自由电子。失去电子的原子则形成了带正电荷的离子。自由电子可以在整块金属中运动，而不是从属于某一个原子。正是由于这些自由电子的运动，把金属正离子牢牢地粘在一起，形成了所谓的金属键。这种键也是通过共用电子而形成的。因此，可以认为金属键是一种改性的共价键，其特点是整个金属晶体中的所有原子共用自由电子，就像金属正离子存在于由自由电子形成的“海洋”中，或者说在金属晶格中充满了由自由电子组成的“气”。

自由电子的存在使金属具有光泽、良好的导电性、导热性和延展性。

金属中的自由电子吸收可见光而被激发，激发的电子在跃回到较低能级时，将所吸收的可见光释放出来。因此，金属一般呈银白色光泽。

由于金属晶体中含有可自由运动的电子，在外加电场的作用下，这些电子可以作定向运动而形成电流。因此，金属晶体具有导电性。

当金属晶体的某一部分受到外加能量而温度升高时，自由电子的运动加速，晶体中的原子和离子的振动加剧，通过振动和碰撞将热能迅速传递给其他自由电子，即热能通过自由电子迅速传递到整个晶体中，所以金属具有导热性。

金属中的原子和离子是通过自由电子的运动结合在一起的，相邻的金属原子之间没有固定的化学键，因此在外力作用下，一层原子在相邻的一层原子上滑动而不破坏化学键。这样，金属具有良好的延展性，易于机械加工。

金属键的改性共价键理论能定性地解释金属的许多特性，但不能解释导体、半导体和绝缘体的本质区别。

2.4.2　金属键的能带理论

金属键的能带理论是一种量子力学模型，可看作分子轨道理论在金属键中的应用。其基本要点如下：

在形成金属键时，金属原子的价电子不再从属于某一特定的原子，而是由整个金属晶体所共有，这种价电子称为"离域"电子(delocalization of electron)。

所有原子的原子轨道组合成一系列能量不同的分子轨道。因价层电子的能量基本相同，使得各价层分子轨道的能量差别极小，近似于连续状态，这些能量相近的分子轨道的集合称为能带(energy band)。

不同电子层的原子轨道形成不同的分子轨道能带，充满电子的能带称为满带(filled band)，未充满电子的能带称为导带(conduction band)，满带与导带之间的能量间隔称为禁带(forbidden band)(禁带没有电子存在)。

金属锂的能带模型如图 2-16 所示。

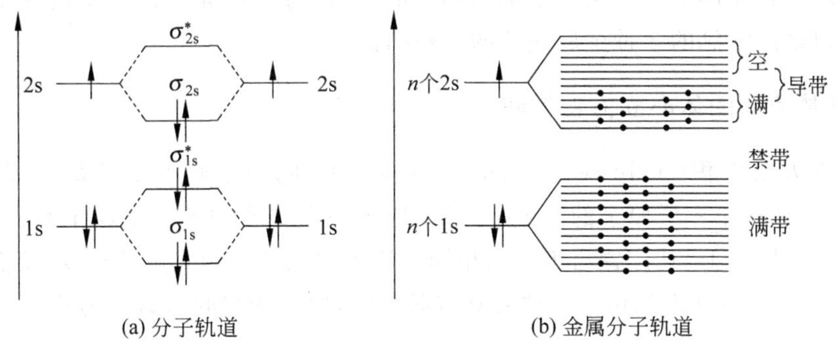

图 2-16　Li 分子的分子轨道能级图和金属的能带模型

根据能带结构中禁带宽度和能带中的电子填充状况，可以决定固体材料是导体(conductor)、半导体(semiconductor)或绝缘体(insulator)，如图 2-17 所示。

导体是由未充满电子的能带形成的导带(图 2-17(a))，或由充满电子的满带与未填充电子的空带发生能级交错而形成的复合导带(图 2-17(b))，在外电场作用下价电子可跃迁到邻近的空轨道中而导电。例如，金属镁是导体，可以解释为镁的满带与空带的交错。

半导体的能带结构如图 2-17(c)所示。满带被电子充满，导带是空的，禁带宽度很窄(E $<$3eV)。在光照或外电场作用下，满带上的电子容易跃迁到导带上去，使原来空的导带填充部分电子，同时在满带上留下空位，使导带与原来的满带均未充满电子形成导带，具有这种性质的晶体称为半导体，如硅、锗等元素的晶体。

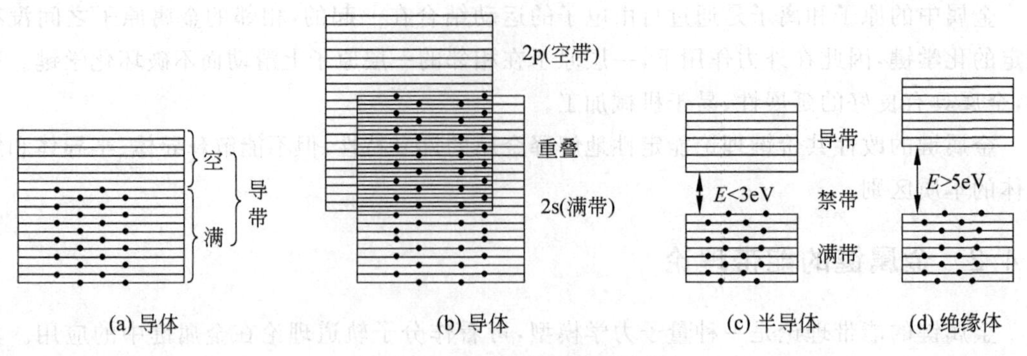

图 2-17 金属能带理论示意图

绝缘体的能带结构如图 2-17(d)所示。满带被电子充满，导带是空的，禁带宽度很大($E>5eV$)。在外电场作用下，满带中的电子不能跃迁到导带，故不能导电，如金刚石晶体等。

2.4.3 金属晶体的紧密堆积结构

金属晶体中原子在空间的排布情况，可以近似地看作等径圆球的堆积。在形成金属晶体时，原子倾向于组成密堆积的结构，使金属原子的能级获得最大的重叠，形成稳定的金属键，晶体中金属原子的这种堆积方式称为金属晶体的密堆积结构。

金属晶体的 X 射线衍射实验证实了金属的密堆积方式。在讨论金属的堆积形式时，可以假设金属原子在晶体中是一层一层堆积起来的，通过每一层原子的重复情况来认识金属晶体。下面讨论最常见的 3 种金属晶体的晶格结构。

1. 配位数为 8 的体心立方密堆积

在体心立方密堆积(body center packing)形式中，同一层原子相互靠紧，但不互相接触；第二层原子放在第一层原子的空隙上，每个原子与第一层中的 4 个原子紧密接触；第三层原子放在第二层之上，其位置与第一层相同。原子层以这种形式不断重复，从而形成了图 2-18(a)中所示的体心立方晶格。在体心立方晶格中，原子的空间占有率为 68.02%。

2. 配位数为 12 的六方密堆积

在六方密堆积(hexagonal closest packing)形式中，把第一层金属原子记为 A 层，第二层金属原子记为 B 层。A 层中，密堆积的方式是 1 个原子与 6 个原子相互靠近，并形成 6 个空隙的凹位；B 层密堆积的方式是将原子对准 1、3、5 空隙位置(或 2、4、6 空隙位置)；第三层与第一层相同，第四层与第二层相同，以 ABAB…形式重复，形成六方晶格(见图 2-18(b))。在六方晶格中，金属原子的配位数为 12，这种密堆积形式的空间占有率为 74.05%。

3. 配位数为 12 的面心立方密堆积

在面心立方密堆积(cubic close packing)形式中，每一层的原子都紧密排列，互相接触。同样，把第一层金属原子记为 A 层，第二层原子记为 B 层，第三层原子记为 C 层。A 层与 B 层中原子的结合方式与图 2-18(b)中堆积方式一样；C 层原子位置处于 B 层原子上部形成

的空隙中并与第二层原子接触，但这个空隙与 A 层原子所处的位置正好错开；第四层原子与第一层原子的位置相同，所以也可称为 A 层。原子层以 ABCABC…的形式不断重复，形成了原子配位数为 12 的面心立方晶格（见图 2-18(c)）。面心立方晶格的空间占有率也为 74.05%。

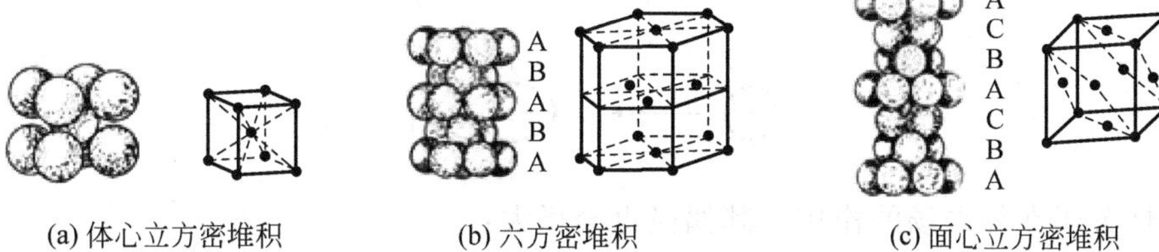

(a) 体心立方密堆积　(b) 六方密堆积　(c) 面心立方密堆积

图 2-18　金属的 3 种密堆积方式

2.5　分子间作用力、氢键和分子晶体

2.5.1　分子的极性

由于分子由原子组成，原子又由原子核及核外电子组成，因此，在任何一个分子中，都可以找到一个正电荷中心和一个负电荷中心。通常将正、负电荷中心重合的分子称为非极性分子，正、负电荷中心不重合的分子称为极性分子。

对于简单的双原子分子，分子是否有极性可以简单地用共价键的极性来判断。由非极性键构成的分子是非极性分子，如单质 H_2、O_2、F_2 等分子；由极性键构成的分子是极性分子，如 HCl、CO 等。

对于多原子分子，分子的极性不仅与共价键的极性有关，还与分子的空间构型有关。如同样为 AX_3 型的 NF_3 和 BF_3 分子，其分子中的共价键虽然都是极性共价键，但由于 BF_3 分子具有对称的平面正三角形结构，键的极性互相抵消，因此整个分子是非极性的；而 NF_3 分子的空间构型为三角锥体，键的极性不能相互抵消，所以整个分子具有极性。因此，在由极性键构成的多原子分子中，分子的空间构型如有对称中心，则分子就是非极性分子，如 CO_2、BF_3、CH_4 等分子；而当分子中没有对称中心时，则分子就是极性分子，如 NH_3、SO_2 等。

分子的极性常用分子偶极矩(dipole moment)来衡量。分子偶极矩 μ 等于正电荷中心（或负电荷中心）的电荷量 q 与正、负电荷中心之间的距离 d 的乘积：

$$\mu = q \cdot d \tag{2-4}$$

偶极矩的方向规定为从正电荷指向负电荷。d 是分子中正、负电荷中心之间的间距，又称为偶极长，偶极距的单位为 C·m(库[仑]·米)。对于双原子分子，分子的偶极矩等于其共价键的偶极矩；而对于多原子分子，分子的偶极矩等于分子中各共价键偶极矩的向量和，而不是等于某一共价键的偶极矩。

分子的偶极矩越大，分子的极性越强；分子的偶极矩越小，分子的极性越弱；若分子的偶极矩 $\mu=0$，则为非极性分子。

对于正、负电荷中心不重合的极性分子来说，分子中始终存在着一个正极和一个负极，这种极性分子本身具有的偶极称为固有偶极或永久偶极。值得注意的是,分子的极性并不是一成不变的,在外电场的作用下,非极性分子和极性分子中的正、负电荷中心会发生相对的变化。

在电场的作用下,非极性分子中的正、负电荷中心发生相对位移,变成具有一定偶极的极性分子:

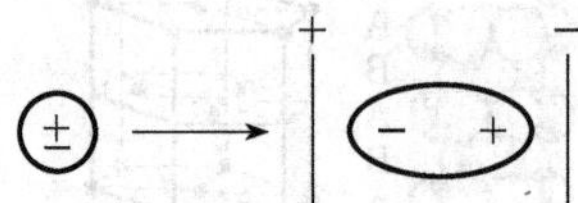

而极性分子在外电场的作用下其偶极也会增大:

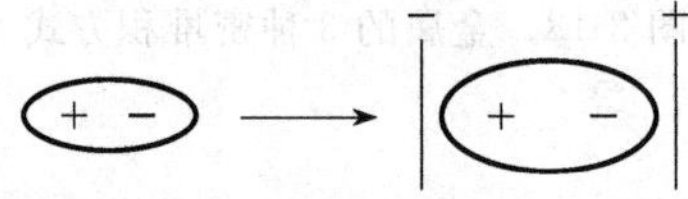

这种在外电场作用下产生的偶极称为诱导偶极。任何一个分子,由于原子核和电子都在不停地运动,不断地改变其相对位置,致使分子的正、负电荷中心在瞬间不相重合,这时产生的偶极称为瞬时偶极。一般来说,分子越大,越容易变形,产生的瞬时偶极越大。

2.5.2 分子间作用力

分子间力就是分子与分子之间产生的相互作用力,由于这种力是范德华第一个提出来的,所以又称为范德华力。

1. 取向力

取向力(orientation force)只存在于极性分子与极性分子之间。

当两个极性分子相互接近时,会产生同极相斥、异极相吸的作用,这种作用使得分子发生相对转动,结果使一个分子的正极与另一个分子的负极接近,系统中的分子将按极性的方向作定向排列。极性分子的这种运动称为取向,由于取向而产生的吸引力称为取向力。取向力产生的过程图示如下:

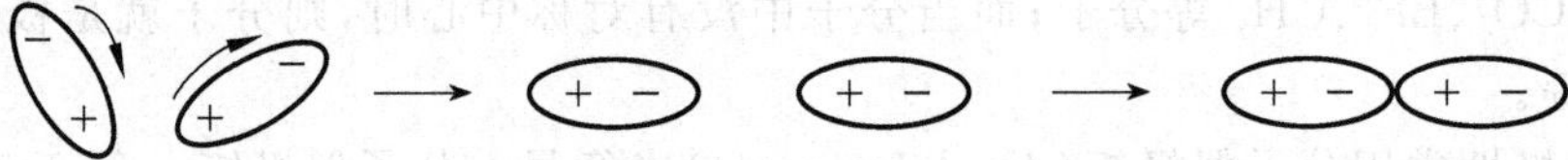

取向力的本质是静电引力。分子的偶极矩越大,分子间静电引力越强,取向力就越大;系统的温度越高,分子的热运动越剧烈,分子的定向就越困难,取向力就越小;取向力随分子间距离的增大迅速减小。

2. 诱导力

诱导力(induced force)存在于极性分子与非极性分子之间,也存在于极性分子与极性分子之间。

非极性分子在极性分子固有偶极的作用下,正、负电荷中心将产生相对位移,从而产生诱导偶极。这种现象在极性分子之间也存在,其结果使分子原有偶极加大。这种由于诱导

而产生的作用力称为诱导力。诱导力产生的过程图示如下：

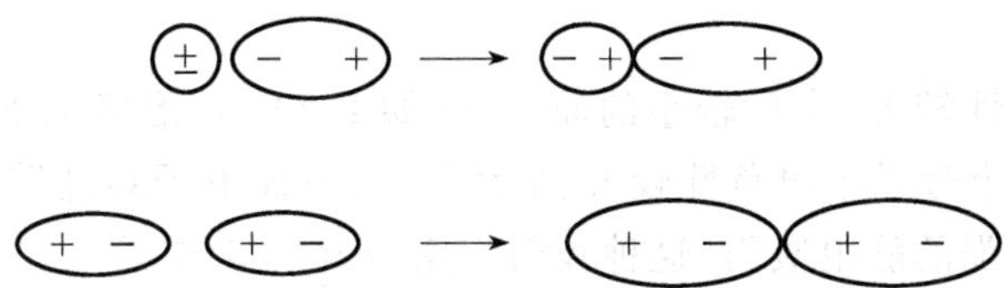

诱导力的本质也是静电引力。极性分子的偶极矩越大，诱导作用越强，诱导力越大；非极性分子(或其他极性分子)的半径越大，产生的诱导偶极越大，诱导力越大；诱导力随分子间距离的增大迅速减小。

3. 色散力

色散力(dispersion force)存在于任何分子之间，在分子间力的数值中占有相当大的比重。

色散力可看作分子的"瞬时偶极"相互作用的结果。在某一瞬间，因核及电子的运动，正、负电荷中心会出现暂时的不重合现象，由此使分子在瞬间产生的偶极就是瞬时偶极。瞬时偶极之间的相互吸引力称为色散力，又称为伦敦力(London force)。

总之，在非极性分子之间只存在色散力；在极性分子与非极性分子之间存在着色散力和诱导力；在极性分子与极性分子之间存在着色散力、诱导力和取向力。三种力的总和称为分子间力，它是永远存在于分子之间的一种电性作用力。其作用能约比化学键小 1～2 个数量级，作用范围一般只有 300～500pm；分子间力没有饱和性，也没有方向性。

在一般情况下，如分子的极性不是很大，则色散力远大于诱导力和取向力，表 2-10 列出了部分分子中各种分子间力的分配情况。

表 2-10　分子间作用力及其分配情况

分　子	分子间作用力/$(kJ\cdot mol^{-1})$			
	取　向　力	诱　导　力	色　散　力	总　　和
Ar	0.000	0.000	8.5	8.5
CO	0.003	0.008	8.75	8.76
HI	0.025	0.113	25.87	26.00
HBr	0.69	0.502	21.94	23.11
HCl	3.31	1.00	16.83	21.14
NH_3	13.31	1.55	14.95	29.60
H_2O	36.39	1.93	9.00	47.31

一般来说，结构相似的同系列物质相对分子质量越大，色散力越大，物质的熔沸点越高。例如稀有气体、卤素等，其沸点和熔点都是随着相对分子质量的增大而升高的。

2.5.3 氢键

当氢原子与电负性较大、半径较小的原子 X(如 F、O、N)形成强极性共价键时，几乎裸露的质子对附近另一个分子中电负性较大、半径较小、有孤电子对且带有部分负电荷的原子 Y(如 F、O、N)产生较强的静电吸引，这种吸引作用力就是氢键。

氢键通常用 X—H…Y 表示。X、Y 可以是同种元素的原子，也可以是两种不同元素的原子。如 NH_3 分子和 H_2O 分子之间就可形成 N—H…O 或 O—H…N 形式的氢键。

在 X—H…Y 中，X、Y 的电负性越大，形成的氢键就越强；当 X 相同时，Y 的半径越小，越容易接近 X—H，形成的氢键也越强，因此有如下氢键强弱顺序存在：

F—H…F＞O—H…O＞O—H…N＞N—H…O＞N—H…N

氢键具有饱和性和方向性。

氢键的饱和性指 H 原子在形成一个共价键后，只能再形成一个氢键，不能再与其他电负性大的原子形成第二个氢键。

氢键的方向性指在氢键中，以 H 原子为中心的 3 个原子尽量处在一条直线上，以使两个电负性大的原子相距最远，排斥力最小，形成的氢键强度最大，系统的能量最低。

氢键的键能比化学键弱得多，与范德华力大小相当。氢键的本质是静电引力。

氢键可在分子与分子之间形成，如：

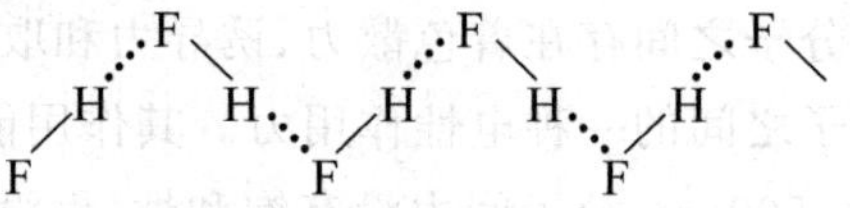

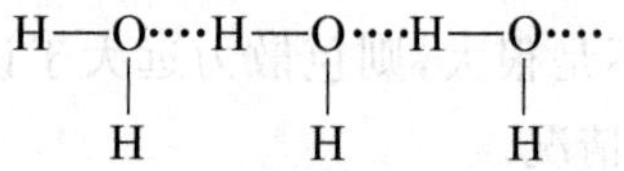

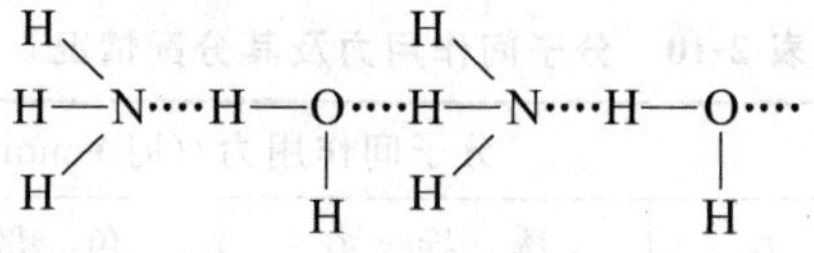

F—H…F—H…F—H…F—H…F—H…F

H—O…H—O…H—O…（各 O 另连一个 H）

H_3N…H—O(H)…H_3N…H—O(H)…（H—N…H—O…H—N…H—O…）

氢键使分子间的结合力增强。要使这些物质熔化、汽化就必需附加额外的能量去破坏分子间的氢键。因此，分子间氢键的形成，可使物质的熔、沸点升高。

氢键也可在分子内形成，如：

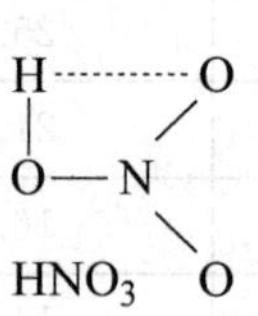

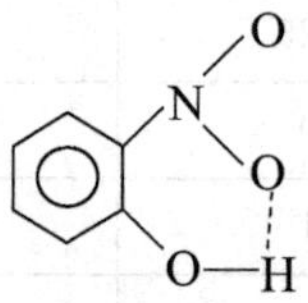

HNO_3　　　　邻硝基苯酚

分子内形成的氢键 X—H…Y，3 个原子往往不在一条直线上，不稳定，易断开，通常会使物质的熔、沸点降低。图 2-19 表示氢键的生成对氢化物熔、沸点的影响。

对于同分异构体，一般来说它们的范德华力是相同的。但如果分子中含有能生成氢键的结构，则其熔点、沸点等性质将相差很大。例如二甲醚(CH_3OCH_3)和乙醇(CH_3CH_2OH)是同分异构体，但在乙醇分子中含有 O—H 键，分子间可形成氢键，常温下为液体；而二甲醚分子中没有能形成氢键的结构，分子间的作用力小，沸点很低。

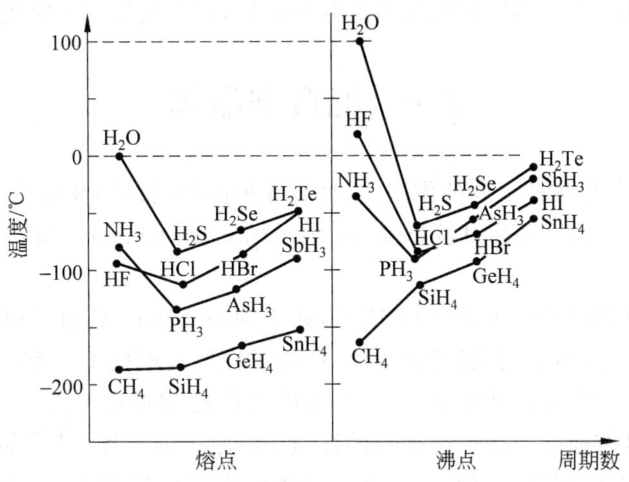

图 2-19　氢化物的熔、沸点比较示意图

又如，NH_3 分子与 H_2O 分子间能形成氢键，所以氨气在水中有很大的溶解度；而 PH_3 因不能与水分子形成氢键，所以在水中的溶解度很小。

此外，当一个分子可以在分子内形成氢键时，由于氢键具有饱和性，分子内氢键的形成将阻碍分子间氢键的形成，所以能形成分子内氢键的物质，其熔点、沸点降低，在水中的溶解度下降。如对硝基苯酚分子中硝基与羟基之间距离远，不能形成分子内氢键，但可以形成分子间氢键，且可以形成较大的缔合分子；而邻硝基苯酚中硝基与羟基能形成分子内氢键，间硝基苯酚不能形成分子内氢键，且由于空间位阻作用，只能形成较小的缔合分子，所以，对硝基苯酚比间硝基苯酚及邻硝基苯酚的熔点高，三种物质的熔点分别为 114℃、96℃和 45℃。

O_2N—C₆H₄—OH　　对硝基苯酚

间硝基苯酚

邻硝基苯酚

2.5.4　分子晶体

在分子晶体中，晶格结点上排列的是分子，分子之间通过分子间力相互吸引在一起。如干冰（固态的二氧化碳），在干冰晶格的结点上，排列的是 CO_2 分子，分子之间以分子间力相结合。在晶格中，CO_2 分子以密堆积的形式组成了立方面心晶胞（如图 2-20 所示）。除干冰

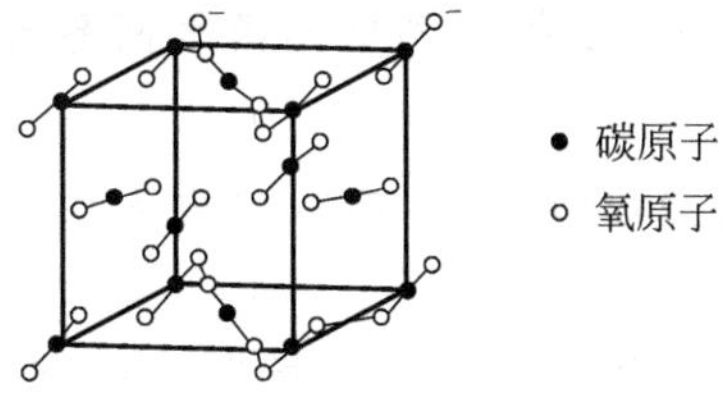

图 2-20　干冰晶体结构

外，固态的 HCl、NH_3、N_2、CH_4 和蒽等都是分子晶体，稀有气体固态时也是分子晶体。

2.6 混合型晶体

当晶体内同时存在几种不同的作用力，具有几种晶体的结构和性质，这类晶体就称为混合型晶体(mixed crystal)，又称过渡型晶体(transitional crystal)。如石墨晶体就是一种典型的混合型晶体。

石墨晶体具有层状结构，如图 2-21 所示，处于同一层中的 C 原子以 sp^2 杂化轨道与同层相邻的三个 C 原子形成 σ 键，键角为 120°，C 原子在层内形成了一个巨大的六角形蜂巢状的层状结构。因同一层内晶体中的原子之间是共价键相连结的，所以石墨晶体具有原子晶体的高熔点的性质。C 原子 sp^2 杂化后还剩下含有一个电子的 2p 轨道，这个 p 轨道的空间伸展方向与石墨的层状结构垂直，因此，同一层中 C 原子的 2p 轨道相互重叠形成了一个巨大的 π 键(又称离域 π 键)，这个 π 键组成了相当于金属能带中的导带(半充满)，组成大 π 键的电子可以在整个 C 原子层自由运动。因此，石墨晶体又具有金属晶体的特征，在晶体层平面方向上具有良好的导电、导热性。石墨晶体中，层与层之间是以分子间的范德华力相吸引的，因原子的范德华半径较大，所以层与层的间距要大于同一层内 C 原子的间距。因分子间作用力较弱，所以石墨的层与层之间容易滑动。但电子在层与层之间不能自由运动，在垂直于 C 原子层方向，石墨的导电、导热性均很差。石墨晶体在这个方向上的性质又类似于分子晶体。由此可见，石墨晶体兼有共价晶体、金属晶体和分子晶体的特征，因此称为混合型晶体。

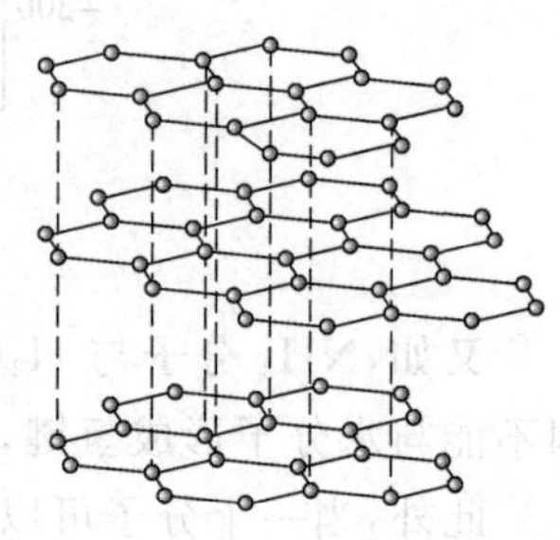
图 2-21 石墨的结构

天然云母、石棉等也是混合型晶体。

2-1 解释下列概念：
离子键，共价键，配位键，金属键，配位化合物

2-2 区别下列名词和概念：
σ 键和 π 键，配体、配位原子和配位数，单齿配体和多齿配体，外轨配键和内轨配键，高自旋配合物和低自旋配合物，极性分子和非极性分子

2-3 简述离子键、共价键和金属键的特征，分子间力和氢键的异同点。

2-4 根据元素在周期表中的位置，试推测哪些元素之间易形成离子键，哪些元素之间易形成共价键。

2-5 离子半径 $r(Cu^+) < r(Ag^+)$，所以 Cu^+ 的极化力大于 Ag^+，但 Cu_2S 的溶解度却大于 Ag_2S，何故？

2-6 什么叫原子轨道的杂化？为什么要杂化？指出下列分子或离子中各中心原子的杂化状态：

CCl_4， PH_3， H_2O， BCl_3， $BeCl_2$， $[Zn(NH_3)_4]^{2+}$，
$[Ni(CN)_4]^{2-}$， $[FeCl_6]^{3-}$， $[Cr(CN)_6]^{3-}$

2-7　指出下列分子或离子中的共价键中，哪些是由成键原子的未成对电子直接配对成键，哪些是由电子激发后配对成键，哪些是配位键，所形成的共价键是 σ 键还是 π 键：

CO_2， BBr_3， $HgCl_2$， NH_4^+， $[Ag(NH_3)_2]^+$

2-8　根据价层电子对互斥理论，写出价层电子对为 2、3、4、5、6 时，其价层电子对的空间构型。

2-9　根据分子轨道理论，写出下列分子或离子的分子轨道表示式，并指出是顺磁性物质，还是反磁性物质：

O_2， O_2^{2+}， N_2， N_2^{2-}

2-10　$[Ni(NH_3)_4]^{2+}$ 和 $[Ni(CN)_4]^{2-}$ 是 Ni^{2+} 的配合物，已知前者的磁矩大于零，后者的磁矩等于零，则前者的空间构型和杂化方式与后者有何不同？

2-11　用价键理论和晶体场理论分别描述下列配位个体的形成体价层电子分布：

(1) $[Ni(NH_3)_6]^{2+}$（外轨型）　(2) $[Co(NH_3)_6]^{3+}$（低自旋）

2-12　构型为 $d^1 \sim d^{10}$ 的过渡金属离子，在八面体配合物中，哪些有高、低自旋之分，哪些没有？

2-13　试用金属键的改性共价键理论解释金属的光泽、导电性、导热性和延展性。

2-14　试用金属键的能带理论解释导体、半导体、绝缘体的存在。

2-15　分子间力有哪几种？各种力产生的原因是什么？试举例说明极性分子之间、极性分子与非极性分子之间以及非极性分子之间的分子间力。在大多数分子中以哪一种分子间力为主？

2-16　什么叫做氢键？哪些分子间易形成氢键？形成氢键对物质的性质有哪些影响？

2-1　写出下列各离子的核外电子构型，并指出它们各属于哪类的电子构型：

Al^{3+}， Fe^{3+}， Pb^{2+}， Ag^+， Cr^{3+}， Ca^{2+}， Br^-

2-2　将下列晶体的熔点由高到低进行排列：

(1) NaF，NaI，NaCl，NaBr；　(2) NaCl，KCl，RbCl；

(3) MgO，CaO，BaO。

2-3　已知各离子的半径数据如下：

离子	Na^+	Rb^+	Ag^+	Ca^{2+}	Cl^-	I^-	O^{2-}
离子半径/pm	95	148	126	99	181	216	140

根据半径比定则，试推算 RbCl、AgCl、NaI 和 CaO 的晶体构型。

2-4　指出下列配合物的内界、外界、形成体、配位体、配位原子和形成体的配位数：

(1) $[Cr(NH_3)_6]_2(SO_4)_3$　(2) $K_2[SiF_6]$

(3) $K_2[Pt(CN)_2(NO_2)_4]$　(4) $[Ni(CO)_4]$

2-5 命名下列配位化合物：

(1) $[Cr(ONO)_2(NH_3)_2(H_2O)_2]Cl$ (2) $[Ni(en)_2]SO_4$

(3) $[PtNH_2NO_2(NH_3)_2]$ (4) $K_3[Co(NCS)_6]$

2-6 写出下列配合物的化学式：

(1) 二氯·四硫氰酸根合铬(Ⅲ)酸铵 (2) 六氰合铁(Ⅲ)酸钾

(3) 氯化二氯·三氨·一水合钴(Ⅲ) (4) 二硝基·二氨合铂(Ⅱ)

2-7 试解释：

(1) NaCl 和 AgCl 的阳离子都是 +1 价离子，为什么 NaCl 易溶于水，而 AgCl 难溶于水？

(2) 为什么 NaF 的熔点高于 NaCl？

(3) 为什么水的沸点比同族元素氢化物的沸点高？

(4) 为什么 NH_3 易溶于水，而 CH_4 则难溶于水？

(5) 为什么 HBr 的沸点比 HCl 高，但又比 HF 的低？

(6) 为什么室温下 CCl_4 是液体，CH_4 和 CF_4 是气体，而 CI_4 是固体？

(7) 为什么 $[Fe(CN)_6]^{4-}$ 为反磁性，而 $[Fe(CN)_6]^{3-}$ 为顺磁性？

(8) 为什么 $[Fe(CN)_6]^{3-}$ 为低自旋，而 $[FeF_6]^{3-}$ 为高自旋？

(9) 为什么 $[Co(H_2O)_6]^{3+}$ 的稳定性比 $[Co(NH_3)_6]^{3+}$ 差得多？

(10) 为什么用王水可溶解 Pt、Au 等惰性贵金属，但单独用硝酸或盐酸则不能溶解？

2-8 下列物质的键型有何不同？

Br_2， HBr， AgI， LiF

2-9 已知 AlF_3 为离子型，$AlCl_3$、$AlBr_3$ 为过渡型，AlI_3 为共价型。试说明它们键型差别的原因。

2-10 指出下列分子中有几个 σ 键和 π 键，σ 键和 π 键有何不同？

N_2， CO_2， BBr_3， C_2H_2， CCl_4

2-11 实验测定 BF_3 分子是平面三角形的空间构型，而 NF_3 分子的空间构型却是三角锥体，试用杂化轨道理论的概念说明其原因。

2-12 试用杂化轨道理论说明下列分子的中心原子可能采取的杂化类型，并预测这些分子或离子的空间构型：

BBr_3， PH_3， H_2S， CCl_4， CS_2， NH_4^+

2-13 试用价层电子对互斥理论判断下列分子或离子的空间构型，并用杂化轨道理论加以说明。

(1) SO_4^{2-} (2) NH_4^+ (3) CO_3^{2-} (4) PCl_3

(5) SF_6 (6) ClF_3 (7) ICl_4^- (8) NOCl

2-14 写出 O_2^{2-}、O_2^-、O_2、O_2^+、O_2^{2+} 分子或离子的分子轨道表示式，指出它们的稳定性顺序。

2-15 写出下列同核双原子分子的分子轨道表示式，并计算键级，指出其中哪个最稳定，哪个最不稳定；并判断哪些具有顺磁性，哪些具有反磁性。

H_2， He_2， Li_2， Be_2， B_2， C_2， N_2， O_2， F_2

2-16　已知配位个体的空间构型，试用价键理论指出形成体成键的杂化类型。

(1) $[Ag(NH_3)_2]^+$（直线）　　(2) $[Zn(NH_3)_4]^{2+}$（正四面体）

(3) $[Pt(NH_3)_4]^{2+}$（平面正方形）　　(4) $[Fe(CN)_6]^{3-}$（正八面体）

2-17　排出下列各组物质分子中键角由大到小的顺序，并说明理由。

(1) PCl_3，PF_3，PBr_3　　(2) H_2O，H_2Se，H_2S

2-18　已知$[Mn(H_2O)_6]^{2+}$比$[Cr(H_2O)_6]^{2+}$吸收可见光的波长要短，指出哪一个分裂能大，并写出形成体 d 电子在 t_{2g} 和 e_g 轨道上的排布情况。

2-19　根据下列各配合物的实测磁矩，推断其空间构型，并指出是内轨型配合物还是外轨型配合物。

(1) $[Co(NH_3)_6]^{2+}$(3.9)　　(2) $[Mn(SCN)_6]^{4-}$(6.1)

(3) $[Pt(CN)_4]^{2-}$(0)　　(4) $[Cr(NH_3)_6]^{3+}$(3.9)

(5) $[Mn(CN)_6]^{4-}$(1.8)　　(6) $[MnBr_4]^{2-}$(5.9)

2-20　已知高自旋配位个体$[Fe(H_2O)_6]^{2+}$的 $\Delta_o = 10400\text{cm}^{-1}$，低自旋配位个体$[Fe(CN)_6]^{4-}$的 $\Delta_o = 33000\text{cm}^{-1}$，两者的电子成对能 P_o 均为 15000cm^{-1}，分别计算它们的晶体场稳定化能（1cm^{-1} 相应能量为 $11.96\text{J}\cdot\text{mol}^{-1}$）。

2-21　试指出乙醇（C_2H_5OH）和二甲醚（CH_3OCH_3）两个同分异构的物质中，哪个有较高的沸点，沸点差别的原因是什么？

2-22　判断下列化合物中有无氢键存在，如果存在氢键，是分子间氢键还是分子内氢键？

(1) C_6H_6　　(2) C_2H_6　　(3) NH_3

(4) H_3BO_3　　(5) 邻硝基苯酚

2-23　下列分子间存在什么形式的分子间力（取向力、诱导力、色散力和氢键）？

(1) 氖气和四氯化碳　　(2) 碘化氢和水　　(3) 二氧化碳和二氧化硫

(4) 甲醇和水　　(5) 甲烷气体

2-24　从分子的空间构型说明下列分子中哪些有极性，哪些无极性。

(1) SO_2　　(2) BF_3　　(3) CS_2　　(4) NO_2

(5) NF_3　　(6) H_2S　　(7) $CHCl_3$　　(8) SiH_4

2-25　下列分子中，哪个键角最小？

$$HgCl_2,\quad BF_3,\quad CH_4,\quad NH_3,\quad H_2O$$

2-26　已知下列两类化合物的熔点如下：

钠的卤化物	NaF	NaCl	NaBr	NaI
熔点/℃	993	801	747	661
硅的卤化物	SiF_4	$SiCl_4$	$SiBr_4$	SiI_4
熔点/℃	−90.2	−70	5.4	120.5

试说明：(1) 为什么钠卤化物的熔点比相应硅卤化物的熔点高？

(2) 为什么钠卤化物的熔点的递变规律与硅卤化物不一致？

2-27 填充表格：

原子序数	电子排布	价电子构型	元素所在周期	元素所在族	元素所在区
24					
	$1s^2 2s^2 2p^6 3s^2 3p^6 4s^2$				
		$4d^{10} 5s^1$			
			4	ⅡB	
		$3d^8 4s^2$			

配合物或配位个体	命名	形成体	配体	配位原子	配位数
	六氟合硅(Ⅳ)酸铜				
$[PtCl_2(OH)_2(NH_3)_2]$					
	三羟基·二氨·一水合铬(Ⅲ)				
$[Fe(CN)_5CO]^{3-}$					
$[FeCl_2(C_2O_4)(en)]^-$					
	三硝基·三氨合钴(Ⅲ)				
	四羰基合镍(0)				

化学原理篇

第 3 章　化学反应中的能量变化

第 4 章　化学反应的方向、速率和限度

第 5 章　溶液

第 6 章　氧化还原反应

第3章

化学反应中的能量变化

化学反应进行时，伴随发生的能量变化虽有多种形式，但通常以热的形式放出或吸收。研究化学反应所吸收或放出热量的科学称为热化学。实际上，热化学就是热力学第一定律在化学反应中的应用。燃料燃烧所产生的热量和化学反应中所发生的能量转换与利用是当今社会可持续发展、有效地利用能量、开发清洁能源必须解决的重要问题之一。

为了便于应用热力学的基本原理研究化学反应的能量转化规律，首先要介绍热力学中常用的基本概念和术语。

3.1 基本概念和术语

3.1.1 系统、环境和过程

系统(system)又称体系，是人们将其作为研究对象的那部分物质或空间。系统以外，与系统密切相关的部分(或与系统相互影响可及的部分)称为环境(surroundings)。例如，研究溶液中的物质反应，溶液就是我们研究的对象，是系统(体系)；而盛溶液的容器和容器以外的物质和空间都是环境。系统和环境是根据研究问题的需要人为划分的，二者之间应有一个边界，这个边界可以是具体的，也可以是假想的。例如，研究 Zn 片与稀 H_2SO_4 的反应，如果反应的容器是密闭的，则系统与环境之间的边界就是具体的；如果反应容器不是密闭的，而是敞口的，则系统与环境之间的边界就是假想的，因为反应产生的 H_2 会逸出液面扩散到空气中。

系统和环境的总和在热力学上称为宇宙。根据系统与环境之间物质和能量的交换情况，可将系统分为三种类型：

(1) 敞开系统(open system)，系统和环境之间既有能量交换，又有物质交换；

(2) 封闭系统(closed system)，也称密闭系统，系统和环境之间只有能量交换，没有物质交换；

(3) 隔离系统(isolated system)，也称孤立系统，系统与环境之间既没有能量交换，也没有物质交换。

例如，在一个敞口的广口玻璃瓶中盛放热水，以热水为系统则是敞开系统，因为瓶内外通过瓶壁有热量的交换，通过瓶口有瓶中水的蒸发和瓶外空气的溶解；如果在这个广口瓶上盖一个瓶塞，瓶内外就没有物质交换了，但通过瓶壁有热量的交换，故成为一个封闭系统；如果把上述广口玻璃瓶换成保温效果特别好的保温瓶，由于瓶内外既无物质交换，又无热量交换，故成为一个孤立系统。

孤立系统是一种科学的抽象，是一种近似，并不存在真正意义上的孤立系统，只是为了研究问题的方便，在适当的条件下近似地把一个系统看成孤立系统。也就是说，孤立系统的概念只能在有限的时间和有限的空间中近似地使用。

热力学研究的系统通常是封闭系统。

系统发生的一切变化称为热力学过程，简称过程(process)。根据过程发生的条件不同，通常可将过程分为以下几类：

(1) 等压过程(isobaric process)，系统在整个变化过程中压力始终保持恒定的过程；

(2) 等容过程(isochoric process)，系统在整个变化过程中容积始终保持恒定的过程；

(3) 等温过程(isothermal process)，系统的终态温度等于始态温度的过程。与等压、等容过程不同，等温过程中温度可能发生变化，但只要终态温度恢复到始态的温度，就称为等温过程；

(4) 绝热过程(adiabatic process)，系统和环境之间没有热量交换的过程；

(5) 循环过程(cyclic process)，系统经过一系列的变化又恢复到变化前情况的过程，这时系统的各种性质的变化都为零。

完成某一过程的具体步骤称为途径(path)。

3.1.2 系统的状态和状态函数

系统的状态(state)是系统的物理性质和化学性质的综合表现。系统的状态可用温度(T)、压力(p)、体积(V)、物质的量(n)、热力学能(U)、焓(H)等性质描述，我们把描述或规定系统状态的这些性质或宏观物理量称为状态函数(state function)。

应该指出，这里讨论的状态函数只能说明系统当时所处的状态，并不知道系统之前的状态。例如：100 kPa 下 60℃的水，只能说明此时系统(水)处于 60℃，并不知道此 60℃的水是由 100℃的水冷却而来，还是由室温的水加热而来。

当系统的状态函数有定值时，系统就处于定态；反之，当系统处于定态时，状态函数就有确定值。例如，理想气体的状态就是 n、T、p、V 等宏观物理量的综合表现，当这些宏观物理量的数值一定时，理想气体系统的状态也就确定了。状态函数的主要特征是当系统的状态发生变化时，状态函数的变化值只取决于系统的始态和终态，而与变化所经历的具体途径无关。在循环过程中，系统经过变化后又回到始态，故状态函数的变化值为零。此外，状态函数的集合(和、差、积、商)也是状态函数。

状态函数是一个极其重要的概念，既是研究热力学问题的基础，又是进行热力学计算的依据。

3.1.3 广度性质和强度性质

系统的广度性质(extensive properties)是与物质的量有关的性质，这种性质具有加和性，如体积、物质的量、热力学能等。广度性质又称为容量性质(capacity property)。

系统的强度性质(intensive properties)是与物质的量无关的性质，这种性质不具有加和性，如温度、压力、浓度等。

两个广度性质之比得到的新性质通常为强度性质，例如：

$$\frac{\text{物质的量}(n)}{\text{溶液的体积}(V)} = \text{物质的量浓度}(c)$$

物质的量和溶液的体积是系统的广度性质，而物质的量浓度则是系统的强度性质。

3.1.4　热和功

除孤立系统外，系统与环境之间是有能量交换的。系统和环境之间的能量交换有多种形式，其中的一种能量交换是通过温差来传递的。当两个温度不同的物体相互接触时，二者之间就会发生能量的交换。这种由于温差的存在而在系统与环境间交换或传递的能量就是热（heat）。在热力学中，用符号 Q 表示热量，并且规定系统吸热，Q 为正值（$Q>0$），即热由环境传给系统；系统放热，Q 为负值（$Q<0$），即热由系统传给环境。

除热以外，系统与环境以其他形式传递的能量都叫做功（work），用符号 W 来表示。并且规定系统对环境做功，功为负值，即 $W<0$；环境对系统做功，功为正值，即 $W>0$。热力学将功分为体积功（expansion volume work）和有用功（available work）两大类。由系统体积变化反抗外力所做的功称为体积功（也称为膨胀功），其他功如表面功、电功等均称为有用功（也称为非体积功）。通常情况下，我们认为化学反应中系统只做体积功而忽略有用功。

应该特别强调的是，热和功都是在系统和环境之间被传递的能量，它们只有在系统发生变化时才能表现出来。功和热都不是系统自身的性质，它们都不是状态函数，因此不能说“系统含有多少热或多少功”。Q 和 W 的数值与系统发生变化时所经历的途径有关。由始态到终态经历的途径不同，功和热的交换也不同。

3.1.5　标准状态

某些热力学函数的绝对值是无法确定的。能测定的是由于温度、压力和组成等其中某些物理量改变时所引起的变化差值。为了比较它们的相对大小，需要为物质的状态规定一个基线，这个基线就是标准状态（standard state），简称标准态，并在原来符号的右上角加角标“$\ominus$”以示区别。按照 GB3102. 8—1993 中的规定，标准状态时的压力为标准压力 $p^{\ominus}=100\ \text{kPa}$，由此规定：

（1）纯理想气体的标准态是该气体处于标准压力 $p^{\ominus}$ 下的状态，混合理想气体中任一组分的标准态是指该气体组分的分压力为 $p^{\ominus}$ 的状态；

（2）纯液体（或纯固体）物质的标准态就是标准压力 $p^{\ominus}$ 下的纯液体（或纯固体）的状态；

（3）对于溶液中各组分的标准态，规定为各组分浓度均为 $c^{\ominus}=1\text{mol}\cdot\text{dm}^{-3}$ 的理想溶液的状态。

应当注意的是，在规定标准态时只规定了压力为 $p^{\ominus}$（100 kPa），而没有规定温度，也就是说温度可以是任意的，但国际纯粹与应用化学联合会（IUPAC）推荐选择的参考温度是 298. 15 K。所以我们从手册或专著中查到的有关热力学数据大都是 298. 15 K 时的数据。

3.1.6 化学计量数和反应进度

1. 化学反应计量式和化学计量数

化学反应计量式(stoichiometric type)不仅表达了参加化学反应的物质种类,还说明了发生 1mol 反应时,参加反应的任一物质 B 所发生的物质的量的变化。例如某化学反应

$$aA + cC \longrightarrow gG + dD$$

1mol 反应是指 a mol A 与 c mol C 的始态物质反应生成 d mol D 与 g mol G 的终态物质。上述计量式移项可表示为:

$$0 = gG + dD - aA - cC \tag{3-1}$$

随着反应的进行,反应物 A、C 不断减少,产物 D、G 不断增加,因此,令

$$a = -\nu_A, \quad c = -\nu_C, \quad d = \nu_D, \quad g = \nu_G$$

代入式(3-1)得:$0 = \nu_G G + \nu_D D + \nu_A A + \nu_C C$

可简化写出化学计量式的通式:

$$\sum \nu_B B_i = 0 \tag{3-2}$$

式中,B_i 为参加反应的各种物质,可以是分子、原子或离子;而 ν_B 为数字或简分数,称为(物质)B 的化学计量数(stoichiometric number)。根据规定,化学计量数 ν_B 没有单位,产物的化学计量数是正值,反应物的化学计量数是负值。这样,ν_A、ν_C、ν_D、ν_G 分别为物质 A、C、D、G 的化学计量数。

2. 反应进度

系统中化学反应进行了多少可以用反应进度 ξ 来表示,反应进度(extent of reaction)是衡量化学反应进行程度的一个物理量,最早由比利时化学家唐德(T. de Donder)提出,后经 IUPAC 推荐使用。

当 B_i 的物质的量从反应进度为 0 时的 $n_B(0)$ 变为反应进度为 ξ 时的 $n_B(\xi)$ 时,则反应进度的定义为:

$$\xi = \frac{n_B(\xi) - n_B(0)}{\nu_B} = \frac{\Delta n_B}{\nu_B} \tag{3-3}$$

显然,反应进度 ξ 的 SI 单位是 mol。ξ 的数值可以是正整数、正分数,也可以是零。

$\xi = 0$mol,表示反应开始时刻的反应进度。

$\xi = 1$mol,则表示从 $\xi = 0$mol 时算起,已经有 $\nu_A$mol 的 A 物质和 $\nu_C$mol 的 C 物质完全反应,生成 $\nu_G$mol 的 G 物质和 $\nu_D$mol 的 D 物质。

同一化学反应中,同一时刻任一物质的 ξ 数值都相同,所以反应进度 ξ 的值与选用何种物质的量的变化进行计算没有关系。

例如,某合成氨反应,始、终态各物质的物质的量如下:

	$N_2(g)$	$+3H_2(g)$	$\longrightarrow 2NH_3(g)$
始态 n/mol	3	8	0
终态 n/mol	1	2	4

该反应过程若用 N_2 的变化表示反应进度,将有关数据代入(3-3),可得:

$$\xi(N_2)=\frac{1-3}{-1}=2(\text{mol})$$

若选用 H_2 来表示：

$$\xi(H_2)=\frac{2-8}{-3}=2(\text{mol})$$

若选用 NH_3 来表示：

$$\xi(NH_3)=\frac{4-0}{2}=2(\text{mol})$$

但应注意，同一化学反应如果反应计量式的写法不同，对应的化学计量数不同，ν_B 数值就不同，进行 1mol 反应对应的各物质的量的变化不同，导致 ξ 数值不同。如把上述反应写成

$$\frac{1}{2}N_2(g)+\frac{3}{2}H_2(g)=\!=\!=NH_3(g)$$

反应的始、终态不变，则选用 N_2 的变化表示反应进度：

$$\xi(N_2)=\frac{1-3}{-\frac{1}{2}}=4(\text{mol})$$

若选用 H_2 来表示：

$$\xi(H_2)=\frac{2-8}{-\frac{3}{2}}=4(\text{mol})$$

若选用 NH_3 来表示：

$$\xi(NH_3)=\frac{4-0}{1}=4(\text{mol})$$

从而我们可以得出这样的结论：反应进度必须对应于具体的化学反应计量式。

3.2 热力学能和热力学第一定律

热力学能（thermodynamic energy）是系统内部能量的总和，又称内能（internal energy），用符号 U 表示。系统的热力学能包括系统内部各种物质分子的平动能、转动能、振动能、电子运动和原子核内的能量以及系统内部分子与分子间的相互作用的位能等（不包括系统整体运动时的动能和系统整体处于外力场中具有的势能）。热力学能是系统的状态函数，当系统的状态一定时，热力学能具有确定的值；当系统的状态发生变化时，热力学能也随之发生改变，其变化值仅取决于系统的始态（U_1）和终态（U_2），与变化的具体途径无关（$\Delta U=U_2-U_1$）。由于人们对系统内部粒子的各种运动方式及相互作用的认识有待深入，所以系统在某状态下热力学能的绝对值无法确定。但当系统从始态变化到终态时，热力学能的变化值通常由过程中系统和环境所交换的热和功的数值来确定。在一定条件下，热力学能与系统中物质的量成正比，即热力学能属于系统的广度性质，具有加和性。

热力学第一定律（first law of thermodynamics）就是众所周知的能量守恒定律。可叙述为：自然界的一切物质都具有能量，能量有各种不同的形式，可从一种形式转化为另一种形式，可从一种物质传递给另一种物质，而在转化和传递的过程中，不生不灭，能量的总值

不变。

若一封闭系统经历某一过程后，其热力学能由 U_1 的状态变化到 U_2 的状态，环境对系统做的功为 W，系统从环境吸收的热量为 Q，根据能量守恒定律，系统热力学能的变化 ΔU 为：

$$\Delta U = U_2 - U_1 = Q + W \tag{3-4}$$

式(3-4)为热力学第一定律的数学表达式，其含义是指封闭系统热力学能的变化等于系统所吸收的热与环境对系统所做功的代数和。

公式中的内能 U 是状态函数，Q、W 为非状态函数；当系统发生的变化是绝热过程，$Q=0$，$\Delta U=W$，表明系统内能的增量等于环境对系统所做的绝热功；对于孤立系统，因为 $Q=0$，$W=0$，所以 $\Delta U=0$，说明孤立系统的内能没有变化；若化学反应是在恒容条件下进行，且不做有用功(如在密闭钢性容器内进行)，则 $\Delta V=0$，$W=0$，$\Delta U=Q_V$，表明无功过程系统所吸收的热等于系统内能的增加。

3.3 化学反应的反应热

对于任意一个化学反应，总伴随有热量的变化。例如，H_2 与 Cl_2 化合生成 HCl 时会有热量的放出；而煅烧 $CaCO_3$ 产生 CaO 和 CO_2 时，又会有热量的吸收。当一个化学反应发生，如果反应物和产物的温度相同，且在过程中不做非体积功，在这种条件下，吸收或放出的热量称为化学反应的热效应，简称反应热(reaction heat)。按反应条件的不同，反应热又可分为恒容(constant volume)反应热和恒压(constant pressure)反应热。

3.3.1 恒容反应热

如果化学反应在恒容条件下进行($\Delta V=0$)，且不做有用功($W=0$)，如在密闭的钢性容器内进行，则热力学第一定律的表达式可写为：

$$\Delta U = Q + W = Q_V \tag{3-5}$$

即恒容反应热等于系统热力学能的增量。

3.3.2 恒压反应热

化学反应通常是在恒压条件下进行的，如果系统只做体积功，此过程的反应热称为恒压反应热，用符号 Q_p 表示。对有气体参加或有气体产生的反应，可能会引起体积的变化(由 V_1 变到 V_2)，则系统对环境所做的体积功为：

$$W = -p(V_2 - V_1)$$

对于封闭系统、只做体积功的恒压过程，热力学第一定律的表达式可写为：

$$\Delta U = Q_p + W = Q_p - p(V_2 - V_1)$$

$$Q_p = \Delta U + p(V_2 - V_1) = U_2 - U_1 + pV_2 - pV_1 = (U_2 + pV_2) - (U_1 + pV_1)$$

说明恒压过程中，系统热量 Q_p 等于终态和始态的$(U+pV)$值之差。热力学中将$(U+pV)$定义为焓(enthalpy)，用符号 H 表示，即

$$H = U + pV \tag{3-6}$$

焓在系统状态变化过程中的变化值就是 ΔH，ΔH 在热力学中称为焓变，即

$$\Delta H = H_2 - H_1 = Q_p \tag{3-7}$$

因为定义焓的 p、V 和 U 都是状态函数，所以焓(H)也是状态函数，属广度性质，具有加和性；焓和热力学能一样，其绝对值无法确定，但其变化值(ΔH)在恒压和只做体积功的条件下，等于发生变化时系统吸收或放出的热量，即 $\Delta H = Q_p$，焓的变化 ΔH 在数值上等于恒压过程的反应热，因此在讨论化学反应热效应时，通常用 ΔH 代表 Q_p。例如，在恒压条件下：

$$N_2(g) + 2O_2(g) = 2NO_2(g) \quad \Delta H = Q_p = 66.36\ kJ \cdot mol^{-1}$$

系统的焓值增加($\Delta H > 0$)，表明此化学反应为吸热反应。又如，在恒压条件下：

$$H_2(g) + \frac{1}{2}O_2(g) = H_2O(g) \quad \Delta H = Q_p = -241.82\ kJ \cdot mol^{-1}$$

系统的焓值减少($\Delta H < 0$)，表示此化学反应为放热反应。

3.3.3　ΔH 与 ΔU 和 Q_p 与 Q_V 的关系

有些化学反应的反应热可以通过实验的方法直接测定，常用的最简单的仪器有杯式量热计和弹式量热计。实验中多数情况下为恒容过程，所测定的反应热等于系统的热力学能变；但是，许多化学反应又是在恒压过程中完成的，其反应热等于系统的焓变。所以有必要了解 ΔH 与 ΔU 之间的关系。

如果做体积功的气体符合理想气体行为，则：

$$p\Delta V = \Delta n(RT) \quad (\Delta n \text{ 是化学反应中气体物质的量的变化值})$$

由式 $\Delta U = Q_p + W$，$Q_p = \Delta H$，$W = -p\Delta V$，可得：

$$\Delta U = \Delta H - p\Delta V = \Delta H - \Delta n(RT)$$

整理得

$$\Delta H = \Delta U + \Delta n(RT) \quad (\Delta H \text{ 与 } \Delta U \text{ 的关系}) \tag{3-8}$$

将 $\Delta H = Q_p$，$\Delta U = Q_V$ 代入式(3-8)得：

$$Q_p = Q_V + \Delta n(RT) \quad (Q_p \text{ 与 } Q_V \text{ 的关系}) \tag{3-9}$$

可见 ΔH 与 ΔU 的差值和 Q_p 与 Q_V 的差值，都是恒压条件下的体积功。

在很多情况下，ΔH 与 ΔU 的差值很小，特别是当化学反应的反应物和生成物都是液体或固体时，反应过程中的体积变化很小，$p\Delta V$ 值可以忽略不计，在数值上焓变近似等于热力学能变($\Delta H \approx \Delta U$)，这时 $Q_p \approx Q_V$。

如果化学反应有气体参加或有气体产生，当反应过程中的体积变化比较大时，$p\Delta V$ 值不能忽略，此时须按式(3-8)和式(3-9)计算。

3.4　化学反应热的理论计算

3.4.1　热化学方程式

表示化学反应与热效应关系的方程式称为热化学方程式(thermochemical equation)。例如：

$$H_2(g)+\frac{1}{2}O_2(g)\xrightarrow[100\ kPa]{298.15\ K}H_2O(l)\quad Q_p=\Delta_r H_m=-285.83\ kJ\cdot mol^{-1}$$

$\Delta_r H_m$ 称为摩尔反应焓变，下标 r(reaction 的词头)表示通常的化学反应，m(molar 的词头)表示摩尔，热化学方程式表示的是一个已经完成了的反应。上式表示在 100 kPa、298.15 K 下，当反应进度为 1 mol，即 1 mol $H_2(g)$与 1/2 mol $O_2(g)$反应生成 1 mol $H_2O(l)$时，放出 285.83 $kJ\cdot mol^{-1}$的热量，并不表示反应起始时各物质的量的多少。

因为化学反应热与反应进行的方向、反应条件、物质所处的状态、物质的量有关，所以书写热化学方程式时必须注意以下几点：

(1) 注明反应的温度和压力。若反应在 100 kPa、298.15 K 下进行，可略去不写。由于反应温度对化学反应的焓变值影响不大，一般计算可按 298.15 K 时处理。

(2) 标明反应物和生成物所处状态和晶形。通常以 g、l 和 s 分别表示气态、液态和固态；由于物质的状态不同，反应热的数值也会不同；若上例中生成的 H_2O 为气态，则 $Q_p=-241.82\ kJ\cdot mol^{-1}$；对于溶液中的反应，注明物种的浓度，以 aq 代表水溶液。

(3) 同一化学反应，反应方程式的书写形式不同，Q_p 值也不同，如上式若写成：

$$2H_2(g)+O_2(g)\xrightarrow[100\ kPa]{298.15\ K}2H_2O(l)\quad Q_p=\Delta_r H_m=-571.66\ kJ\cdot mol^{-1}$$

(4) 正、逆反应的 Q_p 绝对值相等，符号相反。

3.4.2 应用盖斯定律计算化学反应热

化学反应过程中的热量变化有些可以由实验测定得到，但有些反应由于自身的反应特点(如速率慢、副反应多)或测试条件的限制，很难准确测量。为了求出不能测定或难于测定的化学反应的反应热，俄国化学家盖斯(G. H. Hess)根据大量的实验结果总结出一条规律，于 1840 年提出了热化学定律(law of thermochemistry)，也称盖斯定律：一个化学反应不管是一步完成，还是分几步完成，其热效应是相同的。也就是化学反应的反应热只与反应的始态和终态有关，而与反应的途径无关。

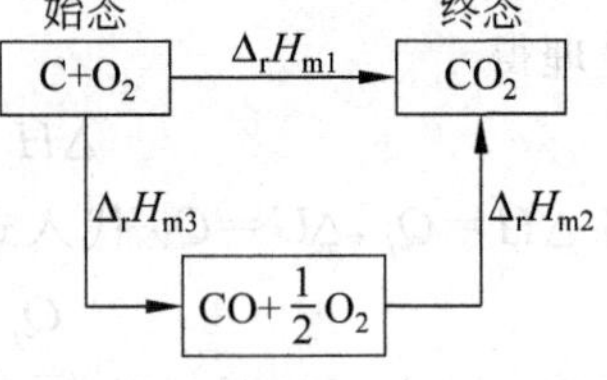

图 3-1 生成 CO_2 的两个途径

例如，碳完全燃烧生成 CO_2 有两种途径，如图 3-1 所示。根据盖斯定律：$\Delta_r H_{m1}=\Delta_r H_{m2}+\Delta_r H_{m3}$

例题 3-1 已知(1) $C(gra)+O_2(g)=\!=\!=CO_2(g)\quad \Delta_r H_{m1}=-393.5\ kJ\cdot mol^{-1}$

(2) $CO(g)+\frac{1}{2}O_2(g)=\!=\!=CO_2(g)\quad \Delta_r H_{m2}=-283.0\ kJ\cdot mol^{-1}$

(3) $C(gra)+\frac{1}{2}O_2(g)=\!=\!=CO(g)$ 求 $\Delta_r H_{m3}=?$

解 根据盖斯定律：

$$\Delta_r H_{m1}=\Delta_r H_{m2}+\Delta_r H_{m3}$$

$$\Delta_r H_{m3}=\Delta_r H_{m1}-\Delta_r H_{m2}=-393.5-(-283.0)=-110.5(kJ\cdot mol^{-1})$$

也可利用反应式之间的代数关系进行计算。

例题 3-2 已知下列反应的 $\Delta_r H_m$：

(1) $Fe_2O_3(s)+3CO(g)$══$2Fe(s)+3CO_2(g)$ $\Delta_r H_{m1}=-27.6\ kJ\cdot mol^{-1}$

(2) $3Fe_2O_3(s)+CO(g)$══$2Fe_3O_4(s)+CO_2(g)$ $\Delta_r H_{m2}=-58.6\ kJ\cdot mol^{-1}$

(3) $Fe_3O_4(s)+CO(g)$══$3FeO(s)+CO_2(g)$ $\Delta_r H_{m3}=38.1\ kJ\cdot mol^{-1}$

不用查表，试计算反应 $FeO(s)+CO(g)$══$Fe(s)+CO_2(g)$的 $\Delta_r H_m$。

解 由题中方程式可以看出，反应 $FeO(s)+CO(g)$══$Fe(s)+CO_2(g)$可由反应式(1)、(2)、(3)通过[(1)×3－(2)－(3)×2]/6 计算得到。所以由盖斯定律得：

$$\begin{aligned}\Delta_r H_m &= \frac{1}{6}[\Delta_r H_{m1}\times 3-\Delta_r H_{m2}-\Delta_r H_{m3}\times 2]\\ &=\frac{1}{6}[-27.6\times 3-(-58.6)-38.1\times 2]\\ &=-16.73(kJ\cdot mol^{-1})\end{aligned}$$

盖斯定律的重要意义在于能使热化学方程式像代数方程那样进行计算，从而可以根据已知准确测定的反应热来计算难于测定或不能测定的反应热效应。

3.4.3 应用标准摩尔生成焓计算标准摩尔反应焓变

1. 标准摩尔生成焓

在标准状态和指定温度下，由参考状态的单质生成单位物质的量的某物质的焓变称为该物质的标准摩尔生成焓(standard molar enthalpy of formation)，简称标准生成焓，用符号 $\Delta_f H_m^{\ominus}$(下标 f 表示生成)表示，单位为 $kJ\cdot mol^{-1}$，通常使用的是 298.15 K 下的标准摩尔生成焓数据(附录 C 中给出了一些物质的标准摩尔生成焓数据)。有些书中也称为标准生成热。

例如下列反应：

$$C(gra)+O_2(g) \xlongequal{} CO_2(g)$$

在 298.15 K 时的标准反应焓变 $\Delta_r H_m^{\ominus}=-393.5\ kJ\cdot mol^{-1}$，因此根据标准摩尔生成焓的定义可知，在此温度下 CO_2 标准摩尔生成焓 $\Delta_f H_m^{\ominus}$ 就等于$-393.5\ kJ\cdot mol^{-1}$。

按照定义，处于标准状态下的参考状态单质的标准摩尔生成焓为零。这里所谓的参考状态一般是指每种单质在所讨论的温度(T)及标准压力($p^{\ominus}$)下最稳定的状态或指定状态。如 $N_2(s)$、$N_2(l)$、$N_2(g)$，最稳定的状态是 $N_2(g)$；Hg(s)、Hg(l)、Hg(g)，最稳定的状态是 Hg(l)。同一物质的同素异形体中，只有一种状态被认为是最稳定的，如在 C(石墨)、C(金刚石)、无定形碳和 C_{60} 等中，石墨是最稳定的；氧 $O_2(g)$和臭氧 $O_3(g)$中，$O_2(g)$是最稳定的。所以，$N_2(g)$、Hg(l)、C(石墨)、$O_2(g)$这些参考状态的单质都是所讨论的温度(T)及标准压力($p^{\ominus}$)下的最稳定状态。个别情况下，按习惯参考状态的单质并不是最稳定的，而是人为规定的，比如磷单质中最稳定的是红磷，但热力学上却规定白磷为参考状态的单质。

水合离子的标准摩尔生成焓是指在标准状态下，由参考状态的单质生成无限稀释的溶液中 1mol 离子的热效应。并人为规定：氢离子的标准摩尔生成焓 $\Delta_f H_m^{\ominus}(H^+,aq,298.15\ K)=0$。据此可以获得其他水合离子在 298.15 K 下的标准摩尔生成焓。

2. 标准摩尔反应焓变的计算

对于任一化学反应

$$aA + cC \longrightarrow gG + dD$$

标准状态下该反应的摩尔焓变称为反应的标准摩尔反应焓变，用符号 $\Delta_r H_m^\ominus$ 表示。

根据盖斯定律和标准摩尔生成焓的定义，

$$\Delta_r H_m^\ominus = [g\Delta_f H_m^\ominus(G) + d\Delta_f H_m^\ominus(D)] - [a\Delta_f H_m^\ominus(A) + c\Delta_f H_m^\ominus(C)] \tag{3-10}$$

或表示为

$$\Delta_r H_m^\ominus = \sum \nu_i \Delta_f H_m^\ominus(\text{生成物}) + \sum \nu_i \Delta_f H_m^\ominus(\text{反应物}) \tag{3-11}$$

式中，ν_i 表示反应式中物质 i 的化学计量数。当查到有关物质的标准摩尔生成焓的数据后，应用式(3-10)或式(3-11)可计算出化学反应的标准摩尔反应焓变。

例题 3-3 试计算铝粉与三氧化二铁反应的 $\Delta_r H_m^\ominus(298.15\ K)$。

解 写出相关的化学反应计量式，并查出各物质的 $\Delta_f H_m^\ominus(298.15\ K)$。

$$2Al(s) + Fe_2O_3(s) \longrightarrow Al_2O_3(s) + 2Fe(s)$$

$\Delta_f H_m^\ominus/(kJ \cdot mol^{-1})$ 　　0 　　-824.2 　　-1675.5 　　0

所以

$$\begin{aligned}\Delta_r H_m^\ominus &= [\Delta_f H_m^\ominus(Al_2O_3) + 2\Delta_f H_m^\ominus(Fe)] - [\Delta_f H_m^\ominus(Fe_2O_3) + 2\Delta_f H_m^\ominus(Al)] \\ &= [-1675.5 + 2\times 0] - [(-824.2) + 2\times 0] \\ &= -851.3(kJ \cdot mol^{-1})\end{aligned}$$

例题 3-4 在压力为 100 kPa、温度为 298.15 K 时，向稀盐酸溶液中通入氨气，可生成氯化铵稀溶液。求该过程的标准摩尔反应焓变。

解 写出相关的化学反应计量式，并查出各物质的 $\Delta_f H_m^\ominus(298.15\ K)$。

$$H^+(aq) + NH_3(g) \longrightarrow NH_4^+(aq)$$

$\Delta_f H_m^\ominus/(kJ \cdot mol^{-1})$ 　　0 　　-46.11 　　-132.5

所以

$$\begin{aligned}\Delta_r H_m^\ominus &= \Delta_f H_m^\ominus(NH_4^+) - [\Delta_f H_m^\ominus(NH_3) + \Delta_f H_m^\ominus(H^+)] \\ &= -132.5 - (-46.11 + 0) \\ &= -86.39(kJ \cdot mol^{-1})\end{aligned}$$

思考题

3-1 什么是系统？什么是环境？选择系统的原则是什么？

3-2 热力学中的标准状态是如何规定的？标准状态与标准状况有何不同？

3-3 什么是状态函数？状态函数有哪些特征？

3-4 功和热都是能量传递的形式，两者有何区别？为什么功和热只有在过程中才有意义？

3-5 什么是恒容反应热和恒压反应热？两者有什么关系？在什么情况下两者相等？

3-6 热力学能变与恒容反应热，焓变与恒压反应热之间有什么关系？

3-7　热力学能变与焓变之间有什么关系？在什么情况下两者相等？

3-8　什么是盖斯定律？它与热力学第一定律有什么联系？

3-9　热不是状态函数，为什么恒压(或恒容)反应热与途径无关？

3-10　化学反应方程式的系数与化学计量数有何不同？

3-11　下列纯态单质中，哪些单质的标准摩尔生成焓等于零？

(1) 金刚石　　(2) O_3(臭氧)　　(3) $Br_2(l)$

(4) Fe(s)　　(5) Hg(g)　　(6) 石墨

3-12　判断下列说法是否正确。

(1) 系统的焓等于恒压反应热；

(2) 反应进度 ξ 的数值与选用何种物质的量的变化进行计算有关；

(3) 标准状态下的参考状态单质的标准摩尔生成焓为零；

(4) 热的物体比冷的物体含有更多的热量；

(5) 同一系统同一状态可能有多个热力学能值；

(6) 物体的温度越高，则所含的热量越多；

(7) 反应进度 ξ 的数值与化学计量数无关；

(8) 同一系统不同状态可能有相同的热力学能值；

(9) 系统的焓变等于恒压反应热；

(10) 热力学能就是系统整体运动时的动能。

习　题

3-1　计算下列系统的热力学能变：

(1) 系统吸收了 100 J 热量，并且系统对环境做了 480 J 功；

(2) 系统放出 100 J 热量，并且环境对系统做了 575 J 功。

3-2　已知：

(1) $C(s)+O_2(g)=\!=\!=CO_2(g)$　　$\Delta_r H^{\ominus}_{m1}=-393.5\ kJ\cdot mol^{-1}$

(2) $H_2(g)+\frac{1}{2}O_2(g)=\!=\!=H_2O(l)$　　$\Delta_r H^{\ominus}_{m2}=-285.9\ kJ\cdot mol^{-1}$

(3) $CH_4(g)+2O_2(g)=\!=\!=CO_2(g)+2H_2O(l)$　　$\Delta_r H^{\ominus}_{m3}=-890.0\ kJ\cdot mol^{-1}$

试求反应 $C(s)+2H_2(g)=\!=\!=CH_4(g)$ 的 $\Delta_r H^{\ominus}_m$。

3-3　已知下列热化学反应方程式：

(1) $C_2H_2(g)+\frac{5}{2}O_2(g)=\!=\!=2CO_2(g)+H_2O(l)$　　$\Delta_r H^{\ominus}_{m1}=-1300\ kJ\cdot mol^{-1}$

(2) $C(s)+O_2(g)=\!=\!=CO_2(g)$　　$\Delta_r H^{\ominus}_{m2}=-393.5\ kJ\cdot mol^{-1}$

(3) $H_2(g)+\frac{1}{2}O_2(g)=\!=\!=H_2O(l)$　　$\Delta_r H^{\ominus}_{m3}=-285.9\ kJ\cdot mol^{-1}$

计算 $\Delta_f H^{\ominus}_m(C_2H_2,g)$。

3-4　已知下列物质的标准摩尔生成焓：

	$NH_3(g)$	$NO(g)$	$H_2O(g)$
$\Delta_f H^{\ominus}_m/(kJ\cdot mol^{-1})$	−46.11	90.25	−241.818

计算在 298.15 K 时，5mol $NH_3(g)$氧化为 $NO(g)$及 $H_2O(g)$的反应热效应。

3-5 已知 $Ag_2O(s)+2HCl(g)═══2AgCl(s)+H_2O(l)$，$\Delta_r H_m^\ominus=-324.9\ kJ\cdot mol^{-1}$ 及 $\Delta_f H_m^\ominus(Ag_2O,s)=-30.57\ kJ\cdot mol^{-1}$，试求 AgCl 的标准摩尔生成焓。

3-6 在一敞口试管内加热氯酸钾晶体，发生下列反应：

$$2KClO_3(s)═══2KCl(s)+3O_2(g)$$

并放出 80.5 kJ 热量(298.15 K)。试求 298.15 K 下该反应的 $\Delta_r H_m$ 和 $\Delta_r U_m$。

3-7 油酸甘油酯在人体中代谢时发生下列反应：

$$C_{57}H_{104}O_6(s)+80O_2(g)═══57CO_2(g)+52H_2O(l)$$

$\Delta_r H_m^\ominus=-3.35\times10^4\ kJ\cdot mol^{-1}$，计算消耗这种脂肪 1 kg 时，反应进度是多少？将有多少热量释放出？

3-8 设有 20 mol$N_2(g)$和 40 mol$H_2(g)$在合成氨装置中混合，反应后有 10 mol$NH_3(g)$生成，试分别按下列反应计量式中各物质的化学计量数(ν_B)和物质的量的变化(Δn_B)计算反应进度并作出结论。

(1) $\frac{1}{2}N_2(g)+\frac{3}{2}H_2(g)═══NH_3(g)$

(2) $N_2(g)+3H_2(g)═══2NH_3(g)$

第4章

化学反应的方向、速率和限度

研究化学反应或变化主要是研究反应过程中物质性质的改变、物质间量的变化、能量的交换和传递等基本规律。对于一个具体的化学反应或变化来说，首先要解决的问题是：这个化学反应或变化能否进行？如果能够进行，进行的限度如何？在反应或变化过程中有无能量的变化？放出或吸收多少能量？完成这个化学反应需要多长时间？也就是说，一个化学反应的完成涉及化学热力学（chemical thermodynamics）和化学动力学（chemical kinetics）两个方面的问题。

化学热力学的主要内容是：利用热力学第一定律计算过程变化前后系统与环境间能量交换的情况（已在第3章讨论）；利用热力学第二定律（the second law of thermodynamics）解决各种物理化学过程变化的方向和限度问题；热力学第三定律（the third law of thermodynamics）是一个关于低温现象的定律，主要阐明了规定熵的数值。化学热力学是研究化学反应或变化的可能性问题。

化学动力学是研究化学反应速率（rate of chemical reaction）和反应机理（mechanism of reaction）的化学分支学科。它主要阐明化学反应进行的条件对反应速率的影响；了解反应机理，探索物质结构与反应能力之间的关联。化学动力学是研究化学反应或变化的现实性问题。

本章将从化学反应或变化的可能性和现实性两个方面分别讨论化学反应进行的方向、速率和限度。

4.1 化学反应进行的方向

热力学第一定律只能用于计算已经发生的过程所伴随的能量变化，但它不能用来判断某一转换过程是否能够发生和所能达到的程度，也就是转换过程所进行的方向和限度问题。自然界不违反热力学第一定律的变化不一定能自发进行，一个明显的例子是热可以从高温物体流向低温物体，而它的逆过程即热从低温物体流向高温物体，则是不能自动发生的。这些问题（即反应的方向性和限度）需要用热力学第二定律来解决。

4.1.1 化学反应的自发过程及其特点

人们的实践经验表明：自然界发生的过程都有一定的方向性。例如，水总是从高处自动地流向低处，而不会自动地反方向流动；电流总是由高电势流向低电势，其相反方向也不会自动进行。又如，夏天把冰放在室内，冰就会融化，同样的条件下，水却不会自动地结成冰；铁器暴露在潮湿的空气中会生锈，而铁锈决不会自发地还原为金属铁。这种在一定条件下不需外界做功，一经引发就能自动进行的过程，称为自发过程(spontaneous process)，若为化学过程则称为自发反应(spontaneous reaction)。必须指出，能自发进行的反应，并不意味着其反应速率一定很大。例如，氢和氧化合生成水的反应在室温下其反应速率很小，容易被误认为是一个非自发反应，事实上只要点燃即可发生反应。研究那些能够自发进行的过程发现，自发过程具有共同的特点：单向性——自发过程都是不可逆过程(热力学第二定律的一种说法)；具有做功的能力——自发过程不需环境对系统做功就能自动进行，也就是说系统始态具有对外做功的本领；有一定限度——自发进行的方向是使系统的能量趋于最低，一般来说当系统的始态和终态达到相对平衡时，系统的能量是最低的。

4.1.2 影响化学反应方向的因素

对于任一化学反应，如果能从理论上判断反应是否自发，那么对于人类利用自然和改造自然将会有很大的帮助。例如，对于下面的反应：

$$CO(g)+NO(g)=\!=\!=CO_2(g)+\frac{1}{2}N_2(g)$$

此反应可以消除汽车尾气中的CO和NO两种污染物质。如果能够确定此反应在给定条件下可以自发地向右进行，且进行的限度较大，那么就可以集中力量去研究和开发对此反应有利的催化剂或其他手段以促使该过程的实现。如果从理论上能证明，该反应在任何温度和压力下都不能实现，就没有必要去研究如何让此反应实现了，可以转而寻求其他净化汽车尾气的办法。

这些自发变化的方向和限度是由什么因素决定的呢？表面上看来对不同的过程有不同的因素。例如，热量总是从高温物体传向低温物体，直到两个物体的温度相等；气体总是从高压向低压扩散，直到两种气体的压力相等；溶液中的溶质总是从高浓度向低浓度的方向扩散，直到两溶液的浓度相等。可见，热量传导的方向是由温度(T)决定的；气体扩散的方向是由压力(p)决定的；而溶质扩散的方向是由溶液的浓度(c)决定的。那么决定化学反应进行的方向和限度的到底是什么呢？对于上述那些个别现象，有没有一个共同的规律呢？研究发现，化学反应进行的方向与反应的焓变、熵变及吉布斯函数变均有关系。

1. 化学反应的焓变与反应方向

早在100多年前，许多化学家对于自然界中自发进行的过程进行考察发现：从过程的能量变化来看，物质系统总是倾向于取得能量最低的状态，在过程进行时有热量放出。显然，系统的能量越低，其状态就越稳定。如：

$C(s)+O_2(g)=\!=\!=CO_2(g)\quad \Delta_r H_m^{\ominus}(298.15\ K)=-393.5\ kJ\cdot mol^{-1}$

$Zn(s)+2H^+(aq)=\!=\!=Zn^{2+}(aq)+H_2(g)\quad \Delta_r H_m^{\ominus}(298.15\ K)=-153.9\ kJ\cdot mol^{-1}$

因此，有人曾试图用反应的热效应或焓变来作为过程能否自发进行的判据：

在恒温恒压的条件下，$\Delta_r H_m^{\ominus}<0$，反应能自发进行

$\Delta_r H_m^{\ominus}>0$，反应不能自发进行，即反应为非自发

并且认为反应过程放热越多，物质间的反应越可能自发进行。

但是后来人们发现，有许多吸热过程在室温和 100 kPa 下也是自发的。如冰的融化是吸热过程，而冰在室温下却能自动地化成水；KCl 溶于水是吸热过程，在室温下把 KCl 放入水中就会溶解。有的吸热反应在室温下是非自发的，但当温度升高，就会变成自发的了。例如，工业上煅烧石灰石分解为生石灰和二氧化碳的反应虽是吸热反应，却可以在高温下自发进行：

$$CaCO_3(s) = CaO(s) + CO_2(g) \quad \Delta_r H_m^\ominus(298.15\ K) = 178.3\ kJ \cdot mol^{-1}$$

显然，焓变的正负不能用来作为反应或过程自发性的一般标准。经过研究发现，物质系统除倾向于取得最低的能量状态外，还倾向于取得最大的混乱度。

2. 化学反应的熵变与反应方向

自然界中的物理和化学的自发过程一般都是朝着混乱度(disorder)增大的方向进行，系统混乱度增大是使反应或过程能自发进行的另一重要因素。如对于工业上煅烧 $CaCO_3$ 使其分解为 CaO 和 CO_2 的反应来说，反应前只有一种排列得非常有序的固体物质 $CaCO_3$，分子的活动范围较小，只在一定的平衡位置上振动；反应后生成两种物质，除 CaO 固体外，还有 CO_2 气体产生，气体分子的运动范围远大于固体和液体，其运动形式也相对复杂。在这个反应中不仅物质的种类增多了，而且反应系统也从一个非常有序的状态变成了比较无序的混乱状态。系统的这种混乱状态的程度称为混乱度。同理，冰融化变成水、KCl 在水中溶解也都是使混乱度由小到大的变化。在一定条件下，每一种物质都有一定的混乱度，混乱度和 U、H 一样也是系统的状态函数，热力学将这个状态函数称为熵(entropy)，用符号 S 表示。就是说系统混乱度的大小是用熵值来衡量的，物质(或系统)的混乱度越大，对应的熵值就越大。

基于 0 K 时，一切完整无损的纯净晶体，其组成粒子(原子、分子或离子)都处于完全有序的排列状态，因此，热力学第三定律指出：在 0 K 时，任何纯净的完整晶态物质的熵为零。以此为基础，其他温度下的熵值称为该物质的绝对熵。某单位物质的量的纯物质在标准态下的熵值称为标准摩尔熵(standard molar entropy)(简称标准熵)，符号为 $S_m^\ominus(T)$，单位为 $J \cdot mol^{-1} \cdot K^{-1}$。熵属于系统的广度性质，具有加和性。附录 C 中列出了一些物质在 298.15 K 时的标准摩尔熵。

从常见物质的标准摩尔熵值可看出如下规律：

(1) 同一物质气态的 $S_m^\ominus$ 值总是大于其液态的 $S_m^\ominus$ 值，液态的 $S_m^\ominus$ 值大于固态的 $S_m^\ominus$ 值，如：

$$S^\ominus_{m(H_2O,g)} > S^\ominus_{m(H_2O,l)} > S^\ominus_{m(H_2O,s)}$$

(2) 同类物质相对摩尔质量 M 越大，$S_m^\ominus$ 值越大，如：

$$S^\ominus_{m(I_2,g)} > S^\ominus_{m(Br_2,g)} > S^\ominus_{m(Cl_2,g)} > S^\ominus_{m(F_2,g)}$$

因为原子数、电子数越多，微粒状态数目也越多，混乱度越大，熵值就越大。

(3) 摩尔质量相同的不同物质，结构越复杂，$S_m^\ominus$ 值越大，如：

$$S^\ominus_{m(CH_3CH_2OH,l)} > S^\ominus_{m(CH_3OCH_3,l)}$$

(4) 同一种物质 $S_m^\ominus$ 值随着温度的升高而增大，如：

$$S^\ominus_{m(H_2O,g,373\ K)} > S^\ominus_{m(H_2O,g,273\ K)}$$

因为温度升高，动能增加，微观粒子运动的自由程度增加，熵值相应增大。

(5) 压力对固态、液态物质的 $S_m^\ominus$ 值影响较小，而对气态物质的 $S_m^\ominus$ 值影响较大。同一气体，压力越大，$S_m^\ominus$ 值越小，如：

$$S^\ominus_{m(NH_3,g,100\ kPa)} > S^\ominus_{m(NH_3,g,200\ kPa)}$$

因为压力越大，微粒运动的自由程度越小，熵值就越小。

应用标准摩尔熵 $S_m^\ominus$ 的数据可以计算化学反应的标准摩尔熵变（standard molar changes of entropy）$\Delta_r S_m^\ominus$。由于熵是状态函数，所以化学反应的标准摩尔熵变的计算与化学反应的标准摩尔焓变的计算类似：

298.15 K 时，任一反应

$$aA + bB = gG + dD$$

$$\Delta_r S_m^\ominus = [gS_m^\ominus(G) + dS_m^\ominus(D)] - [aS_m^\ominus(A) + bS_m^\ominus(B)] \tag{4-1}$$

或表示为

$$\Delta_r S_m^\ominus = \sum \nu_i S_m^\ominus(\text{生成物}) + \sum \nu_i S_m^\ominus(\text{反应物}) \tag{4-2}$$

例题 4-1 试判断反应：$2SO_2(g) + O_2(g) = 2SO_3(g)$ 在 298.15 K 标准态下是熵增大的反应还是熵减小的反应？

解 查表得：

	$2SO_2(g)$	$+ O_2(g)$	$= 2SO_3(g)$
$S_m^\ominus(298.15\ K)/(J\cdot mol^{-1}\cdot K^{-1})$	248.1	205.03	256.7

故

$$\begin{aligned}\Delta_r S_m^\ominus &= 2S_m^\ominus(SO_3) - [2S_m^\ominus(SO_2) + S_m^\ominus(O_2)] \\ &= 2\times256.7 - (2\times248.1 + 205.03) \\ &= -187.83(J\cdot mol^{-1}\cdot K^{-1}) < 0\end{aligned}$$

所以，此反应为熵值减小的反应。

熵变与反应方向的关系：在孤立系统中，当熵变大于 0 时，反应能自发进行；当熵变等于 0 时，反应处于平衡状态；当熵变小于 0 时，反应不能自发进行。这是判断化学反应进行方向的判据，称为熵判据。这个判据表明只有熵增加的变化，也就是混乱度增大的变化才能自发进行。用熵判据判断反应进行的方向，系统必须是孤立系统，而我们讨论的系统大都是封闭系统，若要使用熵增原理（principle of entropy increasing）判断反应是否自发，则必须同时考虑环境的熵变。因此使用起来比较麻烦，不具普遍意义。

3. 化学反应的吉布斯函数变与反应方向

吉布斯函数（Gibbs function）又称吉布斯自由能（Gibbs free energy），是能做有用功的能，用符号 G 表示，其定义为：

$$G = H - TS \tag{4-3}$$

从定义式(4-3)可以看出，吉布斯函数像 U、H 一样是物质的一个基本性质，属于状态函数。在恒温恒压下，当系统状态发生变化时，其吉布斯函数变

$$\Delta G = \Delta H - T\Delta S \tag{4-4}$$

吉布斯提出：在恒温恒压条件下，ΔG 可作为过程或反应自发性的判据。即

$$\Delta G < 0 \quad \text{自发过程}$$

$\Delta G = 0$　平衡状态

$\Delta G > 0$　非自发过程(或逆向自发)

也就是说,恒温恒压条件下,任何自发过程总是朝着吉布斯函数(G)减小的方向进行,当达到平衡时,系统的 G 值降到最小,即 $\Delta G = 0$。

由公式(4-4)可以看出,在恒温恒压条件下,用吉布斯函数变判断化学反应的自发性和限度由两项决定,一项是焓变 ΔH,另一项是与熵变有关的 $T\Delta S$。它们对反应方向的影响通常有如表 4-1 所示的几种情况。

表 4-1　ΔH、ΔS 及 T 对反应方向的影响

ΔH	ΔS	T	ΔG	反应类型	反应情况	举　例
<0	>0	任意值	<0	放热 混乱度增大	任何温度下 均为自发反应	$2O_3(g) \longrightarrow 3O_2(g)$
<0	<0	$<\left\lvert\frac{\Delta H}{\Delta S}\right\rvert$	<0	放热 混乱度降低	低温下为自发	$HCl(g) + NH_3(g) \longrightarrow NH_4Cl(s)$
>0	>0	$>\left\lvert\frac{\Delta H}{\Delta S}\right\rvert$	<0	吸热 混乱度增大	高温下为自发	$CaCO_3(s) \longrightarrow CaO(s) + CO_2(g)$
>0	<0	任意值	>0	吸热 混乱度降低	任何温度下均 为非自发反应	$CO(g) \longrightarrow C(s) + \frac{1}{2}O_2(g)$

可见,能使化学反应自发进行的两个因素是系统的能量降低和混乱度增大,将两个因素统一起来变成一个总因素,是化学反应总是朝着系统的 G 减小的方向进行,即系统的吉布斯函数降低是化学反应自发进行的推动力。

4.1.3　吉布斯函数变的计算

1. 用标准摩尔生成吉布斯函数计算

在标准状态下,由参考状态的单质生成单位物质的量的纯物质时反应的吉布斯函数变,称为标准摩尔生成吉布斯函数(standard molar Gibbs function of formation),用符号 $\Delta_f G_m^\ominus$ 表示,单位为 $kJ \cdot mol^{-1}$。

物质在 298.15 K 时的标准摩尔生成吉布斯函数可从本书附录 C 中或相关化学手册中查到。显然,在标准状态下,参考状态的单质的标准摩尔生成吉布斯函数值为零。

根据吉布斯函数是状态函数且具有加和性的特点,化学反应的标准摩尔吉布斯函数变的计算与化学反应的标准摩尔焓变的计算类似。

298.15 K 时,任一反应

$$aA + bB \xlongequal{} gG + dD$$

$$\Delta_r G_m^\ominus = [g\Delta_f G_m^\ominus(G) + d\Delta_f G_m^\ominus(D)] - [a\Delta_f G_m^\ominus(A) + b\Delta_f G_m^\ominus(B)] \tag{4-5}$$

或表示为

$$\Delta_r G_m^\ominus = \sum \nu_i \Delta_f G_m^\ominus(\text{生成物}) + \sum \nu_i \Delta_f G_m^\ominus(\text{反应物}) \tag{4-6}$$

例题 4-2　计算 298.15 K 时反应 $2NO(g) + O_2(g) \xlongequal{} 2NO_2(g)$ 的 $\Delta_r G_m^\ominus$。

解　查表得

$$2NO(g) + O_2(g) \longrightarrow 2NO_2(g)$$

$\Delta_f G_m^\ominus/(kJ \cdot mol^{-1})$　　86.57　　0　　51.30

所以

$$\Delta_r G_m^\ominus = 2\Delta_f G_m^\ominus(NO_2) - [2\Delta_f G_m^\ominus(NO) + \Delta_f G_m^\ominus(O_2)]$$
$$= 2 \times 51.30 - (2 \times 86.57 + 0)$$
$$= -70.54(kJ \cdot mol^{-1}) < 0$$

说明此反应在标准态下可以自发进行。

2. 用$\Delta_r G_m^\ominus = \Delta_r H_m^\ominus - T\Delta_r S_m^\ominus$计算

由于公式中的 $\Delta_r H_m^\ominus$ 和 $\Delta_r S_m^\ominus$ 的数值随温度变化很小，因此在一般情况下，$\Delta_r H_m^\ominus$ 和 $\Delta_r S_m^\ominus$ 随温度的变化值可忽略不计。

例题 4-3　应用 $\Delta_r G_m^\ominus = \Delta_r H_m^\ominus - T\Delta_r S_m^\ominus$ 关系式计算反应 $H_2(g) + Cl_2(g) \longrightarrow 2HCl(g)$ 的标准摩尔吉布斯函数变 $\Delta_r G_m^\ominus$。

解　化学反应

$$H_2(g) + Cl_2(g) \longrightarrow 2HCl(g)$$

$\Delta_f H_m^\ominus/(kJ \cdot mol^{-1})$　　0　　0　　−92.30

$S_m^\ominus/(J \cdot mol^{-1} \cdot K^{-1})$　　130.68　　223.07　　186.91

$$\Delta_r H_m^\ominus = 2\Delta_f H_m^\ominus(HCl) - [\Delta_f H_m^\ominus(H_2) + \Delta_f H_m^\ominus(Cl_2)]$$
$$= 2 \times (-92.30) = -184.60(kJ \cdot mol^{-1})$$

$$\Delta_r S_m^\ominus = 2S_m^\ominus(HCl) - [S_m^\ominus(H_2) + S_m^\ominus(Cl_2)]$$
$$= 2 \times 186.91 - (130.68 + 223.07)$$
$$= 20.07(J \cdot mol^{-1} \cdot K^{-1})$$

$$\Delta_r G_m^\ominus = \Delta_r H_m^\ominus - T\,\Delta_r S_m^\ominus$$
$$= -184.60 - 298.15 \times 20.07 \times 10^{-3}$$
$$= -190.58(kJ \cdot mol^{-1})$$

所以反应的标准摩尔吉布斯函数变为$-190.58\ kJ \cdot mol^{-1}$。

3. 用化学等温方程式计算

标准态下的 $\Delta_r G_m^\ominus(T)$可由式(4-5)、(4-6)和 $\Delta_r G_m^\ominus = \Delta_r H_m^\ominus - T\Delta_r S_m^\ominus$ 进行计算。但实际上，反应系统并非都处于标准态。因此，判断任一状态下反应的自发性，就要解决非标准态时$\Delta_r G_m(T)$的计算问题。

恒温、恒压、任一状态下的摩尔吉布斯函数变 $\Delta_r G_m(T)$与标准态下的摩尔吉布斯函数变 $\Delta_r G_m^\ominus(T)$之间，经热力学推导有如下关系：

$$\Delta_r G_m(T) = \Delta_r G_m^\ominus(T) + RT \ln J \tag{4-7}$$

式(4-7)称为化学等温方程式(chemical isothermal equation)。式中，R 和 T 分别是摩尔气体常数($R = 8.314\ J \cdot mol^{-1} \cdot K^{-1}$)和温度，$J$ 称为反应商(reaction quotient)。对于任意的反应：

$$aA + bB \longrightarrow gG + dD$$

若 A、B、G、D 均为气体，则

$$J=\frac{(p_G/p^{\ominus})^g(p_D/p^{\ominus})^d}{(p_A/p^{\ominus})^a(p_B/p^{\ominus})^b}$$

若 A、B、G、D 均为溶液，则

$$J=\frac{(c_G/c^{\ominus})^g(c_D/c^{\ominus})^d}{(c_A/c^{\ominus})^a(c_B/c^{\ominus})^b}$$

若为混合型的，即反应物和生成物有的是气体，有的是溶液，有的是纯固体或纯液体，则在 J 表达式中，是气体的用 $p_i/p^{\ominus}$ 代入，溶液用 $c_i/c^{\ominus}$ 代入，纯液体和纯固体及溶剂可在 J 的表达式中不出现。

例题 4-4 已知反应 $CaCO_3(s)$ ══ $CaO(s)+CO_2(g)$ 的 $\Delta_r H_m^{\ominus}$ 和 $\Delta_r S_m^{\ominus}$ 分别为 178.3 kJ·mol^{-1}和 160.5 J·mol^{-1}·K^{-1}。试通过计算说明 1000 K 时，上述反应在下列两种情况下能否自发进行：(1) 标准态时；(2) CO_2 的分压为 100 Pa 时。

解 (1) 反应在 1000 K、标准态时

$$\begin{aligned}\Delta_r G_m^{\ominus}(1000\ \text{K}) &\approx \Delta_r H_m^{\ominus}(298.15\ \text{K}) - T\Delta_r S_m^{\ominus}(298.15\ \text{K})\\ &=178.3-1000\times160.5\times10^{-3}\\ &=17.8(\text{kJ}\cdot\text{mol}^{-1})\end{aligned}$$

因为 $\Delta_r G_m>0$，因此反应是非自发的。

(2) 反应在 1000 K、CO_2 的分压为 100 Pa(非标准状态)进行时，根据式(4-7)得到：

$$\begin{aligned}\Delta_r G_m(1000\ \text{K}) &= \Delta_r G_m^{\ominus}(1000\ \text{K}) + RT\ \ln[p(CO_2)/p^{\ominus}]\\ &=17.8+8.314\times10^{-3}\times1000\ \ln\ (100/100000)\\ &=-39.63(\text{kJ}\cdot\text{mol}^{-1})\end{aligned}$$

可见，石灰石($CaCO_3$)分解反应在 1000 K 下，当 CO_2 的分压由 $p^{\ominus}$ 降低至 100 Pa 时，由非自发变成了自发。

4.2 化学反应速率

通过 4.1 节的讨论，我们可以用热力学的原理判断某一个化学反应在一定条件下进行的方向，但热力学原理不能告诉我们化学反应进行的快慢。有些化学反应从热力学角度看，吉布斯函数降低很厉害，说明反应的自发趋势是很大的，但由于反应速率太慢，以致长久不能被人们所察觉到。如在常温下：

$$H_2(g)+\frac{1}{2}O_2(g) = H_2O(l)\quad \Delta_r G_m^{\ominus}=-237.2\ \text{kJ}\cdot\text{mol}^{-1}$$

从 $\Delta_r G_m^{\ominus}$ 值看，反应的自发趋势是很大的，但实际反应起来就太慢了，如果在室温下，把它们放到同一个容器里，经过很长的时间也看不出有一滴水生成。这是因为热力学只考虑系统的始态和终态，从而预测化学反应进行的方向，并不考虑反应的途径，而化学反应进行的快慢即反应速率与反应的途径有关，因为反应的途径不同，反应的阻力就不同，反应速率也就不同。因此一个化学反应能否实现就涉及两个问题：一个是反应的自发趋势问题(4.1 节讨论的内容)，另一个是反应进行的速率问题(本节要讨论的内容)。

4.2.1 化学反应速率的表示方法

化学反应速率(rates of chemical reaction)是指在一定条件下,某化学反应的反应物转变为生成物的速率。对于均匀系统的恒容反应来说,通常以单位时间内某一反应物浓度的减少或生成物浓度的增加来表示。浓度的单位一般用 $mol \cdot dm^{-3}$ 表示,时间的单位根据实际情况可用 s、min 或 h 来表示。

1. 平均速率

下面以 N_2O_5 在四氯化碳溶液中的反应 $2N_2O_5 = 4NO_2 + O_2$ 为例进行讨论。

用单位时间内反应物 N_2O_5 浓度的减少来表示的平均速率(average rate)为:

$$\bar{v}(N_2O_5) = -\frac{c(N_2O_5)_2 - c(N_2O_5)_1}{t_2 - t_1} = -\frac{\Delta c(N_2O_5)}{\Delta t} \tag{4-8}$$

在同一时间间隔内,其反应速率也可以用产物 NO_2 或 O_2 的浓度的改变来表示:

$$\bar{v}(NO_2) = \frac{\Delta c(NO_2)}{\Delta t} \tag{4-9}$$

$$\bar{v}(O_2) = \frac{\Delta c(O_2)}{\Delta t} \tag{4-10}$$

式中,Δt 为时间间隔,$\Delta c(N_2O_5)$、$\Delta c(NO_2)$和 $\Delta c(N_2)$分别表示在 Δt 时间内反应物 N_2O_5 以及生成物 NO_2 和 N_2 浓度的变化,这种浓度的变化与时间间隔的比值即为平均速率。当用反应物浓度变化表示反应速率时,由于其浓度变化为负值(随着反应的进行,反应物不断被消耗),为使速率是正值,在浓度变化值前加一负号。

由于化学反应速率是随时间而变化的,反应开始时的速率和反应终了时的速率并不相同,所以用 $\bar{v}$ 表示反应速率是不太合适的,用瞬时速率(instantaneous rate)表示化学反应速率更确切一些。

2. 瞬时速率

瞬时速率可看作当时间间隔无限小时,浓度的变化与时间间隔的比值。对于上述反应,瞬时速率的表达式是:

$$v(N_2O_5) = \lim_{\Delta t \to 0} \frac{-\Delta c(N_2O_5)}{\Delta t} = \frac{-dc(N_2O_5)}{dt} \tag{4-11}$$

$$v(NO_2) = \lim_{\Delta t \to 0} \frac{\Delta c(NO_2)}{\Delta t} = \frac{dc(NO_2)}{dt} \tag{4-12}$$

$$v(O_2) = \lim_{\Delta t \to 0} \frac{\Delta c(O_2)}{\Delta t} = \frac{dc(O_2)}{dt} \tag{4-13}$$

瞬时速率通常用作图的方法通过斜率求得。

上面三个表达式都是表示同一个化学反应的反应速率,但由于化学计量数不同,选用不同物质的浓度变化来表示速率时,其数值不一定相同。为了统一起见,根据 IUPAC 的推荐和近年我国国家标准的表述,用反应进度定义反应速率,亦称转化速率(rate of conversion)。

3. 转化速率

根据 IUPAC 的推荐，转化速率是单位体积内反应进度(ξ)随时间的变化率，即

$$v = \left(\frac{1}{V}\right)\frac{d\xi}{dt} \tag{4-14}$$

将 $dn_B = \nu_B d\xi$ 和 $c_B = \frac{n_B}{V}$ 代入式(4-14)，得：

$$v = \frac{1}{\nu_B}\frac{dc(B)}{dt} \tag{4-15}$$

转化速率表示的也是瞬时速率，但与前面的 $v(N_2O_5)$、$v(NO_2)$ 和 $v(O_2)$ 是有区别的。联系前面的例子，反应速率为：

$$v = -\left(\frac{1}{2}\right)\frac{dc(N_2O_5)}{dt} = \left(\frac{1}{4}\right)\frac{dc(NO_2)}{dt} = \left(\frac{1}{1}\right)\frac{dc(O_2)}{dt}$$

用反应进度定义的反应速率量值与表示速率物质的选择无关，也就是说，一个反应只有一个反应速率值，但与反应式中的化学计量数有关，所以在表示反应速率时，必须写明相应的化学计量方程式。

不同的化学反应，其反应速率是不一样的。有的反应快到瞬间完成，如火药的爆炸、胶片的感光及水溶液中的酸碱中和；有的则很慢，以致在宏观上几乎觉察不出有变化，如煤、石油在地壳内的形成历时几万年甚至几十万年；即使是同一个化学反应，由于反应条件的不同，其反应速率也会不同。导致反应速率千差万别的因素主要有以下两个方面，即反应物本身的性质对反应速率的影响和浓度、温度及催化剂对反应速率的影响。为了解释反应速率的千差万别，人们提出了种种理论，较为流行的是反应速率的碰撞理论(collision theory)和过渡态理论(transition state theory)。

4.2.2 化学反应速率理论和活化能

1. 碰撞理论与活化能

1918 年，路易斯(G. N. Lewis)在气体分子运动论的基础上提出了化学反应速率的碰撞理论。这个理论认为：在一定的温度下，反应物分子之间的碰撞是使反应进行的必要条件。反应物分子的碰撞频率越高，化学反应的速率就越快。如果反应物分子互不接触，根本就谈不上什么反应；因为只有碰撞才能使原来分子中的化学键被破坏，原子重新排列组合，为新键的形成打下必要的基础。但并不是反应物分子之间只要碰撞就能发生反应，在千万次的碰撞中，绝大多数的碰撞并不发生反应，只有少数分子的碰撞能够发生反应。碰撞理论把能够发生反应的碰撞称为有效碰撞(effective collision)，那些不能发生反应的碰撞就称为弹性碰撞(elastic collision)。

碰撞理论认为，反应物的分子要发生有效碰撞，首先必须具备足够的能量，这样才可能克服分子无限接近时外层电子云之间的斥力，使反应物分子充分接近、发生反应。能量是有效碰撞的一个必要条件，但不充分。要发生有效碰撞，除反应物分子具有足够的能量外，碰撞时还要有合适的方向(正好碰在能起反应的部位上)才能发生反应。例如二氧化氮与一氧化碳的反应：

$$NO_2(g)+CO(g)═══NO(g)+CO_2(g)$$

只有当CO中的碳原子与NO_2中的氧原子靠近并且沿着N—O…C—O直线方向碰撞，才能发生反应；而氧原子与氧原子、碳原子与氮原子以及氧原子与氮原子相互碰撞时，因碰撞方向不合适，均不会发生反应，见图4-1。

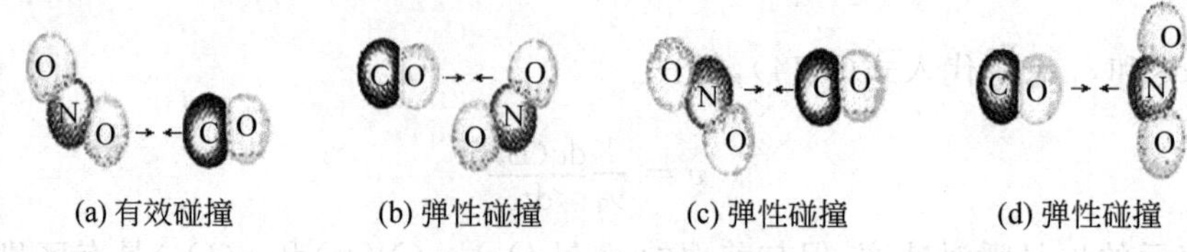

(a) 有效碰撞　(b) 弹性碰撞　(c) 弹性碰撞　(d) 弹性碰撞

图4-1　反应物分子之间的碰撞方向

这种能够发生有效碰撞的分子称为活化分子(activated molecule)。活化分子与反应物分子相比具有较高的能量。如果把活化分子具有的平均能量用$\bar{E}^*$表示，反应物分子具有的平均能量用$\bar{E}$表示，则：

$$E_a = \bar{E}^* - \bar{E} \tag{4-16}$$

E_a称为化学反应的活化能(activation energy)，可表述为活化分子所具有的平均能量与反应物分子所具有的平均能量之差。

所有化学反应的活化能均为正值。其大小与破坏一般化学键所需要的能量相近，由反应物本身的性质和反应途径决定，与反应物的浓度无关；当反应温度变化不大时，与反应的温度无关。在一定的条件下，活化能越低，活化分子数就越多，发生有效碰撞的次数就越多，反应速率越大。升高温度，活化分子数增多，反应速率增大；增大反应物的浓度，单位时间内的有效碰撞增多，反应速率也增大。

实验表明：每一个化学反应都有其特定的活化能。E_a可以通过实验测出，称经验活化能。当化学反应的活化能小于42 kJ·mol^{-1}时，反应速率很大，可瞬间完成，如酸碱中和反应等；当化学反应的活化能大于420 kJ·mol^{-1}时，反应速率则很小，甚至难于觉察；大多数化学反应的活化能为60～250 kJ·mol^{-1}。

2. 过渡态理论与活化能

20世纪30年代，艾林(Eyring)在量子力学和统计力学的基础上提出了化学反应速率的过渡态理论。

过渡态理论认为，化学反应不只是通过反应物分子之间的简单碰撞就能完成的，而是在发生碰撞后先形成一个中间的过渡状态，即反应物分子先形成活化配合物(activated complex)，然后再分解成产物(故又称活化配合物理论)。例如，CO与NO_2的反应：

$$O—N—O + C—O \rightleftharpoons O—N—O\cdots C—O \rightleftharpoons N—O + O—C—O$$

活化配合物(过渡状态)

中间过渡状态所形成的活化配合物中，原来分子中的旧键(N—O键)强度被削弱，但还没有完全断开，新的化学键(C—O键)正在形成。处于这种状态下的活化配合物具有较高

的势能，极不稳定，很容易分解为原来的反应物 NO_2 和 CO 或产物 NO 和 CO_2（取决于键的断裂位置）。

过渡态理论中活化能 E_a 的定义与碰撞理论中活化能的定义不同，过渡态理论中的活化能是指活化配合物的平均能量与反应物平均能量之差，是反应进行所必须克服的势能垒，见图 4-2。

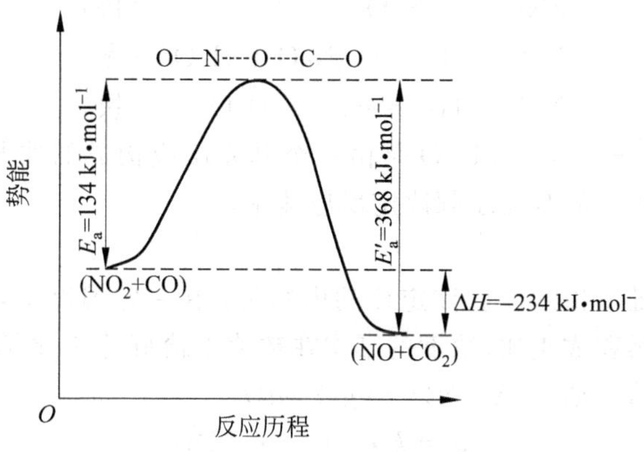

图 4-2　反应历程-势能图

对于一般的化学反应来说，反应的热效应正好等于正、逆向反应的活化能之差：

$$\Delta H = E_a - E'_a$$

活化能可以由分子的热运动提供，也可以通过光线照射等方式提供，但当从过渡状态变为产物时，这部分能量将部分或全部甚至更多地被释放出来。

4.2.3　影响化学反应速率的外界因素

1. 浓度对反应速率的影响

大量实验结果表明，化学反应速率随反应物浓度的增加而加快，随反应物浓度的降低而减慢。按照活化分子的概念，可以得出浓度影响反应速率的解释：对某一化学反应来讲，活化分子的数目与反应物浓度和活化分子百分数有关：

活化分子的数目＝反应物浓度×活化分子百分数

在一定的温度下，活化分子百分数是一定的。因此，当增加反应物浓度，即增加活化分子的数目时，单位时间内的有效碰撞次数也随之增加，导致反应速率加快。相反，若反应物浓度降低，活化分子数目减少，则反应速率减慢。由于气体的分压与浓度成正比，因而增加反应物气体的分压，反应速率加快；反之则减慢。

为了定量地描述反应速率与反应物浓度之间的关系，要先从基元反应（elementary reaction）谈起。

1）基元反应和非基元反应

化学动力学根据反应历程把化学反应分为基元反应和非基元反应。所谓基元反应就是反应物分子经碰撞后直接一步转化为产物的反应，如：

$$NO_2 + CO \longrightarrow NO + CO_2$$

$$SO_2Cl_2 \longrightarrow SO_2 + Cl_2$$

目前认为上述两个反应都是基元反应。

若反应不是一步碰撞就能完成，而是经过两步或两步以上的过程才能完成，这样的反应就叫做非基元反应，它是由若干个基元反应组成的，如：

$$2NO+2H_2 = N_2+2H_2O$$

经研究发现，上述反应要经历以下三步才能完成：

$$2NO = N_2O_2 \quad （快）$$

$$N_2O_2+H_2 = N_2O+H_2O \quad （慢）$$

$$N_2O+H_2 = N_2+H_2O \quad （快）$$

也就是说，$2NO+2H_2 = N_2+2H_2O$ 是由三个基元反应构成的非基元反应（也称复合反应）。在非基元反应中，慢的基元步骤决定反应速率。

2）质量作用定律

"质量"二字在此处意指浓度。该定律的内容是：在一定温度下，基元反应的反应速率与各反应物浓度幂的乘积成正比，浓度的幂次在数值上恰好等于化学计量方程式中反应物的化学计量数的绝对值。如：$aA+bB = gG+dD$

$$v=k\cdot c^a(A)\cdot c^b(B) \qquad (4\text{-}17)$$

式(4-17)称为质量作用定律表达式，也称反应速率方程(equation of reaction rate)。化学反应的速率方程是通过实验测定出来的。式中的 k 称为反应速率常数(constant of reaction rate)，可看作某反应在一定温度下，各反应物浓度均为 1 $mol\cdot dm^{-3}$时的反应速率，又称比速常数或比速率。k 值可通过实验测定，化学反应不同，k 值各不相同，对于某一确定的反应来说，k 与温度、催化剂等因素有关，而与浓度无关，即不随浓度而变化。速率常数 k 的单位决定于反应速率的单位和反应物浓度的单位，若设式(4-17)中的 $a+b=n$，则 k 的单位为$[浓度]^{1-n}\cdot[时间]^{-1}$。

质量作用定律(law of mass action)只适用于基元反应，不适用于非基元反应，但对组成非基元反应的各个基元反应却是适用的。对于非基元反应，其速率方程只有通过实验测定来确定。例如，将测定 $2NO+2H_2 = N_2+2H_2O$ 的反应速率的实验数据列在表 4-2 中，我们可以据此确定该反应的速率方程。

表 4-2 H_2 和 NO 反应的实验数据(1073 K)

实验标号	开始浓度		形成 $N_2(g)$ 的起始速率
	$c(NO)/(mol\cdot dm^{-3})$	$c(H_2)/(mol\cdot dm^{-3})$	$v/(mol\cdot dm^{-3}\cdot s^{-1})$
1	6.00×10^{-3}	1.00×10^{-3}	3.19×10^{-3}
2	6.00×10^{-3}	2.00×10^{-3}	6.36×10^{-3}
3	6.00×10^{-3}	3.00×10^{-3}	9.56×10^{-3}
4	1.00×10^{-3}	6.00×10^{-3}	0.48×10^{-3}
5	2.00×10^{-3}	6.00×10^{-3}	1.92×10^{-3}
6	3.00×10^{-3}	6.00×10^{-3}	4.30×10^{-3}

对比实验标号 1、2、3 发现，当保持 $c(NO)$一定时，若 $c(H_2)$扩大 2 倍或 3 倍，则反应速率相应扩大 2 倍或 3 倍，表明反应速率与 $c(H_2)$成正比：

$$v \propto c(H_2)$$

对比实验标号 4、5、6 发现，当 $c(H_2)$ 保持一定时，若 c(NO) 扩大 2 倍或 3 倍，则反应速率相应扩大 4 倍或 9 倍，表明反应速率与 $c^2(NO)$ 成正比：

$$v \propto c^2(NO)$$

综合考虑 $c(H_2)$ 和 $c(NO)$ 对反应速率的影响，得出：

$$v = k \cdot c(H_2) \cdot c^2(NO)$$

因此，一个非基元反应的速率方程是不能按反应物的计量数随意写出的。

利用表 4-2 的数据，也可以求出反应速率常数 k。将实验标号 1～6 的数据代入速率方程 $v=k \cdot c(H_2) \cdot c^2(NO)$ 中：

实验标号 1：$3.19\times10^{-3}=k_1\times(1.00\times10^{-3})\times(6.00\times10^{-3})^2$

解得 $k_1=8.86\times10^4(dm^6 \cdot mol^{-2} \cdot s^{-1})$

同理，实验标号：　2　3　4　5　6

k_i：　8.83×10^4　8.85×10^4　8.00×10^4　8.00×10^4　7.96×10^4

$$\bar{k}=\frac{1}{6}(k_1+k_2+k_3+k_4+k_5+k_6)=8.42\times10^4(dm^6 \cdot mol^{-2} \cdot s^{-1})$$

对于非基元反应来讲，其经验速率方程可表示为

$$v = k \cdot c^x(A) \cdot c^y(B) \tag{4-18}$$

但 x、y 的值需要通过实验确定。

3) 反应分子数和反应级数

反应分子数(molecularity of reaction)是指基元反应或非基元反应的基元步骤中发生反应所需要的微粒(分子、原子、离子或自由基)的数目。反应分子数只能对基元反应或非基元反应的基元步骤而言，非基元反应不能谈反应分子数，不能认为反应方程式中反应物的化学计量数的绝对值之和就是反应分子数。对基元反应来说，反应分子数一般可分为单分子反应、双分子反应和三分子反应。

化学反应速率方程中，各反应物浓度幂的和称为反应级数(reaction order)。在式(4-18)中，对反应物 A 来说是 x 级反应，对反应物 B 来说是 y 级反应，对总反应来说是 $(x+y)$ 级反应。常见的反应级数见表 4-3。

表 4-3　常见的反应级数举例

反应级数	举　例
1	$2H_2O_2(l) = 2H_2O(l)+O_2(g)$
2	$H_2(g)+I_2(g) = 2HI(g)$
3	$2NO(g)+O_2(g) = 2NO_2(g)$
0	$NH_3(g) = \frac{1}{2}N_2(g)+\frac{3}{2}H_2(g)$
1.5	$H_2(g)+Cl_2(g) = 2HCl(g)$

反应分子数是微观真实量，只有正整数；而反应级数是宏观统计量，可以是正整数、分数或零等。只有对基元反应来说，反应分子数和反应级数才是一致的。从这个意义上讲，单分子反应就是一级反应，双分子反应就是二级反应，三分子反应就是三级反应。

2. 温度对反应速率的影响

根据分子运动论可知，物质分子的运动速率随温度的升高而增大。温度升高，活化分子数增多，单位时间内有效碰撞次数增多。因此，无论是吸热反应还是放热反应，其速率都随温度的升高而加快。

从反应速率方程式来看，温度对反应速率的影响表现在反应速率常数 k 上。也就是说，反应速率常数 k 会随着温度的改变而变化。

1884 年，范特霍夫（van't Hoff）由许多实验结果归纳得到一条经验规则：温度每升高 10℃，化学反应的速率一般增加至原来的 2 至 4 倍。称为范特霍夫规则。

如果用 k_t、k_{t+10} 分别表示在 t℃及（$t+10$）℃时的反应速率常数，则比值

$$\frac{k_{t+10}}{k_t} = r \tag{4-19}$$

称为化学反应的温度系数。在不太大的温度范围内，各种反应的 r 数值变化都不太大，一般为 2～4。

1889 年，瑞典化学家阿伦尼乌斯（S. A. Arrhenius）在总结了大量实验事实之后，指出反应速率常数 k 与温度 T 之间的定量关系为：

$$k = A\mathrm{e}^{-\frac{E_a}{RT}} \tag{4-20}$$

式中，k 为反应速率常数，E_a 为反应活化能，R 为摩尔气体常数，T 为热力学温度，A 称为指前因子（preexponential factor），e 为自然对数的底。

从式（4-20）可以看出，速率常数 k 与热力学温度 T 成指数关系，温度的微小变化，将导致 k 值的较大变化，尤其是活化能 E_a 较大时更是如此。

对式（4-20）取自然对数，得

$$\ln k = -\frac{E_a}{RT} + \ln A \tag{4-21}$$

对式（4-20）取常用对数，得

$$\lg k = -\frac{E_a}{2.303RT} + \lg A \tag{4-22}$$

式（4-20）、式（4-21）和式（4-22）都称为阿伦尼乌斯公式。用阿伦尼乌斯公式讨论速率常数与温度的关系时，可以近似地认为在一般的温度范围内，活化能 E_a 和指前因子 A 均不随温度的改变而变化。

式（4-22）是阿伦尼乌斯公式的对数形式，温度为 T_1 时速率常数为 k_1，温度为 T_2 时速率常数为 k_2，则有

$$\lg k_2 = -\frac{E_a}{2.303RT_2} + \lg A$$

$$\lg k_1 = -\frac{E_a}{2.303RT_1} + \lg A$$

两式相减，得：

$$\lg\frac{k_2}{k_1} = \frac{E_a}{2.303R}\left(\frac{1}{T_1} - \frac{1}{T_2}\right)$$

即

$$\lg \frac{k_2}{k_1} = \frac{E_a}{2.303R}\left(\frac{T_2 - T_1}{T_1 T_2}\right) \tag{4-23}$$

应用式(4-23)可计算反应的活化能 E_a 或反应速率常数 k。

例题 4-5　实验测得某反应在 573 K 时速率常数为 $2.41\times10^{-10}\,s^{-1}$，在 673 K 时速率常数为 $1.16\times10^{-6}\,s^{-1}$。求此反应的活化能 E_a。

解　据题意

$$\lg \frac{k_2}{k_1} = \frac{E_a}{2.303R}\left(\frac{T_2 - T_1}{T_1 T_2}\right)$$

$$\lg \frac{1.16\times10^{-6}}{2.41\times10^{-10}} = \frac{E_a}{2.303\times\dfrac{8.314}{1000}} \times \frac{673-573}{673\times573}$$

$$E_a = 271.90(\mathrm{kJ\cdot mol^{-1}})$$

3. 催化剂对反应速率的影响

虽然提高温度可以加快化学反应的反应速率，但在实际生产中往往会带来较多的能量消耗，对高温设备也会有特殊的要求。因此，应用催化剂在不提高温度的情况下极大地提高反应速率，无疑是化学科学中最具应用价值和最富有挑战性的研究。

催化剂(catalyst)是一种能改变反应速率，而其本身的组成、质量、化学性质在反应前后都不发生变化的物质。催化剂能改变反应速率的作用叫催化作用(catalysis)。

能加速反应速率的催化剂叫正催化剂(positive catalyst)，如合成氨工业中的铁催化剂；能降低反应速率的催化剂叫负催化剂或阻化剂，如橡胶中的防老化剂。通常所说的催化剂是指正催化剂。

催化剂之所以能加速化学反应速率，主要是由于催化剂参与了变化过程，生成了中间产物，改变了原来的反应途径，降低了反应的活化能，从而使更多的反应物分子变为活化分子。例如合成氨反应，计算结果表明，没有催化剂时反应的活化能为 $326.4\ \mathrm{kJ\cdot mol^{-1}}$，加铁做催化剂时，活化能降低至 $175.5\ \mathrm{kJ\cdot mol^{-1}}$。图 4-3 形象地表示出催化剂的存在对反应历程和反应活化能的影响。由于催化剂的存在，改变了反应途径，使反应沿着活化能较低的途径进行，在反应过程中，催化剂又可从中间产物再生出来，导致反应速率加快。

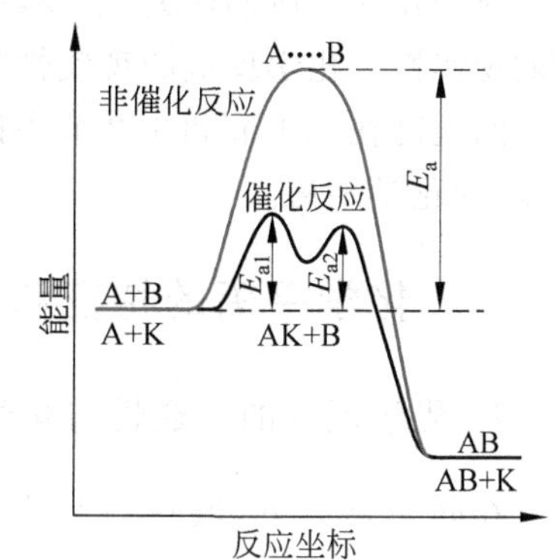

图 4-3　催化剂对反应历程和活化能的影响

催化剂只能通过改变反应途径来改变反应速率，不能改变反应的热效应，或者说不能改变反应进行的方向；催化剂能同等地降低正、逆反应的活化能，加速化学反应平衡的到达，但不会使那些不能发生的化学反应变为可能；催化剂具有选择性，如：

$$C_2H_5OH \xrightarrow[350\sim360^\circ C]{Al_2O_3} C_2H_4 + H_2O$$

$$C_2H_5OH \xrightarrow[200\sim250℃]{Cu} CH_3CHO + H_2$$

利用催化剂的选择性可以促进所需反应的进行，阻止不利的副反应发生。

4. 影响多相反应速率的因素

对于多相反应来说，由于反应主要是在相与相之间的界面上进行，因此多相反应的反应速率除了与上述几个因素（浓度、压力、温度、催化剂）有关外，还与彼此作用的相（phase）之间的接触面大小有关。例如：刨花比木柴易燃，锌粉与盐酸作用比锌粒与盐酸作用要快得多。

在多相反应中，接触面增大，会使反应速率加快，实际上也就是使反应速率常数 k 值增大。若给出 k 的值，应指出有关物质的粉碎度或分散度。

生产上增大相与相之间接触面的方法包括：把固态物质破碎成小颗粒或磨成细粉，将液态物质淋洒成滴流或喷成雾状的微小液滴。

多相反应速率还受扩散作用的影响。这是由于扩散可以使还没有起作用的反应物不断地进入界面，同时使生成物不断地离开界面，从而增大反应速率。工业上常通过鼓风、搅拌或振荡等方法来加速扩散过程，使反应速率增大。如煤炭的燃烧，鼓风可使未作用的氧气不断靠近煤炭表面，同时使生成的 CO_2 不断从煤炭表面离去，而使炉火烧得更旺；又如金属与酸溶液作用，搅拌可以加快反应速率。

4.3 化学反应进行的限度

对于化学反应的研究，需要解决两个方面的问题，既要研究反应的可能性，也要研究反应的现实性。化学反应的现实性是指反应的速率和反应的限度。对于反应的可能性和反应速率问题已在 4.1 节和 4.2 节中讨论过，本节将讨论化学反应现实性的另一方面——反应限度，即化学平衡。

4.3.1 化学平衡的特征和平衡常数的表示方法

1. 化学反应的可逆性与化学平衡

在同一条件下，既可以从左向右进行，又可以从右向左进行的反应，称为可逆反应（reversible reaction）。通常将从左向右进行的反应称为正反应，而将从右向左进行的反应称为逆反应。从理论上讲，任何化学反应都具有可逆性，但可逆的程度不同。例如：

$$CO(g) + H_2O(g) \rightleftharpoons H_2(g) + CO_2(g)$$

反应的可逆程度比较显著，在反应式中用“$\rightleftharpoons$”代替等号，表示 CO 与 $H_2O(g)$ 既能反应生成 CO_2 和 H_2，同时 CO_2 与 H_2 也能反应生成 CO 和 $H_2O(g)$。但是也有极少数的反应在一定的条件下逆反应进行的程度极其微小，以致可以忽略，这样的反应称为不可逆反应，例如：

$$2KClO_3 \xrightarrow[\triangle]{MnO_2} 2KCl + 3O_2$$

在一定温度下，于密闭容器中进行的任一可逆反应，当反应开始时，反应物的浓度较大，

生成物的浓度为零，因此正反应的速率较大，逆反应的速率为零。随着反应的进行，反应物不断消耗，生成物不断产生，使得反应物的浓度逐渐减小，生成物的浓度逐渐增大，导致正反应的速率降低而逆反应的速率增大。当反应进行到一定程度后，正、逆反应的速率相等，各物质的浓度不再随时间变化，这时系统所处的状态称为化学平衡(chemical equilibrium)。

2. 化学平衡的特征

化学反应达到平衡时的最主要特征是可逆反应的正反应速率和逆反应速率相等，即 $v_{正}=v_{逆}$；可逆反应达到平衡后，只要外界条件不变，反应系统中各物质的量将不随时间改变；平衡时虽然正、逆反应速率相等，但并不等于零，说明化学平衡是一种动态平衡；化学平衡只能在一定的外界条件下才能保持，当外界条件改变时，原有的平衡就会被破坏，平衡发生移动，直到在新的条件下建立起新的平衡。

可以看出：化学平衡是可逆化学反应的最大限度。这一反应限度一般用化学反应的平衡常数(equilibrium constant)来表示。

3. 化学平衡常数的表示方法

大量的实验事实表明，在一定的反应条件下，任何一个可逆反应经过或长或短的时间后，总会达到化学平衡。平衡时，各生成物平衡浓度幂的乘积与反应物平衡浓度幂的乘积之比值为一常数，称为化学平衡常数。其中，以浓度表示的称为浓度平衡常数，用 K_c 表示；以分压表示的称为压力平衡常数，用 K_p 表示。

例如反应：

$$aA + bB \rightleftharpoons gG + dD$$

$$K_c = \frac{[G]^g[D]^d}{[A]^a[B]^b} \tag{4-24}$$

$$K_p = \frac{(p_G)^g(p_D)^d}{(p_A)^a(p_B)^b} \tag{4-25}$$

对于多相反应，如：

$$Fe(s) + 2H^+(aq) \rightleftharpoons Fe^{2+}(aq) + H_2(g)$$

$$K = \frac{[Fe^{2+}](p_{H_2})}{[H^+]^2} \tag{4-26}$$

Fe 是固体，浓度相不列入平衡常数表达式中；H^+ 和 Fe^{2+} 在溶液中，用浓度表示；H_2 是气体，用分压表示。

由于 K_c、K_p 和 K 都是把实验测定值直接代入平衡常数表达式中计算所得，所以通常称为实验平衡常数(experimental equilibrium constant)或称为经验平衡常数，特点是数值和量纲随分压和浓度的单位不同而异，即量纲一般情况下是不唯一的。若在实验平衡常数各项中除以标准浓度 $c^{\ominus}$(1 mol·dm^{-3})或标准压力 $p^{\ominus}$(100 kPa)，使其各项消去单位，这样得到的平衡常数称为标准平衡常数(standard equilibrium constant)，用 $K^{\ominus}$ 表示。

式(4-24)、式(4-25)和式(4-26)所示实验平衡常数转化为相应的标准平衡常数可表示如下：

$$K^{\ominus} = \frac{([G]/c^{\ominus})^g([D]/c^{\ominus})^d}{([A]/c^{\ominus})^a([B]/c^{\ominus})^b} \tag{4-27}$$

$$K^{\ominus} = \frac{(p_{G}/p^{\ominus})^{g}(p_{D}/p^{\ominus})^{d}}{(p_{A}/p^{\ominus})^{a}(p_{B}/p^{\ominus})^{b}} \tag{4-28}$$

$$K^{\ominus} = \frac{([Fe^{2+}]/c^{\ominus})(p_{H_2}/p^{\ominus})}{([H^{+}]/c^{\ominus})^{2}} \tag{4-29}$$

平衡常数是表示化学反应限度的一种特征值。平衡常数数值越大，表明正反应进行得越完全。平衡常数值与温度和反应方程式的书写形式有关(同一反应，方程式的写法不同，则平衡常数的数值不同)，与浓度和分压无关。

4.3.2 多重平衡原理

在某些反应中，经常有一种物质同时参与几个反应的现象，这种物质可以是反应物，也可以是产物。在一定条件下，一个反应系统中的某一种或几种物质同时参与两个或两个以上的化学反应并同时达到化学平衡，称为同时平衡或多重平衡(multiple equilibrium)。

假设一个系统中有四个平衡(1)、(2)、(3)、(4)同时存在，在同一温度下的标准平衡常数分别为 $K_1^{\ominus}$、$K_2^{\ominus}$、$K_3^{\ominus}$ 和 $K_4^{\ominus}$。

若反应：(3)＝(1)＋(2)则：$K_3^{\ominus}=K_1^{\ominus}\cdot K_2^{\ominus}$；

若反应：(3)＝(1)－(2)则：$K_3^{\ominus}=K_1^{\ominus}/K_2^{\ominus}$；

若反应：(4)＝(1)× 2＋(2)/3 则：$K_4^{\ominus}=(K_1^{\ominus})^2\times\sqrt[3]{K_2^{\ominus}}$。

这种关系称为多重平衡原理(multiple equilibrium principle)。

例题 4-6 已知(1) $O_2(g)+S(s)\rightleftharpoons SO_2(g)$　$K_1^{\ominus}=1.0\times10^{-3}$

(2) $H_2(g)+S(s)\rightleftharpoons H_2S(g)$　$K_2^{\ominus}=5.0\times10^{6}$

求反应 $O_2(g)+H_2S(g)\rightleftharpoons SO_2(g)+H_2(g)$ 的平衡常数 $K_3^{\ominus}$。

解 由题可知，反应：(3)＝(1)－(2)，所以

$$K_3^{\ominus}=\frac{K_1^{\ominus}}{K_2^{\ominus}}=\frac{1.0\times10^{-3}}{5.0\times10^{6}}=2.0\times10^{-10}$$

4.3.3 平衡常数与标准吉布斯函数变的关系

在非标准状态下：

$$\Delta_r G_m=\Delta_r G_m^{\ominus}+RT\ln J \quad (\text{化学等温方程式})$$

当反应达到平衡时，$\Delta_r G_m=0$，代入上式得：

$$\Delta_r G_m^{\ominus}=-RT\ln J$$

此时，J 中各物质的浓度或分压都是平衡时的浓度或分压，即 $J=K^{\ominus}$，代入上式，得：

$$\Delta_r G_m^{\ominus}=-RT\ln K^{\ominus} \tag{4-30}$$

或

$$\Delta_r G_m^{\ominus}=-2.303RT\lg K^{\ominus} \tag{4-31}$$

式(4-30)和式(4-31)是很重要的公式，它给出了重要的热力学参数 $\Delta_r G_m^{\ominus}$ 和 $K^{\ominus}$之间的关系，为得到一些化学反应的平衡常数 $K^{\ominus}$提供了可行的方法。

例题 4-7 求 298.15 K 时反应 $2NO(g)+O_2(g)\rightleftharpoons 2NO_2(g)$的 $K^{\ominus}$。

解 查表得

$$2NO(g)+O_2(g) \rightleftharpoons 2NO_2(g)$$

$\Delta_f G_m^\ominus/(kJ \cdot mol^{-1})$　　86.57　　0　　51.30

则有

$$\begin{aligned}\Delta_r G_m^\ominus &= 2\Delta_f G_m^\ominus(NO_2) - [2\Delta_f G_m^\ominus(NO) + \Delta_f G_m^\ominus(O_2)] \\ &= 2\times 51.30 - 2\times 86.57 = -70.54(kJ \cdot mol^{-1})\end{aligned}$$

因为

$$\Delta_r G_m^\ominus = -RT \ln K^\ominus$$

所以

$$\ln K^\ominus = -\frac{\Delta_r G_m^\ominus}{RT} = -\frac{-70.54}{8.314\times 10^{-3}\times 298.15}$$

解得

$$K^\ominus = 2.28\times 10^{12}$$

从平衡常数的数值来看，此反应进行的程度还是相当大的。

将式(4-30)和式(4-31)分别代入化学等温方程式中，得：

$$\Delta_r G_m = -RT \ln K^\ominus + RT \ln J \tag{4-32}$$

$$\Delta_r G_m = -2.303RT \lg K^\ominus + 2.303RT \lg J \tag{4-33}$$

式(4-32)和式(4-33)是化学等温方程式的另一种表达形式。

由式(4-32)或(4-33)可知，在恒温、恒压、不做非体积功的条件下，比较温度为 T 时化学反应的标准平衡常数与反应商的相对大小，就能预测可逆反应进行的方向。

当 $K^\ominus > J$ 时，$\Delta_r G_m < 0$，化学反应正向自发进行；

当 $K^\ominus = J$ 时，$\Delta_r G_m = 0$，化学反应处于平衡状态；

当 $K^\ominus < J$ 时，$\Delta_r G_m > 0$，化学反应逆向自发进行。

4.3.4　影响化学平衡的因素

因外界条件的改变，可逆反应从一种平衡状态变化到另一种平衡状态的过程称为化学平衡移动。从动力学角度看，化学平衡是可逆反应的正、逆反应速率相等的状态；从能量变化的角度看，可逆反应达到平衡时，$\Delta_r G_m = 0$ 或 $J = K^\ominus$。因此，一切使 $\Delta_r G_m$ 或 J 值发生变化的外界条件(浓度、压力和温度)都会使平衡发生移动。

1. 浓度对化学平衡的影响

在其他条件不变的情况下，增加反应物的浓度或减少生成物的浓度，化学反应向着正反应的方向移动，反之逆向移动。

对于反应：

$$aA + bB \rightleftharpoons gG + dD$$

$$\Delta_r G_m = -RT \ln K^\ominus + RT \ln J$$

平衡时，$\Delta_r G_m = 0$，$K^\ominus = J$。

若增加反应物的浓度或减少生成物的浓度，会使 J 值降低，当 $J < K^\ominus$ 时，$\Delta_r G_m < 0$；正向反应自发，所以平衡会向正反应方向移动。

若增加生成物的浓度或减少反应物的浓度，会使 J 值升高，当 $J > K^\ominus$ 时，$\Delta_r G_m > 0$；正向反应非自发，所以平衡会向逆反应方向移动。

浓度的改变只能引起化学平衡的移动，不会改变平衡常数。这是因为在 $\Delta_r G_m^\ominus = -RT\ln K^\ominus$ 中，$K^\ominus$ 仅取决于 T 和 $\Delta_r G_m^\ominus$（R 是常数），而 T 和 $\Delta_r G_m^\ominus$ 均不受浓度的影响。

2. 压力对化学平衡的影响

在恒温下，增大压力，平衡向气体分子数减小的方向移动；减小压力，平衡向气体分子数增大的方向移动。压力的变化只影响有气体参加或有气体产生的反应。

例如，合成氨反应：

$$N_2 + 3H_2 \rightleftharpoons 2NH_3$$

平衡时

$$K^\ominus = \frac{(p_{NH_3}/p^\ominus)^2}{(p_{N_2}/p^\ominus)\cdot(p_{H_2}/p^\ominus)^3}$$

若将平衡系统的总压力增大到原来的 2 倍，这时各组分的分压也分别为原来的 2 倍，于是有：

$$J = \frac{[p(NH_3)]^2}{[p(N_2)]\cdot[p(H_2)]^3} = \frac{(2p_{NH_3}/p^\ominus)^2}{(2p_{N_2}/p^\ominus)\cdot(2p_{H_2}/p^\ominus)^3} = \frac{1}{4}K^\ominus$$

$J<K^\ominus$，$\Delta_r G_m<0$，平衡向正反应方向移动，正反应方向是气体分子数减少的方向。

若将平衡系统的总压力降至原来的 $\frac{1}{2}$，这时各组分的分压也分别为原来分压的 $\frac{1}{2}$，结果：

$$J' = \frac{[p(NH_3)]^2}{[p(N_2)]\cdot[p(H_2)]^3} = \frac{\left(\frac{1}{2}p_{NH_3}/p^\ominus\right)^2}{\left(\frac{1}{2}p_{N_2}/p^\ominus\right)\cdot\left(\frac{1}{2}p_{H_2}/p^\ominus\right)^3} = 4K^\ominus$$

$J>K^\ominus$，$\Delta_r G_m>0$，平衡向逆反应方向移动，逆反应方向是气体分子数增大的方向。

向系统中加入惰性气体（指不参加反应的气体），若反应系统的总体积不变，则总压力增大，而各反应物分压不变，则平衡不发生移动；若反应系统的总体积增大，造成各反应物分压降低，则化学平衡向气体分子总数增加的方向移动。

3. 温度对化学平衡的影响

恒压下，升高温度，平衡向吸热方向移动，反之向放热方向移动。

由 $\Delta_r G_m^\ominus = -RT\ln K^\ominus$ 和 $\Delta_r G_m^\ominus = \Delta_r H_m^\ominus - T\Delta_r S_m^\ominus$，得：

$$-RT\ln K^\ominus = \Delta_r H_m^\ominus - T\Delta_r S_m^\ominus$$

可变为

$$\ln K^\ominus = -\frac{\Delta_r H_m^\ominus}{RT} + \frac{\Delta_r S_m^\ominus}{R}$$

不同温度时，

$$\ln K_1^\ominus = -\frac{\Delta_r H_m^\ominus}{RT_1} + \frac{\Delta_r S_m^\ominus}{R}$$

$$\ln K_2^\ominus = -\frac{\Delta_r H_m^\ominus}{RT_2} + \frac{\Delta_r S_m^\ominus}{R}$$

两式相减，且认为 $\Delta_r S_m^\ominus$ 和 $\Delta_r H_m^\ominus$ 均不受温度影响，得

$$\ln\frac{K_2^\ominus}{K_1^\ominus}=\frac{\Delta_r H_m^\ominus}{R}\left(\frac{1}{T_1}-\frac{1}{T_2}\right)$$

整理后得

$$\ln\frac{K_2^\ominus}{K_1^\ominus}=\frac{\Delta_r H_m^\ominus}{R}\left(\frac{T_2-T_1}{T_1T_2}\right) \tag{4-34}$$

对于吸热反应，$\Delta_r H_m^\ominus>0$，当 $T_2>T_1$ 时，由式(4-34)可得 $K_2^\ominus>K_1^\ominus$，即平衡常数随温度升高而增大，升高温度平衡向正反应方向移动。反之，当 $T_2<T_1$ 时，$K_2^\ominus<K_1^\ominus$，平衡向逆反应方向移动。

对于放热反应，$\Delta_r H_m^\ominus<0$，当 $T_2>T_1$ 时，由式(4-34)可得 $K_2^\ominus<K_1^\ominus$，即平衡常数随温度升高而减小，升高温度平衡向逆反应方向移动。反之，当 $T_2<T_1$ 时，$K_2^\ominus>K_1^\ominus$，平衡向正反应方向移动。

思考题

4-1　在 H、U、S 和 G 的状态函数中，哪些没有明确的物理意义？具有明确物理意义的，请说明其物理意义。

4-2　物质的混乱度和熵有什么关系？其大小有何规律？

4-3　预测下列过程系统的 ΔS 符号：

(1) 盐从过饱和溶液中结晶出来；　(2) 水变成水蒸气；

(3) 苯与甲苯相溶；　(4) 活性炭表面吸附氧气；

(5) $2Na(s)+Cl_2(g)=\!=\!=2NaCl(s)$　(6) $2NH_3(g)=\!=\!=N_2(g)+3H_2(g)$

4-4　计算化学反应在 298.15 K 时的标准摩尔吉布斯函数变有几种方法？其他温度时的标准摩尔吉布斯函数变如何计算？当反应不在标准状态时，吉布斯函数变如何计算？

4-5　反应速率的碰撞理论和过渡态理论的基本要点是什么？两者有什么区别？

4-6　影响化学反应速率的因素有哪些？速率常数受哪些因素影响？

4-7　什么是基元反应？什么是质量作用定律？已知 $A+B\rightarrow C$ 是一个二级反应，能否认为该反应是一个基元反应？

4-8　试解释浓度、温度和催化剂加速化学反应的原因。

4-9　已知基元反应 $2A\rightarrow B$ 的反应热为 $\Delta_r H^\ominus$，活化能为 E_a，而 $B\rightarrow 2A$ 的活化能为 E_a'。问：

(1) E_a 和 E_a' 有什么关系？

(2) 加催化剂，E_a 和 E_a' 各有何变化？

(3) 提高温度，E_a 和 E_a' 各有何变化？

(4) 增加起始浓度，E_a 和 E_a' 各有何变化？

4-10　指出下列说法的正确与错误：

(1) 催化剂能加快化学反应速率，所以能改变平衡系统中生成物和反应物的相对含量；

(2) 在一定条件下，某化学反应的 $\Delta G>0$，故要寻找合适的催化剂促使反应正向进行；

(3) 正催化剂加快了正反应速率，负催化剂加快了逆反应速率；

(4) 提高温度可使反应速率加快，其主要原因是分子运动速度加快，分子间碰撞频率增加。

4-11 写出下列可逆反应的平衡常数 K_c、K_p 或 K 及相应的 $K^{\ominus}$ 表达式：

(1) $2NOCl(g) \rightleftharpoons 2NO(g) + Cl_2(g)$

(2) $Zn(s) + 2H^+(aq) \rightleftharpoons Zn^{2+}(aq) + H_2(g)$

(3) $Cr_2O_7^{2-}(aq) + H_2O(l) \rightleftharpoons 2CrO_4^{2-}(aq) + 2H^+(aq)$

4-12 化学反应的标准平衡常数 $K^{\ominus}$ 与 $\Delta_r G_m^{\ominus}$ 之间的关系如何？

4-13 已知合成氨反应处于平衡状态，当遇到下列情况时，该反应的平衡常数及平衡移动的方向如何变化？

(1) 升高温度； (2) 降低压力； (3) 加入产物 NH_3； (4) 加入惰性气体。

4-14 CO 是汽车尾气的主要污染源，有人设想以加热分解的方法消除之：

$$CO(g) \xrightarrow{\triangle} C(s) + \frac{1}{2}O_2(g)$$

试从热力学角度判断该想法能否实现。

4-15 可逆反应 $A(g) + B(g) \rightleftharpoons 2C(g)$，$\Delta_r H_m^{\ominus}(298.15\ K) > 0$，达到平衡时如果改变下述各项条件，试将其他各项发生的变化填入表中。

	$k_{正}$	$k_{逆}$	$v_{正}$	$v_{逆}$	平衡常数	平衡移动方向
增加 A 的分压						
升高温度						
加催化剂						

4-1 利用下列反应的 $\Delta_r G_m^{\ominus}(298.15\ K)$ 值，计算 $Fe_3O_4(s)$ 在 298.15 K 时的标准摩尔生成吉布斯函数。

(1) $2Fe(s) + \frac{3}{2}O_2(g) = Fe_2O_3(s)$ $\Delta_r G_m^{\ominus}(298.15\ K) = 742.2\ kJ \cdot mol^{-1}$

(2) $4Fe_2O_3(s) + Fe(s) = 3Fe_3O_4(s)$ $\Delta_r G_m^{\ominus}(298.15\ K) = -77.7\ kJ \cdot mol^{-1}$

4-2 求下列反应的 $\Delta_r H_m^{\ominus}$、$\Delta_r G_m^{\ominus}$ 和 $\Delta_r S_m^{\ominus}$，并用这些数据讨论利用此反应净化汽车尾气中 NO 和 CO 的可能性。

$$CO(g) + NO(g) = CO_2(g) + \frac{1}{2}N_2(g)$$

4-3 在 298.15 K 标准态下，反应 $CaO(s) + SO_3(g) = CaSO_4(s)$ 的 $\Delta_r H_m^{\ominus} = -402\ kJ \cdot mol^{-1}$，$\Delta_r S_m^{\ominus} = -189.6\ J \cdot mol^{-1} \cdot K^{-1}$，试求：

(1) 上述反应自发进行的方向？逆反应的 $\Delta_r G_m^{\ominus}$ 为多少？

(2) 升温还是降温有利于上述反应正向进行？

(3) 计算上述反应逆向进行所需的最低温度。

4-4　在某温度下，测定下列反应 $\frac{dc(Br_2)}{dt}=4.0\times10^{-5}\text{mol}\cdot\text{dm}^{-3}\cdot\text{s}^{-1}$，

$$4HBr(g)+O_2(g)=\!=\!=2H_2O(g)+2Br_2(g)$$

求：(1) 此时的 $\frac{dc(O_2)}{dt}$ 和 $\frac{dc(HBr)}{dt}$；

(2) 此时的反应速率 v。

4-5　在 298.15 K 时，用反应 $S_2O_8^{2-}(aq)+2I^-(aq)=\!=\!=2SO_4^{2-}(aq)+I_2(aq)$ 进行实验，得到的数据列表如下：

实验序号	$c(S_2O_8^{2-})/(\text{mol}\cdot\text{dm}^{-3})$	$c(I^-)/(\text{mol}\cdot\text{dm}^{-3})$	$\nu/(\text{mol}\cdot\text{dm}^{-3}\cdot\text{min}^{-1})$
1	1.0×10^{-4}	1.0×10^{-2}	0.65×10^{-6}
2	2.0×10^{-4}	1.0×10^{-2}	1.30×10^{-6}
3	2.0×10^{-4}	0.50×10^{-2}	0.65×10^{-6}

求：(1) 反应速率方程；

(2) 速率常数；

(3) $c(S_2O_8^{2-})=5.0\times10^{-4}\ \text{mol}\cdot\text{dm}^{-3}$，$c(I^-)=5.0\times10^{-2}\text{mol}\cdot\text{dm}^{-3}$ 时的反应速率。

4-6　在室温(25℃)下，对于许多反应来说，温度升高 10℃，反应速率增大到原来的 2～4 倍。试问遵循此规律的活化能应在什么范围？升高相同温度对活化能高的反应还是活化能低的反应的反应速率影响更大些？

4-7　在 301 K 时鲜牛奶大约 4 h 变酸，但在 278 K 时的冰箱中可保持 48 h。假定反应速率与牛奶变酸时间成反比，求牛奶变酸反应的活化能。

4-8　分别用标准摩尔生成吉布斯函数和 $\Delta_r G_m^\ominus=\Delta_r H_m^\ominus-T\Delta_r S_m^\ominus$ 关系式计算反应 $H_2(g)+Cl_2(g)=\!=\!=2HCl(g)$ 的标准摩尔吉布斯函数变 $\Delta_r G_m^\ominus$。

4-9　已知下列反应的平衡常数：

(1) $HCN \rightleftharpoons H^+ + CN^-$　　　$K_a^\ominus=4.9\times10^{-10}$

(2) $NH_3+H_2O \rightleftharpoons NH_4{}^+ + OH^-$　　　$K_b^\ominus=1.8\times10^{-10}$

(3) $H_2O \rightleftharpoons H^+ + OH^-$　　　$K_w^\ominus=1.0\times10^{-14}$

试计算下面反应的平衡常数：$NH_3+HCN \rightleftharpoons NH_4{}^+ + CN^-$

4-10　298.15 K 时，计算下列反应的 $K^\ominus$。

$$NiSO_4\cdot6H_2O(s) \rightleftharpoons NiSO_4(s)+6H_2O$$

已知：$\Delta_f G_m^\ominus(NiSO_4\cdot6H_2O,s)=-2221.7\ \text{kJ}\cdot\text{mol}^{-1}$，$\Delta_f G_m^\ominus(NiSO_4,s)=-773.6\ \text{kJ}\cdot\text{mol}^{-1}$，$\Delta_f G_m^\ominus(H_2O)=-228.4\ \text{kJ}\cdot\text{mol}^{-1}$。

4-11　反应 $2NaHCO_3(s) \rightleftharpoons Na_2CO_3(s)+CO_2(g)+H_2O(g)$ 的标准摩尔反应热为 $1.29\times10^2\ \text{kJ}\cdot\text{mol}^{-1}$。若 303 K 时 $K^\ominus=1.66\times10^{-5}$，计算 393 K 时的 $K^\ominus$。

4-12　已知下列反应：

$Fe(s)+CO_2(g) \rightleftharpoons FeO(s)+CO(g)$　标准平衡常数为 $K_1^\ominus$

$Fe(s)+H_2O(g) \rightleftharpoons FeO(s)+H_2(g)$　标准平衡常数为 $K_2^\ominus$

在不同温度时反应的标准平衡常数值如下：

T/K	$K_1^\ominus$	$K_2^\ominus$
973	1.47	2.38
1073	1.81	2.00

试计算在上述各温度时，反应 $CO_2(g)+H_2(g) \rightleftharpoons H_2O(g)+CO(g)$ 的标准平衡常数 $K^\ominus$，并通过计算说明此反应是放热反应还是吸热反应。

第5章

溶　液

溶液是由一种或多种物质分散到另一种物质中所形成的分散系统。溶液按溶质类型可以分为电解质溶液(electrolyte solution)和非电解质溶液(non-electrolyte solution),电解质溶液还可分为强电解质溶液、弱电解质溶液和难溶电解质溶液。溶液按溶质相对含量又可分为稀溶液和浓溶液。本章主要讨论上述各种溶液所具有的基本性质和基本规律。

5.1　稀溶液的依数性

各类非电解质稀溶液具有一些共同的性质,如蒸气压下降(vapor pressure lowering)、沸点升高(boiling point elevation)、凝固点降低(freezing point depression)及渗透压(osmotic pressure)等。这些性质只与溶液的浓度(粒子数)有关,而与溶质的本性无关,称为稀溶液的依数性(colligative properties)。

5.1.1　溶液的蒸汽压下降

1. 饱和蒸气压

液体和固体都具有挥发性。液体(或固体)分子逸出表面变成蒸气的过程称为蒸发(evaporation),由蒸气产生的压力为蒸气压(vapor pressure)。温度越高,蒸发越显著,蒸气压越大。相反,蒸气分子回到液面(或固体表面)成为液体分子(或固体分子)的过程称为凝聚(condensation)。温度越低,凝聚越显著。蒸发与凝聚是互为可逆的两个过程(见图5-1)。

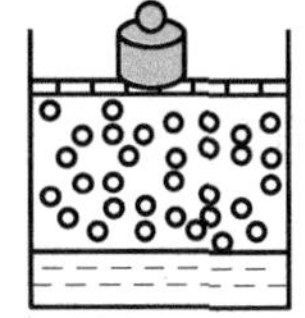

图5-1　蒸发和凝聚

在一定温度下,可逆过程达到平衡,即蒸发和凝聚的速率相等,这时蒸气浓度、压力不再改变。这种平衡称为相平衡(phose equilibrium),相平衡状态为饱和状态,此状态下的蒸气为饱和蒸气,饱和蒸气所具有的压力称为该物质的饱和蒸气压(saturated vapor pressure)。

饱和蒸汽压是物质的一个重要性质,它的大小取决于物质的本性和温度。饱和蒸汽压越大,表示该物质越容易挥发。

2. 稀溶液的蒸气压下降

1847年，科学家巴伯(C. Babe)和乌尔纳(A. Wulner)发现在某种纯液体中加入难挥发的非电解质时，总是导致蒸气压的下降。例如：实验测定298.15 K时，水的饱和蒸气压 $p(H_2O)=3167.7\ Pa$，$0.5\ mol \cdot kg^{-1}$ 糖水的蒸气压 $p(H_2O)=3135.7\ Pa$，$1.0\ mol \cdot kg^{-1}$ 糖水的蒸气压 $p(H_2O)=3107.7\ Pa$。

可以看出溶液的蒸气压比纯溶剂低，溶液浓度越大，蒸气压下降越多。1887年，拉乌尔(F. M. Raoult)根据大量实验结果提出，在一定温度下，稀溶液的蒸汽压等于纯溶剂的饱和蒸汽压乘以溶剂在溶液中的摩尔分数，即

$$p = p_B^{\ominus} \cdot x_B \tag{5-1}$$

式(5-1)为拉乌尔定律的数学表达式。

若溶液仅有一种溶质，溶质的摩尔分数为 x_A，则 $x_B=1-x_A$。(5-1)式可改写为

$$p = p_B^{\ominus}(1-x_A) \tag{5-2}$$

$$\Delta p = p_B^{\ominus} - p = p_B^{\ominus} \cdot x_A \tag{5-3}$$

所以拉乌尔定律的另一种表述为：在一定温度下，稀溶液的蒸气压下降和溶质的摩尔分数成正比。

对于稀溶液，溶剂物质的量 n_B 远远大于溶质物质的量 n_A，即 $n_B \gg n_A$ 时，

$$x_A = \frac{n_A}{n_A + n_B} \approx \frac{n_A}{n_B}$$

对于水溶液，当 $n_B = \dfrac{1000g}{18g \cdot mol^{-1}}$ 时，n_A 与质量摩尔浓度 m 在数值上相等，因为这时的 n_A 正是1000g溶剂水中所含溶质的物质的量，于是上式可以写成

$$x_A \approx \frac{n_A}{n_B} = \frac{m}{\frac{1000}{18}} = \frac{m}{55.56}$$

即

$$\Delta p = p_B^{\ominus} \cdot x_A = p_B^{\ominus} \frac{m}{55.56}$$

令 $K = \dfrac{p_B^{\ominus}}{55.56}$，则有

$$\Delta p = K \cdot m \tag{5-4}$$

式中的 K 是比例常数，对于不同溶剂，K 值不同。上式表明对于难挥发的非电解质稀溶液，蒸气压下降的数值只取决于溶剂的本性(K)及溶液的质量摩尔浓度 m。

溶液蒸气压下降的原因可用分子运动论来解释。一定温度下，水(或其他纯溶剂)的饱和蒸气压是一个定值。如果在水中加入一种难挥发的溶质，溶液的表面将或多或少地被溶质分子(严格地说是溶质的溶剂化物)占据，减少了单位面积上溶剂的分子数。因此同一温度下，溶液表面单位时间里逸出液面的溶剂分子数相应地比纯溶剂少。当达到平衡状态时，液面上单位体积内溶剂分子的数目比纯溶剂的少，所以，溶液的蒸气压比纯溶剂低。

例题 5-1 已知293.15 K时水的饱和蒸汽压为2.33 kPa。将17.1 g蔗糖($C_{12}H_{22}O_{11}$)与3.00 g尿素($CO(NH_2)_2$)分别溶于100 g水中，计算形成溶液的蒸汽压。

解 已知蔗糖($C_{12}H_{22}O_{11}$)的摩尔质量 M_1 为 342 g·mol^{-1},$CO(NH_2)_2$ 的摩尔质量 M_2 为 60.0 g·mol^{-1}。

$$m_1 = \frac{17.1}{342} \times \frac{1000}{100} = 0.500(\text{mol} \cdot \text{kg}^{-1})$$

$$m_2 = \frac{3.00}{60.0} \times \frac{1000}{100} = 0.500(\text{mol} \cdot \text{kg}^{-1})$$

两种溶液中水的摩尔分数相同:

$$x_{H_2O} = \frac{55.56}{55.56 + 0.5} = 0.991$$

所以两种溶液的蒸汽压均为

$$p = p^{\ominus} \cdot x_{H_2O} = 2.33 \times 0.991 = 2.31(\text{kPa})$$

5.1.2 溶液的沸点升高和凝固点降低

1. 沸点和凝固点

液体的饱和蒸气压和外界大气的压强相等时,液体就会沸腾,此时的温度称为沸点。液体的沸点随外压的升高而增大。

液体凝固成固体(严格说是晶体)是在一定温度下进行的,这个温度称为凝固点。凝固点的实质是在这个温度下,液体和固体的饱和蒸气压相等,即

$$\text{液体} \rightleftharpoons \text{固体} \quad (\text{处于平衡})$$

若 $p_{固} > p_{液}$,则固体要融化(熔解);$p_{固} < p_{液}$,则液体要凝固。

2. 溶液的沸点升高和凝固点降低

图 5-2 为冰、水、水溶液的饱和蒸气压图。图中的 AB 线为纯水的蒸气压曲线,$A'B'$ 线为稀溶液的蒸气压曲线,BC 线为冰的蒸气压曲线。随着温度的升高,冰、水、水溶液的饱和蒸气压都升高。在同一温度下,溶液的饱和蒸气压低于 H_2O 的饱和蒸气压。冰的曲线斜率大,即其饱和蒸气压随温度的变化大。

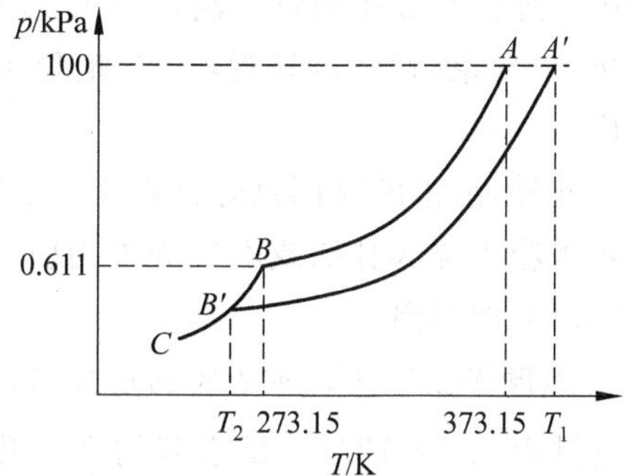

图 5-2 冰、水、水溶液的饱和蒸气压图

在 373.15 K 时,水的饱和蒸气压等于外界大气压强(100 kPa),故 373.15 K 是 H_2O 的沸点,如图 5-2 中的 A 点所示。在该温度下,溶液的饱和蒸气压小于 100 kPa,溶液未达到沸点。只有当温度达到 T_1(T_1>373.15 K,A'点),溶液的饱和蒸气压等于外界大气压强(100 kPa)时,溶液才沸腾。可见,溶液饱和蒸气压的下降导致沸点升高,即溶液的沸点高于纯水的沸点。

冰线和水线的交点(图 5-2 中的 B 点)处,冰和水的饱和蒸气压相等。此点的温度为 273 .15 K,$p \approx 0.611$ kPa,是 H_2O 的凝固点,即为冰点。在此温度时,溶液饱和蒸气压低于冰的饱和蒸气压,即 $p_{冰} > p_{溶液}$,当两种物质共存时,冰要融化(熔解),或者说,溶液此时尚未

达到凝固点。只有降温到 T_2(T_2<273.15 K)时，冰线和溶液线相交(B'点)，即 $p_{冰}=p_{溶液}$，溶液开始结冰，达到凝固点。溶液的蒸气压下降，导致冰点降低，使溶液的凝固点低于纯水的冰点。

溶液的沸点升高和凝固点降低的根本原因是溶液的蒸气压下降。而溶液蒸气压下降的程度与溶液的浓度成正比，因此溶液的沸点升高和凝固点降低也与溶液的浓度成正比。拉乌尔通过实验确立了溶液的沸点升高和凝固点降低与溶液的质量摩尔浓度具有下列关系：

溶液的沸点升高

$$\Delta T_b = K_b m \tag{5-5}$$

溶液的凝固点降低

$$\Delta T_f = K_f m \tag{5-6}$$

式中，K_b 是溶剂的沸点升高常数，K_f 是凝固点降低常数，m 是溶液的质量摩尔浓度。

由式(5-5)和式(5-6)可以得出拉乌尔定律的另一种表述：溶液的沸点升高和凝固点降低与溶液的质量摩尔浓度成正比，而与溶质的本性无关。不同的溶剂 K_b 和 K_f 是不同的，表 5-1 列出了几种常见溶剂的 K_b 和 K_f。

表 5-1　几种溶剂的沸点升高与凝固点降低常数

溶剂	$K_b/(K \cdot kg \cdot mol^{-1})$	$K_f/(K \cdot kg \cdot mol^{-1})$
水	0.52	1.86
苯	2.57	5.1
乙醇	1.16	—
乙醚	2.02	1.73

根据沸点升高和凝固点降低与溶液浓度的关系，可以测定溶质的相对分子质量。由于凝固点降低常数比沸点升高常数大，实验误差相对较小，而且在达到凝固点时，溶液中有晶体析出，现象明显，容易观察，因此利用凝固点降低测定物质的相对分子质量的方法应用很广。

此外，溶液的凝固点降低在生产、科研方面也有广泛的应用。例如在严寒的冬天，汽车散热水箱中加入甘油或乙二醇等物质，可防止水结冰；食盐和冰的混合物作冷冻剂，可获得−22.4℃的低温。

例题 5-2　已知纯苯的沸点是 80.2℃，取 2.67 g 萘($C_{10}H_8$)溶于 100 g 苯中，测得该溶液的沸点为 80.731℃，试求苯的沸点升高常数。

解　萘的摩尔质量 $M=128\ g \cdot mol^{-1}$，$\Delta T_b=80.731-80.2=0.531(K)$

由 $\Delta T_b=K_b \cdot m$，有

$$0.531 = K_b \times \frac{2.67}{128} \times \frac{1000}{100}$$

得 $K_b=2.546(K \cdot kg \cdot mol^{-1})$。

例题 5-3　冬天，在汽车散热器的水中注入一定量的乙二醇可防止水的冻结。如 200 g 水中注入 6.50 g 的乙二醇，求这种溶液的凝固点(乙二醇的摩尔质量为 $62\ g \cdot mol^{-1}$)。

解　此时水中 $m_{乙二醇}=\frac{6.50}{62}\times\frac{1000}{200}=0.524(\text{mol}\cdot\text{kg}^{-1})$

$$\Delta T_f = K_f m = 1.86 \times 0.524 = 0.97(℃)$$

即此种溶液的凝固点为-0.97℃。

5.1.3　溶液的渗透压

1. 渗透现象和渗透压

在U形管中，若用一种只允许水等小分子物质透过，不允许蔗糖等大分子物质透过的半透膜(semipermeable membrane)把纯水与蔗糖溶液隔开(如图5-3(a)所示)，由于膜两侧单位体积内水分子数不等，因此在单位时间内由纯水进入溶液中的水分子数要比由溶液进入纯水中的水分子数多，其结果是蔗糖溶液液面升高，水的液面降低(如图5-3(b)所示)。这种溶剂(水)透过半透膜而进入溶液的现象称为渗透现象。

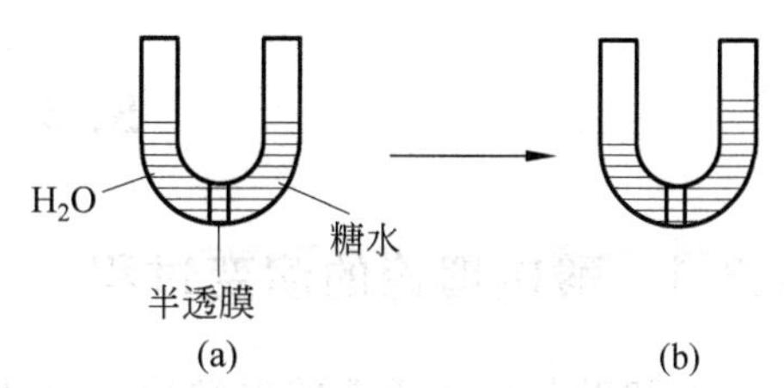

图5-3　溶液渗透装置示意图

半透膜的存在和膜两侧单位体积内溶剂分子数不相等是产生渗透现象的两个必要条件。渗透总是溶剂分子从纯溶剂一方向溶液一方，或从稀溶液一方向浓溶液一方进行，从而缩小溶液的浓度差。

溶液液面升高后，静水压增大，驱使溶液中的溶剂分子加速通过半透膜，当静水压增大到一定值后，单位时间内从膜两侧透过的溶剂分子数相等，达到渗透平衡。这时，水的液面不再下降，蔗糖溶液的液面不再升高。两液面高度差造成的静压，称为稀溶液的渗透压。

稀溶液渗透压的大小与溶液浓度和温度有关，其关系可用范特霍夫方程式表示如下：

$$\Pi V = nRT \tag{5-7}$$

$$\Pi = cRT \approx mRT \tag{5-8}$$

式中，Π表示溶液的渗透压，V是溶液的体积，n是溶液中所含溶质的物质的量，R是摩尔气体常数($8.314\ \text{J}\cdot\text{K}^{-1}\cdot\text{mol}^{-1}$)，$T$是热力学温度，$c$是溶液的物质的量浓度，$m$是溶液的质量摩尔浓度。

从上面式子可以看出，在一定体积和一定温度下，稀溶液的渗透压与溶液中所含溶质的物质的量成正比，而与溶质的本性无关。

例题5-4　测得人体血液的冰点降低值$\Delta T_f=0.56$℃，求在体温37℃时的渗透压。

解　$\Delta T_f=K_f m,\ m=\frac{\Delta T_f}{K_f}$

又

$$\Pi = mRT = \frac{\Delta T_f}{K_f}\cdot RT = \frac{0.56}{1.86}\times 8.314\times(273.15+37) = 776.35(\text{kPa})$$

2. 渗透作用的应用

渗透在动植物的生活中有着非常重要的作用。细胞膜是一种很容易透水而几乎不能透过溶解于细胞液中的物质的半透膜。动植物体都要通过细胞膜产生渗透作用，以吸收水分和养料等。

人体的体液、血液、组织液等，都具有一定的渗透压。对人体进行静脉注射时，必须使用与人体体液渗透压相等的等渗溶液，如临床常用的0.9%的生理盐水和5%的葡萄糖溶液，否则将引起红细胞膨胀（水向细胞内渗透）或萎缩（水向细胞外渗透）而产生严重后果。同样的道理，如果土壤溶液的渗透压高于植物细胞液的渗透压，将导致植物的枯死，所以不能施用过浓的肥料。

在化学上可以利用渗透作用来分离溶液中的杂质。近年来，电渗析法和反渗透法的新技术引起了人们的关注，普遍应用于海水、咸水的淡化。

5.2 酸碱理论

5.2.1 酸碱理论的演变过程

酸和碱是两类重要的电解质。自从17世纪中叶波义耳(Beyle)根据实验结果提出酸碱概念至今，人们对于酸碱的认识已有300多年的历史。最初人们对酸碱的认识是从其所表现的现象开始的，认为酸是具有酸味的物质，碱是抵消酸性的物质，酸和碱反应酸味消失。酸可以使若干植物的有色物质改变颜色，而碱能让改变的颜色恢复原色。直到18世纪后期，人们才开始从物质本身的内在性质来认识酸和碱。1774年拉瓦西(Lavoisier)提出：氧元素是酸的必要成分。19世纪初发现了HCl、HI、HCN，这些物质都不含氧而含氢，于是又认为氢是酸的基本元素。19世纪后期，电离理论的诞生，进一步促进了酸碱理论的发展。

1884年，阿伦乌斯提出了酸碱电离理论(ionization theory of acid and base)，认为在水溶液中电离时所生成的阳离子全部是H^+的化合物称为酸；而在水溶液中电离时所生成的阴离子全部是OH^-的化合物称为碱。在这一理论中，H^+是酸的特征，而OH^-是碱的特征，酸碱反应的实质是：

$$H^+ + OH^- = H_2O$$

因为H_2O可以电离出H^+和OH^-，但电离度很小，且$[H^+]=[OH^-]$，所以H_2O既不是酸也不是碱。

酸碱电离理论从物质的化学组成上揭示了酸碱的本质，解释了一些实验事实；应用化学平衡原理找到了衡量酸、碱强度的定量标准，是人类对酸碱认识由现象到本质的一次飞跃，对化学学科的发展起到了积极的推动作用。

由于酸碱电离理论只限于水溶液，使其应用受到了限制。酸碱电离理论无法解释越来越多的非水溶液中的酸碱反应，也无法解释许多不含H^+和OH^-的物质也表现出的酸碱性。例如NH_3不能电离出OH^-，但它显碱性。这就促使人们对酸碱进行重新认识。

1905年，富兰克林(Franklin)提出了酸碱溶剂理论(solvent theory of acid and base)。该理论对酸碱的定义类似于酸碱电离理论，但比其广泛。该理论认为：凡物质经过离解而产生作为溶剂特征的正离子为酸，产生作为溶剂特征的负离子为碱，酸和碱的反应就是正离子与负离子化合形成了溶剂分子。酸碱溶剂论是将阿伦尼乌斯理论中以水为溶剂的个别现象，推广到任何溶剂的一般情况的理论。

为了克服酸碱电离理论和酸碱溶剂理论的局限性，1923 年，丹麦化学家布朗斯特（J. N. Brönsted）和英国化学家劳莱（T. M. Lowry）各自独立地同时提出了酸碱质子理论（proton theory of acid and base）。酸碱质子理论是以 H^+ 的给出和接受定义酸碱的，如：$NH_3+H^+=NH_4^+$，所以 NH_3 是碱。酸碱质子理论中的酸碱不受溶剂限制，可以是水溶液，也可以是非水溶液，甚至可以是无溶液系统，大大拓宽了酸碱的范围，而且酸碱质子理论还可将酸碱电离理论中的电离作用、中和作用、水解作用等各类离子反应归纳为质子转移的酸碱反应，加深了人们对酸碱的认识，所以得到了普遍的应用。

由于酸碱质子理论的基本观点是质子的授受关系，所以必须含有 H^+。这就不能解释不含氢的一类化合物，如 SO_2、SO_3、BF_3 等为什么有酸性。为此，1923 年路易斯（Lewis）提出了更广泛意义的酸碱理论——酸碱电子理论（electronic theory of acid and base）（又称 Lewis 酸碱理论）。

酸碱电子理论是以电子对的接受和给出定义酸碱的，酸碱反应的实质是配位键的形成——形成酸碱配合物（又叫加合物）。酸碱电子理论中的酸碱范围极其广泛，摆脱了系统必须具有某元素、某溶剂或某种离子的限制，立足于物质的普遍组成，以电子对的给予和接受来说明酸碱的反应，更能体现物质的本质属性，是目前应用最为广泛的酸碱理论。

由于酸碱电子理论对酸碱的认识过于笼统，因而不易掌握酸碱的特征。酸碱电子理论的最大缺点是没有一个衡量酸碱相对强弱的标准，不能进行定量计算。

几年之后，1939 年乌萨诺维奇（Усанович）又提出了酸碱正负理论（negative and positive theory of acid－base）。这个理论认为凡是能释放正离子或能与负离子加合的物质称为酸，凡能供给电子、负离子或能与正离子加合的物质称为碱。酸碱正负理论与酸碱电子理论的唯一差别就在于正负理论中氧化-还原反应也被称为酸碱反应。其中氧化剂被认为是酸，还原剂被认为是碱。

到了 1963 年，皮尔森等人把酸碱电子理论中的酸和碱分为软、硬两类，并提出硬酸倾向与硬碱结合，软酸倾向与软碱结合。

这就是酸碱理论的发展过程。对于整个化学发展进程来说，这几种理论对酸碱的认识越来越深入，其涉及的范围也随着酸碱理论的发展而一次又一次地被推广。

几种酸碱理论定义的酸碱概念之间的关系可用图 5-4 来表示。

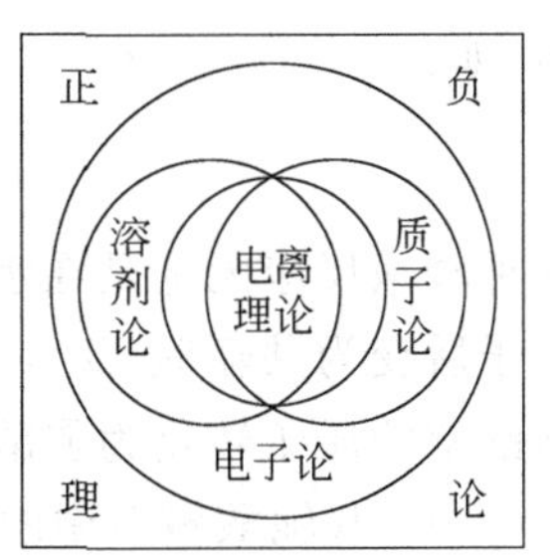

图 5-4　酸碱概念的关系图

在这几种酸碱理论中，酸碱电离理论就是高中学过的酸碱理论，这里重点讨论酸碱质子理论，简介酸碱电子理论。酸碱溶剂理论、酸碱正负理论和软硬酸碱理论将在知识扩展篇中简介。

5.2.2　酸碱质子理论

1. 酸碱的定义

酸碱质子理论认为：凡是能给出质子（H^+）的分子或离子都是酸，如 H_2SO_4、HSO_4^-、NH_4^+、HPO_4^{2-}、HCO_3^-、HAc 等，酸是质子的给予体（proton donor）；凡是能接受质子（H^+）的分子或离子都是碱，如 NH_3、SO_4^{2-}、CO_3^{2-}、OH^-、HPO_4^{2-} 等，碱是质子的接受体（proton acceptor)。在酸碱质子理论中，酸碱之间存在如下关系：

$$HB(酸) \rightleftharpoons H^+(质子) + B^-(碱)$$
$$HCl \rightleftharpoons H^+ + Cl^-$$
$$HAc \rightleftharpoons H^+ + Ac^-$$
$$NH_4^+ \rightleftharpoons H^+ + NH_3$$
$$[Al(H_2O)_6]^{3+} \rightleftharpoons H^+ + [Al\,OH\,(H_2O)_5]^{2+}$$
$$H_2PO_4^- \rightleftharpoons H^+ + HPO_4^{2-}$$
$$HPO_4^{2-} \rightleftharpoons H^+ + PO_4^{3-}$$
$$H_3O^+ \rightleftharpoons H^+ + H_2O$$
$$H_2O \rightleftharpoons H^+ + OH^-$$

在上述表达式中，左边的酸分别是右边相应碱的共轭酸(conjugate acid)，如 HAc 是 Ac^- 的共轭酸；右边的碱分别是左边相应酸的共轭碱(conjugate base)，如 NH_3 是 NH_4^+ 的共轭碱。酸碱的这种对应关系称为酸碱共轭关系，这种因一个质子的得失而相互转换的每一对酸碱，称为共轭酸碱对(conjugate acid-base pair)。

从上面的共轭酸碱对中可以看出：

(1) 质子理论中的酸碱可以是正离子、负离子，也可以是中性分子；酸比它的共轭碱仅多一个质子。

(2) 有的离子或分子在一个共轭酸碱对中是酸，在另一个共轭酸碱对中又是碱，如 HPO_4^{2-}、H_2O，这样的离子或分子称为两性离子(amphoteric ion)或两性物质(amphoteric substance)。

(3) 酸碱质子理论中没有盐的概念。在酸碱电离理论中酸碱反应生成了盐和水，而质子论中的酸碱反应是质子转移的过程，由两种酸、碱通过质子转移生成了另外两种新酸、新碱，如：

$$\underset{碱(1)}{NH_3} + \underset{酸(2)}{HCl} \rightleftharpoons \underset{酸(1)}{NH_4^+} + \underset{碱(2)}{Cl^-}$$

这种酸碱反应无论是在水溶液中还是在非水溶液中，反应的实质是相同的，都是 HCl 给出质子后变为共轭碱 Cl^-，NH_3 接受质子后变为共轭酸 NH_4^+，这个反应的动力是强碱夺取了强酸中的质子转化为弱酸、弱碱。

(4) 共轭酸碱对中的酸碱转化是可逆的，正反应的趋势越大，逆反应的趋势越小；而且这种反应是酸碱半反应，不能单独进行，必须是两个酸碱半反应相互作用才能实现酸碱反应。

(5) 在共轭酸碱对中，酸碱的强度互成反比。酸越强，共轭碱越弱，反之亦然。

2. 酸碱的强度

酸碱的强度是酸碱给出和接受质子能力的量度。能将质子全部给出和接受的分子或离子称为强酸和强碱；只能将质子部分给出和接受的分子或离子则称为弱酸和弱碱。

酸碱所表现出来的强度不仅与酸碱给出和接受质子的能力有关，而且与溶剂接受和给出质子的能力有关。如：

以水作为溶剂时，$HClO_4$、H_2SO_4、HNO_3、HCl 都可将 H^+ 全部给出，故都为强酸，即这些酸溶于水后，其强度表现为 H_3O^+ 的酸强度水平。水对这些酸起着拉平作用，这种作用称为拉平效应(leveling effect)。溶剂的拉平效应是指不同强度的酸(碱)被溶剂调整到同一酸(碱)强度水平的作用。事实上，任何比 H_3O^+ 更强的酸(如 $HClO_4$、HI、HBr、HCl、HNO_3 等)在水中都不能以分子形式存在，水能够同等程度地将这些酸的质子全部夺取出来，将他们转化为 H_3O^+(即被水分子拉平到 H_3O^+)。所以 H_3O^+ 是在水中能够稳定存在的最强的酸。同样，OH^- 是在水中能够稳定存在的最强的碱，任何比 OH^- 更强的碱(如 KOH、NaOH、Na_2O_2 等)在水中都不能以分子形式存在，都能同等程度地从水中得到质子转化为 OH^-(即被水分子拉平到 OH^-)。

但若以冰醋酸作为溶剂时，$HClO_4$、H_2SO_4、HNO_3、HCl 给出质子的能力有所不同，使酸的强度产生这样一个顺序：$HClO_4 > H_2SO_4 > HCl > HNO_3$，可见冰醋酸可把上述这些酸的强度区分开来，溶剂的这种效应称为区分效应(differentiating effect)，这种溶剂便叫区分溶剂(differentiating solvent)。一般而言，酸性溶剂可以对酸产生区分效应，而对碱产生拉平效应；碱性溶剂则可对碱产生区分效应，而对酸产生拉平效应。

这就告诉我们：比较酸或碱的相对强弱必须以同一个溶剂作为比较标准才能说明问题，若不指明溶剂，一般视为以水作溶剂。同一种物质在不同溶剂中可表现出不同的酸碱性，例如：HAc 在水和液氨两种不同溶剂中，由于液氨接受质子的能力比水强，故 HAc 在液氨中表现为强酸，而在水中表现为弱酸。

$HClO_4$、H_2SO_4、HNO_3、HCl 在水中能将 H^+ 全部给予 H_2O，故为强酸；而 H_2CO_3、H_3PO_4、HAc 在水中只能将部分质子给予 H_2O，故为弱酸；其相对强弱可通过后面讲的弱酸解离常数(dissociation constants)的大小进行比较。同理，水溶液中弱碱的相对强弱是通过比较弱碱的解离常数的大小得到的。

3. 酸碱反应的实质

根据酸碱质子理论，酸碱反应的实质是共轭酸碱对之间的质子转移反应，判断一个反应是否为酸碱反应主要看反应中是否发生质子转移，发生质子转移的反应就是酸碱反应：

$$H_3O^+ + NH_3 = NH_4^+ + H_2O$$ (反应中有 H^+ 转移，是酸碱反应)

$$Cu^{2+} + 4NH_3 = [Cu(NH_3)_4]^{2+}$$ (反应中没有 H^+ 转移，不是酸碱反应)

在酸碱反应中，反应进行的方向取决于反应方程式两边的酸碱相对强度。实验表明：反应总是朝着较强的酸与较强的碱作用转化为较弱的共轭碱和较弱的共轭酸的方向进行。

$$较强酸(1) + 较强碱(2) = 较弱酸(2) + 较弱碱(1)$$

阿伦尼乌斯酸碱系统中的一些反应，如：

$$HCl + H_2O = H_3O^+ + Cl^-$$ 强酸的解离反应

$$H_3O^+ + OH^- = H_2O + H_2O$$ 酸碱中和反应

$$H_2O + NH_3 \rightleftharpoons NH_4^+ + OH^-$$ 弱碱的解离反应

$$HAc + H_2O \rightleftharpoons H_3O^+ + Ac^-$$ 弱酸的解离反应

$$H_2O + Ac^- \rightleftharpoons HAc + OH^-$$ 水解反应

$$NH_4^+ + H_2O \rightleftharpoons H_3O^+ + NH_3$$ 水解反应

均可以归结为酸碱质子理论中的酸与碱的反应。

酸碱质子理论扩大了酸和碱的范畴，解释了非水溶液和气体间的酸碱反应。例如，下列反应都是质子理论范畴内的酸碱反应：

$$NH_4^+ + NH_2^- \xrightarrow{\text{液氨中}} 2NH_3$$

$$HCl(g) + NH_3(g) \xlongequal{\quad} NH_4Cl(s)$$

5.2.3 酸碱电子理论

酸碱电子理论认为：凡是可以接受电子对的分子、离子或原子称为酸(具有空轨道)，如 Fe^{3+}、S、Ag^+、BF_3，酸是电子对的接受体(acceptor of electronic pairs)；凡是可以给出电子对的分子、离子或原子称为碱(有孤对电子)，如 X^-、$:NH_3$、$:CO$、$H_2O:$，碱是电子对的给予体(donor of electronic pairs)。

这种酸碱的定义涉及物质的微观结构，使酸碱理论与物质结构产生了有机的联系。如：

$$\text{酸} + \text{碱} \rightleftharpoons \text{酸碱配合物}$$

$$H^+ + :OH^- \rightleftharpoons H:OH$$

$$HCl + :NR_3^- \rightleftharpoons R_3N:H + Cl^-$$

$$BF_3 + :F^- \rightleftharpoons [F_3B:F]^-$$

$$Cu^{2+} + 4[:NH_3] \rightleftharpoons [Cu(NH_3)_4]^{2+}$$

在反应中接受电子对的是酸，给出电子对的是碱，酸碱反应的实质是以共用电子对形式结合形成配位键，生成酸碱配合物。

按照酸碱电子理论，几乎所有的正离子都能起酸的作用，负离子都能起碱的作用，绝大多数的物质都可以归为酸、碱和酸碱配合物，而且大多数反应都可归结为酸碱之间的反应或酸、碱与酸碱配合物之间的反应。

5.3 弱电解质溶液

5.3.1 水的解离平衡和溶液的酸碱性

自然界、生物体以及化工生产中的许多反应都是在水溶液中进行的，因此水是最重要的溶剂。

纯水具有微弱的导电能力，说明纯水能微弱地解离，其解离平衡(dissociation equilibrium)可表示为：

$$H_2O + H_2O \rightleftharpoons H_3O^+ + OH^-$$

或简写作

$$H_2O \rightleftharpoons H^+ + OH^-$$

解离平衡常数一般用 $K_w^\ominus$ 表示，称为水的离子积常数，简称水的离子积(ion-product for water)：

$$K_w^\ominus = \frac{[H^+]}{c^\ominus} \cdot \frac{[OH^-]}{c^\ominus}$$

简写为

$$K_w^\ominus = [H^+][OH^-] \tag{5-9}$$

即在纯水中$[H^+]$和$[OH^-]$浓度的乘积为一常数。水的离子积常数与其他平衡常数一样是温度的函数，25℃时，当水中的$[H^+]=[OH^-]=1.0\times10^{-7}\ mol\cdot dm^{-3}$时，$K_w^\ominus=[H^+][OH^-]=1.0\times10^{-14}$。当温度改变时，其数值也发生变化，如0℃时，$K_w^\ominus=1.15\times10^{-15}$；而100℃时，$K_w^\ominus=5.43\times10^{-13}$。但如果没有特别指明，一般是指室温25℃。不仅在纯水中，而且在以水为溶剂的稀溶液中均存在着水的解离平衡。也就是说，不论溶液是酸性、碱性、还是中性，只要有H^+、OH^-、H_2O三者共存，就有式(5-9)的关系存在。

水溶液的酸碱性取决于溶液中$[H^+]$和$[OH^-]$的相对大小，一般情况下，水溶液中的$[H^+]$都较小，所以常用其浓度的负对数表示，称为pH值，即

$$pH=-\lg[H^+] \tag{5-10}$$

与pH对应的还有pOH，即

$$pOH=-\lg[OH^-]$$

若用$pK_w^\ominus$表示水的离子积的负对数，则因为$K_w^\ominus=[H^+][OH^-]$，故有

$$pK_w^\ominus=pH+pOH \tag{5-11}$$

pH值是表示水溶液酸碱度的一种标度。pH值越大，$[H^+]$越小，溶液的酸度越低；反之，溶液的酸度就越高。

pH仅适用于表示$[H^+]$或$[OH^-]$在$1\ mol\cdot dm^{-3}$以下的水溶液酸碱性。如果$[H^+]>1\ mol\cdot dm^{-3}$，则$pH<0$；若$[OH^-]>1\ mol\cdot dm^{-3}$，则$pH>14$。在这种情况下，就直接写出$[H^+]$或$[OH^-]$，而不用pH表示这类溶液的酸碱性。

5.3.2　弱酸、弱碱的解离平衡和溶液 pH 值的计算

通常所说的电解质强弱是相对水而言的。在水溶液中几乎能完全解离的电解质称为强电解质；在水溶液中仅能部分解离的电解质称为弱电解质。弱电解质在水中的解离是部分的，同时存在着离子和分子，因此解离过程是可逆的，存在着解离平衡和解离常数。

1. 一元弱酸的解离平衡和溶液 pH 值的计算

一元弱酸HA在水溶液中部分解离，存在下列解离平衡：

$$HA+H_2O \rightleftharpoons H_3O^+ + A^-$$

简写为

$$HA \rightleftharpoons H^+ + A^-$$

根据化学平衡原理，解离平衡的解离常数表达式为：

$$K_a^\ominus=\frac{([H^+]/c^\ominus)([A^-]/c^\ominus)}{([HA]/c^\ominus)}$$

简写为

$$K_a^\ominus=\frac{[H^+][A^-]}{[HA]}$$

$[H^+]$、$[A^-]$和$[HA]$分别表示H^+、A^-和HA的平衡浓度。

$K_a^\ominus$称为酸的解离常数，反映了酸给出质子的能力。$K_a^\ominus$越大，表示弱酸给出质子的能力越强，酸性就越强；反之，$K_a^\ominus$越小，表示弱酸给出质子的能力越弱，酸性就越弱。$K_a^\ominus$的大小与弱酸的本性和温度有关，与弱酸的浓度无关。

平衡时，弱酸HA水溶液中的$[H^+]$来自于两部分：弱酸HA解离出的$[H^+]$(在数值

上与解离出的$[A^-]$相等)和H_2O解离出的$[H^+]$(在数值上等于$[OH^-]$),即

$$[H^+]=[A^-]+[OH^-]$$

将$[A^-]=\frac{K_a^\ominus\cdot[HA]}{[H^+]}$(由$K_a^\ominus=\frac{[H^+][A^-]}{[HA]}$求得),$[OH^-]=\frac{K_w^\ominus}{[H^+]}$(由$K_w^\ominus=[H^+][OH^-]$求得)代入上式得:

$$[H^+]=\frac{K_a^\ominus\cdot[HA]}{[H^+]}+\frac{K_w^\ominus}{[H^+]}$$

整理可得:

$$[H^+]=\sqrt{K_a^\ominus\cdot[HA]+K_w^\ominus} \tag{5-12}$$

(5-12)式为计算一元弱酸溶液中$[H^+]$的精确公式。因为$[HA]$是未知的,求$[H^+]$需解一元三次方程,而实际工作中精确的求解往往是没有意义的,可根据情况作近似处理。

当酸不太弱,浓度又不太低时,一般当$cK_a^\ominus\geqslant 20K_w^\ominus$时,水的解离可以忽略,(5-12)式可简化为:

$$[H^+]=\sqrt{K_a^\ominus\cdot[HA]}$$

此时,$[HA]=c-[A^-]\approx c-[H^+]$($c$为HA溶液的起始浓度),代入上式可得:

$$[H^+]=\sqrt{K_a^\ominus\cdot(c-[H^+])}$$

整理得:

$$[H^+]^2+K_a^\ominus[H^+]-cK_a^\ominus=0$$

解此一元二次方程得:

$$[H^+]=\frac{-K_a^\ominus+\sqrt{(K_a^\ominus)^2+4K_a^\ominus c}}{2} \tag{5-13}$$

(5-13)式为计算一元弱酸溶液$[H^+]$的近似公式。当$c/K_a^\ominus>400$时,$c-[H^+]\approx c$,代入$[H^+]=\sqrt{K_a^\ominus\cdot(c-[H^+])}$中即可得到计算一元弱酸溶液$[H^+]$的最简公式:

$$[H^+]=\sqrt{K_a^\ominus\cdot c} \tag{5-14}$$

例题 5-5 计算 298.15 K 时 0.10 $mol\cdot dm^{-3}$ HAc 溶液的 pH 值。

解 298.15 K 时,HAc 的$K_a^\ominus=1.8\times10^{-5}$。

因为

$$\frac{c}{K_a^\ominus}=\frac{0.10}{1.8\times10^{-5}}=5.6\times10^3>400$$

所以

$$[H^+]=\sqrt{K_a^\ominus\cdot c}=\sqrt{1.8\times10^{-5}\times0.10}=1.34\times10^{-3}(mol\cdot dm^{-3})$$

溶液 pH 值为:$pH=-\lg[H^+]=-\lg 1.34\times10^{-3}=2.87$

2. 一元弱碱的解离平衡和溶液 pH 值的计算

一元弱碱 BOH 在水溶液中部分解离,存在如下解离平衡:

$$BOH \rightleftharpoons B^+ + OH^-$$

平衡常数表达式为:

$$K_b^\ominus=\frac{([B^+]/c^\ominus)([OH^-]/c^\ominus)}{([BOH]/c^\ominus)}$$

简写为

$$K_b^\ominus=\frac{[B^+][OH^-]}{[BOH]}$$

$[B^+]$、$[OH^-]$和$[BOH]$分别表示 B^+、OH^- 和 BOH 的平衡浓度。

$K_b^\ominus$ 称为弱碱的解离常数，反映了弱碱接受质子的能力。$K_b^\ominus$ 越大，表示弱碱接受质子的能力越强，碱性就越强；反之，$K_b^\ominus$ 越小，表示弱碱接受质子的能力越弱，碱性就越弱。$K_b^\ominus$ 的大小与弱碱的本性和温度有关，与弱碱的浓度无关。

平衡时，弱碱 BOH 水溶液中的$[OH^-]$来自于两部分：弱碱 BOH 解离出的$[OH^-]$（在数值上与解离出的$[B^+]$相等）和 H_2O 解离出的$[OH^-]$（在数值上等于$[H^+]$），即

$$[OH^-]=[B^+]+[H^+]$$

将$[B^+]=\frac{K_b^\ominus\cdot[BOH]}{[OH^-]}$（由 $K_b^\ominus=\frac{[B^+][OH^-]}{[BOH]}$求得），$[H^+]=\frac{K_w^\ominus}{[OH^-]}$（由 $K_w^\ominus=[H^+][OH^-]$求得）代入上式得：

$$[OH^-]=\frac{K_b^\ominus\cdot[BOH]}{[OH^-]}+\frac{K_w^\ominus}{[OH^-]}$$

整理可得：

$$[OH^-]=\sqrt{K_b^\ominus\cdot[BOH]+K_w^\ominus} \tag{5-15}$$

(5-15)式为计算一元弱碱溶液中$[OH^-]$的精确公式。

同理，当碱不太弱，浓度又不太低时，一般当 $cK_b^\ominus\geqslant 20K_w^\ominus$ 时，水的解离可以忽略，(5-15)式可简化为：$[OH^-]=\sqrt{K_b^\ominus\cdot[BOH]}$

此时，$[BOH]=c-[B^+]\approx c-[OH^-]$（$c$ 为 BOH 溶液的起始浓度），代入上式可得：

$$[OH^-]=\sqrt{K_b^\ominus\cdot(c-[OH^-])}$$

整理得：

$$[OH^-]^2+K_b^\ominus[OH^-]-cK_b^\ominus=0$$

解此一元二次方程得：

$$[OH^-]=\frac{-K_b^\ominus+\sqrt{(K_b^\ominus)^2+4K_b^\ominus c}}{2} \tag{5-16}$$

(5-16)式为计算一元弱碱溶液$[OH^-]$的近似公式。当 $c/K_b^\ominus>400$ 时，$c-[OH^-]\approx c$，代入$[OH^-]=\sqrt{K_b^\ominus\cdot(c-[OH^-])}$中即可得到计算一元弱碱溶液$[OH^-]$的最简公式：

$$[OH^-]=\sqrt{K_b^\ominus\cdot c} \tag{5-17}$$

例题 5-6 计算 298.15 K 时 0.10 $mol\cdot dm^{-3}$ $NH_3\cdot H_2O$ 溶液的 pH 值。

解 298.15 K 时，$NH_3\cdot H_2O$ 的 $K_b^\ominus=1.8\times10^{-5}$。

因为

$$\frac{c}{K_b^\ominus}=\frac{0.10}{1.8\times10^{-5}}=5.6\times10^3>400$$

所以

$$[OH^-]=\sqrt{K_b^\ominus\cdot c}=\sqrt{1.8\times10^{-5}\times0.10}=1.34\times10^{-3}(mol\cdot dm^{-3})$$

溶液 pH 值为：$pH=14-pOH=14+\lg[OH^-]=14+\lg1.34\times10^{-3}=11.13$

$K_a^\ominus$ 或 $K_b^\ominus$ 也是衡量弱酸或弱碱解离程度大小的特征常数。$K_a^\ominus$ 或 $K_b^\ominus$ 越小，表示弱酸或弱碱的解离程度越小，即酸或碱越弱。$K_a^\ominus$ 或 $K_b^\ominus$ 与浓度无关，是温度的函数。但因解离过程的热效应较小，所以温度对 $K_a^\ominus$ 或 $K_b^\ominus$ 的影响很小，实际应用时可不考虑温度对 $K_a^\ominus$ 或 $K_b^\ominus$ 的影响。对一共轭酸碱对 HA/A^- 来说，HA 的 $K_a^\ominus$ 与 A^- 的 $K_b^\ominus$ 之间存在如下关系：

$$K_a^\ominus \cdot K_b^\ominus = K_w^\ominus \tag{5-18}$$

也可表示为：

$$pK_a^\ominus + pK_b^\ominus = pK_w^\ominus \tag{5-19}$$

可见，有了酸的 $K_a^\ominus$ 即可得到其共轭碱的 $K_b^\ominus$，有了碱的 $K_b^\ominus$ 即可得到其共轭酸的 $K_a^\ominus$。

3. 多元弱酸的解离平衡和溶液 pH 值的计算

多元弱酸在水溶液中的解离是分步(或分级)进行的，每一步解离都有相应的解离平衡和解离常数。例如，H_2S 为二元弱酸，在水溶液中的解离分两步进行：

$$H_2S \rightleftharpoons H^+ + HS^- \quad K_{a1}^\ominus = \frac{([H^+]/c^\ominus)([HS^-]/c^\ominus)}{([H_2S]/c^\ominus)} = 9.5\times10^{-8}$$

$$HS^- \rightleftharpoons H^+ + S^{2-} \quad K_{a2}^\ominus = \frac{([H^+]/c^\ominus)([S^{2-}]/c^\ominus)}{([HS^-]/c^\ominus)} = 1.3\times10^{-14}$$

因为 $K_{a2}^\ominus \ll K_{a1}^\ominus$，说明第二步解离比第一步解离困难得多，多元弱酸的相对强弱主要决定于 $K_{a1}^\ominus$ 的大小，溶液中的 H^+ 主要来源于第一步解离，所以溶液中 $[H^+]$ 的计算就类似于一元弱酸。

当 $c/K_{a1}^\ominus > 400$ 时，

$$[H^+] = \sqrt{K_{a1}^\ominus \cdot c} \tag{5-20}$$

式(5-20)是计算多元弱酸溶液 $[H^+]$ 的近似公式。由于第二步的解离程度非常小，所以可认为 $[H^+] \approx [HS^-]$，则 $[S^{2-}] \approx K_{a2}^\ominus$。

利用多重平衡原理，亦可求得 H_2S 溶液中的 $[S^{2-}]$。将 H_2S 分步解离的两个方程式相加得：

$$H_2S \rightleftharpoons 2H^+ + S^{2-} \quad K_{a1}^\ominus \cdot K_{a2}^\ominus = \frac{[H^+]^2 \cdot [S^{2-}]}{[H_2S]}$$

整理得

$$[S^{2-}] = \frac{K_{a1}^\ominus \cdot K_{a2}^\ominus \cdot [H_2S]}{[H^+]^2} \tag{5-21}$$

式(5-21)表明，在饱和 H_2S 溶液中，$[S^{2-}]$ 与 $[H^+]^2$ 成反比，如果在 H_2S 溶液中加入强酸以增大 $[H^+]$，则可显著地降低 $[S^{2-}]$，因此调节 H_2S 溶液中的 H^+ 浓度，可有效地控制溶液中 S^{2-} 的浓度。

例题 5-7 (1) 求 $0.10\ mol \cdot dm^{-3}$ H_2S 溶液中的 $[H^+]$、$[HS^-]$、$[S^{2-}]$ 及溶液的 pH 值；(2) 若向上述溶液中加几滴浓盐酸，使其浓度达到 $0.010\ mol \cdot dm^{-3}$，求溶液中 S^{2-} 的浓度。已知 $K_{a1}^\ominus = 9.5\times10^{-8}$，$K_{a2}^\ominus = 1.3\times10^{-14}$。

解 (1) H_2S 是二元弱酸，因为，$K_{a2}^\ominus \ll K_{a1}^\ominus$，且

$$\frac{c}{K_{a1}^\ominus} = \frac{0.10}{9.5\times10^{-8}} = 1.1\times10^6 > 400$$

所以

$$[H^+]=\sqrt{K_{a1}^{\ominus}\cdot c}=\sqrt{9.5\times10^{-8}\times0.10}=9.75\times10^{-5}(\text{mol}\cdot\text{dm}^{-3})$$

即

$$[H^+]\approx[HS^-]=9.75\times10^{-5}\ \text{mol}\cdot\text{dm}^{-3}$$

$$[S^{2-}]\approx K_{a2}^{\ominus}=1.3\times10^{-14}\ \text{mol}\cdot\text{dm}^{-3}$$

$$\text{pH}=-\lg[H^+]=-\lg 9.75\times10^{-5}=4.01$$

(2) HCl 完全解离，使系统中$[H^+]=0.010\ \text{mol}\cdot\text{dm}^{-3}$，在这样的酸度下，已解离的$[H_2S]$以及解离出的$[H^+]$均可忽略不计，故有：

$$[S^{2-}]=\frac{K_{a1}^{\ominus}\cdot K_{a2}^{\ominus}\cdot[H_2S]}{[H^+]^2}=\frac{9.5\times10^{-8}\times1.3\times10^{-14}\times0.10}{0.010^2}=1.2\times10^{-18}(\text{mol}\cdot\text{dm}^{-3})$$

5.3.3 解离度和解离常数的关系

1. 解离度(α)

弱电解质在水溶液中达到解离平衡时的解离百分率叫解离度(ionization degree)。实际使用时通常以已解离的弱电解质的浓度百分率来表示。

$$\text{解离度}(\alpha)=\frac{\text{解离部分的弱电解质浓度}(x)}{\text{解离前弱电解质浓度}(c)}\times100\%$$

在浓度、温度相同的条件下，解离度越小，电解质越弱。在水溶液中，α 的大小除与弱电解质的本性有关外，还受溶液的浓度、温度以及其他电解质的存在等因素影响，所以只有在一定的条件下，才能用解离度 α 的大小比较某些弱电解质的相对强弱。

2. 解离度和解离常数的关系——稀释定律

解离度 α 与解离常数 $K_a^{\ominus}$ 或 $K_b^{\ominus}$ 之间既有联系，又有区别。

联系：α 和 $K_a^{\ominus}$ 或 $K_b^{\ominus}$ 都可用来比较弱电解质在水溶液中的解离程度，当 $c/K_a^{\ominus}>400$(或 $c/K_b^{\ominus}>400$)时，二者之间存在如下定量关系：

$$\alpha=\sqrt{\frac{K_a^{\ominus}}{c}}\quad\text{或}\quad\alpha=\sqrt{\frac{K_b^{\ominus}}{c}}\tag{5-22}$$

式(5-22)的物理意义可表述为：同一弱酸或弱碱的解离度与溶液浓度的平方根成反比；溶液越稀，解离度越大；浓度相同的不同弱酸或弱碱，其解离度与解离常数的平方根成正比；$K_a^{\ominus}$ 或 $K_b^{\ominus}$ 大的，α 大。式(5-22)称稀释定律(dilution law)表达式。

区别：$K_a^{\ominus}$ 或 $K_b^{\ominus}$ 不受浓度的影响，对某一弱电解质来说，温度一定，$K_a^{\ominus}$ 或 $K_b^{\ominus}$ 是一个常数；α 受浓度影响较大，α 随溶液浓度的增大而减小。

5.3.4 同离子效应和盐效应

弱酸、弱碱的解离平衡与其他化学平衡一样，是一种动态平衡，如果向弱酸、弱碱溶液中加入易溶的强电解质，则会引起弱酸、弱碱的解离平衡发生移动，并在新的条件下建立新的平衡。

在弱酸溶液中，加入与这种弱酸含有相同离子的易溶强电解质，会使弱酸的解离平衡向

生成弱酸的方向移动。例如,HAc 溶液中存在下述解离平衡:

$$HAc \rightleftharpoons H^+ + Ac^-$$

若向溶液中加入与 HAc 含有相同离子的 NaAc 晶体,则 Ac^- 浓度增大,使 HAc 的解离平衡逆向移动,HAc 的解离度降低。

同理,在弱碱溶液中,加入与这种弱碱含有相同离子的易溶强电解质,会使弱碱的解离平衡向生成弱碱的方向移动。例如,$NH_3 \cdot H_2O$ 溶液中存在下述解离平衡:

$$NH_3 \cdot H_2O \rightleftharpoons NH_4^+ + OH^-$$

向溶液中加入与 $NH_3 \cdot H_2O$ 含有相同离子的 NH_4Cl 晶体后,NH_4^+ 浓度增大,使 $NH_3 \cdot H_2O$ 的解离平衡逆向移动,$NH_3 \cdot H_2O$ 的解离度降低。

这种在弱酸、弱碱溶液中加入与弱酸、弱碱具有相同离子的易溶强电解质,使弱酸、弱碱的解离度降低的现象称为同离子效应(common effect)。

例题 5-8 计算以下两种情况下溶液的$[H^+]$和 HAc 的解离度 α,并将结果进行比较。

(1) $0.10\ mol \cdot dm^{-3}$ HAc 溶液;

(2) 在 $0.10\ mol \cdot dm^{-3}$ HAc 溶液中加入 NaAc 晶体,使 NaAc 的浓度为 $0.10\ mol \cdot dm^{-3}$。

解 HAc 的 $K_a^\ominus = 1.8\times10^{-5}$。

(1) 因为 $\dfrac{c}{K_a^\ominus} = \dfrac{0.10}{1.8\times10^{-5}} = 5.6\times10^3 > 400$

所以

$$[H^+] = \sqrt{K_a^\ominus \cdot c} = \sqrt{1.8\times10^{-5}\times0.10} = 1.34\times10^{-3}\ (mol \cdot dm^{-3})$$

$$\alpha = \frac{[H^+]}{c}\times100\% = \frac{1.34\times10^{-3}}{0.10}\times100\% = 1.34\%$$

(2) NaAc 的加入,使 HAc 的解离达到平衡时,溶液中的$[H^+] \neq [Ac^-]$,所以不能用一元弱酸的最简公式计算溶液的$[H^+]$,也不能用稀释定律表达式计算解离度 α。

	HAc $\rightleftharpoons$	H^+	$+Ac^-$
初始浓度	0.10	0	0.10
平衡浓度	$0.10-x$	x	$0.10+x$

$$K_a^\ominus = \frac{[H^+][Ac^-]}{[HAc]} = \frac{x(0.10+x)}{0.10-x} = 1.8\times10^{-5}$$

因 $\dfrac{c}{K_a^\ominus} = \dfrac{0.10}{1.8\times10^{-5}} = 5.6\times10^3 > 400$,所以 $0.10+x\approx0.10$,$0.10-x\approx0.10$,代入上式解得:

$$x = 1.8\times10^{-5}\ (mol \cdot dm^{-3})$$

即$[H^+] = x = 1.8\times10^{-5}\ mol \cdot dm^{-3}$

$$\alpha = \frac{[H^+]}{c}\times100\% = \frac{1.8\times10^{-5}}{0.10}\times100\% = 0.018\%$$

比较(1)、(2)的结果可以看到,由于 NaAc 的加入,使 HAc 溶液中的$[H^+]$由 1.34×10^{-3} 降低到 1.8×10^{-5},解离度由 1.34%降低到 0.018%。

前面讲的 H_2S 分两步解离,其中第一步是主要的,第二步解离出的 H^+ 很少,原因之一就是第一步解离出来的 H^+ 对第二步的解离起到了同离子效应。

如果在 HAc 溶液中加入与 HAc 不含相同离子的强电解质盐类如 NaCl,则因强电解质的加入使溶液中单位体积内的离子数目增多，异号电荷离子之间的牵制作用增强，活动性降低，结果使 Ac^- 与 H^+ 结合生成 HAc 的机会减少，因此当再次达到平衡时，HAc 的解离度比未加 NaCl 时大。这种在弱电解质溶液中加入与弱电解质无关的强电解质盐类而使弱电解质的解离度增大的效应，称为盐效应(salt effect)。

事实上，在同离子效应产生的同时，常常伴随有盐效应的存在，由于盐效应对弱酸、弱碱解离度的影响较小，在不特殊指明的情况下，一般可不考虑盐效应。

根据同离子效应，可以通过改变溶液酸碱度来改变溶液中共轭酸碱对浓度。酸碱指示剂(acid-base indicator)就是实例之一。我们知道，酸碱指示剂可以指示溶液的酸碱性变化。例如甲基橙(HIn)是一种有机弱酸，其酸式颜色为红色，碱式颜色为黄色，在水溶液中存在下列解离平衡：

$$HIn + H_2O \rightleftharpoons In^- + H_3O^+$$

简写为

$$\underset{\text{红色}}{HIn} \rightleftharpoons H^+ + \underset{\text{黄色}}{In^-}$$

当溶液$[H^+]$值增大时，上述平衡向左移动，甲基橙主要以酸形式为主，溶液呈红色，相当于将指示剂加入到酸性溶液中；当溶液$[H^+]$值减小时，上述平衡向右移动，甲基橙主要以共轭碱形式为主，溶液呈黄色，相当于将指示剂加入到碱性溶液中。

平衡时

$$K_a^\ominus = \frac{([H^+]/c^\ominus)([In^-]/c^\ominus)}{([HIn]/c^\ominus)}$$

简写为

$$K_a^\ominus = \frac{[H^+][In^-]}{[HIn]}$$

整理得

$$[H^+] = K_a^\ominus \cdot \frac{[HIn]}{[In^-]}$$

显然，指示剂的颜色转变依赖于酸色浓度$[HIn]$和碱色浓度$[In^-]$的比值。对于给定的指示剂来说，$K_a^\ominus$ 值基本不变，$\frac{[HIn]}{[In^-]}$仅取决于溶液的酸度：

(1) 当$[H^+] = K_a^\ominus$ 时，溶液中$[HIn] = [In^-]$，溶液颜色应是酸色和碱色的中间色，称为指示剂的理论变色点($pH = pK_a^\ominus$)；

(2) 当$[H^+] \gg K_a^\ominus$ 时，溶液中$[HIn] \gg [In^-]$，溶液中主要以 HIn 形式存在，溶液呈酸色；

(3) 当$[H^+] = 10K_a^\ominus$ 时，溶液中$\frac{[HIn]}{[In^-]} = 10$，人眼可以从大量酸色中勉强辨认出碱色；

(4) 当$[H^+] = \frac{1}{10}K_a^\ominus$ 时，溶液中$\frac{[HIn]}{[In^-]} = 0.1$，人眼可以从大量碱色中勉强辨认出酸色；

(5) 当$[H^+] \ll K_a^\ominus$ 时，溶液中$[HIn] \ll [In^-]$，溶液中主要以 In^- 形式存在，溶液呈碱色。

由此可见，酸碱指示剂有一定的变色范围(或称变色域)，这个范围为：

$$\frac{1}{10}K_a^\ominus \leqslant [H^+] \leqslant 10K_a^\ominus$$

也可表示为：

$$pH = pK_a^{\ominus} \pm 1$$

可见，只有当溶液的 pH 值由 $pK_a^{\ominus}-1$ 变化到 $pK_a^{\ominus}+1$，才能明显看到指示剂由酸色变为碱色。实际上，指示剂的变色范围不是通过 $pK_a^{\ominus}\pm 1$ 计算出来的，而是依靠人眼观察出来的，由于人眼对各种颜色的敏感程度不同，加上两种颜色之间的相互掩盖，使实际观察到的结果与理论计算结果出现偏差。如酚酞指示剂的理论变色点的 pH＝9.1，那么它的变色范围应该是 pH＝8.1～10.1，实际上酚酞指示剂的变色范围为 pH＝8.0～9.6。

一般来说，指示剂的变色范围越窄，颜色变化越明显。有时为了使指示剂的变色非常灵敏，容易辨认，往往使用混合指示剂。混合指示剂是由两种或两种以上的指示剂混合而成，其优点是颜色变化敏锐，容易观察。

5.3.5 酸碱缓冲溶液

溶液的酸碱度是影响化学反应的一个重要因素。许多化学反应、生产过程及生物制剂中有效成分的提取，特别是生物体内的酶催化反应，只有在一定 pH 范围的溶液中才能顺利进行。那么，如何才能使溶液的 pH 值不随反应的进行而发生很大的变化呢？通常采用加入缓冲溶液(buffer solution)的方法。缓冲溶液是一种能够在外加少量强酸、少量强碱或稍加稀释时，能够使溶液的 pH 值基本保持不变的溶液。缓冲溶液具有稳定溶液 pH 值的作用，称为缓冲作用(buffer action)。

1. 缓冲溶液的组成及作用原理

要想使缓冲溶液具有缓冲作用，缓冲溶液中必须同时含有大量的能够抵抗外来少量强酸的组分和能够抵抗外来少量强碱的组分，这是构成缓冲溶液的必要条件。缓冲溶液中存在的这两种成分通常称为缓冲系(buffer system)或缓冲对(buffer pair)，根据酸碱质子理论，缓冲系是由弱酸/共轭碱(HAc/Ac^-、H_2CO_3/HCO_3^-、HCO_3^-/CO_3^{2-})或弱碱/共轭酸(NH_3/NH_4^+)组成的。缓冲溶液能够抵抗外来少量强酸、少量强碱的原因可以 $HAc-Ac^-$ 缓冲系为例加以说明。

HAc 为弱电解质，只能部分解离，NaAc 为强电解质，几乎完全解离：

$$HAc \rightleftharpoons H^+ + Ac^-$$

$$NaAc \longrightarrow Na^+ + Ac^-$$

在 HAc 和 NaAc 的混合溶液中，由于同离子效应的存在，抑制了 HAc 的解离，所以溶液中存在大量的 HAc 分子和 Ac^- 离子。当向这个溶液中加入少量的强酸如 HCl(相当于加入 H^+)时，大量的 Ac^- 立即与外加的 H^+ 结合生成 HAc，使解离平衡向左移动，溶液中的 H^+ 浓度不会显著增大，这样溶液的 pH 值也就没有明显下降。因此，Ac^- 就称为此缓冲溶液的抗酸成分(antacid composition)。当加入少量强碱如 NaOH(相当于加入 OH^-)时，OH^- 与 H^+ 结合生成水，这时 HAc 的解离平衡向右移动，溶液中大量未解离的 HAc 继续解离以补充 H^+ 的消耗，使 H^+ 浓度保持稳定，从而使溶液的 pH 值基本不变。因此，HAc 就称为此缓冲溶液的抗碱成分(alkali resistant components)。

弱碱/共轭酸构成的缓冲溶液，其缓冲作用的原理与弱酸/共轭碱构成的缓冲溶液完全类似。如在 $NH_3-NH_4^+$ 缓冲系中，NH_3 是抗酸成分，NH_4^+ 是抗碱成分。

如果进入缓冲溶液中的强酸或强碱的量太大，使溶液中存在的抗酸成分和抗碱成分几乎耗尽，那么缓冲溶液就会失去缓冲能力。

2. 缓冲溶液 pH 值的计算

缓冲溶液 pH 值的计算方法与有同离子效应存在时溶液 pH 值的计算方法相似。仍以缓冲系 HAc—NaAc 为例进行讨论：

$$\mathrm{NaAc} \longrightarrow \mathrm{Na^+} + \mathrm{Ac^-}$$

	HAc ⇌	H^+ +	Ac^-
初始浓度	$c(\mathrm{HAc})$	0	$c(\mathrm{Ac^-})$
平衡浓度	$c(\mathrm{HAc})-[\mathrm{H^+}]$	$[\mathrm{H^+}]$	$c(\mathrm{Ac^-})+[\mathrm{H^+}]$

由于同离子效应，$[\mathrm{H^+}]$值很小，则：

$$c(\mathrm{HAc})-[\mathrm{H^+}]\approx c(\mathrm{HAc})$$

$$c(\mathrm{Ac^-})+[\mathrm{H^+}]\approx c(\mathrm{Ac^-})$$

因为 $\mathrm{HAc/Ac^-}$ 是一共轭酸碱对，HAc 是 $\mathrm{Ac^-}$ 的共轭酸，$\mathrm{Ac^-}$ 是 HAc 的共轭碱。推广到所有的缓冲系中，则有：

$$c(\mathrm{HAc})=c(\text{共轭酸})$$

$$c(\mathrm{Ac^-})=c(\text{共轭碱})$$

根据

$$K_a^\ominus=\frac{[\mathrm{H^+}](c(\mathrm{Ac^-})+[\mathrm{H^+}])}{c(\mathrm{HAc})-[\mathrm{H^+}]}=\frac{[\mathrm{H^+}]\cdot c(\text{共轭碱})}{c(\text{共轭酸})}$$

得

$$[\mathrm{H^+}] = K_a^\ominus \frac{c(\text{共轭酸})}{c(\text{共轭碱})} \tag{5-23}$$

$$\mathrm{pH} = \mathrm{p}K_a^\ominus + \lg \frac{c(\text{共轭碱})}{c(\text{共轭酸})} \tag{5-24}$$

公式中的 $K_a^\ominus$ 为缓冲系中共轭酸的解离常数。如在 $\mathrm{HAc-Ac^-}$ 缓冲系中，$K_a^\ominus=K_a^\ominus(\mathrm{HAc})$；在 $\mathrm{NH_3-NH_4^+}$ 缓冲系中，$K_a^\ominus=K_a^\ominus(\mathrm{NH_4^+})=K_w^\ominus/K_b^\ominus(\mathrm{NH_3\cdot H_2O})$；在 $\mathrm{HCO_3^-/CO_3^{2-}}$ 缓冲系中，$K_a^\ominus=K_{a2}^\ominus(\mathrm{H_2CO_3})$。

当缓冲溶液被适当稀释时，缓冲系中的共轭酸和共轭碱以相同的倍数降低，缓冲比 $\left(\frac{c(\text{共轭碱})}{c(\text{共轭酸})}\right)$的比值不变，所以 pH 值保持不变。

例题 5-9 求由 0.08 $\mathrm{mol\cdot dm^{-3}}$的 HAc 溶液和 0.20 $\mathrm{mol\cdot dm^{-3}}$的 NaAc 溶液等体积混合而成 1 $\mathrm{dm^3}$ 缓冲溶液的 pH 值，并分别计算在此缓冲溶液中加入 0.01 mol HCl、0.01 mol NaOH 溶液和 100 $\mathrm{cm^3}$ 水后，此缓冲溶液 pH 的变化值(已知 HAc 的 $K_a^\ominus=1.8\times10^{-5}$)。

解 (1) 原缓冲溶液的 pH 值

由于 HAc 溶液和 NaAc 溶液等体积混合，所以在缓冲溶液中，HAc 和 NaAc 的浓度均为它们原浓度的 1/2。

$$c(\mathrm{HAc})=\frac{0.08}{2}=0.04(\mathrm{mol\cdot dm^{-3}})$$

$$c(\mathrm{Ac^-})=\frac{0.20}{2}=0.10(\mathrm{mol\cdot dm^{-3}})$$

$$\mathrm{pH}=\mathrm{p}K_a^\ominus+\lg\frac{c(\mathrm{Ac^-})}{c(\mathrm{HAc})}=4.74+\lg\frac{0.10}{0.04}=4.74+0.40=5.14$$

(2) 加入 HCl 后缓冲溶液的 pH 变化值

$$\mathrm{pH}=\mathrm{p}K_a^\ominus+\lg\frac{c(\mathrm{Ac^-})}{c(\mathrm{HAc})}=4.74+\lg\frac{0.10-0.01}{0.04+0.01}=4.74+0.25=4.99$$

$\Delta\mathrm{pH}=4.99-5.14=-0.15$，即 pH 值下降了 0.15 个单位。

(3) 加入 NaOH 后缓冲溶液的 pH 变化值

$$\mathrm{pH}=\mathrm{p}K_a^\ominus+\lg\frac{c(\mathrm{Ac^-})}{c(\mathrm{HAc})}=4.74+\lg\frac{0.10+0.01}{0.04-0.01}=4.74+0.56=5.30$$

$\Delta\mathrm{pH}=5.30-5.14=0.16$，即 pH 值升高了 0.16 个单位。

(4) 加入 100 $\mathrm{cm^3}$ 水后缓冲溶液的 pH 值

$$\mathrm{pH}=\mathrm{p}K_a^\ominus+\lg\frac{c(\mathrm{Ac^-})}{c(\mathrm{HAc})}=4.74+\lg\frac{\frac{0.10\times1000}{1100}}{\frac{0.04\times1000}{1100}}=4.74+0.40=5.14$$

加少量水于缓冲溶液中，其 pH 值与原缓冲溶液的 pH 值基本相同。

3. 缓冲容量和缓冲范围

任何缓冲溶液的抗酸抗碱能力都有一定的限度，如果外加强酸或强碱的量过大，使缓冲系中的抗酸成分或抗碱成分基本消耗，就可使缓冲溶液失去缓冲能力。每一种缓冲溶液都有一定的缓冲能力，缓冲能力的大小用缓冲容量衡量(buffer capacity)。缓冲容量是一个比值，在数值上等于使 1$\mathrm{dm^3}$ 缓冲溶液的 pH 值改变 1 个单位时，所需加入的一元强碱或一元强酸的物质的量。

$$\beta=\frac{\mathrm{d}n_b}{V\mathrm{dpH}}=-\frac{\mathrm{d}n_a}{V\mathrm{dpH}} \tag{5-25}$$

式中，V 为缓冲溶液的体积，$\mathrm{d}n_b$ 和 $\mathrm{d}n_a$ 分别为一元强碱和一元强酸的物质的量的微小改变，dpH 为缓冲溶液 pH 值的微小改变。

缓冲容量的大小与缓冲溶液的总浓度(c(共轭碱)$+c$(共轭酸))和缓冲比$\frac{c(\text{共轭碱})}{c(\text{共轭酸})}$有关。一般来说，同一共轭酸碱对组成的缓冲溶液，当缓冲比相同时，缓冲溶液的总浓度越大，缓冲容量越大，抗酸、抗碱能力越强；当缓冲溶液的总浓度一定时，缓冲比越接近 1∶1，缓冲容量越大。也就是说，对于任一缓冲系都有一个有效的缓冲范围(buffer area)，这个范围用 pH 可表示为：$\mathrm{pH}=\mathrm{p}K_a^\ominus\pm1$(称缓冲溶液的缓冲范围)；用缓冲比可表示为：$\frac{c(\text{共轭碱})}{c(\text{共轭酸})}=\frac{1}{10}\sim\frac{10}{1}$。

4. 缓冲溶液的选择和配制

选择缓冲系时，首先应注意所选用的缓冲系除与 H^+ 和 OH^- 反应外，不能与系统中的其他物质发生反应。其次，所选缓冲系的 $\mathrm{p}K_a^\ominus$ 值尽可能地与所配缓冲溶液的 pH 值接近或相等。最后，所配缓冲溶液应具有一定的总浓度，以保证缓冲溶液具有足够的缓冲容量。选定缓冲系后，根据所选缓冲系的 $pK_a^{\ominus}$，按缓冲公式计算出所需共轭酸和共轭碱的量，用水稀释至所需体积并用 pH 计进行校正。

例题 5-10　欲配制 500 cm^3 pH=5.00 的缓冲溶液，如果要求 HAc 的浓度为 0.20 mol·dm^{-3}，需 1 mol·dm^{-3}的 HAc、NaAc 各多少 dm^3？

解　$$pH = pK_a^{\ominus} + \lg \frac{c(Ac^-)}{c(HAc)}$$

$$5.00 = 4.74 + \lg \frac{c(NaAc)}{0.20}$$

解得

$$c(NaAc) = 0.36\ (mol \cdot dm^{-3})$$

需取 1 mol·dm^{-3}的 HAc 体积：$0.20 \times \frac{0.50}{1} = 0.10\ (dm^3)$

需取 1 mol·dm^{-3}的 NaAc 体积：$0.36 \times \frac{0.50}{1} = 0.18\ (dm^3)$

5.4　难溶电解质溶液

在 NaCl 溶液中加入 $AgNO_3$ 溶液，很容易生成白色的 AgCl 沉淀，这种在溶液中溶质相互作用，析出难溶性固态物质的反应称为沉淀反应(preciptation reaction)。如果在含有 AgCl 沉淀的溶液中加入过量的 $NH_3 \cdot H_2O$，则由于生成$[Ag(NH_3)_2]^+$可使 AgCl 沉淀溶解，该反应称为溶解反应(dissolution reaction)。这种沉淀与溶解反应的特征是在反应过程中伴有新物相的生成或消失，存在着固态难溶电解质与由它解离产生的离子之间的平衡，这种平衡称为沉淀溶解平衡(preciptation dissolution equilibrium)。沉淀溶解平衡与前面讨论的酸碱解离平衡不同，它是已溶解的离子与未溶解的固体物质之间的平衡，属于多相平衡(multiple phase equilibrium)。在科学研究和生产实践中，经常会遇到沉淀溶解平衡问题。怎样判断沉淀能否生成？如何使沉淀析出更完全？如何使沉淀溶解？要解答这些问题，就需要了解难溶电解质的生成、溶解和转化的规律。

5.4.1　难溶电解质的溶度积和溶解度

难溶电解质(slightly soluble electrolyte)的特点是难溶于水，一旦溶于水中便发生全部的解离。

在以水作溶剂的溶液中，习惯上把溶解度小于 0.01 g/100gH_2O 的物质叫做“难溶物质”，溶解度在 0.01～0.1 g/100gH_2O 之间的物质叫做“微溶物质”，溶解度大于 0.1 g/100g H_2O 的物质叫做“易溶物质”。

1. 溶度积常数

难溶电解质的溶解过程是一个可逆过程。把难溶电解质 AgCl 固体投入水中，AgCl 固体表面上的 Ag^+ 和 Cl^- 受水分子的作用，有部分离开 AgCl 固体表面而进入溶液，这个过程称为溶解。与此同时，进入溶液中的 Ag^+ 和 Cl^- 处于无序的运动状态中，其中有些碰撞到

AgCl 固体表面时，受到固体表面的吸引力，又会重新析出或回到固体表面上来，这个过程称为沉淀。在一定温度下，当溶解和沉淀的速率相等时，溶液成为 AgCl 饱和溶液，建立了沉淀溶解平衡。

$$AgCl(s) \rightleftharpoons Ag^{+}(aq) + Cl^{-}(aq)$$

$$K_{sp}^{\ominus} = \frac{[Ag^{+}]}{c^{\ominus}} \cdot \frac{[Cl^{-}]}{c^{\ominus}}$$

简写为

$$K_{sp}^{\ominus} = [Ag^{+}][Cl^{-}]$$

$K_{sp}^{\ominus}$称为溶度积常数(constant of solubility product)，简称溶度积(solubility product)。

$K_{sp}^{\ominus}$的意义与一般平衡常数完全相同，只是为了专指沉淀溶解平衡，而写成 $K_{sp}^{\ominus}$。

对于任一难溶电解质，如果在一定温度下建立沉淀溶解平衡，都应遵循溶度积常数的表达式，即：

$$A_mB_n(s) \rightleftharpoons mA^{n+}(aq) + nB^{m-}(aq)$$

$$K_{sp}^{\ominus} = [A^{n+}]^m[B^{m-}]^n \tag{5-26}$$

式中$[A^{n+}]$、$[B^{m-}]$是平衡时饱和溶液中的离子浓度，即摩尔溶解度(molar solubility)。

式(5-26)表明，在一定温度下，难溶电解质在其饱和溶液中各离子浓度幂的乘积是一个常数。$K_{sp}^{\ominus}$与 $K^{\ominus}$一样，只与难溶电解质的本性和温度有关，而与沉淀量的多少和溶液中离子浓度的变化无关。溶液中离子浓度的变化能使平衡移动，但不会改变 $K_{sp}^{\ominus}$。

对反应

$$Mg(OH)_2(s) \rightleftharpoons Mg^{2+}(aq) + 2OH^{-}(aq)$$

反应达到平衡时，则有：

$$K_{sp}^{\ominus} = [Mg^{2+}][OH^{-}]^2$$

对反应

$$Ca_3(PO_4)_2(s) \rightleftharpoons 3Ca^{2+}(aq) + 2PO_4^{3-}(aq)$$

反应达到平衡时，则有：

$$K_{sp}^{\ominus} = [Ca^{2+}]^3[PO_4^{3-}]^2$$

2. 溶度积和溶解度的换算

对于难溶电解质来说，溶度积和溶解度都可用来表示物质的溶解能力，因此二者之间可以换算。当溶液中无其他平衡存在时，可以很简便地从 $K_{sp}^{\ominus}$求出难溶电解质的溶解度 s；反之，若已知难溶电解质的溶解度 s，可以算出它的 $K_{sp}^{\ominus}$。

例题 5-11 298.15 K 时，AgCl 在水中的溶解度为 0.001 92 g · dm^{-3}，试求该温度下 AgCl 的溶度积。

解 将溶解度(g · dm^{-3})换算为摩尔溶解度(mol · dm^{-3})，已知 AgCl 的相对摩尔质量为 143.4 g · mol^{-1}，则：

$$s = \frac{0.00192}{143.4} = 1.34 \cdot 10^{-5}(mol \cdot dm^{-3})$$

$$AgCl(s) \rightleftharpoons Ag^{+}(aq) + Cl^{-}(aq)$$

平衡时 $\qquad s \qquad s$

每有 1 mol 的 AgCl 溶解，就会产生 1 mol 的 Ag^+ 和 1 mol 的 Cl^-，所以

$$K_{sp}^{\ominus}(AgCl)=[Ag^+][Cl^-]=s^2=(1.34\times10^{-5})^2=1.8\times10^{-10}$$

例题 5-12 比较 AgCl、Ag_2CrO_4、CaF_2 在水中的溶解度。

解 查表得 $K_{sp}^{\ominus}(AgCl)=1.8\times10^{-10}$，$K_{sp}^{\ominus}(Ag_2CrO_4)=1.12\times10^{-12}$，$K_{sp}^{\ominus}(CaF_2)=1.46\times10^{-10}$。

在 AgCl 的饱和溶液中，存在如下平衡：

$$AgCl(s)\rightleftharpoons Ag^+(aq)+Cl^-(aq)$$

设 AgCl 的溶解度为 s_1，则

$$K_{sp}^{\ominus}(AgCl)=[Ag^+][Cl^-]=s_1\cdot s_1=s_1^2$$

$$s_1=\sqrt{K_{sp}^{\ominus}(AgCl)}=\sqrt{1.8\times10^{-10}}=1.34\times10^{-5}(mol\cdot dm^{-3})$$

在 Ag_2CrO_4 的饱和溶液中，存在如下平衡：

$$Ag_2CrO_4(s)\rightleftharpoons 2Ag^+(aq)+CrO_4^-(aq)$$

设 Ag_2CrO_4 的溶解度为 s_2，则

$$K_{sp}^{\ominus}(Ag_2CrO_4)=[Ag^+]^2[CrO_4^{2-}]=(2s_2)^2\cdot s_2=4s_2^3$$

$$s_2=\sqrt[3]{\frac{K_{sp}^{\ominus}}{4}}=\sqrt[3]{\frac{1.12\times10^{-12}}{4}}=6.54\times10^{-5}(mol\cdot dm^{-3})$$

在 CaF_2 的饱和溶液中，存在如下平衡：

$$CaF_2(s)\rightleftharpoons Ca^{2+}(aq)+2F^-(aq)$$

设 CaF_2 的溶解度为 s_3，则

$$K_{sp}^{\ominus}(CaF_2)=[Ca^{2+}][F^-]^2=s_3\cdot(2s_3)^2=4s_3^3$$

$$s_3=\sqrt[3]{\frac{K_{sp}^{\ominus}}{4}}=\sqrt[3]{\frac{1.46\times10^{-10}}{4}}=3.32\times10^{-4}(mol\cdot dm^{-3})$$

计算表明 $s(CaF_2)>s(Ag_2CrO_4)>s(AgCl)$。这一结果表明，相同类型的难溶电解质，$K_{sp}^{\ominus}$值越小，其溶解度也越小。但若比较不同类型的难溶电解质溶解度大小，不能单从其 $K_{sp}^{\ominus}$值比较，还必须考虑难溶电解质的结构类型。

通过此题的计算，可以发现：对于 AB 型难溶电解质，s 与 $K_{sp}^{\ominus}$之间的关系为 $s=\sqrt{K_{sp}^{\ominus}}$；对于 AB_2 型或 A_2B 型难溶电解质，s 与 $K_{sp}^{\ominus}$之间的关系为 $s=\sqrt[3]{\frac{K_{sp}^{\ominus}}{4}}$；同理可得 A_mB_n 型难溶电解质的 s 与 $K_{sp}^{\ominus}$之间的关系为 $s=\sqrt[m+n]{\frac{K_{sp}^{\ominus}}{m^m\cdot n^n}}$。

例题 5-13 计算 Ag_2CrO_4 在纯水中及在 0.100 $mol\cdot dm^{-3}$ $AgNO_3$ 溶液中的溶解度 s。

解 (1) 在纯水中，$s=\sqrt[3]{\frac{K_{sp}^{\ominus}}{4}}=\sqrt[3]{\frac{1.12\times10^{-12}}{4}}=6.54\times10^{-5}(mol\cdot dm^{-3})$

(2) 在 0.100 $mol\cdot dm^{-3}$ $AgNO_3$ 溶液中，

$$Ag_2CrO_4(s)\rightleftharpoons 2Ag^+(aq)+CrO_4^-(aq)$$

平衡时 $2s+0.100$ s

$$K_{sp}^{\ominus}=[Ag^+]^2[CrO_4^{2-}]=(2s+0.100)^2\cdot s=1.12\times10^{-12}$$

解得

$$s=1.12\times10^{-10}(\mathrm{mol\cdot dm^{-3}})$$

即 Ag_2CrO_4 在 0.100 mol·dm^{-3} $AgNO_3$ 溶液中的溶解度为 1.12×10^{-10} mol·dm^{-3}。

可见，Ag_2CrO_4 在 0.100 mol·dm^{-3} $AgNO_3$ 溶液中的溶解度比在纯水中的溶解度小。这是由于 $AgNO_3$ 中 Ag^+ 对 Ag_2CrO_4 的溶解起同离子效应的结果。

3. 溶度积规则

有了溶度积常数 $K_{sp}^{\ominus}$，就可以利用比较难溶电解质的离子积(ion product) J 与 $K_{sp}^{\ominus}$ 相对大小的方法来判断难溶电解质溶液中沉淀溶解反应进行的方向。

若某溶液中有如下反应：

$$A_mB_n(s)\rightleftharpoons mA^{n+}(aq)+nB^{m-}(aq)$$

某一时刻的离子积 J 可以表示为：$J=[A^{n+}]^m[B^{m-}]^n$

$[A^{n+}]$和$[B^{m-}]$分别表示该时刻离子的浓度。难溶电解质的离子积表示的是任一时刻溶液中离子浓度幂的乘积。

当 $J>K_{sp}^{\ominus}$ 时，将有沉淀生成，此时为过饱和溶液；

当 $J=K_{sp}^{\ominus}$ 时，无沉淀析出，饱和溶液与沉淀物质平衡，是沉淀生成的“临界点”；

当 $J<K_{sp}^{\ominus}$ 时，溶液不饱和，如果溶液中有沉淀物质存在，则沉淀将溶解，直到溶液达到饱和状态。

这就是溶度积规则(solubility product rule)。一定条件下可以运用这一规则判断沉淀的生成、溶解和转化。

5.4.2 沉淀生成的计算与应用

1. 沉淀的生成

根据溶度积规则，生成沉淀的必要条件是 $J>K_{sp}^{\ominus}$，可通过加入沉淀剂和控制溶液 pH 值的方法使其离子积大于溶度积，使该离子从溶液中沉淀出来。

例题 5-14 如果在 10 cm^3 0.010 mol·dm^{-3} $BaCl_2$ 溶液中，加入 30 cm^3 0.0050 mol·dm^{-3} Na_2SO_4 溶液，问有无 $BaSO_4$ 沉淀产生？已知 $K_{sp}^{\ominus}(BaSO_4)=1.1\times10^{-10}$。

解 两种溶液混合后，总体积为 40 cm^3，则

$$[Ba^{2+}]=\frac{0.010\times10}{40}=2.5\times10^{-3}(\mathrm{mol\cdot dm^{-3}})$$

$$[SO_4^{2-}]=\frac{0.0050\times30}{40}=3.8\times10^{-3}(\mathrm{mol\cdot dm^{-3}})$$

$$J=[Ba^{2+}][SO_4^{2-}]=2.5\times10^{-3}\times3.8\times10^{-3}=9.5\times10^{-6}>K_{sp}^{\ominus}(BaSO_4)$$

因而有 $BaSO_4$ 沉淀产生。

当溶液中残留的离子浓度小到一定数值后，可以认为沉淀完全。目前，无机化学教材中认为溶液中残留的离子浓度不超过 1.0×10^{-5} mol·dm^{-3} 时可认为沉淀完全；基础化学教材中则认为溶液中残留的离子浓度不超过 1.0×10^{-6} mol·dm^{-3} 时可以认为沉淀基本完全；我们这里采用的是溶液中残留的离子浓度不超过 1.0×10^{-5} mol·dm^{-3} 时可以认为沉

淀完全。为使待沉淀的离子沉淀得更完全，加入的沉淀剂必须过量。但也不是沉淀剂越多越好，太多的沉淀剂往往会导致其他副反应(如盐效应)，反而会增大沉淀的溶解度。一般地说，沉淀剂过量 20%～50%为宜。因此，进行沉淀操作时，在考虑同离子效应能使沉淀更完全的同时，还应考虑盐效应会使沉淀溶解度增大的影响。

为了使沉淀完全，除了选择并加入适当过量的沉淀剂外，对于生成难溶弱酸盐和难溶氢氧化物等的沉淀反应，还必须控制溶液的 pH 值，才能确保沉淀完全。

例题 5-15　计算使 0.010 mol·dm^{-3} Cr^{3+} 开始生成 $Cr(OH)_3$ 沉淀及沉淀完全时溶液的 pH 值($K_{sp}^{\ominus}=6.3\times10^{-31}$)。

解　(1) $Cr(OH)_3$ 沉淀所需的最低 pH 值

$$[OH^-]>\sqrt[3]{\frac{K_{sp}^{\ominus}(Cr(OH)_3)}{[Cr^{3+}]}}=\sqrt[3]{\frac{6.3\times10^{-31}}{0.010}}=4.0\times10^{-10}(mol\cdot dm^{-3})$$

$$pH=14-pOH=14+\lg[OH^-]=14+\lg4.0\times10^{-10}=4.60$$

(2) $Cr(OH)_3$ 沉淀完全所需要的 pH 值

$$[OH^-]>\sqrt[3]{\frac{K_{sp}^{\ominus}(Cr(OH)_3)}{[Cr^{3+}]}}=\sqrt[3]{\frac{6.3\times10^{-31}}{1.0\times10^{-5}}}=4.0\times10^{-9}(mol\cdot dm^{-3})$$

$$pH=14-pOH=14+\lg[OH^-]=14+\lg4.0\times10^{-9}=5.60$$

计算结果表明，当溶液的 pH 值大于 4.60 时，$Cr(OH)_3$ 沉淀开始析出；若使 $Cr(OH)_3$ 沉淀完全，溶液的 pH 值必须大于 5.60。

2. 分步沉淀

在实际工作中，系统中常常同时含有多种离子，这些离子均可能与加入的同一沉淀剂发生沉淀反应，生成难溶电解质。由于各种难溶电解质的溶度积不同，它们析出沉淀的先后顺序也不同，随着沉淀剂的不断加入，离子积(J)首先超过溶度积($K_{sp}^{\ominus}$)的难溶电解质将会先析出；继续加入沉淀剂，又会有第二个离子的沉淀析出，……，这就是所谓的分步沉淀(fractional precipitation)，也称选择性沉淀(selective preciptation)。相反的过程就是分步溶解或选择性溶解。例如：假设溶液中含有 0.010 mol·dm^{-3} I^- 和 0.010 mol·dm^{-3} Cl^-，逐滴加入 $AgNO_3$ 溶液时，哪一种离子首先沉淀呢？

根据溶度积规则，AgCl 和 AgI 开始沉淀时所需要的 Ag^+ 浓度分别为：

$$[Ag^+]=\frac{K_{sp}^{\ominus}(AgCl)}{[Cl^-]}=\frac{1.8\times10^{-10}}{0.010}=1.8\times10^{-8}(mol\cdot dm^{-3})$$

$$[Ag^+]=\frac{K_{sp}^{\ominus}(AgI)}{[I^-]}=\frac{8.3\times10^{-17}}{0.010}=8.3\times10^{-15}(mol\cdot dm^{-3})$$

显然，I^- 开始沉淀所需要的 Ag^+ 浓度小于沉淀 Cl^- 所需要的 Ag^+ 浓度，因此 I^- 先沉淀出来。继续加入 $AgNO_3$ 溶液，当达到 AgCl 开始沉淀所需的 Ag^+ 浓度时，AgCl 将会析出。此时，Ag^+ 的浓度应同时满足下列两个平衡：

$$AgI(s)\rightleftharpoons Ag^+(aq)+I^-(aq)\quad [Ag^+]=\frac{K_{sp}^{\ominus}(AgI)}{[I^-]}$$

$$AgCl(s)\rightleftharpoons Ag^+(aq)+Cl^-(aq)\quad [Ag^+]=\frac{K_{sp}^{\ominus}(AgCl)}{[Cl^-]}$$

从以上两式消去$[Ag^+]$可得 $\dfrac{K_{sp}^{\ominus}(AgI)}{[I^-]_{剩余}}=\dfrac{K_{sp}^{\ominus}(AgCl)}{[Cl^-]_{开始}}$

$$[I^-]_{剩余}=\frac{K_{sp}^{\ominus}(AgI)}{K_{sp}^{\ominus}(AgCl)}[Cl^-]_{开始}=\frac{8.3\times10^{-17}}{1.8\times10^{-10}}\times0.010=4.6\times10^{-9}(mol\cdot dm^{-3})$$

可见当Cl^-开始沉淀时，$[I^-]$从 0.010 $mol\cdot dm^{-3}$降到4.6×10^{-9} $mol\cdot dm^{-3}$。可以认为，当Cl^-开始沉淀时，I^-早已沉淀完全。

在分析化学中，利用分步沉淀可进行离子的分离。通常的做法是让先产生沉淀的离子沉淀完全，后产生沉淀的离子保留在溶液中，从而达到分离的目的。分步沉淀多用于氢氧化物和硫化物的分离，下面分别举例加以讨论。

例题 5-16 若溶液中含有 0.010 $mol\cdot dm^{-3}$的Fe^{3+}和 0.010 $mol\cdot dm^{-3}$的Mg^{2+}，计算分离两种离子的 pH 范围。

解 根据$K_{sp}^{\ominus}(Fe(OH)_3)=4.0\times10^{-38}$，$K_{sp}^{\ominus}(Mg(OH)_2)=1.8\times10^{-11}$，则$Fe(OH)_3$开始沉淀时的$[OH^-]$为：

$$[OH^-]>\sqrt[3]{\frac{K_{sp}^{\ominus}(Fe(OH)_3)}{[Fe^{3+}]}}=\sqrt[3]{\frac{4.0\times10^{-38}}{0.010}}=1.6\times10^{-12}(mol\cdot dm^{-3})$$

$Mg(OH)_2$开始沉淀时的$[OH^-]$为：

$$[OH^-]>\sqrt{\frac{K_{sp}^{\ominus}(Mg(OH)_2)}{[Mg^{2+}]}}=\sqrt{\frac{1.8\times10^{-11}}{0.010}}=4.2\times10^{-5}(mol\cdot dm^{-3})$$

因为$Fe(OH)_3$沉淀所需$[OH^-]$小于$Mg(OH)_2$沉淀所需$[OH^-]$，所以Fe^{3+}先沉淀。

$Fe(OH)_3$沉淀完全时的 pH 值为：

$$[OH^-]>\sqrt[3]{\frac{K_{sp}^{\ominus}(Fe(OH)_3)}{[Fe^{3+}]}}=\sqrt[3]{\frac{4.0\times10^{-38}}{1.0\times10^{-5}}}=1.6\times10^{-11}(mol\cdot dm^{-3})$$

$$pH=14-pOH=14+\lg[OH^-]=14+\lg1.6\times10^{-11}=3.20$$

$Mg(OH)_2$不产生沉淀溶液的 pH 值为：

$$pH=14-pOH=14+\lg[OH^-]=14+\lg4.2\times10^{-5}=9.62$$

由此可见，只要控制溶液的 pH 值在 3.20～9.62 之间，即可使Fe^{3+}沉淀完全，而Mg^{2+}不沉淀。

例题 5-17 在 0.10 $mol\cdot dm^{-3}$ Co^{2+}溶液中含有少量Cu^{2+}杂质，试确定用H_2S饱和溶液沉淀分离除去Cu^{2+}的氢离子浓度条件。已知饱和H_2S溶液浓度为 0.10 $mol\cdot dm^{-3}$，$K_{sp}^{\ominus}(CoS)=4.0\times10^{-21}$，$K_{sp}^{\ominus}(CuS)=6.3\times10^{-36}$，$H_2S$的$K_{a1}^{\ominus}=9.5\times10^{-8}$，$K_{a2}^{\ominus}=1.3\times10^{-14}$。

解 Co^{2+}开始形成 CoS 沉淀所需的S^{2-}浓度为：

$$[S^{2-}]=\frac{K_{sp}^{\ominus}}{[Co^{2+}]}=\frac{4.0\times10^{-21}}{0.10}=4.0\times10^{-20}(mol\cdot dm^{-3})$$

Cu^{2+}沉淀完全时所需的S^{2-}浓度为：

$$[S^{2-}]=\frac{K_{sp}^{\ominus}}{[Cu^{2+}]}=\frac{6.3\times10^{-36}}{1.0\times10^{-5}}=6.3\times10^{-31}(mol\cdot dm^{-3})$$

故只要S^{2-}浓度控制在$6.3\times10^{-31}\sim4.0\times10^{-20}$ $mol\cdot dm^{-3}$范围内，即可使Cu^{2+}杂质以 CuS 沉淀形式完全除去，又不致生成 CoS 沉淀。S^{2-}浓度可通过调节溶液的H^+浓度来控制。在H_2S饱和溶液中存在如下关系：

$$H_2S \rightleftharpoons 2H^+ + S^{2-} \quad K_{a1}^{\ominus} \cdot K_{a2}^{\ominus} = \frac{[H^+]^2 \cdot [S^{2-}]}{[H_2S]}$$

整理得

$$[H^+] = \sqrt{\frac{K_{a1}^{\ominus} \cdot K_{a2}^{\ominus} \cdot [H_2S]}{[S^{2-}]}}$$

当$[S^{2-}] = 4.0 \times 10^{-20}\ mol \cdot dm^{-3}$时，

$$[H^+] = \sqrt{\frac{K_{a1}^{\ominus} \cdot K_{a2}^{\ominus} \cdot [H_2S]}{[S^{2-}]}} = \sqrt{\frac{9.5 \times 10^{-8} \times 1.3 \times 10^{-14} \times 0.10}{4.0 \times 10^{-20}}}$$

$$= 5.6 \times 10^{-2}(mol \cdot dm^{-3})$$

当$[S^{2-}] = 6.3 \times 10^{-31}\ mol \cdot dm^{-3}$时，

$$[H^+] = \sqrt{\frac{K_{a1}^{\ominus} \cdot K_{a2}^{\ominus} \cdot [H_2S]}{[S^{2-}]}} = \sqrt{\frac{9.5 \times 10^{-8} \times 1.3 \times 10^{-14} \times 0.10}{6.3 \times 10^{-31}}}$$

$$= 1.4 \times 10^{4}(mol \cdot dm^{-3})$$

因此，在 $0.10\ mol \cdot dm^{-3}\ Co^{2+}$ 溶液中，只需控制溶液的 H^+ 浓度在 $5.6 \times 10^{-2} \sim 1.4 \times 10^{4}\ mol \cdot dm^{-3}$范围内，就可以用硫化物分步沉淀将 Cu^{2+} 杂质从 Co^{2+} 溶液中除去。在实际工作中，只需控制溶液的 H^+ 浓度大于 $5.6 \times 10^{-2}\ mol \cdot dm^{-3}$即可。

总之，对于同类型的物质，总是溶度积小的先沉淀，并且溶度积差别越大，后产生沉淀的离子浓度越小，分离的效果也越好。但对于不同类型的沉淀，则必须通过计算来判断沉淀的先后次序和分离效果，而不能直接根据溶度积来判断。例如，用 $AgNO_3$ 沉淀 $0.010\ mol \cdot dm^{-3}\ Cl^-$ 和 $0.010\ mol \cdot dm^{-3}\ CrO_4^{2-}$，析出 AgCl、$Ag_2CrO_4$ 沉淀的最小 Ag^+ 浓度分别为：

$$[Ag^+] = \frac{K_{sp}^{\ominus}(AgCl)}{[Cl^-]} = \frac{1.8 \times 10^{-10}}{0.010} = 1.8 \times 10^{-8}(mol \cdot dm^{-3})$$

$$[Ag^+] = \sqrt{\frac{K_{sp}^{\ominus}}{[CrO_4^{2-}]}} = \sqrt{\frac{1.12 \times 10^{-12}}{0.010}} = 1.1 \times 10^{-5}(mol \cdot dm^{-3})$$

虽然 Ag_2CrO_4 的溶度积小于 AgCl 的溶度积，但是沉淀 Cl^- 所需要的$[Ag^+]$却比沉淀 CrO_4^{2-} 所需要的$[Ag^+]$小得多，在这种情况下，反而是溶度积大的 AgCl 先析出。

分步沉淀的次序主要取决于难溶电解质的溶度积大小，但也与溶液中各离子的浓度有关，适当地改变溶液中被沉淀离子的浓度，可以使分步沉淀的次序发生变化，这要具体问题具体分析。例如：根据 AgI 和 AgBr 的溶度积，当$[I^-] = [Br^-]$时，AgI 首先析出；但当$[Br^-] = 1.0\ mol \cdot dm^{-3}$，$[I^-] = 1.0 \times 10^{-4}\ mol \cdot dm^{-3}$时，首先析出的沉淀为 AgBr 而不是 AgI。

5.4.3 沉淀的溶解和转化

1. 沉淀的溶解

根据溶度积规则，沉淀溶解的必要条件是 $J < K_{sp}^{\ominus}$，常用的方法有以下几种。

1）酸碱溶解法

向沉淀中加入酸、碱或某些铵盐使其生成弱酸、弱碱或水，从而降低被沉淀离子的浓度，促使沉淀溶解。例如，$BaCO_3$ 溶于 HCl 溶液的反应为：

$$BaCO_3(s) \rightleftharpoons Ba^{2+}(aq) + CO_3^{2-}(aq)$$
$$\downarrow H^+$$
$$HCO_3^- \xrightarrow{H^+} H_2CO_3$$

HCl 的作用在于降低 CO_3^{2-} 的浓度，促使沉淀向溶解的方向移动。又如 $Mg(OH)_2$ 可溶于 NH_4Cl 溶液，也是由于 NH_4^+ 可降低 OH^- 的浓度：

$$Mg(OH)_2(s) \rightleftharpoons Mg^{2+}(aq) + 2OH^-(aq)$$
$$\downarrow NH_4^+$$
$$NH_3 \cdot H_2O$$

2）氧化还原法

由于 CuS 的 $K_{sp}^{\ominus}$ 值很小，因此不能通过加入酸的方法使其溶解，但 CuS 可溶于硝酸。硝酸的作用在于通过氧化还原反应大大降低溶液中 S^{2-} 的浓度：

$$CuS(s) \rightleftharpoons Cu^{2+}(aq) + S^{2-}(aq)$$

$$3S^{2-}(aq) + 8H^+(aq) + 2NO_3^-(aq) \rightleftharpoons 3S(s) + 2NO(g) + 4H_2O(l)$$

3）配合溶解法

AgCl 不溶于硝酸，但可溶于氨水。氨水的作用是因为形成$[Ag(NH_3)_2]^+$而降低溶液中的 Ag^+ 浓度：

$$AgCl(s) \rightleftharpoons Ag^+(aq) + Cl^-(aq)$$
$$\downarrow NH_3$$
$$[Ag(NH_3)_2]^+$$

4）混合溶解法

对于 $K_{sp}^{\ominus}$ 极小的沉淀，单一的溶解手段往往不能奏效，需同时降低正、负离子浓度才能使沉淀溶解。例如，$HgS(K_{sp}^{\ominus}=4.0\times10^{-53})$可溶于王水，就是利用硝酸与 S^{2-} 的氧化反应来降低 S^{2-} 浓度，盐酸中的 Cl^- 与 Hg^{2+} 的配合反应来降低 Hg^{2+} 浓度，使 HgS 沉淀溶解：

$$HgS(s) \rightleftharpoons Hg^{2+}(aq) + S^{2-}(aq)$$
$$\downarrow Cl^- \qquad \downarrow H^+ + NO_3^-$$
$$[HgCl_4]^{2-} \qquad S$$

总反应

$$3HgS(s) + 2NO_3^-(aq) + 12Cl^-(aq) + 8H^+(aq) \rightleftharpoons$$
$$3[HgCl_4]^{2-}(aq) + 2NO(g) + 3S(s) + 4H_2O(l)$$

2. 沉淀的转化

在实际工作中，常常需要借助于某一试剂的作用，将沉淀从一种形式转化为另一种形式，这一过程称为沉淀的转化(inversion of precipitation)。例如，为了除去附着在锅炉内壁、既难溶于水又难溶于酸的 $CaSO_4$ 锅垢，可以用 Na_2CO_3 处理，将 $CaSO_4$ 转化为可溶于酸的 $CaCO_3$，此过程可表示为：

$$CaSO_4(s) \rightleftharpoons Ca^{2+}(aq) + SO_4^{2-}(aq)$$

$$Ca^{2+}(aq) + CO_3^{2-}(aq) \rightleftharpoons CaCO_3(s)$$

总反应

$$CaSO_4(s) + CO_3^{2-}(aq) \rightleftharpoons CaCO_3(s) + SO_4^{2-}(aq)$$

转化反应的平衡常数为：

$$K^{\ominus}=\frac{[SO_4^{2-}]}{[CO_3^{2-}]}=\frac{[SO_4^{2-}]}{[CO_3^{2-}]}\times\frac{[Ca^{2+}]}{[Ca^{2+}]}=\frac{K_{sp}^{\ominus}(CaSO_4)}{K_{sp}^{\ominus}(CaCO_3)}=\frac{9.1\times10^{-6}}{2.81\times0^{-9}}=3.2\times10^{3}$$

可见这个反应能进行得很完全。对于沉淀的转化反应，其平衡常数越大，转化反应进行得就越完全。

在分析测定中，常常将难溶的强酸盐转化为难溶的弱酸盐，然后再酸解，使要分析的离子转入溶液。例如，$BaSO_4$ 沉淀不溶于酸，若用 Na_2CO_3 溶液处理，即可转化为易溶于酸的 $BaCO_3$ 沉淀，此过程可表示为

$$BaSO_4(s)\rightleftharpoons Ba^{2+}(aq)+SO_4^{2-}(aq)$$

$$Ba^{2+}(aq)+CO_3^{2-}(aq)\rightleftharpoons BaCO_3(s)$$

总反应为 $BaSO_4(s)+CO_3^{2-}(aq)\rightleftharpoons BaCO_3(s)+SO_4^{2-}(aq)$

其转化反应的平衡常数为：

$$K^{\ominus}=\frac{[SO_4^{2-}]}{[CO_3^{2-}]}=\frac{[SO_4^{2-}]}{[CO_3^{2-}]}\times\frac{[Ba^{2+}]}{[Ba^{2+}]}=\frac{K_{sp}^{\ominus}(BaSO_4)}{K_{sp}^{\ominus}(BaCO_3)}=\frac{1.1\times10^{-10}}{2.6\times0^{-9}}=\frac{1}{24}$$

这个沉淀转化反应的平衡常数不大，转化不会彻底。但在反应过程中，$[CO_3^{2-}]$不断减少，$[SO_4^{2-}]$ 则不断增大，最后当$[SO_4^{2-}]/[CO_3^{2-}]=1/24$ 时，反应趋于平衡。此时，可以将上层清液取出，加入新鲜的 Na_2CO_3 溶液，重复处理 3 ～ 4 次，直至 $BaSO_4$ 全部转化为 $BaCO_3$。应该指出，这种转化只能适用于溶解度相差不大的沉淀。如果两种沉淀的溶解度相差甚远，要将 $K_{sp}^{\ominus}$小的沉淀转化为 $K_{sp}^{\ominus}$大的沉淀进行到底，是非常困难甚至是不可能的。

5.5　配合物溶液

可溶性配合物在水中的解离有两种情况：一种是发生在内界与外界之间的解离，全部解离；另一种是发生在配位个体中的形成体与配体之间的解离，部分解离，存在配位解离平衡(coordination dissociation equilibrium)和稳定常数(stability constant)。

5.5.1　配位解离平衡与稳定常数

向 $AgNO_3$ 溶液中加入 $NH_3\cdot H_2O$ 时，首先出现白色的 AgOH 沉淀，继续加入 $NH_3\cdot H_2O$，白色沉淀消失，形成无色$[Ag(NH_3)_2]^+$溶液。此时若向溶液中加入 NaCl，则无 AgCl 沉淀产生；若加入 KI，则有 AgI 沉淀生成。这个例子说明，尽管形成了配合物，但 Ag^+ 并没有被完全配合，溶液中既存在形成体与配体的配合反应，又存在配位个体的解离反应，当配合与解离达到平衡时，即存在如下配位解离的平衡关系：

$$Ag^{+}+2NH_3\rightleftharpoons[Ag(NH_3)_2]^{+}$$

这种平衡关系称为配位解离平衡。

对应于上述反应的平衡常数叫做配位个体的形成常数(formation constant)，也称为稳定常数，用 $K_{稳}^{\ominus}$ 表示。上述反应的稳定常数可表示为：

$$K_{稳}^{\ominus}=\frac{[Ag(NH_3)_2^+]/c^{\ominus}}{[Ag^+]/c^{\ominus}\cdot\{[NH_3]/c^{\ominus}\}^2}$$

可简写为：

$$K^{\ominus}_{稳}=\frac{[Ag(NH_3)_2^+]}{[Ag^+][NH_3]^2} \tag{5-27}$$

如果上述反应方程式反过来写，即写成

$$[Ag(NH_3)_2]^+ \rightleftharpoons Ag^+ + 2NH_3$$

对应的平衡常数称为解离常数，又叫做不稳定常数(unstability constant)，用 $K^{\ominus}_{不稳}$ 表示。

$$K^{\ominus}_{不稳}=\frac{[Ag^+][NH_3]^2}{[Ag(NH_3)_2^+]}$$

显然，任何一个配位个体的稳定常数与其不稳定常数互为倒数关系：

$$K^{\ominus}_{稳}=\frac{1}{K^{\ominus}_{不稳}}$$

对同一配位个体来说，$K^{\ominus}_{稳}$ 值越大或 $K^{\ominus}_{不稳}$ 值越小，说明配位个体越稳定。

实际上，溶液中的形成体与配体的配合不是一步完成的，而是分步进行的，每有一个配体与形成体配合，就存在着一个平衡和相应的稳定常数，如

$$Cu^{2+} + 4NH_3 \rightleftharpoons [Cu(NH_3)_4]^{2+} \quad K^{\ominus}_{稳}=\frac{[Cu(NH_3)_4^{2+}]}{[Cu^{2+}][NH_3]^4}$$

分以下 4 步进行，存在 4 个平衡和相应的稳定常数：

$$Cu^{2+} + NH_3 \rightleftharpoons [Cu(NH_3)]^{2+} \quad K^{\ominus}_{稳1}=\frac{[Cu(NH_3)^{2+}]}{[Cu^{2+}][NH_3]}$$

$$[Cu(NH_3)]^{2+} + NH_3 \rightleftharpoons [Cu(NH_3)_2]^{2+} \quad K^{\ominus}_{稳2}=\frac{[Cu(NH_3)_2^{2+}]}{[Cu(NH_3)^{2+}][NH_3]}$$

$$[Cu(NH_3)_2]^{2+} + NH_3 \rightleftharpoons [Cu(NH_3)_3]^{2+} \quad K^{\ominus}_{稳3}=\frac{[Cu(NH_3)_3^{2+}]}{[Cu(NH_3)_2^{2+}][NH_3]}$$

$$[Cu(NH_3)_3]^{2+} + NH_3 \rightleftharpoons [Cu(NH_3)_4]^{2+} \quad K^{\ominus}_{稳4}=\frac{[Cu(NH_3)_4^{2+}]}{[Cu(NH_3)_3^{2+}][NH_3]}$$

$K^{\ominus}_{稳}$ 称总稳定常数(overall stability constant)或累积稳定常数(cumulative stability constant)，$K^{\ominus}_{稳1}$、$K^{\ominus}_{稳2}$、$K^{\ominus}_{稳3}$ 和 $K^{\ominus}_{稳4}$ 是分步稳定常数(stepwise stability constant)，常称为逐级稳定常数(stepwise stability constant)。

$$K^{\ominus}_{稳}=K^{\ominus}_{稳1}\cdot K^{\ominus}_{稳2}\cdot K^{\ominus}_{稳3}\cdot K^{\ominus}_{稳4}$$

即总稳定常数或累积稳定常数等于逐级稳定常数的乘积。

配位个体的稳定常数是配位个体的特征常数，附录 F 列出了一些常见配位个体的稳定常数及其对数值。利用稳定常数可以比较相同类型的配位个体在水溶液中的稳定性。例如 $K^{\ominus}_{稳}([Zn(NH_3)_4]^{2+})=2.88\times10^9$，$K^{\ominus}_{稳}([Cu(NH_3)_4]^{2+})=2.09\times10^{13}$，$K^{\ominus}_{稳}([Cd(NH_3)_4]^{2+})=1.32\times10^7$，比较 $K^{\ominus}_{稳}$ 值可知，三种配位个体中 $[Cu(NH_3)_4]^{2+}$ 最稳定，最难解离，$[Zn(NH_3)_4]^{2+}$ 次之，$[Cd(NH_3)_4]^{2+}$ 最不稳定。但对于 $[Cu(NH_3)_4]^{2+}$、$[Cu(en)_2]^{2+}$ 和 $[CuY]^{2-}$ 三种配位个体来说，由于类型不同，不能通过比较 $K^{\ominus}_{稳}$ 值的大小判断其相对稳定性的大小，而必须通过具体计算后再进行比较。

例题 5-18 已知 $[Cu(en)_2]^{2+}$ 和 $[CuY]^{2-}$ 的 $K^{\ominus}_{稳}$ 值分别为 1.0×10^{21} 和 5.0×10^{18}，试判断哪种配位个体更稳定。

解 设 $[Cu(en)_2]^{2+}$ 和 $[CuY]^{2-}$ 的浓度均为 0.10 mol·dm^{-3}，平衡时有 x_1 mol·dm^{-3} 的 $[Cu(en)_2]^{2+}$ 解离，x_2 mol·dm^{-3} 的 $[CuY]^{2-}$ 解离。

(1) 在$[Cu(en)_2]^{2+}$溶液中：

$$Cu^{2+} + 2en \rightleftharpoons [Cu(en)_2]^{2+}$$

平衡浓度　　x_1　　$2x_1$　　$0.10 - x_1$

$$K^{\ominus}_{稳} = \frac{[Cu(en)_2^{2+}]}{[Cu^{2+}][en]^2} = \frac{0.10 - x_1}{x_1 \cdot (2x_1)^2} = 1.0 \times 10^{21}$$

解出

$$x_1 = 2.9 \times 10^{-8} (mol \cdot dm^{-3})$$

(2) 在$[CuY]^{2-}$溶液中：

$$Cu^{2+} + Y^{4-} \rightleftharpoons [CuY]^{2-}$$

平衡浓度　　x_2　　x_2　　$0.10 - x_2$

$$K^{\ominus}_{稳} = \frac{[CuY^{2-}]}{[Cu^{2+}][Y^{4-}]} = \frac{0.10 - x_2}{x_2 \cdot x_2} = 5.0 \times 10^{18}$$

解出

$$x_2 = 1.4 \times 10^{-10} (mol \cdot dm^{-3})$$

因为 $x_1 > x_2$，所以$[CuY]^{2-}$更稳定。

5.5.2　配位解离平衡的移动

配位解离平衡与其他化学平衡一样，也是一种动态平衡。当外界条件发生变化时，则平衡发生移动，在新的条件下建立起新的平衡。

1. 酸度的改变对配位解离平衡的影响

在配位解离平衡中，改变溶液的酸度，会使配位解离平衡破坏，发生移动，最终导致配位解离平衡转化为酸碱解离平衡。酸度的改变对配位解离平衡的影响表现在以下两个方面。

一方面，配位个体中的许多配体如 F^-、SCN^-、$C_2O_4^{2-}$ 和 CN^- 以及有机酸根离子，都能与 H^+ 结合，形成难解离的弱酸，造成配位解离平衡与酸碱解离平衡的相互竞争。

例如 AgCl 沉淀可溶于氨水生成$[Ag(NH_3)_2]^+$，向溶液中加入 HNO_3 时，$[Ag(NH_3)_2]^+$被破坏，溶液中又生成 AgCl 的白色沉淀。

$$AgCl + 2NH_3 \rightleftharpoons [Ag(NH_3)_2]^+ + Cl^-$$
$$+$$
$$2HNO_3 \longrightarrow 2H^+ + 2NO_3^-$$
$$\Updownarrow$$
$$AgCl(s) + 2NH_4^+ + 2NO_3^-$$

$$[Ag(NH_3)_2]^+ + Cl^- + 2H^+ \rightleftharpoons AgCl(s) + 2NH_4^+$$

这里，反应的实质是 H^+ 与 Ag^+ 争夺配体 NH_3 的平衡转化。

又如，在含$[Fe(C_2O_4)_3]^{3-}$配位个体的溶液中加入少量酸，平衡向配位个体$[Fe(C_2O_4)_3]^{3-}$解离的方向移动，即：

$$[Fe(C_2O_4)_3]^{3-} \rightleftharpoons Fe^{3+} + 3C_2O_4^{2-}$$
$$+$$
$$3H^+$$
$$\Updownarrow$$
$$3HC_2O_4^-$$

另一方面，配位个体中的某些高价形成体与OH^-反应生成一系列羟基配合物或氢氧化物沉淀，使形成体浓度降低，导致配位解离平衡向配位个体解离的方向移动。例如，在含$[Fe(C_2O_4)_3]^{3-}$配位个体的溶液中加入少量碱或用水稀释时，会发生下列反应：

$$\begin{array}{c}[Fe(C_2O_4)_3]^{3-} \rightleftharpoons Fe^{3+} + 3C_2O_4^{2-} \\ + \\ 3OH^- \\ \Updownarrow \\ Fe(OH)_3\end{array}$$

因此，要形成稳定的配位个体，常需控制适当的酸度范围。

2. 沉淀剂对配位解离平衡的影响

在配位个体溶液中加入适当的沉淀剂，金属离子生成沉淀，平衡发生移动，使配位解离平衡转化为沉淀溶解平衡。转化反应的难易可用转化反应的平衡常数的大小衡量，转化反应的平衡常数与配位个体的稳定常数和沉淀物质的溶度积常数有关。例如，在含$[Ag(NH_3)_2]^+$的溶液中，加入KBr，有浅黄色的AgBr沉淀生成：

$$\begin{array}{c}[Ag(NH_3)_2]^+ \rightleftharpoons Ag^+ + 2NH_3 \\ + \\ Br^- \\ \Updownarrow \\ AgBr(s)\end{array}$$

相反，在AgBr沉淀中，加入适当的配位剂KCN，又可破坏沉淀溶解平衡，使平衡向生成$[Ag(CN)_2]^-$的方向移动，即

$$\begin{array}{c}AgBr(s) \rightleftharpoons Ag^+ + Br^- \\ + \\ 2CN^- \\ \Updownarrow \\ [Ag(CN)_2]^-\end{array}$$

例题 5-19 计算298.15 K时AgCl在6.0 mol·dm^{-3} $NH_3\cdot H_2O$溶液中的溶解度。

解 设AgCl在6.0 mol·dm^{-3} $NH_3\cdot H_2O$溶液中的溶解度为s。

$$AgCl(s) + 2NH_3 \rightleftharpoons [Ag(NH_3)_2]^+ + Cl^-$$

平衡时 $\qquad 6.0-2s \qquad s \qquad s$

$$K^\ominus = \frac{[Ag(NH_3)_2^+][Cl^-]}{[NH_3]^2} = \frac{[Ag(NH_3)_2^+][Cl^-]}{[NH_3]^2} \times \frac{[Ag^+]}{[Ag^+]}$$

$$K^\ominus = K^\ominus_{稳} \cdot K^\ominus_{sp} = 1.1\times10^7 \times 1.8\times10^{-10} = 1.98\times10^{-3}$$

则：

$$K^\ominus = \frac{[Ag(NH_3)_2^+][Cl^-]}{[NH_3]^2}$$

$$1.98\times10^{-3} = \frac{s^2}{(6.0-2s)^2}$$

解出 $s = 0.245(mol\cdot dm^{-3})$

3. 配位个体的形成对配位解离平衡的影响

若在配位个体溶液中加入另一配位剂(或另一种金属离子),配位解离平衡一般向生成更稳定配位个体的方向移动。两种配位个体的稳定常数相差越大,转化越容易,越完全。转化反应的难易可以用转化平衡常数来表示。

例题 5-20 向含有$[Ag(NH_3)_2]^+$的溶液中分别加入 KCN 和 $Na_2S_2O_3$,此时发生下列反应:

$$[Ag(NH_3)_2]^+ + 2CN^- \rightleftharpoons [Ag(CN)_2]^- + 2NH_3 \quad (1)$$

$$[Ag(NH_3)_2]^+ + 2S_2O_3^{2-} \rightleftharpoons [Ag(S_2O_3)_2]^{3-} + 2NH_3 \quad (2)$$

在其他条件相同的情况下,试判断哪个反应进行得更完全。

解 查表得 $K^\ominus_{稳}([Ag(NH_3)_2]^+)=1.1\times10^7$,$K^\ominus_{稳}([Ag(CN)_2]^-)=1.26\times10^{21}$,$K^\ominus_{稳}([Ag(S_2O_3)_2]^{3-})=2.88\times10^{13}$。

$$K_1^\ominus=\frac{[Ag(CN)_2^-][NH_3]^2}{[Ag(NH_3)_2^+][CN^-]^2}=\frac{K^\ominus_{稳}([Ag(CN)_2]^-)}{K^\ominus_{稳}([Ag(NH_3)_2]^+)}=\frac{1.26\times10^{21}}{1.1\times10^7}=1.15\times10^{14}$$

$$K_2^\ominus=\frac{[Ag(S_2O_3)_2^{3-}][NH_3]^2}{[Ag(NH_3)_2^+][S_2O_3{}^{2-}]^2}=\frac{K^\ominus_{稳}([Ag(S_2O_3)_2]^{3-})}{K^\ominus_{稳}([Ag(NH_3)_2]^+)}=\frac{2.88\times10^{13}}{1.1\times10^7}=2.62\times10^6$$

反应(1)的平衡常数比反应(2)的平衡常数大,说明反应(1)比反应(2)进行得更完全。

5-1 溶液蒸气压下降的原因是什么?如何用蒸气压下降解释溶液的沸点升高及凝固点降低?

5-2 相同质量的葡萄糖($C_6H_{12}O_6$)和甘油($C_3H_8O_3$)分别溶于 100 g 水中,比较所得溶液的凝固点、沸点和渗透压。

5-3 酸碱电离理论、质子理论和电子理论都是怎样定义酸碱的?

5-4 什么是同离子效应和盐效应?它们对弱酸或弱碱的解离平衡有何影响?缓冲溶液的作用机理与哪种效应有关?同离子效应对难溶电解质的溶解度有何影响?

5-5 在氨水中加入下列物质时,$NH_3\cdot H_2O$ 的解离度和溶液的 pH 值将如何变化?

(1) NH_4Cl (2) NaOH (3) HCl (4) 加水稀释

5-6 相同浓度的 $NH_3\cdot H_2O$ 和 NaOH 溶液 pH 值是否相同?pH 值相同的 $NH_3\cdot H_2O$ 和 NaOH 溶液的浓度是否相同?

5-7 构成缓冲溶液的必要条件是什么?$NH_3\cdot H_2O$ 溶液中也同时含有 NH_3 和 NH_4^+,为何不是缓冲溶液?

5-8 何谓缓冲溶液和缓冲容量?决定缓冲溶液 pH 值和缓冲容量的主要因素有哪些?如何确定缓冲溶液的缓冲范围?

5-9 什么是溶度积?什么是溶解度?两者之间有何关系?

5-10 难溶电解质的离子积和溶度积之间有什么区别?

5-11 何谓溶度积规则?如何应用溶度积规则判断沉淀的生成和溶解?

5-12 解释下列现象:

(1) Ag_2CrO_4 在 0.0010 mol · dm^{-3} $AgNO_3$ 溶液中的溶解度较在 0.0010 mol · dm^{-3} K_2CrO_4 溶液中的溶解度小；

(2) MgF_2 在 NH_4Cl 溶液中的溶解度比在水中大；

(3) AgCl 在 0.001 mol · dm^{-3} HCl 中的溶解度比在水中小，而在 1 mol · dm^{-3} HCl 中的溶解度比在水中大。

5-13 已知$[Cu(NH_3)_4]^{2+}$的逐级稳定常数的对数值分别为 4.22、3.67、3.04 和 2.30，试求该配合物的稳定常数 $K^{\ominus}_{稳}$ 及不稳定常数 $K^{\ominus}_{不稳}$。

5-14 下列说法中哪些不正确？说明理由。

(1) 某一配位个体的 $K^{\ominus}_{稳}$ 值越大，该配位个体的稳定性越差；

(2) 某一配位个体的 $K^{\ominus}_{不稳}$ 值越大，该配位个体的稳定性越差；

(3) 对于不同类型的配位个体，$K^{\ominus}_{稳}$ 值大者，配位个体更稳定。

5-15 向含有$[Ag(NH_3)_2]^+$的溶液中分别加入下列物质：

(1) 稀 HNO_3　(2) $NH_3 \cdot H_2O$　(3) Na_2S 溶液

试指出下列平衡的移动方向。

$$[Ag(NH_3)_2]^+ \rightleftharpoons Ag^+ + 2NH_3$$

习题

5-1 溶解 3.24 g 硫于 40 g 苯中，苯的沸点升高 0.81 K，已知苯的 $K_b = 2.53$ K · kg · mol^{-1}，问硫在此溶液中的分子是由几个硫原子组成的？

5-2 为了防止水在仪器内结冰，可以加入甘油以降低其凝固点，如需冰点降至 271 K，则在 100 g 水中应加入甘油($C_3H_8O_3$)多少克？

5-3 四氢呋喃(C_4H_8O)曾被建议用作防冻剂，应往水中加入多少克四氢呋喃才能使它的凝固点降低值与加 1 g 乙二醇($C_2H_6O_2$)作用相当？

5-4 试比较下列溶液的凝固点的高低(苯的凝固点 5.5℃，$K_f = 5.12$ K · kg · mol^{-1}，水的 $K_f = 1.86$ K · kg · mol^{-1})：

(1) 0.1 mol · dm^{-3} 蔗糖的水溶液　(2) 0.1 mol · dm^{-3} 甲醇的水溶液

(3) 0.1 mol · dm^{-3} 甲醇的苯溶液　(4) 0.1 mol · dm^{-3} 氯化钠的水溶液

5-5 1.0 dm^3 溶液中含 5.0 g 牛的血红素，在 298.15 K 时测得溶液的渗透压为 0.182 kPa，求牛的血红素的摩尔质量。

5-6 临床上输液时要求输入的液体和血液渗透压相等(即等渗液)。临床上用的葡萄糖等渗液的凝固点降低为 0.543 K。试求此葡萄糖溶液的质量分数和血液的渗透压(水的 $K_f = 1.86$ K · kg · mol^{-1}，葡萄糖的摩尔质量为 180 g · mol^{-1}，血液的温度为 310 K)。

5-7 写出下列分子或离子的共轭碱的化学式：

$$NH_4^+，HAc，H_2O，HPO_4^{2-}，HCO_3^-$$

5-8 写出下列分子或离子的共轭酸的化学式：

$$HS^-，H_2O，H_2PO_4^-，NH_3，SO_3^{2-}$$

5-9 按酸碱质子理论，下列分子或离子在水溶液中，哪些只是酸？哪些只是碱？哪些是酸碱两性物质？

H_2S, HSO_3^-, PO_4^{3-}, OH^-, H_2O, NO_3^-, NH_3

5-10 计算下列溶液的$[H^+]$、$[OH^-]$和溶液的 pH 值。

(1) 0.010 mol·dm^{-3} $NH_3 \cdot H_2O$ 溶液　(2) 0.050 mol·dm^{-3} HAc 溶液

(3) 0.04 mol·dm^{-3} H_2CO_3 溶液　(4) 0.010 mol·dm^{-3} H_2SO_4 溶液

5-11 实验测得氨水的 pH 值为 11.26，已知氨水的 $K_b^\ominus = 1.8 \times 10^{-5}$，求氨水的浓度。

5-12 现有 0.2 mol·dm^{-3} HCl 溶液，(1)如改变其酸度为 pH=4.0，应该加入 HAc 还是 NaAc？(2)如果向 HCl 溶液中加入等体积的 2.0 mol·dm^{-3} NaAc 溶液，则混合液的 pH 值又是多少？(3)如果向 HCl 溶液加入等体积的 2.0 mol·dm^{-3} NaOH 溶液，则混合液的 pH 值是多少？

5-13 取 0.10 mol·dm^{-3} 某一元弱酸溶液 50.00 cm^3，与 0.10 mol·dm^{-3} KOH 溶液 20.00 cm^3 混合，将混合液加水稀释至 100.00 cm^3，测得其 pH 值为 5.25，试求此弱酸的解离常数。

5-14 用 0.10 mol·dm^{-3} 的 HAc 和 0.20 mol·dm^{-3} 的 NaAc 等体积混合配成缓冲溶液 0.50 dm^3。当加入 0.005 mol NaOH 后，此缓冲溶液的 pH 值变化如何？

5-15 今用 0.067 mol·dm^{-3} 的 Na_2HPO_4 和 0.067 mol·dm^{-3} 的 KH_2PO_4 两种溶液配成 pH 值为 6.80 的缓冲溶液 100 cm^3，问需取上述溶液各多少 cm^3？

5-16 根据 PbI_2 的溶度积 $K_{sp}^\ominus = 7.1 \times 10^{-9}$，计算：

(1) PbI_2 在水中的溶解度(mol·dm^{-3})；

(2) PbI_2 饱和溶液中 Pb^{2+} 和 I^- 的浓度；

(3) PbI_2 在 0.01 mol·dm^{-3} KI 的饱和溶液中 Pb^{2+} 的浓度；

(4) PbI_2 在 0.01 mol·dm^{-3} $Pb(NO_3)_2$ 溶液中的溶解度。

5-17 计算下列各难溶化合物的溶解度(不必考虑副反应)：

(1) CaF_2 在 0.0010 mol·dm^{-3} $CaCl_2$ 溶液中；

(2) Ag_2CrO_4 在 0.010 mol·dm^{-3} $AgNO_3$ 溶液中。

5-18 一种混合离子溶液中含有 0.020 mol·dm^{-3} Pb^{2+} 和 0.010 mol·dm^{-3} Fe^{3+}，若向溶液中逐滴加入 NaOH 溶液(忽略加入 NaOH 后溶液体积的变化)，问：

(1) 哪种离子先沉淀？

(2) 欲使两种离子分离，应将溶液的 pH 值控制在什么范围？

5-19 已知 FeS、CdS 的 $K_{sp}^\ominus$ 分别为 6.3×10^{-18} 和 8.0×10^{-27}，当溶液中 Fe^{2+}、Cd^{2+} 的浓度分别为 2.1×10^{-2} mol·dm^{-3} 和 4.0×10^{-2} mol·dm^{-3} 时，在 $p = p^\ominus$ 条件下，通入 H_2S 气体于该溶液中，使其浓度为 0.10 mol·dm^{-3}. 问哪种离子首先析出沉淀，能否通过控制溶液的酸度使两者分离？

5-20 溶液中 Fe^{3+} 和 Co^{2+} 浓度均为 0.10 mol·dm^{-3}，加入 NaOH 溶液使两者分离。请问溶液的 pH 值应控制在什么范围？

5-21 通过计算说明：

(1) 在 100 cm^3 0.15 mol·dm^{-3} 的 $K[Ag(CN)_2]$ 溶液中加入 50 cm^3 0.10 mol·dm^{-3} 的 KI 溶液，是否有 AgI 沉淀产生？

(2) 在上述混合溶液中加入 50 cm^3 0.20 mol·dm^{-3} 的 KCN 溶液，是否有 AgI 沉淀产

生？

5-22 通过计算说明，当溶液中$[CN^-]=[Ag(CN)_2^-]=0.10\ mol\cdot dm^{-3}$时，加入固体KI使$[I^-]=0.10\ mol\cdot dm^{-3}$，能否产生AgI沉淀。

5-23 AgBr在下列相同浓度的溶液中，溶解度最大的是哪一个？

KCN，$Na_2S_2O_3$，$KSCN$，$NH_3\cdot H_2O$

5-24 将40 cm^3 0.10 $mol\cdot dm^{-3}$ $AgNO_3$溶液和20 cm^3 6.0 $mol\cdot dm^{-3}$氨水混合并稀释至100 cm^3。

(1) 求平衡时溶液中Ag^+、$[Ag(NH_3)_2]^+$和NH_3的浓度；

(2) 向混合稀释后的溶液中加入0.010 mol KCl固体，是否有AgCl沉淀产生？

5-25 计算下列反应的平衡常数，并判断反应进行的方向：

(1) $AgCl+2NH_3 \rightleftharpoons [Ag(NH_3)_2]^+ + Cl^-$

已知：$K_{sp}^{\ominus}(AgCl)=1.8\times10^{-10}$，$K_{稳}^{\ominus}([Ag(NH_3)_2]^+)=1.1\times10^7$

(2) $AgI(s)+2CN^- \rightleftharpoons [Ag(CN)_2]^- + I^-$

已知：$K_{sp}^{\ominus}(AgI)=8.3\times10^{-17}$，$K_{稳}^{\ominus}([Ag(CN)_2]^-)=1.30\times10^{21}$

(3) $[HgCl_4]^{2-}+4I^- \rightleftharpoons [HgI_4]^{2-}+4Cl^-$

已知：$K_{稳}^{\ominus}([HgCl_4]^{2-})=1.17\times10^{15}$，$K_{稳}^{\ominus}([HgI_4]^{2-})=6.76\times10^{29}$

(4) $[Cu(CN)_2]^- + 2NH_3 \rightleftharpoons [Cu(NH_3)_2]^+ + 2CN^-$

已知：$K_{稳}^{\ominus}([Cu(CN)_2]^-)=1.0\times10^{24}$，$K_{稳}^{\ominus}([Cu(NH_3)_2]^+)=7.24\times10^{10}$

(5) $2AgI(s)+CO_3^{2-} \rightleftharpoons Ag_2CO_3(s)+2I^-$

已知：$K_{sp}^{\ominus}(AgI)=8.3\times10^{-17}$，$K_{sp}^{\ominus}(Ag_2CO_3)=8.1\times10^{-12}$

(6) $2AgI(s)+S^{2-} \rightleftharpoons Ag_2S(s)+2I^-$

已知：$K_{sp}^{\ominus}(AgI)=8.3\times10^{-17}$，$K_{sp}^{\ominus}(Ag_2S)=2.0\times10^{-49}$

第6章

氧化还原反应

我们知道，把一片金属 Zn 插入 $CuSO_4$ 溶液中，蓝色的 $CuSO_4$ 溶液颜色会逐渐变浅，而且在 Zn 片上沉积着一层疏松的红色金属 Cu，这是因为发生了下面的氧化还原反应(redox reaction)：

$$Zn + Cu^{2+} \xlongequal{} Zn^{2+} + Cu$$

在这个反应中，Zn 失去 2 个电子变成 Zn^{2+}，元素的氧化数升高，这个过程称为氧化(oxidation)，本质是失去电子；Zn 称为还原态(reduction state)或还原型(reduction type)，相对 Zn 而言，Zn^{2+} 称为氧化态(oxidation state)或氧化型(oxidation type)。与此同时，Cu^{2+} 得到 2 个电子变成金属 Cu，元素的氧化数降低，这个过程称为还原(reduction)，本质是得到电子；Cu^{2+} 称为氧化态(或氧化型)，相对 Cu^{2+} 而言，Cu 称为还原态(或还原型)。两个过程同时进行，就构成上述氧化还原反应。其中 Cu^{2+}/Cu、Zn^{2+}/Zn 称为氧化还原电对(redox couple)或氧化还原偶，常用 Ox / Red(氧化型 / 还原型)表示。

氧化还原电对之间的关系可以用一个氧化还原半反应式来表示：

$$\text{氧化型(Ox)} + ne^- \underset{\text{氧化}}{\overset{\text{还原}}{\rightleftharpoons}} \text{还原型(Red)}$$

式中，n 表示氧化还原半反应中的电子得失数(electron transfer number)。

将 Zn 片直接插入 $CuSO_4$ 溶液中，是把化学能转变为热能的过程。如果将两种物质分装在两个容器中并加以适当的改进，就可实现将化学能转变为电能。这种借助氧化还原反应将化学能转变为电能的装置(也可说是使氧化还原反应产生电流的装置)称为原电池(primary cell)。

6.1 原　电　池

图 6-1 所示的是铜锌原电池。在容器 a 中盛有 $ZnSO_4$ 溶液和插入的 Zn 片；在容器 b 中盛有 $CuSO_4$ 溶液和插入的 Cu 片，两金属片间用导线串联一个灵敏检流计，容器 a、b 之间通过一个装有饱和 KCl 溶液和琼脂制成冻胶的倒置 U 形管连接(称为盐桥(salt bridge))。

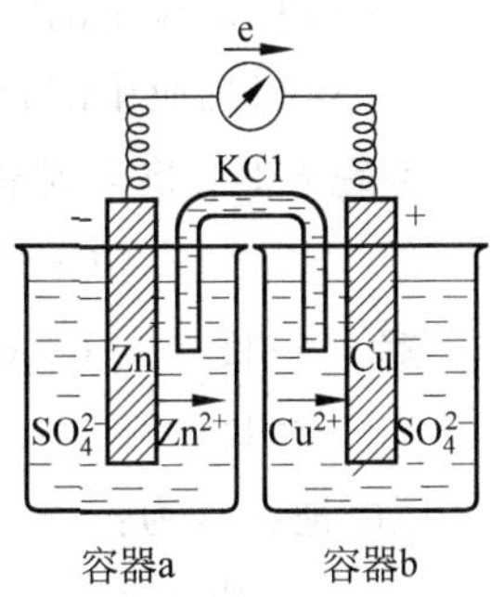

图 6-1　Cu-Zn 原电池

将 Cu-Zn 原电池按图 6-1 连好后可以观察到：检流计指针发生偏转；在铜片上有金属铜沉积，而锌片逐渐被溶解(变薄)；取出盐桥，检流计指针回至零点，放入盐桥，指针又发生偏转。

检流计指针发生偏转，说明电路中有电流通过。这是由于

Zn 比 Cu 活泼,Zn 失去 2 个电子成为 Zn^{2+} 进入溶液,在原电池中 Zn 是电子流出的极,称作负极(cathode),在负极发生了氧化反应;溶液中的 Cu^{2+} 离子在铜电极上得到 2 个电子而析出金属铜,Cu 是电子流入的极,称作正极(anode),在正极发生了还原反应:

负极(Zn)　　$Zn = Zn^{2+} + 2e^-$　　(发生氧化反应)

正极(Cu)　　$Cu^{2+} + 2e^- = Cu$　　(发生还原反应)

由于发生了以上反应,因而我们可以观察到铜片上有金属铜沉积,锌片逐渐溶解而变薄。原电池中的电极反应是分别在两个半电池中进行的,这种在半电池中进行的反应称为电极反应(electrode reaction)。将两个电极反应合并所得到的总反应称为电池反应(cell reaction),如:

$$Zn + Cu^{2+} = Zn^{2+} + Cu$$

随着反应的进行,在容器 a 中,由于 Zn^{2+} 的不断增加,使原来电中性的 $ZnSO_4$ 溶液带正电荷(Zn^{2+} 过剩);而容器 b 中,由于 Cu^{2+} 的不断沉积,而使电中性的 $CuSO_4$ 溶液带负电荷(SO_4^{2-} 过剩),这样就阻碍了电子继续从 Zn 片流向 Cu 片。盐桥的作用就是使其中的阴离子 Cl^- 向 $ZnSO_4$ 溶液中迁移,使其中的阳离子 K^+ 向 $CuSO_4$ 溶液中迁移,分别中和两溶液过剩的正、负电荷,从而保持 $ZnSO_4$ 溶液和 $CuSO_4$ 溶液的电中性,使氧化还原反应可以不断地进行,电流便可继续流通。同时盐桥也起到了使整个装置构成闭合回路的作用,因此,我们观察到放入盐桥时,检流计指针偏转,取出盐桥时,检流计指针回到零的现象。

从理论上来说,任何一个氧化还原反应都可以设计成原电池,为方便起见,原电池可用化学符号来表示,称为电池组成式(battery type)或电池符号(battery symbol)。Cu-Zn 原电池的电池符号为:

$$(-)Zn \mid ZnSO_4(c_1) \parallel CuSO_4(c_2) \mid Cu(+)$$

具体书写方法如下:

(1) 负极写在左边,正极写在右边,分别用符号(−)和(+)表示。

(2) 两个半电池之间的盐桥,用"||"表示。

(3) 电极与电极溶液之间的界面以"|"表示。

(4) 半电池中的同相不同物质用","隔开;溶液和气体要分别注明 c_i 和 p_i,并在该物质的后面用小括号标出;若浓度和压力已知,则标出具体数值。

(5) 若电极反应中有金属存在,则直接用金属作电极导体;若电极反应中无金属存在,则必须用惰性电极 Pt 或 C(石墨)起导电作用。

(6) 电极反应中的沉淀、气体或纯液体,须写在电极一边,并用","与电极隔开。

(7) 电极反应中的介质(H^+、OH^-)或沉淀剂、配位剂,则须写在有关半电池中。

例题 6-1　将下列氧化还原反应设计成原电池,并写出它的原电池符号。

$$Cr_2O_7^{2-} + 6Fe^{2+} + 14H^+ = 2Cr^{3+} + 6Fe^{3+} + 7H_2O$$

解　正极　$Cr_2O_7^{2-} + 14H^+ + 6e^- = 2Cr^{3+} + 7H_2O$

负极　$Fe^{2+} = Fe^{3+} + e^-$

原电池符号为:

$$(-)Pt \mid Fe^{2+}(c_1), Fe^{3+}(c_2) \parallel Cr_2O_7^{2-}(c_3), H^+(c_4), Cr^{3+}(c_5) \mid Pt(+)$$

反过来,有了电池符号,也可以写出相应的电极反应和电池反应。

例题 6-2　根据下列原电池符号写出此电池的电极反应和电池反应。

$$(-)Pt, I_2(s) | I^-(c_1) || MnO_4^-(c_2), H^+(c_3), Mn^{2+}(c_4) | Pt(+)$$

解　由电池符号可知，

电极反应　负极　$2I^- = I_2 + 2e^-$

　　　　　正极　$MnO_4^- + 8H^+ + 5e^- = Mn^{2+} + 4H_2O$

电池反应　将两个电极反应相加，并消去 e^-，即可得到电池反应

$$10I^- + 2MnO_4^- + 16H^+ = 5I_2 + 2Mn^{2+} + 8H_2O$$

从电池符号可以看出，原电池实际上是由两个"半电池"通过盐桥连接而成，而每个"半电池"又是由同一元素不同氧化数的两种物质所组成。

6.2 电极电势

在原电池中，把两个电极用导线连接并放入盐桥，导线中就有电流通过，说明两极之间有电势差存在，这种电极上所具有的电势称为电极电势(electrode potential)。

6.2.1 电极电势的产生

当把金属插入含有该金属盐的溶液中时，将有两种反应倾向存在。一种是金属表面的一些金属原子由于本身的热运动和受极性溶剂水分子的吸引，失去电子离开金属表面以溶剂化离子形式进入溶液的倾向。显然，温度越高，金属越活泼，溶液越稀，这种倾向就越大。另一种倾向是溶液中溶剂化的金属离子，受到金属表面自由电子的吸引，得到电子形成中性原子在金属表面沉积的倾向。金属的活泼性越小，溶液中金属离子浓度越大，这种倾向也越大。当两种倾向(溶解与沉积)的速率相等时，就建立了动态平衡：

$$M^{n+} + ne^- \rightleftharpoons M$$

平衡时，如果离子进入溶液的倾向占主导地位，则金属板上带负电，金属板附近的溶液带正电，如图 6-2(a)所示，在金属和溶液之间产生了正、负双电层(double layer)，即产生了电势差。

与图 6-2 (a)相反，若金属离子在金属表面沉积的倾向占主导地位，则在金属与溶液之间形成如图 6-2 (b)所示的双电层，其间也产生了电势差。

通常将金属与含有该金属离子的溶液之间双电层所产生的电势差叫做电极电势，电极电势用符号 E (Ox/Red)表示。

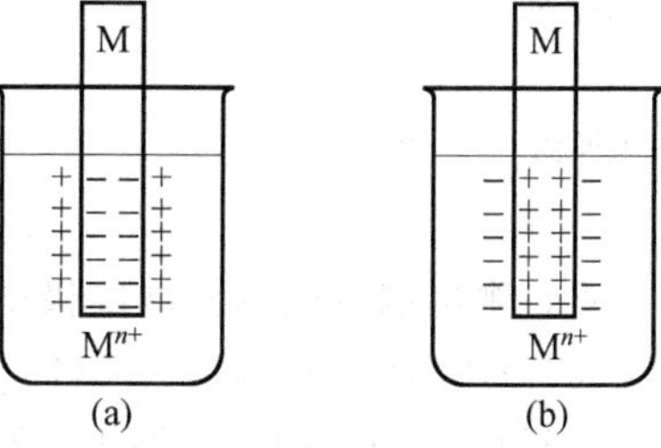

图 6-2　金属的双电层结构示意图

6.2.2 电极电势的测定

到目前为止，电极电势的绝对值还无法测定，只能利用相对电极电势。为了获得各种电极电势的相对大小，需要选择一个电极作为基准，就像把海平面的高度定为零，以此测定山有多高、海有多深一样。通常，这个被选择的电极是标准氢电极(standard hydrogen electrode)。

1. 标准氢电极

如图 6-3 所示，标准氢电极是将铂片镀上一层蓬松的铂黑，并把它浸入 H^+ 离子浓度为 $1.0\ mol\cdot dm^{-3}$ 的稀 H_2SO_4 溶液中，在 298.15 K 时，不断通入压力为 100 kPa 的纯氢气，使铂黑上吸附的 H_2 达到饱和。铂片在标准氢电极中只是作为电子的导体和 H_2 的载体，并未参加反应。吸附在铂黑上的氢气和溶液中的 H^+ 建立如下平衡：

$$2H^+(aq)+2e^- \rightleftharpoons H_2(g)$$

这就是氢电极的电极反应。标准氢电极的电极电势规定为零，以符号 $E^\ominus(H^+/H_2)$ 表示。

$$E^\ominus(H^+/H_2)=0.000\ V$$

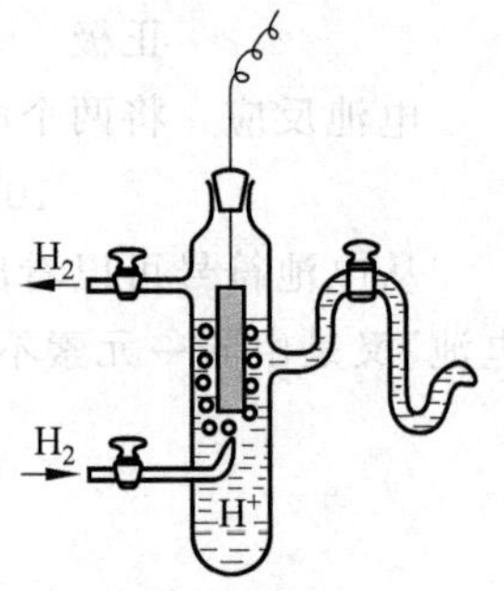

图 6-3 标准氢电极

标准氢电极的电极符号可表示为 Pt, $H_2(100\ kPa)\,|\,H^+(1\ mol\cdot dm^{-3})$。

2. 标准电极电势的测定

把标准氢电极与待测电极在标准态下组成原电池：

(－)标准氢电极 || 待测电极(＋)

测定这一原电池的标准电动势 $E^\ominus$。由于标准氢电极的电极电势为零，因而根据测得的该原电池的标准电动势 $E^\ominus$，就可确定待测电极的标准电极电势。标准电极电势用符号 $E^\ominus(Ox/Red)$ 表示，通常测定的温度为 298.15 K。

例如，测定锌电极的标准电极电势，可组成下列原电池：

$$(-)Pt,H_2(100\ kPa)\,|\,H^+(1.0\ mol\cdot dm^{-3})\,||\,Zn^{2+}(1.0\ mol\cdot dm^{-3})\,|\,Zn(+)$$

298.15 K 时，测得此原电池的标准电动势 $E^\ominus=-0.76\ V$

$$E^\ominus=E^\ominus_+-E^\ominus_-=E^\ominus(Zn^{2+}/Zn)-E^\ominus(H^+/H_2)=-0.76\ V$$

因为

$$E^\ominus(H^+/H_2)=0.000\ V$$

所以

$$E^\ominus(Zn^{2+}/Zn)=-0.76\ V$$

又如测定铜电极的标准电极电势，则应组成下列原电池：

$$(-)Pt,H_2(100\ kPa)\,|\,H^+(1.0\ mol\cdot dm^{-3})\,||\,Cu^{2+}(1.0\ mol\cdot dm^{-3})\,|\,Cu(+)$$

298.15 K 时，测得此原电池的标准电动势为 0.34 V，即

$$E^\ominus=E^\ominus_+-E^\ominus_-=E^\ominus(Cu^{2+}/Cu)-E^\ominus(H^+/H_2)=0.34\ V$$

因为

$$E^\ominus(H^+/H_2)=0.000\ V$$

所以

$$E^\ominus(Cu^{2+}/Cu)=+0.34\ V$$

用类似的方法可以测得一系列电对的标准电极电势，把得到的各种电极的标准电极电势数据按电极电势的代数值递增顺序排列，就会得到一张表，该表称为标准电极电势表。

书后附录 G 列出了常见氧化还原电对的标准电极电势。表中标准电极电势 $E^{\ominus}$ 的代数值越小，表示该电对的还原型越易失去电子，其还原型的还原性就越强；$E^{\ominus}$ 的代数值越大，表示该电对的氧化型越易得到电子，其氧化型的氧化性越强。

使用本书附录 G 中的标准电极电势表时应注意以下几点：

(1) 本书采用的是 1953 年国际纯粹与应用化学联合会(IUPAC)所规定的还原电势，即所有电极电势均以还原反应的电极电势来表示。

(2) 电极电势的数值与电极反应的书写形式无关，即电极电势没有加和性，例如：

$$Cl_2 + 2e^- \rightleftharpoons 2Cl^- \quad E^{\ominus} = 1.36\ V$$

$$2Cl_2 + 4e^- \rightleftharpoons 4Cl^- \quad E^{\ominus} = 1.36\ V$$

(3) $E^{\ominus}$ 是水溶液系统的标准电极电势，对于非标准态、非水溶液系统，不能用 $E^{\ominus}$ 比较物质的氧化还原能力。

(4) 氧化还原反应常与介质的酸碱度有关，引用 $E^{\ominus}$ 时应注意实际的反应条件。

6.2.3　影响电极电势的因素

标准电极电势是在标准态及温度通常为 298.15 K 时测得的。但是化学反应往往是在非标准态下进行的，当浓度和温度改变时，电极电势也随之改变。影响电极电势的因素主要有电极的本性、氧化型和还原型物质的浓度(或分压)以及反应温度。对给定的电极，能斯特(Nernst)从理论上推导出了电极电势与浓度的关系。对任意电极反应

$$Ox + ne^- \rightleftharpoons Red$$

电极反应的能斯特方程式(Nernst equation)为：

$$E = E^{\ominus} + \frac{2.303RT}{nF}\lg\frac{[Ox]}{[Red]} \tag{6-1}$$

式中，R 为气体常数($8.314\ J \cdot K^{-1} \cdot mol^{-1}$)；$F$ 为法拉第常数($96485\ J \cdot V^{-1} \cdot mol^{-1}$)；$n$ 为电极反应中的电子得失数；T 为热力学温度；[Ox]、[Red]分别表示电极反应中，在 Ox、Red 一侧的各物质的相对浓度(对气体为相对分压)幂的乘积，其幂等于电极反应中相应物质的系数，相对浓度等于各物质浓度与标准浓度之比，因标准浓度为 $1.0\ mol \cdot dm^{-3}$，所以通常略去不写。

当温度为 298.15 K 时，将各常数代入式(6-1)可得：

$$E = E^{\ominus} + \frac{0.0592}{n}\lg\frac{[Ox]}{[Red]} \tag{6-2}$$

E 的单位同 $E^{\ominus}$，为伏[特](V)，0.0592 也有单位(V)。

从能斯特方程式可以看出，当系统温度一定时，对确定的氧化还原电对来说，其电极电势主要与 $E^{\ominus}$ 有关，此外与[Ox] / [Red]的比值大小有关。

写能斯特方程式时，应注意以下两个问题：

(1) 对于电极反应中的纯固体、纯液体以及稀溶液中的溶剂，它们的浓度不列入能斯特方程式中；对于电极反应中的气体，在能斯特方程式中用相对分压来表示。

例如：

$$Cu^{2+} + 2e^- \rightleftharpoons Cu$$

其能斯特方程式为：

$$E(Cu^{2+}/Cu)=E^{\ominus}(Cu^{2+}/Cu)+\frac{0.0592}{2}\lg[Cu^{2+}]$$

又如：

$$Br_2(l)+2e^- \rightleftharpoons 2Br^-$$

能斯特方程式为：

$$E(Br_2/Br^-)=E^{\ominus}(Br_2/Br^-)+\frac{0.0592}{2}\lg\frac{1}{[Br^-]^2}$$

再如：

$$Cl_2(g)+2e^- \rightleftharpoons 2Cl^-$$

能斯特方程式为：

$$E(Cl_2/Cl^-)=E^{\ominus}(Cl_2/Cl^-)+\frac{0.0592}{2}\lg\frac{p(Cl_2)/p^{\ominus}}{[Cl^-]^2}$$

(2) 在电极反应中，若除了 Ox、Red 物质外，还有其他物质，如 H^+、OH^- 等，则应该把这种物质的浓度也列在能斯特方程式中，例如：

$$Cr_2O_7^{2-}+14H^+ +6e^- \rightleftharpoons 2Cr^{3+}+7H_2O$$

能斯特方程式为：

$$E(Cr_2O_7^{2-}/Cr^{3+})=E^{\ominus}(Cr_2O_7^{2-}/Cr^{3+})+\frac{0.0592}{6}\lg\frac{[Cr_2O_7^{2-}][H^+]^{14}}{[Cr^{3+}]^2}$$

又如：

$$O_2+2H_2O+4e^- \rightleftharpoons 4OH^-$$

能斯特方程式为：

$$E(O_2/OH^-)=E^{\ominus}(O_2/OH^-)+\frac{0.0592}{4}\lg\frac{p(O_2)/p^{\ominus}}{[OH^-]^4}$$

1. 浓度对电极电势的影响

由能斯特方程式可知，在一定温度下，氧化还原电对中的 Ox 或 Red 物质的浓度改变时，将会影响到电对的电极电势：Ox 物质浓度增大时，该电对的电极电势增大，电对中氧化型物质的氧化能力增强，还原型物质的还原能力减弱；反之，Red 物质浓度增大时，该电对的电极电势减小，电对中氧化型物质的氧化能力减弱，还原型物质的还原能力增强。

例题 6-3 已知 $E^{\ominus}(Co^{3+}/Co^{2+})=1.83$ V，计算 298.15 K 时，下列两种情况下 Co^{3+}/Co^{2+} 电对的电极电势：

(1) $[Co^{3+}]=1.0\ mol\cdot dm^{-3}$，$[Co^{2+}]=0.10\ mol\cdot dm^{-3}$；

(2) $[Co^{3+}]=0.10\ mol\cdot dm^{-3}$，$[Co^{2+}]=1.0\ mol\cdot dm^{-3}$。

解 电极反应 $Co^{3+}+e^- \rightleftharpoons Co^{2+}$ $E^{\ominus}(Co^{3+}/Co^{2+})=1.83$ V

298.15 K 时，Co^{3+}/Co^{2+} 电对的电极电势为

$$E(Co^{3+}/Co^{2+})=E^{\ominus}(Co^{3+}/Co^{2+})+0.0592\lg\frac{[Co^{3+}]}{[Co^{2+}]}$$

(1) $E(Co^{3+}/Co^{2+})=1.83+0.0592\lg\frac{1.0}{0.10}=1.89\ (V)$

(2) $E(Co^{3+}/Co^{2+})=1.83+0.0592\lg\frac{0.10}{1.0}=1.77\ (V)$

2. 酸度对电极电势的影响

对于有 H^+ 或 OH^- 参加的电极反应，电极的电极电势除了受氧化型物质的浓度和还原型物质的浓度影响外，还与溶液的 pH 值有关。

例题 6-4　已知 298.15 K 时，$E^\ominus(MnO_4^-/Mn^{2+})=1.51$ V，把铂片插在 $[MnO_4^-]=[Mn^{2+}]=1.0$ mol·dm^{-3}，$[H^+]=1.0\times10^{-3}$ mol·dm^{-3} 的溶液中，计算 MnO_4^-/Mn^{2+} 电对的电极电势。

解　298.15 K 时，MnO_4^-/Mn^{2+} 电对的电极反应为：

$$MnO_4^- + 8H^+ + 5e^- \rightleftharpoons Mn^{2+} + 4H_2O$$

电极电势为：

$$\begin{aligned}E(MnO_4^-/Mn^{2+}) &= E^\ominus(MnO_4^-/Mn^{2+}) + \frac{0.0592}{5}\lg\frac{[MnO_4^-][H^+]^8}{[Mn^{2+}]}\\ &= 1.51 + \frac{0.0592}{5}\lg\frac{1.0\times(1.0\times10^{-3})^8}{1.0}\\ &= 1.23(\text{V})\end{aligned}$$

上述计算结果表明：若 $[MnO_4^-]=[Mn^{2+}]=1.0$ mol·dm^{-3}，当 H^+ 浓度从 1.0 mol·dm^{-3} 降低到 $[H^+]=1.0\times10^{-3}$ mol·dm^{-3} 时，电对的电极电势由 1.51 V 减小到 1.23 V。

3. 沉淀的生成对电极电势的影响

氧化还原电对中的氧化型或还原型物质生成沉淀时，会使相应的物质浓度减小，电极电势发生改变。一般来说，若电对中的氧化型物质生成沉淀，则其电极电势值减小；若电对中的还原型物质生成沉淀，则其电极电势值增大。

例题 6-5　298.15 K 时，在含有 Ag^+/Ag 电对的系统中加入 NaCl 溶液，计算当 $[Cl^-]=1.0$ mol·dm^{-3} 时，Ag^+/Ag 电对的电极电势。

解　Ag^+/Ag 电对的电极反应为 $Ag^+ + e^- \rightleftharpoons Ag$，$E^\ominus=+0.80$ V，若加入 NaCl 溶液，便产生 AgCl 沉淀：

$$Ag^+ + Cl^- \rightleftharpoons AgCl\downarrow$$

298.15 K 时，Ag^+/Ag 电对的电极电势为：

$$\begin{aligned}E(Ag^+/Ag) &= E^\ominus(Ag^+/Ag) + 0.0592\lg[Ag^+]\\ &= E^\ominus(Ag^+/Ag) + 0.0592\lg\frac{K_{sp}^\ominus}{[Cl^-]}\\ &= 0.80 + 0.0592\lg\frac{1.8\times10^{-10}}{1.0} = 0.23\ (\text{V})\end{aligned}$$

与 Ag^+/Ag 电对的 $E^\ominus(Ag^+/Ag)$ 相比，由于 AgCl 沉淀的生成，$E(Ag^+/Ag)$ 值下降了 0.57 V。此时所得 Ag^+/Ag 电对的 E 值，实际是 $[Cl^-]=1.0$ mol·dm^{-3} 时下列电对的标准电极电势。

$$AgCl(s) + e^- \rightleftharpoons Ag + Cl^- \quad E^\ominus(AgCl/Ag) = 0.23\ \text{V}$$

因溶液中 Ag^+ 浓度极低，系统中实际上是 AgCl 与 Ag 达到平衡并构成氧化还原电对。同样可算出 $E^\ominus(AgBr/Ag)$ 和 $E^\ominus(AgI/Ag)$，比较如下：

电极反应式	$K_{sp}^{\ominus}$	$[Ag^+]/(mol\cdot dm^{-3})$	$E^{\ominus}/V$
$Ag^+ + e^- \rightleftharpoons Ag$		1.0	0.80
$AgCl(s) + e^- \rightleftharpoons Ag(s) + Cl^-$	1.8×10^{-10}	1.8×10^{-10}	0.23
$AgBr(s) + e^- \rightleftharpoons Ag(s) + Br^-$	5.0×10^{-13}	5.0×10^{-13}	0.071
$AgI(s) + e^- \rightleftharpoons Ag(s) + I^-$	8.3×10^{-17}	8.3×10^{-17}	−0.152

可见，随着卤化银溶度积和 Ag^+ 浓度的减小，$E^{\ominus}(AgX/Ag)$值逐渐降低，氧化还原电对(AgX/Ag)所对应的氧化型物质的氧化能力越来越弱。

4. 弱电解质的形成对电极电势的影响

氧化还原电对中的物质生成弱酸或弱碱时，会使 H^+ 或 OH^- 浓度减小，电极电势发生变化。

例题 6-6 已知电极反应：$2H^+ + 2e^- \rightleftharpoons H_2$ 的 $E^{\ominus}(H^+/H_2) = 0.00\ V$，若在此系统中加入 NaAc 溶液，使其生成 HAc，试求当 $p(H_2) = 100\ kPa$、$[HAc] = [Ac^-] = 1.0\ mol\cdot dm^{-3}$时，$E(H^+/H_2)$为多少。

解 $HAc \rightleftharpoons H^+ + Ac^-$

平衡浓度 1.0 $[H^+]$ 1.0

由

$$K_a^{\ominus} = \frac{[H^+][Ac^-]}{[HAc]}$$

得

$$[H^+] = \frac{K_a^{\ominus}[HAc]}{[Ac^-]} = \frac{1.8\times10^{-5}\times1.0}{1.0} = 1.8\times10^{-5}(mol\cdot dm^{-3})$$

$$E(H^+/H_2) = E^{\ominus}(H^+/H_2) + \frac{0.0592}{2}\lg\frac{[H^+]^2}{p(H_2)/p^{\ominus}}$$

$$= 0.00 + \frac{0.0592}{2}\lg\frac{(1.8\times10^{-5})^2}{100/100}$$

$$= -0.28(V)$$

$E(H^+/H_2)$值与 $E^{\ominus}(H^+/H_2)$值比较，由于 HAc 的生成，H^+ 平衡浓度较小，H^+/H_2 电对的电极电势下降了 0.28 V，使 H^+ 的氧化能力降低。一般来说，氧化型物质生成弱电解质，电极电势减小；还原型物质生成弱电解质，电极电势增大。

5. 配位个体的形成对电极电势的影响

若在氧化还原电对中加入一定的配位剂，使氧化型或还原型离子转化为配位个体，则氧化还原电对的电极电势将发生改变。

例题 6-7 已知 298.15 K 时，$E^{\ominus}(Ag^+/Ag) = 0.80\ V$，$K_{稳}^{\ominus}([Ag(NH_3)_2]^+) = 1.1\times10^7$，计算电对$[Ag(NH_3)_2]^+/Ag$ 的标准电极电势。

解 298.15 K 时，$[Ag(NH_3)_2]^+/Ag$ 电对的标准电极电势为：

$$E^{\ominus}([Ag(NH_3)_2]^+/Ag)=E(Ag^+/Ag)=E^{\ominus}(Ag^+/Ag)+0.0592\ \lg[Ag^+]$$

因为

$$Ag^+ + 2NH_3 \rightleftharpoons [Ag(NH_3)_2]^+$$

平衡浓度 $[Ag^+]$ 1.0 1.0

由

$$K^{\ominus}_{稳}=\frac{[Ag(NH_3)_2^+]}{[Ag^+][NH_3]^2}$$

得

$$[Ag^+]=\frac{[Ag(NH_3)_2^+]}{K^{\ominus}_{稳}[NH_3]^2}=\frac{1.0}{1.1\times10^7\times1.0^2}=9.1\times10^{-8}(mol\cdot dm^{-3})$$

所以

$$\begin{aligned}E^{\ominus}([Ag(NH_3)_2]^+/Ag)&=E^{\ominus}(Ag^+/Ag)+0.0592\ \lg[Ag^+]\\&=0.80+0.0592\ \lg(9.1\times10^{-8})\\&=0.383(V)\end{aligned}$$

一般来说，在氧化还原电对中，若氧化型物质生成配位个体，使氧化型物质浓度碱小，则 E 值降低；若还原型物质生成配位个体，使还原型物质浓度减小，则 E 值增大。若氧化型物质和还原型物质同时生成配位个体，则要看哪种配位个体稳定常数大：若氧化型物质生成的配位个体稳定常数大，则 E 值减小；若还原型物质生成的配位个体稳定常数大，则 E 值增大，具体值可通过计算求出。

6.3 电极电势的应用

6.3.1 计算原电池的电池电动势

在组成原电池的两个半电池中，电极电势代数值较大的半电池在原电池中做正极，电极电势代数值较小的半电池在原电池中做负极。原电池的电动势等于正极的电极电势减去负极的电极电势：

$$E = E_+ - E_- \tag{6-3}$$

在标准态时，

$$E^{\ominus} = E^{\ominus}_+ - E^{\ominus}_- \tag{6-4}$$

例题 6-8 在 298.15 K 时，将银片插入 $AgNO_3$ 溶液中，铂片插入 $FeSO_4$ 和 $Fe_2(SO_4)_3$ 混合溶液中组成原电池。试分别计算下列两种情况下原电池的电动势，并写出原电池符号、电极反应和电池反应。

(1) $[Ag^+]=[Fe^{2+}]=[Fe^{3+}]=1.0\ mol\cdot dm^{-3}$；

(2) $[Ag^+]=0.010\ mol\cdot dm^{-3}$，$[Fe^{3+}]=1.0\ mol\cdot dm^{-3}$，$[Fe^{2+}]=0.010\ mol\cdot dm^{-3}$。

解 查标准电极电势表可得 $E^{\ominus}(Ag^+/Ag)=0.80\ V$，$E^{\ominus}(Fe^{3+}/Fe^{2+})=0.77\ V$。

(1) 在标准态时，因为 $E^{\ominus}(Ag^+/Ag)>E^{\ominus}(Fe^{3+}/Fe^{2+})$，标准态组成原电池时，$Ag^+/Ag$ 为正极；Fe^{3+}/Fe^{2+} 为负极。

$$E^{\ominus}=E^{\ominus}(Ag^+/Ag)-E^{\ominus}(Fe^{3+}/Fe^{2+})$$

$$=0.80-0.77$$
$$=0.03\ (V)$$

原电池符号为：

(−)Pt|Fe^{2+}(1.0 mol·dm^{-3}),Fe^{3+}(1.0 mol·dm^{-3})||Ag^{+}(1.0 mol·dm^{-3})|Ag(+)

电极反应和电池反应分别为：

正极反应　$Ag^{+}+e^{-}=\!=\!=Ag$

负极反应　$Fe^{2+}=\!=\!=Fe^{3+}+e^{-}$

电池反应　$Ag^{+}+Fe^{2+}=\!=\!=Fe^{3+}+Ag$

(2) 电对 Ag^{+}/Ag 和 Fe^{3+}/Fe^{2+} 的电极电势分别为：

$$E(Ag^{+}/Ag)=E^{\ominus}(Ag^{+}/Ag)+0.0592\ \lg\,[Ag^{+}]$$
$$=0.80+0.0592\ \lg\ 0.010$$
$$=0.68\ (V)$$

$$E(Fe^{3+}/Fe^{2+})=E^{\ominus}(Fe^{3+}/Fe^{2+})+0.0592\ \lg\frac{[Fe^{3+}]}{[Fe^{2+}]}$$
$$=0.77+0.0592\ \lg\frac{1.0}{0.010}$$
$$=0.89(V)$$

因为 $E(Ag^{+}/Ag)<E(Fe^{3+}/Fe^{2+})$，所以这时所组成的原电池，$Fe^{3+}/Fe^{2+}$ 为正极；Ag^{+}/Ag 为负极。

$$E=E(Fe^{3+}/Fe^{2+})-E(Ag^{+}/Ag)$$
$$=0.89-0.68$$
$$=0.21(V)$$

原电池符号为：

(−)Ag|Ag^{+}(0.010 mol·dm^{-3}) || Fe^{3+}(1.0 mol·dm^{-3}),Fe^{2+}(0.010 mol·dm^{-3})|Pt(+)

电极反应和电池反应分别为：

正极反应　$Fe^{3+}+e^{-}=\!=\!=Fe^{2+}$

负极反应　$Ag=\!=\!=Ag^{+}+e^{-}$

电池反应　$Ag+Fe^{3+}=\!=\!=Fe^{2+}+Ag^{+}$

例题 6-9　计算下列原电池在 298.15 K 时的电动势。

(−)Ag | $AgNO_3$(0.010 mol·dm^{-3}) || $AgNO_3$(0.10 mol·dm^{-3}) | Ag(+)

解　这是一个浓差电池(differential concentration cell)，在这种电池里，两个电极的材料相同，发生相同的电极反应，只是两个电极溶液的浓度不同。

$$E_{+}=E^{\ominus}(Ag^{+}/Ag)+0.0592\ \lg[Ag^{+}]$$
$$E_{-}=E^{\ominus}(Ag^{+}/Ag)+0.0592\ \lg[Ag^{+}]$$
$$E=E_{+}-E_{-}=0.0592\ \lg\frac{0.10}{0.010}=0.0592(V)$$

浓差电池的电动势决定于两电极溶液的浓度，与电对的标准电极电势代数值大小无关。

6.3.2　比较氧化剂和还原剂的相对强弱

氧化还原电对的标准电极电势 $E^{\ominus}$ 值越大，氧化型物质的氧化能力越强，与其共轭的还原型物质还原能力越弱；反过来，氧化还原电对的标准电极电势 $E^{\ominus}$ 值越负，还原型物质还原能力越强，与其共轭的氧化型物质氧化能力越弱。

在 Cu-Zn 原电池中，因为

$$Zn^{2+} + 2e^- = Zn \quad E^{\ominus} = -0.76\ V$$

$$Cu^{2+} + 2e^- = Cu \quad E^{\ominus} = +0.34\ V$$

所以氧化能力：$Cu^{2+} > Zn^{2+}$；还原能力：$Cu < Zn$。

如果一种氧化剂能同时氧化几种还原剂，而且有关的氧化还原反应速率都足够快，那么氧化剂应该首先氧化电极电势低的电对中的还原型物质，再依次氧化电极电势较高的电对中的还原型物质。同理，如果一种还原剂能同时还原几种氧化剂，那么还原剂首先还原电极电势高的电对中的氧化型物质，再依次还原电极电势较低的电对中的氧化型物质。

例题 6-10　已知$[Cl^-]=[Br^-]=[I^-]=1.0\ mol \cdot dm^{-3}$。

(1) 若选用 $1\ mol \cdot dm^{-3}\ KMnO_4$，在 $1\ mol \cdot dm^{-3}\ H^+$ 介质中氧化它们，反应的次序如何？

(2) 若只氧化 I^-，而不氧化 Br^-、Cl^-，应选用 $1\ mol \cdot dm^{-3}$ 的 $KMnO_4$ 溶液，还是选用 $1\ mol \cdot dm^{-3}$ 的 Fe^{3+} 溶液？

解　查标准电极电势表可知：$E^{\ominus}(I_2/I^-) = 0.54\ V$，$E^{\ominus}(Fe^{3+}/Fe^{2+}) = 0.77\ V$，$E^{\ominus}(Br_2/Br^-) = 1.06\ V$，$E^{\ominus}(Cl_2/Cl^-) = 1.36\ V$，$E^{\ominus}(MnO_4^-/Mn^{2+}) = 1.51\ V$。

比较各电对的电极电势值，可得：

(1) $1\ mol \cdot dm^{-3}\ KMnO_4$ 首先氧化 I^-，其次是 Br^-，最后为 Cl^-。

(2) 由于 $E^{\ominus}(MnO_4^-/Mn^{2+}) > E^{\ominus}(Cl_2/Cl^-) > E^{\ominus}(Br_2/Br^-) > E^{\ominus}(I_2/I^-)$，所以不能选用 $KMnO_4$ 溶液，因为它能氧化 Cl^-、Br^-、I^- 3 种离子。又由于 $E^{\ominus}(I_2/I^-) < E^{\ominus}(Fe^{3+}/Fe^{2+}) < E^{\ominus}(Br_2/Br^-) < E^{\ominus}(Cl_2/Cl^-)$，所以若只氧化 I^-，而不氧化 Br^-、Cl^-，应选用 Fe^{3+} 溶液作氧化剂。

当氧化还原电对处于非标准状态时，首先利用能斯特方程式算出该电对的电极电势，然后再通过比较电极电势的大小，判断氧化剂和还原剂的相对强弱。

例题 6-11　下面 3 个电对 Br_2/Br^-、I_2/I^- 和 MnO_4^-/Mn^{2+} 中，在标准条件下哪个是最强的氧化剂？哪个是最强的还原剂？若其中的 MnO_4^-(或 $KMnO_4$)改为在 pH=5 的条件下，它们的氧化还原性的相对强弱次序将发生怎样的改变？

解　(1) 标准条件下，可用 $E^{\ominus}$ 直接比较。

因为 $E^{\ominus}(MnO_4^-/Mn^{2+}) > E^{\ominus}(Br_2/Br^-) > E^{\ominus}(I_2/I^-)$，所以 MnO_4^- 是最强的氧化剂，I^- 是最强的还原剂。

(2) 当 pH=5 时，$[H^+]=1.0\times10^{-5}\ mol \cdot dm^{-3}$，

$$E(MnO_4^-/Mn^{2+}) = E^{\ominus}(MnO_4^-/Mn^{2+}) + \frac{0.0592}{5}\lg\frac{[MnO_4^-][H^+]^8}{[Mn^{2+}]}$$

$$= 1.51 + \frac{0.0592}{5}\lg\frac{1.0\times(1.0\times10^{-5})^8}{1.0}$$

$$=1.03\ (\mathrm{V})$$

因为 $E^{\ominus}(Br_2/Br^-)>E(MnO_4^-/Mn^{2+})>E^{\ominus}(I_2/I^-)$，所以 Br_2 是最强的氧化剂，I^- 仍是最强的还原剂。

6.3.3 判断氧化还原反应进行的方向

我们知道，在封闭系统、恒温恒压的条件下，

$\Delta G<0$ 反应是自发的

$\Delta G=0$ 反应处于平衡状态

$\Delta G>0$ 反应是非自发的

在氧化还原反应中，ΔG 与 E 之间存在如下关系：

$$\Delta G=-zFE=-zF(E_+-E_-) \tag{6-5}$$

式中，z 为电池反应的电子转移数。

当电极电势代数值较大的电对的氧化型与电极电势代数值较小的电对的还原型反应时，$E>0$，$\Delta G<0$，氧化还原反应才能自发地进行。反之，若 $E<0$，则 $\Delta G>0$，反应就不能自发进行。所以可以把 $E>0$，或者说 $E_+>E_-$，作为氧化还原反应自发进行方向的判据。标准态下因有 $\Delta G^{\ominus}=-zFE^{\ominus}$ 存在，所以可以把 $E^{\ominus}>0$，或者说 $E_+^{\ominus}>E_-^{\ominus}$，作为氧化还原反应自发进行方向的判据。

用 E(或 $E^{\ominus}$)的正负或用 E_+ 和 E_-(或 $E_+^{\ominus}$ 和 $E_-^{\ominus}$)的相对大小判断氧化还原反应进行的方向，对于初学者来说可分以下几步进行：

(1) 首先假设一个反应方向，习惯设反应向右进行；

(2) 据假设的反应方向找出电池的正极和负极；

(3) 计算出电池电动势 E(或 $E^{\ominus}$)或电极电势 E_+ 和 E_-(或 $E_+^{\ominus}$ 和 $E_-^{\ominus}$)；

(4) 据(3)的结果，判断反应实际进行的方向。

例题 6-12 试判断下列反应在以下两种条件下自发进行的方向。

$$Pb^{2+}+Sn \rightleftharpoons Sn^{2+}+Pb$$

(1) 标准态；(2) $[Pb^{2+}]=0.0010\ mol\cdot dm^{-3}$，$[Sn^{2+}]=0.10\ mol\cdot dm^{-3}$。

解 设反应向右进行，则

正极反应 $Pb^{2+}+2e^- = Pb \quad E_+^{\ominus}=-0.13\ V$

负极反应 $Sn = Sn^{2+}+2e^- \quad E_-^{\ominus}=-0.14\ V$

(1) 因为

$$E^{\ominus}=E_+^{\ominus}-E_-^{\ominus}=E^{\ominus}(Pb^{2+}/Pb)-E^{\ominus}(Sn^{2+}/Sn)$$
$$=-0.13-(-0.14)=0.010(\mathrm{V})>0$$

所以在标准态下反应向右进行。

(2) $E(Pb^{2+}/Pb)=E^{\ominus}(Pb^{2+}/Pb)+\frac{0.0592}{2}\lg[Pb^{2+}]=-0.13+\frac{0.0592}{2}\lg 0.0010$

$$=-0.22(\mathrm{V})$$

$$E(Sn^{2+}/Sn)=E^{\ominus}(Sn^{2+}/Sn)+\frac{0.0592}{2}\lg[Sn^{2+}]=-0.14+\frac{0.0592}{2}\lg 0.10$$
$$=-0.17(\mathrm{V})$$

$$E=E_+-E_-=-0.22-(-0.17)=-0.05\ (V)<0$$

所以反应向左进行。

结果表明，由于两个电极的标准电极电势相近，溶液浓度的改变使反应方向发生了变化。一般来说，当 $E^\ominus>0.2$ V 时，反应正向进行；当 $E^\ominus<-0.2$ V 时，反应逆向进行；当 $-0.2\ V<E^\ominus<+0.2$ V 时，溶液浓度的改变可使反应方向发生变化。对于有 H^+ 或 OH^- 参加的氧化还原反应，介质的酸碱性对电极电势的影响较大。有时，尽管 $E^\ominus>0.2$ V，但酸度的改变仍有可能使反应方向发生变化。

例题 6-13 试判断在 pH=6.0 的酸性介质中，反应

$$Cr_2O_7^{2-}+6I^-+14H^+ \rightleftharpoons 2Cr^{3+}+3I_2+7H_2O$$

能否自发正向进行？除 H^+ 外，其他物质都处于标准态。

解 虽然 $E^\ominus(Cr_2O_7^{2-}/Cr^{3+})=1.33\ V \gg E^\ominus(I_2/I^-)=0.54$ V，但是电极反应 $I_2+2e^- = 2I^-$ 的电极电势不受介质的影响，而电极反应 $Cr_2O_7^{2-}+14H^++6e^- = 2Cr^{3+}+7H_2O$ 的电极电势受酸度的影响很大，且当 pH=6.0 时，$[H^+]=1.0\times10^{-6}\ mol\cdot dm^{-3}$，故

$$\begin{aligned}E(Cr_2O_7^{2-}/Cr^{3+})&=E^\ominus(Cr_2O_7^{2-}/Cr^{3+})+\frac{0.0592}{6}\lg\frac{[Cr_2O_7^{2-}]\cdot[H^+]^{14}}{[Cr^{3+}]^2}\\&=1.33+\frac{0.0592}{6}\lg\frac{1.0\times(1.0\times10^{-6})^{14}}{1.0^2}\\&=0.50(V)\end{aligned}$$

这时 $E=E(Cr_2O_7^{2-}/Cr^{3+})-E^\ominus(I_2/I^-)=0.50-0.54=-0.04(V)<0$，故在 pH=6.0 时，反应不能自发正向进行。

对于某些含氧酸及其盐（例如 $KMnO_4$、$K_2Cr_2O_7$、H_3AsO_4）参加的氧化还原反应，由于溶液酸度提高会使它们的电极电势值增大，酸度降低会使它们的电极电势值减小，所以，溶液酸度的改变有可能导致反应方向的改变。

例题 6-14 已知 $E^\ominus(Ag^+/Ag)=0.80$ V，$E^\ominus(I_2/I^-)=0.54$ V，$E^\ominus(Cu^{2+}/Cu)=0.34$ V，根据上述标准电极电势判断能起反应的是（　　）。

A. $I_2+Cu^{2+}\rightarrow$　　B. $Cu^{2+}+2I^-\rightarrow$　　C. $Ag+I^-\rightarrow$　　D. $Ag^++Cu\rightarrow$

解 将所给电极电势按 $E^\ominus$ 值由小到大的顺序排列（与附录 G 所给标准电极电势表一致），并写出相应的还原作用的电极反应式：

	$E^\ominus$
$Cu^{2+}+2e^- = Cu$	0.34 V
$I_2+2e^- = 2I^-$	0.54 V
$Ag^++e^- = Ag$	0.80 V

（$E^\ominus$ 增大 ↓）

可以发现，凡是符合虚线所标示的对角线关系的物质之间的反应都能自发进行。所以此题能起反应的是 D。

由此可以得出这样的结论：如果反应系统各物质都处于标准态时，从热力学上讲标准电极电势表中左下方的物质（相对地讲，氧化性较强）能与右上方的物质（相对地讲，还原性较强）发生反应，亦即在标准电极电势表中，凡符合上述对角线关系的物质都能互相发生反应，不符合此对角线关系的物质就不能自发地进行反应。

必须指出,用电池电动势或电极电势预测氧化还原反应进行的方向,是仅从热力学方面考虑的,而实际上反应是否发生,还要考虑反应条件和反应速率的快慢。

6.3.4 确定氧化还原反应进行的限度

氧化还原反应进行的限度,可用平衡常数 $K^\ominus$ 值的大小以及各物质平衡浓度的大小说明,而 $K^\ominus$ 的大小又与该氧化还原反应所组成的原电池的标准电动势 $E^\ominus$ 有关。

前已述及,标准吉布斯函数变与标准平衡常数间的关系为:

$$\Delta_r G_m^\ominus = -2.303RT\lg K^\ominus$$

标准吉布斯函数变与原电池的标准电动势的关系为:

$$\Delta_r G_m^\ominus = -zE^\ominus F$$

所以可得

$$\lg K^\ominus = \frac{zFE^\ominus}{2.303RT} = \frac{zF(E_+^\ominus - E_-^\ominus)}{2.303RT} \tag{6-6}$$

若氧化还原反应在 298.15 K 时进行,上式可变为

$$\lg K^\ominus = \frac{zE^\ominus}{0.0592} = \frac{z(E_+^\ominus - E_-^\ominus)}{0.0592} \tag{6-7}$$

由此可见,氧化还原反应进行的限度与组成反应的两个电对的标准电极电势有关,而与反应物或产物的浓度无关。两个电对的标准电极电势差值($E_+^\ominus - E_-^\ominus$)越大,标准平衡常数 $K^\ominus$ 越大,则氧化还原反应进行得越完全。

例题 6-15 试估计 298.15 K 时下列氧化还原反应进行的限度。

$$Cu^{2+}(aq) + Zn \rightleftharpoons Zn^{2+}(aq) + Cu$$

解 根据式(6-7),298.15K 时反应的平衡常数为:

$$\lg K^\ominus = \frac{z(E_+^\ominus - E_-^\ominus)}{0.0592} = \frac{2[E^\ominus(Cu^{2+}/Cu) - E^\ominus(Zn^{2+}/Zn)]}{0.0592}$$

$$= \frac{2\times[0.34-(-0.76)]}{0.0592} = 37.16$$

$$K^\ominus = \frac{[Zn^{2+}]}{[Cu^{2+}]} = 1.45\times10^{37}$$

反应的标准平衡常数很大,说明正向反应进行得很完全。

利用氧化还原反应的平衡常数与标准电池电动势的关系,可计算一些化学常数(弱酸或弱碱的解离常数、难溶电解质的溶度积常数和配合物的稳定常数)。通常是先将与所求化学常数相关的两个氧化还原电对组成电池,通过电极反应得到电池反应,找出电池反应达到平衡时的平衡常数与所求化学常数的关系,代入式(6-7)中,即可求出所求的化学常数的值。

1. 计算酸碱解离常数

例题 6-16 已知 $E^\ominus(HCN/H_2) = -0.545$ V,$E^\ominus(H^+/H_2) = 0.000$ V;计算 $K_a^\ominus(HCN)$值。

解 将 HCN/H_2 和 H^+/H_2 两个电对组成电池,并以 $E^\ominus$ 值大的电对作为原电池的正极。

电极反应 正极：$2H^+ + 2e^- \longrightarrow H_2$

负极：$H_2 + 2CN^- \longrightarrow 2HCN + 2e^-$

电池反应

$$H^+ + CN^- \longrightarrow HCN$$

平衡时

$$K^\ominus = \frac{[HCN]}{[H^+][CN^-]} = \frac{1}{K_a^\ominus}$$

$$\lg K^\ominus = \lg \frac{1}{K_a^\ominus} = -\lg K_a^\ominus = \frac{zE^\ominus}{0.0592} = \frac{1 \times 0.545}{0.0592}$$

$$\lg K_a^\ominus = -\frac{0.545}{0.0592} = -9.21$$

解出

$$K_a^\ominus = 6.17 \times 10^{-10}$$

2. 计算溶度积常数

用化学分析法很难直接准确地测定难溶电解质在溶液中很低的离子浓度，所以很难应用离子浓度来计算 $K_{sp}^\ominus$，但可以设计原电池，从而计算 $K_{sp}^\ominus$。

例题 6-17 已知 $E^\ominus(Ag_2S/Ag) = -0.657$ V；$E^\ominus(Ag^+/Ag) = +0.80$ V，计算 $K_{sp}^\ominus(Ag_2S)$值。

解 将 Ag_2S/Ag 和 Ag^+/Ag 两个电对组成电池，并以 $E^\ominus$ 值大的电对作为原电池的正极。

电极反应 正极：$Ag^+ + e^- \longrightarrow Ag$

负极：$2Ag + S^{2-} \longrightarrow Ag_2S + 2e^-$

电池反应

$$2Ag^+ + S^{2-} \longrightarrow Ag_2S$$

平衡时

$$K^\ominus = \frac{1}{[Ag^+]^2 \cdot [S^{2-}]} = \frac{1}{K_{sp}^\ominus}$$

$$\lg K^\ominus = \lg \frac{1}{K_{sp}^\ominus} = -\lg K_{sp}^\ominus = \frac{zE^\ominus}{0.0592} = \frac{2 \times [0.80 - (-0.657)]}{0.0592}$$

$$\lg K_{sp}^\ominus = -\frac{2.914}{0.0592} = -49.22$$

解出

$$K_{sp}^\ominus = 6.03 \times 10^{-50}$$

3. 计算配位个体的稳定常数

例题 6-18 已知 298.15 K 时，$E^\ominus(Ag^+/Ag) = 0.80$ V，$E^\ominus([Ag(NH_3)_2]^+/Ag) = 0.38$ V，计算$[Ag(NH_3)_2]^+$ 的 $K_{稳}^\ominus$。

解 将电对 Ag^+/Ag 和$[Ag(NH_3)_2]^+/Ag$ 在标准态下组成电池，并以 $E^\ominus$ 值大的电对作为原电池的正极，则正极反应：

$$Ag^{+}+e^{-} \rightleftharpoons Ag$$

负极反应：

$$Ag+2NH_3 \rightleftharpoons [Ag(NH_3)_2]^{+}+e^{-}$$

电池反应：

$$Ag^{+}+2NH_3 \rightleftharpoons [Ag(NH_3)_2]^{+}$$

该电池反应的平衡常数为：

$$K^{\ominus}=\frac{[Ag(NH_3)_2^{+}]}{[Ag^{+}][NH_3]^2}=K^{\ominus}_{稳}$$

$$\lg K^{\ominus}=\lg K^{\ominus}_{稳}=\frac{z(E^{\ominus}_{+}-E^{\ominus}_{-})}{0.0592}=\frac{1\times(0.80-0.38)}{0.0592}$$

解得

$$K^{\ominus}_{稳}=1.2\times10^{7}$$

6.4 元素电势图和电势-pH 图

6.4.1 元素电势图及其应用

1. 元素电势图

许多元素具有多种氧化数或存在几种不同的氧化态，因此可形成多组氧化还原电对。例如，Cu 具有 0、+1、+2 三种氧化数，可以组成以下三组电对：

$$Cu^{2+}+2e^{-} = Cu \quad E^{\ominus}=+0.34\ V$$

$$Cu^{2+}+e^{-} = Cu^{+} \quad E^{\ominus}=0.163\ V$$

$$Cu^{+}+e^{-} = Cu \quad E^{\ominus}=0.521\ V$$

为了直接比较各种氧化态的氧化还原性，常把同一元素不同氧化数的物质从左至右，按氧化数由高到低的顺序排列，将不同氧化数的物质之间用直线连接，并在两种不同氧化数物质之间标出对应电对的标准电极电势。如：

$$E^{\ominus}_{A}/V \qquad Cu^{2+}\overset{0.163}{\text{———}}Cu^{+}\overset{0.521}{\text{———}}Cu \quad (Cu^{2+}\text{—}Cu: 0.34)$$

这种表明元素各种氧化数之间标准电极电势关系的图叫做元素标准电极电势图，简称元素电势图(element potential chart)。

根据溶液酸碱性不同，元素电势图分为酸性介质($[H^{+}]=1\ mol\cdot dm^{-3}$)电势图 $E^{\ominus}_{A}/V$（下标 A 代表酸性介质，V 代表标准电极电势的单位伏[特]）和碱性介质($[OH^{-}]=1\ mol\cdot dm^{-3}$)电势图 $E^{\ominus}_{B}/V$（下标 B 代表碱性介质，V 代表标准电极电势的单位伏[特]）。

例如锰元素在酸、碱介质中的电势图为：

$E_A^\ominus/V$　$MnO_4^- \xrightarrow{0.56} MnO_4^{2-} \xrightarrow{2.26} MnO_2 \xrightarrow{0.95} Mn^{3+} \xrightarrow{1.51} Mn^{2+} \xrightarrow{-1.18} Mn$

（MnO_4^-—Mn^{2+}：1.51；MnO_4^-—MnO_2：1.695；MnO_2—Mn^{2+}：1.23）

$E_B^\ominus/V$　$MnO_4^- \xrightarrow{0.56} MnO_4^{2-} \xrightarrow{0.60} MnO_2 \xrightarrow{-0.2} Mn(OH)_3 \xrightarrow{0.1} Mn(OH)_2 \xrightarrow{-1.55} Mn$

（MnO_4^-—MnO_2：0.59；MnO_2—$Mn(OH)_2$：−0.05）

元素电势图清楚地表明了同种元素的不同氧化数物质的氧化还原能力的相对大小。

2. 元素电势图的应用

1）比较同一元素不同物质的氧化还原性强弱

从锰元素的电势图可以看出：

(1) 在酸性介质中，MnO_4^-、MnO_4^{2-}、MnO_2 和 Mn^{3+} 都是强氧化剂，而 Mn 是强还原剂。

(2) 在碱性介质中，电对的电极电势与酸性介质中氧化数相同的含氧物质电对的电极电势相比，一般较低。如电对 Mn(Ⅳ)/Mn(Ⅱ)的标准电极电势，在酸性介质中 $E^\ominus(MnO_2/Mn^{2+})=1.23$ V，而在碱性介质中 $E^\ominus(MnO_2/Mn(OH)_2)=-0.05$ V，因而 Mn(Ⅳ)的氧化性在酸性介质中比碱性介质中强，Mn(Ⅱ)的还原性在碱性介质中比酸性介质中强。

2）计算未知的标准电极电势 $E^\ominus$

对下列元素电势图

$$A \xrightarrow[n_1]{E_1^\ominus} B \xrightarrow[n_2]{E_2^\ominus} C \xrightarrow[n_3]{E_3^\ominus} D$$

（A—D：$E^\ominus$，n）

用热力学的方法可以导出下列公式：

$$E^\ominus = \frac{n_1 E_1^\ominus + n_2 E_2^\ominus + n_3 E_3^\ominus}{n} \tag{6-8}$$

式中的 $n_i(n_1、n_2、n_3、n)$分别代表各电对中对应元素氧化型与还原型的氧化数之差（均取正值）。

例题 6-19　根据下面列出的铁在酸性介质中的电势图计算 $E^\ominus(Fe^{3+}/Fe)$的值。

$E_A^\ominus/V$　$Fe^{3+} \xrightarrow{0.77} Fe^{2+} \xrightarrow{-0.44} Fe$

（Fe^{3+}—Fe：?）

解　$3E^\ominus(Fe^{3+}/Fe)=1\times E^\ominus(Fe^{3+}/Fe^{2+})+2\times E^\ominus(Fe^{2+}/Fe)$

$$E^\ominus(Fe^{3+}/Fe)=\frac{1}{3}[1\times E^\ominus(Fe^{3+}/Fe^{2+})+2\times E^\ominus(Fe^{2+}/Fe)]$$

$$=\frac{1}{3}[0.77+2\times(-0.44)]=-0.0367(V)$$

3）判断能否发生歧化反应

同一元素的原子间发生的氧化还原反应叫做歧化反应(disproportionation reaction)，例如

$$Cl_2 + 2OH^- = ClO^- + Cl^- + H_2O$$

这是 Cl_2 的歧化反应。

利用元素电势图，如 $M_1 \xrightarrow{E^\ominus(左)} M_2 \xrightarrow{E^\ominus(右)} M_3$，判断 M_2 能否发生歧化反应的条件是：

当 $E^\ominus$(右)>$E^\ominus$(左)时，M_2 能发生歧化反应，即 $M_2 \longrightarrow M_1 + M_3$；

当 $E^\ominus$(右)<$E^\ominus$(左)时，M_2 不能发生歧化反应，而逆歧化反应是可能的，即 $M_1 + M_3 \longrightarrow M_2$。

例题 6-20 试根据酸性介质中锰的电势图，判断哪种物质能发生歧化反应，歧化产物是什么？

解 从锰的酸性介质中的电势图可以看出，符合 $E^\ominus$(右)>$E^\ominus$(左)条件的物质有 MnO_4^{2-} 和 Mn^{3+}，故 MnO_4^{2-} 和 Mn^{3+} 可以发生歧化反应。MnO_4^{2-} 的歧化产物为 MnO_4^- 和 MnO_2；Mn^{3+} 的歧化产物为 MnO_2 和 Mn^{2+}。

4）解释和推测元素的氧化还原特性

根据元素电势图，可以解释和推测某一元素的一些氧化还原特性。例如，利用铁在酸性介质中的电势图，可以预测铁在酸性介质中的一些氧化还原特性。因为 $E^\ominus(Fe^{2+}/Fe)$ 为负值，故在稀盐酸或稀硫酸等非氧化性稀酸中 Fe 容易被氧化为 Fe^{2+}，其反应式为：

$$Fe + 2H^+ = Fe^{2+} + H_2\uparrow$$

但是在酸性介质中，$E^\ominus(Fe^{3+}/Fe^{2+}) = 0.77\ V$，小于 $E^\ominus(O_2/H_2O) = 1.229\ V$，所以 Fe^{2+} 是不稳定的，可被空气中的氧所氧化，其反应式为：

$$4Fe^{2+} + O_2 + 4H^+ = 4Fe^{3+} + 2H_2O$$

同时，其电势图中 $E^\ominus$(右)<$E^\ominus$(左)，Fe^{2+} 不会发生歧化反应，却可以发生歧化反应的逆反应：

$$2Fe^{3+} + Fe = 3Fe^{2+}$$

因此，在实际应用中为了防止 Fe^{2+} 被空气中的氧气氧化为 Fe^{3+}，常往盐溶液中加入少量金属铁。由此可见，在酸性介质中最稳定的铁离子是 Fe^{3+} 而不是 Fe^{2+}。

6.4.2 电势-pH 图

对于有 H^+ 或 OH^- 参与的电极反应，其电对的电极电势会随着溶液 pH 值的改变而发生变化。在温度、浓度一定的条件下，以电对的电极电势为纵坐标，以溶液 pH 为横坐标作图，所得图形称为电势-pH 图。某些电对的电势-pH 图如图 6-4 所示。

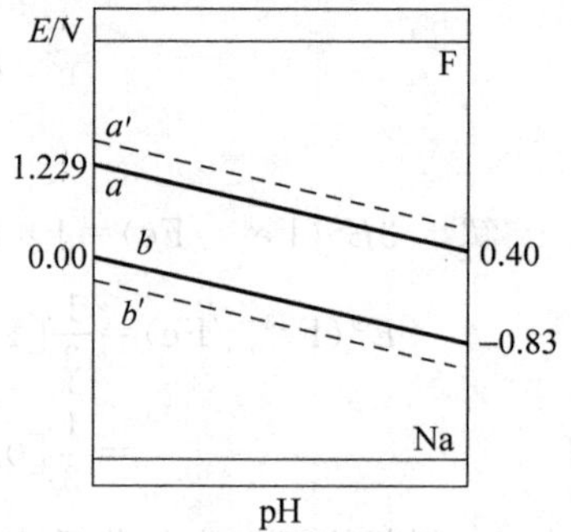

图 6-4 某些电对的电势-pH 图

水作为溶剂，本身也具有氧化性和还原性，而且与溶液 pH 值有关。根据水的电势-pH 图，可以确定水稳定存在的区域。

当 H_2O 作为氧化剂被还原为 H_2 时，其电极反应就是氢电极的电极反应

$$2H^+ + 2e^- = H_2 \quad E^\ominus = 0.00\ V$$

当 H_2 处于标准状态时，该电极反应的能斯特方程式

可表示为：

$$E(H^+/H_2)=E^\ominus(H^+/H_2)+\frac{0.0592}{2}\lg[H^+]^2=0.0592\ \lg[H^+]$$

$$E(H^+/H_2)=-0.0592\ pH$$

$E(H^+/H_2)$与 pH 是直线关系，取两个点（pH＝0，$E=0.00$ V 和 pH＝14，$E=-0.83$ V）画出 H_2O 的电势-pH 图中的 b 线，见图 6-4。b 线表示电对 H^+/H_2 的电极电势随着 pH 值的改变而变化的情况。

当 H_2O 作为还原剂被氧化为 O_2 时，电极反应为

$$O_2+4H^++4e^-\!=\!=\!=2H_2O\quad E^\ominus=1.229\ V$$

当 O_2 处于标准态时，该电极反应的能斯特方程式可表示为：

$$E(O_2/H_2O)=E^\ominus(O_2/H_2O)+\frac{0.0592}{4}\lg[H^+]^4=1.229+0.0592\ \lg[H^+]$$

$$E(O_2/H_2O)=1.229-0.0592\ pH$$

选取两个点（pH＝0，$E=1.229$ V 和 pH＝14，$E=0.40$ V）画出 H_2O 的电势-pH 图中的 a 线，见图 6-4。a 线表示电对 O_2/H_2O 的电极电势随着 pH 值的改变而变化的情况。

图 6-4 中的 a 线和 b 线将平面划分成 3 个部分。整个 H_2O 的电势-pH 图，就是由 a、b 两线和这两条线将图分成的 3 个部分构成。

b 线表示电极反应 $2H^++2e^-\!=\!=\!=H_2$，所以也称为氢线。

a 线表示电极反应 $O_2+4H^++4e^-\!=\!=\!=2H_2O$，所以也称氧线。

a 线上方是 O_2 的稳定区，b 线下方是 H_2 的稳定区，a 线下 b 线上的区域是 H_2O 的稳定区。

由于动力学的原因，致使 H_2O 的稳定区比 a 线和 b 线所规定的区域要大，即为 a'线和 b'线所规定的区域。

在水溶液中，若有一种强氧化剂，其所在电对的电极电势高于 a′线，它就可以氧化 H_2O 放出 O_2。所以在 a'线上方区域中，H_2O 不稳定，而 O_2 稳定，为 O_2 的稳定区。

在水溶液中，若有一种还原剂，其所在电对的电极电势低于 b'线，它就可以还原 H_2O 放出 H_2。所以在 b'线下方区域中，H_2O 不稳定，而 H_2 稳定，为 H_2 的稳定区。

在水溶液中，若氧化剂所在电对的电极电势低于 a'线，或还原剂所在电对的电极电势高于 b'线，则水既不能被氧化，也不能被还原，氧化剂和还原剂在水溶液中均能稳定存在。所以 a'线和 b'线之间的区域是 H_2O 的稳定区，H_2 和 O_2 在此区域内都不稳定。

在图 6-4 中，同时画出了下列两个电极反应的电势-pH 线：

$$F_2+2e^-\!=\!=\!=2F^-\quad E^\ominus=2.87\ V(\text{F 线})$$

$$Na^++e^-\!=\!=\!=Na\quad E^\ominus=-2.71\ V(\text{Na 线})$$

因电对 F_2/F^- 和 Na^+/Na 的电极电势都与 pH 无关，所以它们的电势-pH 曲线是两条平行于横坐标的直线。电对 F_2/F^- 的电势-pH 曲线在 a'线上方，因此 F_2 能与 H_2O 反应放出 O_2：

$$2F_2+2H_2O\!=\!=\!=4HF+O_2\uparrow$$

同理，电对 Na^+/Na 的电势-pH 曲线位于 b'线下方，因此 Na 能与 H_2O 反应放出 H_2：

$$2Na+2H_2O\!=\!=\!=2Na^++2OH^-+H_2\uparrow$$

上述讨论表明，尽管 F_2 和 Na 是很强的氧化剂和很强的还原剂，但却不能在水中使用。因此制备 F_2 必须用电解熔盐法，用钠作还原剂时，必须用液氨或无水乙醚作溶剂。

考查 MnO_4^-/Mn^{2+} 电对，其电极反应为：

$$MnO_4^- + 8H^+ + 5e^- \longrightarrow Mn^{2+} + 4H_2O \quad E^\ominus = 1.51\ V$$

$E^\ominus = 1.51\ V$，这个值落在了虚线（a' 和 b'）所规定的 H_2O 稳定区域内，故 MnO_4^- 在水中可以作为重要的氧化剂使用。但由于这个值不在实线（a 和 b）所规定的 H_2O 的热力学稳定区域内，故在水中不能长期稳定存在。

6-1 说出下列各组名词的含义：

(1) 氧化过程与还原过程　　(2) 氧化剂与还原剂

(3) 电极反应与电池反应　　(4) 电极电势与标准电极电势

(5) 原电池与半电池

6-2 怎样利用电对的电极电势判断原电池的正极和负极？写出电极电势的能斯特方程式。

6-3 原电池符号中的正、负极是怎样规定的？书写电池符号时应注意哪些问题？

6-4 根据电极电势解释下列现象：

(1) 金属铁能置换 Cu^{2+}，而 $FeCl_3$ 溶液又能溶解铜；

(2) H_2S 溶液久置会变混浊；

(3) H_2O_2 溶液不稳定，易分解；

(4) 分别用 $NaNO_3$ 溶液和稀 H_2SO_4 溶液均不能把 Fe^{2+} 氧化，但两者混合后就可将 Fe^{2+} 氧化；

(5) Ag 不能置换 $1.0\ mol \cdot dm^{-3}$ HCl 中的氢，但可置换 $1.0\ mol \cdot dm^{-3}$ HI 中的氢。

6-5 在含有 MnO_4^-、$Cr_2O_7^{2-}$ 和 Fe^{3+} 离子的酸性溶液中（各离子浓度均为 $1\ mol \cdot dm^{-3}$），慢慢通入 H_2S 气体后有 S 析出，根据标准电极电势，试判断反应的次序。

6-6 指出下列物质哪些可作还原剂，哪些可作氧化剂，并根据标准电极电势排出它们还原能力和氧化能力大小的顺序，指出最强的氧化剂和还原剂。

Fe^{2+}，MnO_4^-，Cl^-，$S_2O_3^{2-}$，Cu^{2+}，Sn^{2+}，Fe^{3+}，Zn

6-7 根据下列反应，定性判断 Br_2/Br^-、I_2/I^-、Fe^{3+}/Fe^{2+} 三个电对的电极电势的相对大小。

$$2I^- + 2Fe^{3+} \longrightarrow I_2 + 2Fe^{2+}$$

$$Br_2 + 2Fe^{2+} \longrightarrow 2Br^- + 2Fe^{3+}$$

6-8 先查出下列电极反应的 $E^\ominus$ 值：

$$MnO_4^- + 8H^+ + 5e^- \longrightarrow Mn^{2+} + 4H_2O$$

$$Cr^{3+} + 3e^- \longrightarrow Cr$$

$$Fe^{2+} + 2e^- \longrightarrow Fe$$

$$Ag^+ + e^- \longrightarrow Ag$$

假设有关物质都处于标准态，试回答：

(1) 以上物质中,哪一个是最强的还原剂?哪一个是最强的氧化剂?

(2) 以上物质中,哪些可把 Fe^{2+} 还原成 Fe?

(3) 以上物质中,哪些可把 Ag 氧化成 Ag^{+}?

6-9 同种金属及其盐溶液能否组成原电池?若能组成,则盐溶液的浓度必须满足什么条件?

6-10 分别往 Cu—Zn 原电池中的铜半电池或锌半电池中加入氨水,电池电动势怎样变化?

6-11 什么叫元素电势图?它有何主要用途?什么叫歧化反应?如何判断歧化反应能否发生?

6-12 下列是氧元素的电势图。根据此图回答下列问题:

$$E_A^{\ominus}/V \quad O_2 \xrightarrow{+0.695} H_2O_2 \xrightarrow{?} H_2O \quad (O_2 \to H_2O:\ 1.23) \qquad E_B^{\ominus}/V \quad O_2 \xrightarrow{?} HO_2^- \xrightarrow{+0.88} OH^- \quad (O_2 \to OH^-:\ 0.40)$$

(1) 计算后说明 H_2O_2 在酸性介质中的氧化性的强弱,在碱性介质中的还原性的强弱;

(2) 计算后说明 H_2O_2 在酸性介质中和碱性介质中的稳定性强弱。

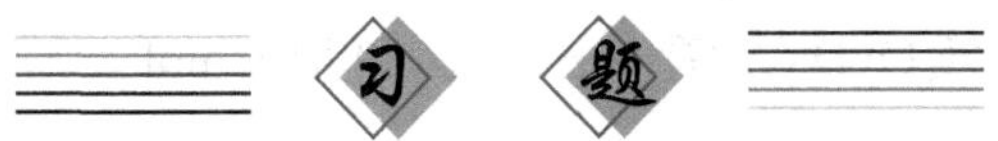

6-1 写出下列化学反应的原电池符号:

(1) $Fe^{2+} + Ag^{+} = Fe^{3+} + Ag$

(2) $AgBr(s) = Ag^{+} + Br^{-}$

(3) $AgCl(s) + I^{-} = AgI(s) + Cl^{-}$

(4) $Cd(s) + Cl_2 = Cd^{2+} + 2Cl^{-}$

6-2 将铜片插入 0.10 $mol \cdot dm^{-3}$ $CuSO_4$ 溶液中,银片插入 0.10 $mol \cdot dm^{-3}$ $AgNO_3$ 溶液中组成原电池。

(1) 写出该原电池的符号;

(2) 写出电极反应和电池反应;

(3) 利用能斯特方程式计算两个电极的电极电势;

(4) 计算该原电池的电池电动势。

6-3 有如下原电池:

$$(-)Pt, H_2(50\ kPa) \mid H^{+}(0.50\ mol \cdot dm^{-3}) \parallel Sn^{4+}(1.0\ mol \cdot dm^{-3}), Sn^{2+}(0.50\ mol \cdot dm^{-3}) \mid Pt(+)$$

(1) 写出电极反应和电池反应;

(2) 计算两个电极的电极电势和电池电动势。

6-4 一个铜电极浸在一种含有 1.00 $mol \cdot dm^{-3}$ 氨和 1.00 $mol \cdot dm^{-3}$ $[Cu(NH_3)_4]^{2+}$ 配位个体的溶液中,若用标准氢电极作正极,经实验测得它和铜电极之间的电势差为 0.0300 V。试计算 $[Cu(NH_3)_4]^{2+}$ 配位个体的稳定常数。

6-5 已知 $E^{\ominus}(Fe^{3+}/Fe^{2+}) = 0.77$ V, $E^{\ominus}([Fe(SCN)_5]^{2-}/Fe^{2+}) = 0.39$ V。求反应 $Fe^{3+} + 5SCN^{-} = [Fe(SCN)_5]^{2-}$ 的平衡常数。

6-6 求下列原电池的以下各项：

(—)Pt | Fe^{2+}(0.10 mol·dm^{-3}),Fe^{3+}(1.0×10^{-5} mol·dm^{-3}) ‖ $Cr_2O_7^{2-}$(0.10 mol·dm^{-3}),

Cr^{3+}(1.0×10^{-5} mol·dm^{-3}),H^+(1.0 mol·dm^{-3})|Pt(+)

(1) 电极反应式； (2) 电池反应式； (3) 电池电动势；

(4) 电池反应的 $K^\ominus$； (5) 电池反应的 $\Delta_r G_m^\ominus$。

6-7 已知 $PbSO_4 + 2e^- \rightleftharpoons Pb + SO_4^{2-}$ $E^\ominus = -0.3553$ V

$Pb^{2+} + 2e^- \rightleftharpoons Pb$ $E^\ominus = -0.13$ V

求 $PbSO_4$ 的溶度积。

6-8 已知 $E^\ominus(Ag^+/Ag) = 0.80$ V,$K_{sp}^\ominus(AgBr) = 5.0 \times 10^{-13}$,求下列电极反应的 $E^\ominus$：

$$AgBr + e^- \rightleftharpoons Ag + Br^-$$

6-9 根据给定条件判断下列反应自发进行的方向。

(1) 标准态下根据 $E^\ominus$ 值：$2Br^- + 2Fe^{3+} \rightleftharpoons Br_2(l) + 2Fe^{2+}$

(2) 实验测知 Cu-Ag 原电池 E 值为 0.48 V,

(—)Cu | Cu^{2+}(0.052 mol·dm^{-3})||Ag^+(0.50 mol·dm^{-3}) | Ag(+)

$Cu^{2+} + 2Ag \rightleftharpoons Cu + 2Ag^+$

(3) $H_2 + \frac{1}{2}O_2 \rightleftharpoons H_2O(l)$,$\Delta_r G_m^\ominus = -237.129$ kJ·mol^{-1}

6-10 已知 $Cu^{2+} + 2e^- \rightleftharpoons Cu$ $E^\ominus = 0.34$ V

$Cu^+ + e^- \rightleftharpoons Cu$ $E^\ominus = 0.52$ V

$Cu^{2+} + Br^- + e^- \rightleftharpoons CuBr$ $E^\ominus = 0.64$ V

求 CuBr 的 $K_{sp}^\ominus$。

6-11 今有氢电极(氢气压力为 100 kPa),该电极所用的溶液由浓度均为 1.0 mol·dm^{-3} 的弱酸(HA)及其钾盐(KA)所组成。若将此氢电极与另一电极组成原电池,测得其电动势 E=0.38 V,并知氢电极为正极,另一电极的 E=−0.65 V。问该氢电极中溶液的 pH 和弱酸(HA)的解离常数各为多少?

6-12 已知氯在碱性介质中的电势图($E_B^\ominus$/V)为：

$$ClO_4^- \xrightarrow{0.36} ClO_3^- \xrightarrow{0.33} ClO_2^- \xrightarrow{E_1^\ominus} ClO^- \xrightarrow{0.42} Cl_2 \xrightarrow{1.36} Cl^-$$

(ClO_3^- → ClO^-：0.50；ClO^- → Cl^-：$E_2^\ominus$)

试求：(1) $E_1^\ominus$ 和 $E_2^\ominus$；

(2) 哪些离子能歧化？写出歧化反应方程式。

6-13 已知：

$$E_A^\ominus/V \quad Cr^{3+} \xrightarrow{-0.41} Cr^{2+} \xrightarrow{-0.91} Cr$$

根据上面给出的部分 Cr 元素电势图,计算下列各原电池的电动势 $E^\ominus$ 及其电池反应的 $\Delta_r G_m^\ominus$。

(1) (—)Cr|Cr^{2+}($c^\ominus$)||Cr^{3+}($c^\ominus$),Cr^{2+}($c^\ominus$)|Pt(+)

(2) (—)Cr|Cr^{3+}($c^\ominus$)||Cr^{3+}($c^\ominus$),Cr^{2+}($c^\ominus$)|Pt(+)

(3) (—)Cr|Cr^{2+}($c^\ominus$)||Cr^{3+}($c^\ominus$)|Cr(+)

6-14 试计算当 Cu^{2+} 与 Zn^{2+} 浓度成什么比值时,金属锌在 298.15 K 时的 $CuSO_4$ 溶液中

溶解或铜的析出过程才会停止。已知：$E^{\ominus}(Cu^{2+}/Cu)=0.34\ V$，$E^{\ominus}(Zn^{2+}/Zn)=-0.76\ V$。

6-15　已知 HCl 和 HI 溶液都是强酸，但 Ag 不能从 HCl 溶液中置换出 H_2，却能从 HI 溶液中置换出 H_2。请通过计算加以解释。已知：$E^{\ominus}(Ag^{+}/Ag)=0.80\ V$，$K_{sp}^{\ominus}(AgCl)=1.8\times10^{-10}$，$K_{sp}^{\ominus}(AgI)=8.3\times10^{-17}$。

元素化学篇

第 7 章　元素概述

第 8 章　s 区和 p 区元素选述

第 9 章　d 区和 ds 区元素选述

第 10 章　f 区元素选述

第7章

元素概述

元素化学是无机化学的主体部分。本篇在综述元素的发现和分类、在自然界中的分布和存在形态、单质的性质和制备方法的基础上，依次选述 s、p、d、ds、f 区元素中一些典型的或在科学技术、国计民生中具有重要意义的单质和化合物。

7.1 元素的发现和分类

元素按其主要性质可分为金属、非金属、准金属和稀有气体四大类。元素周期表中的 112 种元素的发现、认识和利用，经历了漫长而曲折的过程，各元素的发现时期与分类列于表 7-1 中。

表 7-1 元素发现的时期与分类

时期		金属	准金属	非金属	稀有气体	发现数目
古代		Cu Fe Ag Sn Au Hg Pb	Sb	C S		10
7 世纪			As			1
17 世纪		Zn		P		2
18 世纪		Ti Cr Mn Co Ni Sr Y Zr Mo W Pt Bi U	Te	H O N Cl Se		19
19 世纪上半叶		Li Be Na Mg Al K Ca V Nb Ru Rh Pd Cd Ba La Ce Tb Er Ta Os Ir Th	B Si	Br I		26
19 世纪下半叶		Sc In Ga Rb Cs Pr Nd Sm Gd Dy Ho Tm Yb Tl Po Ra Ac	Ge	F	He Ne Ar Kr Xe Rn	25
20 世纪	30 年代	Tc Eu Lu Hf Re Fr Pa				7
	40 年代	Np Pu Am Cm Bk Pm	At			7
	50 年代	Cf Es Fm Md No				5
	60 年代	Lr Rf				2
	70 年代	Db Sg				2
	80 年代至今	Bh Hs Mt Uun Uuu Uub				6
合计		88(其中人工合成元素 18 种)	7	11	6	112

在化学上，将元素分为普通元素和稀有元素。所谓稀有元素一般是指在自然界中含量少或分布稀散，被人们发现较晚，难从矿物中提取以致工业制备和应用较晚的元素。如钛在地壳中的丰度虽然不低，但它分布分散、难于提炼，直到20世纪40年代才被重视，并被归入稀有金属。通常稀有元素分为以下几类：

轻稀有元素：Li、Rb、Cs、Be；

高熔点稀有元素：Ti、Zr、Hf、V、Nb、Ta、Mo、W；

分散性稀有元素：Ga、In、Tl、Se、Te；

稀有气体：He、Ne、Ar、Kr、Xe、Rn；

稀土金属：Sc、Y、Lu、镧系元素；

铂系金属：Ru、Rh、Pd、Os、Ir、Pt；

放射性稀有元素：Fr、Ra、Tc、Po、Ac、锕系元素。

7.2 元素在自然界中的分布和存在形态

迄今为止，人类在可能探测的宇宙范围内，已发现的112种元素中，在被岩石、海水（或河流）或大气覆盖着的地球上，天然存在的元素有92种，其余为人工合成元素。

元素在地壳中的含量称为丰度（abundance），丰度通常用质量百分数或原子百分数表示。地壳中含量最多的10种元素列于表7-2中。

表 7-2 地壳中主要元素的丰度

元 素	O	Si	Al	Fe	Ca	Na	K	Mg	H	Ti
质量百分数/%	48.6	26.3	7.73	4.75	3.45	2.74	2.47	2.00	0.76	0.42

10种元素占地壳总质量的99.2%，其余所有元素总共不超过1%。

我国矿产资源十分丰富，钨、稀土、锑、锂、钒等稀有金属储量占世界首位，铜、锡、铅、锰、镍、钛、铌、钼等储量也名列世界前茅，非金属硼、硫、磷也居世界前列。但有些元素的矿藏品位不高，且伴有生矿。

约有70%的地球表面被水（海水、湖水、河水及地下水）覆盖，海水中富含氧、氢、卤素、碱金属、碱土金属和铀、镭等放射性元素及其他微量过渡金属等50余种，这些元素在海水中的总含量大得惊人，其中大多数元素以离子形式存在于海水中，也有些沉积在海底。

地球表面的上方约有100 km厚的大气层，大气组成按体积百分数计，有氮气（78.09%）、氧气（20.95%）、稀有气体（0.94%）、CO_2（0.0314%）等10余种组分。其中除氮气、氧气和稀有气体组成比较固定外，其余组分随地域、环境的不同而异。

元素在自然界中主要以游离态（单质）和化合态（化合物）两种形式存在。

在自然界中以游离态存在的元素比较少，大致有3种情况：

(1) 气态非金属单质，如 N_2、O_2、H_2、稀有气体（He、Ne、Ar、Kr、Xe）等。

(2) 固态非金属单质，如C、S。

(3) 金属单质，如Hg、Ag、Au及铂系元素（Ru、Rh、Pd、Os、Ir、Pt）单质，还有由陨石引进的天然铜和铁。

大多数元素以化合态（氧化物、硫化物、氯化物、碳酸盐、磷酸盐、硫酸盐、硅酸盐、硼酸盐等）形式存在，广泛存在于矿物及海水中，例如：

（1）活泼金属元素（ⅠA 族和ⅡA 族中 Mg）与ⅦA 族（卤素）形成的离子型卤化物，存在于海水、盐湖水、地下卤水、气井水及岩盐矿中。例如，钠盐（NaCl）、钾盐（KCl）、光卤石（$KCl \cdot MgCl_2$）等。

（2）ⅡA 族元素还常以难溶碳酸盐形式存在于矿物中，如石灰石（$CaCO_3$）、菱镁矿（$MgCO_3$）、白云石（$CaMg(CO_3)_2$），以硫酸盐形式存在的有石膏（$CaSO_4$）、重晶石（$BaSO_4$）、芒硝（Na_2SO_4）等。

（3）准金属元素（除 B 外）以及ⅠB、ⅡB 族元素常以难溶硫化物形式存在，例如，辉锑矿（Sb_2S_3）、辉铜矿（Cu_2S）、闪锌矿（ZnS）、辰砂矿（HgS）等。

（4）ⅢB-ⅦB 族过渡元素主要以稳定的氧化物形式存在，如金红石（TiO_2）、铬铁矿（$FeO \cdot Cr_2O_3$）、软锰矿（MnO_2）、磁铁矿（Fe_3O_4）、赤铁矿（Fe_2O_3）等。

从存在的物理形态来说，在常温常压下，元素的单质以气态存在的有 11 种；以液态存在的有 2 种（Hg、Br_2）；还有 2 种单质，熔点很低，易形成过冷状态，即 Cs（熔点为 28.4℃）、Ga（熔点为 30℃）；其余元素的单质呈固态。

7.3　单质的物理性质和化学性质

单质的性质与它们的原子结构和晶体结构有关，若将单质的各种性质变化与周期系相联系，则存在着某些规律。

7.3.1　单质的物理性质

1. 熔点、沸点和硬度

表 7-3 和表 7-4 分别列出了一些单质的熔点、沸点和硬度的数据。

表 7-3　单质的熔点和沸点（单位：℃）

	ⅠA	ⅡA	ⅢB	ⅣB	ⅤB	ⅥB	ⅦB	Ⅷ			ⅠB	ⅡB	ⅢA	ⅣA	ⅤA	ⅥA	ⅦA	0
1	H_2 −259.34 −252.87																H_2 −259.34 −252.87	He −272.2 −268.9
2	Li 180.54 1342	Be 1278 2970											B 2079 2550	C 3550 3830	N_2 −209.8 −195.8	O_2 −218.4 −182.9	F_2 −219.8 −219.6	Ne −248.6 −246.0
3	Na 97.81 882.9	Mg 618.8 1090											Al 660.4 2467	Si 1410 2355	P 44.1 白 280	S 112.8 菱 444.7	Cl_2 −100.9 −34.6	Ar −189.2 −185.7
4	K 63.25 760	Ca 839 1484	Sc 1541 2836	Ti 1660 3287	V 1890 3380	Cr 1857 2672	Mn 1244 1962	Fe 1535 2750	Co 1495 2870	Ni 1455 2732	Cu 1083 2567	Zn 419.6 907	Ga 29.78 2403	Ge 937.4 2830	As 817 灰 613	Se 217 灰 684.9	Br_2 −7.2 58.78	Kr −156.6 −152.3
5	Rb 38.89 686	Sr 769 1384	Y 1522 3388	Zr 1852 4377	Nb 2468 4742	Mo 2610 5560	Tc 2172 4877	Ru 2310 3900	Rh 1966 3727	Pd 1554 2970	Ag 961.4 2212	Cd 320.9 765	In 156.6 2080	Sn 231.9 2270	Sb 630.7 1950	Te 449.5 989.8	I_2 113.5 184.4	Xe −111.9 −107.1
6	Cs 28.40 669.3	Ba 725 1640	La 918 3464	Hf 2227 4602	Ta 2996 5425	W 3410 5660	Re 3180 5627	Os 2700 >5300	Ir 2410 4130	Pt 1772 3827	Au 1064 2808	Hg −38.4 356.6	Tl 303.3 1457	Pb 327.5 1740	Bi 271.3 1560	Po 254 962	At 302 337	Rn −71 −61.8

从表 7-3 中可以看出：对第二、三周期来说，同一周期（主族及零族）单质的熔点从左到右逐渐增高，至第Ⅳ主族为最高，然后突然急剧降低，至零族为最低；对第四、五、六周期来说，同一周期（包括副族及第Ⅷ族）单质的熔点从左到右逐渐增高，至第Ⅵ副族附近为最高，然后变化较为复杂，总趋势是逐渐降低，至零族为最低；单质的沸点变化与其熔点的变化大致平行。

单质的硬度数据不全，但从表 7-4 中仍可看出各周期两端元素的单质硬度小，而在周期中间元素（短周期的碳族、长周期中的铬副族）的单质硬度大。

表 7-4　单质的莫氏硬度

	ⅠA	ⅡA	ⅢB	ⅣB	ⅤB	ⅥB	ⅦB	Ⅷ			ⅠB	ⅡB	ⅢA	ⅣA	ⅤA	ⅥA	ⅦA	0
1	H_2																H_2	He
2	Li 0.6	Be 4											B 9.5	C 10	N_2	O_2	F_2	Ne
3	Na 0.4	Mg 2.0											Al 2～2.9	Si 7.0	P 0.5	S 1.5～2.5	Cl_2	Ar
4	K 0.5	Ca 1.5	Sc	Ti 4	V 4	Cr 9.0	Mn 5.0	Fe 4～5	Co 5.5	Ni 5	Cu 2.5～3	Zn 2.5	Ga 3.5	Ge 6.5	As 3.5	Se 2.0	Br_2	Kr
5	Rb 0.3	Sr 1.8	Y	Zr 4.5	Nb	Mo 6	Tc	Ru 6.5	Rh	Pd 4.8	Ag 2.5～4	Cd 2.0	In 1.2	Sn 1.5～1.8	Sb 3.0～3.3	Te 2.3	I_2 1.2	Xe
6	Cs 0.2	Ba	La	Hf	Ta 7	W 7	Re	Os 7	Ir 6～6.5	Pt 4.3	Au 2.5～3	Hg	Tl 1	Pb 1.5	Bi 2.5	Po	At	Rn

注：莫氏硬度是一种利用矿物的相对刻划硬度划分矿物硬度的标准。确定这一标准的方法是，用棱锥型金刚石钻针刻划所示矿物的表面产生划痕，用测得的划痕的深度来表示硬度。莫氏硬度分为 10 级：1-滑石，2-石膏，3-方解石，4-萤石，5-磷灰石，6-正长石，7-石英，8-黄玉，9-刚玉，10-金刚石。

单质的上述物理性质的变化主要决定于它们的晶体类型、晶格中粒子间的作用力和晶格能。表 7-5 中列出了主族及零族元素单质的晶体类型。

可以看出：s 区元素的单质均为金属晶体；p 区元素的中间部分，其单质的晶体结构较为复杂，有的为原子晶体，有的是过渡型（链状或层状）晶体，有的为分子晶体。周期表最右方的非金属和稀有气体则全部为分子晶体。总的来说，同一周期元素的单质，从左到右，由典型的金属晶体过渡到分子晶体，中间出现原子晶体、层状或链状结构等过渡型晶体。同一族元素单质由上而下，常由分子晶体或原子晶体过渡到金属晶体。例如，第三周期中，钠、镁和铝都是典型的金属晶体，由于这 3 种元素的原子半径逐渐减小，参与成键的价电子数逐渐增加，金属键的键能逐渐增大，因而熔点、沸点也逐渐增高。硅是非金属，由于原子轨道 sp^3 杂化而形成原子晶体，整个晶体通过共价键形成网络式结构，熔点、沸点高。但随后元素的未成对价电子数逐渐减小，不能再以 sp^3 杂化轨道形成原子晶体。常见的单质磷有许多同素异形体，现知至少有 5 种晶状多晶物，还有几种无定形结构。然而所有的结构熔化后形成相同的由对称 P_4 四面体分子组成的液体，磷最普通的结构是由 $\alpha-P_4$ 组成的白磷，白磷加热可得无定型的红磷（白磷剧毒，红磷基本无毒）；黑磷是单质热力学最稳定的形式，具有层状结构。常见的单质硫（正交硫、单斜硫）晶体是由单个环状 S_8 分子通过分子间力结合而成的分子晶体。将约 250℃的液态硫迅速倾入冷水，硫就凝结成可以拉伸的、具有链状结构的弹性硫（S_x）。硅、磷以及其后的硫、氯、氩，由于单质的晶体结构从原子晶体突然变到分子晶

表 7-5 主族及零族元素的单质的晶体类型

ⅠA	ⅡA	ⅢA	ⅣA	ⅤA	ⅥA	ⅦA	零族
H_2 分子 晶体						H_2 分子 晶体	He 分子 晶体
Li 金属 晶体	Be 近于 金属 晶体	B 近于 原子 晶体	C 金刚石 原子晶体 石墨 层状结构晶体 富勒烯碳原子簇 分子晶体	N_2 分子 晶体	O_2 分子 晶体	F_2 分子 晶体	Ne 分子 晶体
Na 金属 晶体	Mg 金属 晶体	Al 金属 晶体	Si 原子 晶体	P 白磷 分子晶体 黑磷 层状结构晶体	S 斜方硫、单斜硫 分子晶体 弹性硫 链状结构晶体	Cl_2 分子 晶体	Ar 分子 晶体
K 金属 晶体	Ca 金属 晶体	Ga 金属 晶体	Ge 原子 晶体	As 黄砷 分子晶体 灰砷 层状结构晶体	Se 红硒 分子晶体 灰硒 链状结构晶体	Br_2 分子 晶体	Kr 分子 晶体
Rb 金属 晶体	Sr 金属 晶体	In 金属 晶体	Sn 灰锡 原子晶体 白锡 金属晶体	Sb 黄锑(Sb_4) 分子晶体 灰锑(Sb_x) 层状结构晶体	Te 灰碲 链状结构晶体	I_2 分子 晶体	Xe 分子 晶体
Cs 金属 晶体	Ba 金属 晶体	Tl 金属 晶体	Pb 金属 晶体	Bi 层状结构晶体 近于金属晶体	Po 金属 晶体	At 合成 元素	Rn 分子 晶体

体，晶体中微观粒子间的作用力骤然变小，使单质的熔点、沸点急剧降低。

稀有气体的熔点、沸点是同周期单质中最低的，其中氦的熔点、沸点是所有物质中最低的，Ar、He、Ne 等常用做低温介质和保护气体。例如，人们利用液氦的低沸点来得到接近绝对零度的低温，目前已达 0.001 K 的超低温。

对第四、五、六周期来说，每一周期开始的碱金属的原子半径是同周期中最大的，价电子又最少，因而金属键较弱，所需的熔化热小，熔点较低。除锂外，钠、钾、铷、铯的熔点都在 100℃以下，其中铯的熔点仅为 28.4℃。它们的硬度和密度也都较小。从第Ⅱ主族的碱土金属开始向右进入 d 区的副族金属，由于原子半径的逐渐减小，参与成键的价电子数逐渐增加(d 区元素原子的次外层 d 电子也可能作为价电子)以及原子核对外层电子作用力的逐渐增强，金属键的键能将逐渐增大，因而熔点、沸点等也逐渐增高，直至第Ⅵ副族，由于原子未成对的最外层 s 电子和次外层 d 电子数目较多，可参与成键，又由于原子半径较小，所以这些元素单质的熔点、沸点最高，硬度也最大，其中钨的熔点为 3410℃，是熔点最高的金属，铬是硬度最大的金属(莫氏硬度为 9.0)。熔点高、硬度大的金属都集中在Ⅵ副族附近。第Ⅶ

副族以后，未成对的 d 电子数又逐渐减少，因而金属单质的熔点、沸点又逐渐降低。部分 ds 区及 p 区金属，其晶体类型有从金属晶体向分子晶体过渡的趋向，这些金属的熔点较低，如锡、铅、铋、汞等，其中，汞的熔点为－38.84℃，是金属中熔点最低的。

2. 导电性

各单质的导电性差别很大。金属都能导电，是电的良导体；许多非金属单质不能导电，是绝缘体；介于导体与绝缘体之间的是半导体，例如硅、锗和硒等。表 7-6 中列出了一些单质的电导率数据。

表 7-6　单质的电导率(单位：$MS \cdot m^{-1}$)

	ⅠA	ⅡA	ⅢB	ⅣB	ⅤB	ⅥB	ⅦB	Ⅷ			ⅠB	ⅡB	ⅢA	ⅣA	ⅤA	ⅥA	ⅦA	0
1	H_2																H_2	He
2	Li 10.6	Be 28.1											B 5.6×10^{-11}	C 7.27×10^{-2}	N_2	O_2	F_2	Ne
3	Na 21.0	Mg 24.7											Al	Si	P	S	Cl_2	Ar
4	K 13.9	Ca 29.8	Sc 1.78	Ti 2.38	V 5.10	Cr 7.75	Mn 0.69	Fe 10.4	Co 16.0	Ni 16.6	Cu 59.59	Zn 16.9	Ga 5.75	Ge 2.2×10^{6}	As 3.0	Se 10^{-4}	Br_2	Kr
5	Rb 7.806	Sr 7.69	Y 1.68	Zr 2.38	Nb 8.00	Mo 18.7	Tc	Ru 13	Rh 22.2	Pd 9.48	Ag 68.2	Cd 14.6	In 11.9	Sn 9.09	Sb 2.56	Te 3×10^{-4}	I_2 7.7×10^{-13}	Xe
6	Cs 0.2	Ba	La	Hf	Ta 7	W 7	Re	Os 7	Ir 6～6.5	Pt 4.3	Au 2.5～3	Hg	Tl 1	Pb 1.5	Bi 2.5	Po	At	Rn

从表 7-6 的电导率数据可见，银、铜、金、铝是最好的导电材料。而银与金较昂贵，只用于一些特殊场合；铜和铝则广泛应用于电器工业中。主族金属铝的电导率只有铜的 60%左右，但密度不到铜的一半。当铝制电线的导电能力与铜制的一样时，铝线的质量只有铜线的一半，因此常用铝代替铜来制造电线，特别是高压电缆。

钠的电导率仅为银(电导率最高)的 1/3，但钠的密度比铝的更小，钠的资源也十分丰富，目前国外已有试用钠导线的，价格仅为铜的 1/7；由于钠十分活泼，因此用钠作导线时，表皮采用聚乙烯包裹，并用特殊装置连接。

应当指出，金属的纯度以及温度等因素对金属的导电性能影响相当大。金属中杂质的存在将使金属的电导率大为降低，所以用做导线的金属往往是相当纯净的。例如，按质量分数计，一般铝线的纯度均在 99.5%以上，铜在 99.9%以上。温度的升高通常能使金属的电导率下降，对于不少金属来说，温度每相差 1K，电导率将变化约 0.4%。这是因为金属的导电主要是通过满带中的电子来实现的。温度上升时，由于金属中原子和离子的热振动加剧，电子与它们碰撞的频率增加，电子穿越晶格的运动受阻，从而导电能力降低。金属的这种导电的温度特性也是有别于半导体的特征之一。

非金属单质中，位于周期表 p 区右上部的元素(如 Cl、O)及稀有气体元素(如 Ne、Ar)的单质为绝缘体，位于周期表 p 区从 B 到 At 对角线附近的元素单质大都具有半导体的性质，其中硅和锗是公认最好的，其次是硒，其他半导体单质各有缺点。例如，碘的蒸气压大、硼的熔点高、磷有毒等，因而应用不多。

与金属的导电情况不同，大多数半导体、绝缘体的电导率随温度升高而迅速增加。这是由于导电本质不同而引起的，半导体通常是由于热激发产生价电子和空穴而导电，金属则是由于自由电子的存在而导电。

作为单质半导体的材料要求有很高的纯度。例如，半导体锗的纯度要在 99.999999%（8 个“9”）以上。但有时却要掺入少量杂质以改变半导体的导电性能。恰当地掺入某种微量杂质（即掺杂）会大大增加半导体的导电性，这是半导体不同于金属的另一个重要特征。半导体硅和锗中最常用的掺杂元素是第ⅤA 族元素磷、砷、锑和第ⅢA 族元素硼等，借此可以制成各种半导体器件。

7.3.2 单质的化学性质

单质的化学性质通常表现为氧化还原性。

金属单质最突出的性质是它们容易失去电子而表现出还原性，非金属单质的特性是在化学反应中能获得电子而表现出氧化性，但不少非金属单质有时也能表现出还原性。这种性质的变化在通常条件下，基本上是符合周期系中元素金属性和非金属性的递变规律的。在一定条件下，也可以用标准电极电势 $E^{\ominus}$ 的数据来判断单质的氧化还原性的强弱。

1. 金属单质的还原性

1）各区金属单质的活泼性及其递变情况

元素周期表中各区金属单质的活泼性及其递变情况如图 7-1 所示。

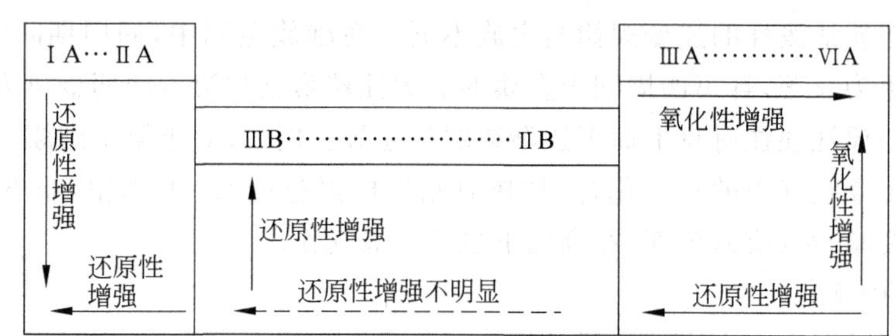

图 7-1　各区金属单质的活泼性及递变

在短周期中，从左到右由于一方面核电荷数的依次增多，原子半径逐渐缩小，另一方面最外层电子数依次增多，使同一周期从左到右金属单质的还原性逐渐减弱。在长周期中总的递变情况和短周期是一致的。但由于副族金属元素的原子半径变化没有主族的显著，而且最外层电子数相同（一般为 ns^2），所以同周期单质的还原性变化不甚明显，而是彼此较为相似。在同一主族中自上而下，随着核电荷数的增加，原子半径的增大，金属单质的还原性逐渐增强；而副族的情况较为复杂，单质的还原性一般自上而下反而减弱。

现就金属与氧的作用和金属的溶解性分述如下。

（1）金属与氧的作用

s 区金属十分活泼，具有很强的还原性，很容易与氧化合，与氧化合的能力基本上符合周期系中元素金属性的递变规律。

s 区金属在空气中燃烧时除能生成正常的氧化物(如 Li_2O、BaO、MgO)外，还能生成过氧化物(如 Na_2O_2、BaO_2)。过氧化物中存在着过氧离子 O_2^{2-}，其中含有过氧键—O—O—。这些过氧化物都是强氧化剂，遇到棉花、木炭或银粉等还原性物质时，会发生爆炸，所以使用它们时要特别小心。

钾、铷、铯以及钙、锶、钡等金属在过量的氧气中燃烧时还会生成超氧化物(如 KO_2，BaO_4 等)。过氧化物和超氧化物都是固体储氧物质，它们与水剧烈反应会放出氧气，又可吸收 CO_2 并产生 O_2，所以较易制备的 KO_2 常用于急救器或装在防毒面具中。

$$2Na_2O_2(s)+2CO_2(g)\rightleftharpoons 2Na_2CO_3(s)+O_2(g)$$

$$4KO_2(s)+2H_2O(g)\rightleftharpoons 4KOH(s)+3O_2(g)$$

$$4KO_2(s)+2CO_2(g)\rightleftharpoons 2K_2CO_3(s)+3O_2(g)$$

p 区金属的活泼性一般远比 s 区金属的要弱。锡、铅、锑、铋等在常温下与空气无显著作用。铝较活泼，容易与氧化合，但在空气中铝能立即生成一层致密的氧化物保护膜，阻止氧化反应的进一步进行，因而在常温下，铝在空气中很稳定。

d 区的大部分金属和 ds 区金属的活泼性也较弱。同周期中各金属单质活泼性的变化情况与主族的相类似，即从左到右一般有逐渐减弱的趋势，但这种变化远没有主族的变化明显。例如，对于第四周期金属单质，在空气中一般能与氧气作用。在常温下钪在空气中迅速氧化，钛、钒对空气都较稳定；铬、锰在空气中能被缓慢氧化，但铬与氧气作用后，表面形成的 Cr_2O_3 也具有阻碍进一步氧化的作用；铁、钴、镍在没有潮气的环境中与空气中氧气的作用并不显著，镍也能形成氧化物保护膜；铜的化学性质比较稳定，而锌的活泼性较强，但锌与氧气作用生成的氧化锌薄膜也具有一定的保护性能。

副族金属单质活泼性的递变规律与主族不同。在副族金属中，同周期间的相似性较同族间的相似性更为显著，且第四周期中金属的活泼性较第五和第六周期金属为强，或者说副族金属单质的还原性往往有自上而下逐渐减弱的趋势。例如，对于第Ⅰ副族，铜(第四周期)在常温下不与干燥空气中的氧气化合，加热时则生成黑色的 CuO，而银(第五周期)在空气中加热也并不变暗，金(第六周期)在高温下也不与氧气作用。

(2) 金属的溶解

金属的还原性还表现在金属单质的溶解过程中。金属在水溶液中的氧化还原反应可以用电极电势予以说明。

s 区金属的标准电极电势代数值一般甚小，用 H_2O 作氧化剂即能将金属溶解(金属被氧化为金属离子)，但铍和镁由于表面形成致密的氧化物保护膜而对水较为稳定。

p 区(除锑、铋外)和第四周期 d 区金属(如铁、镍)以及锌的标准电极电势虽为负值，但其代数值比 s 区金属的要大，能溶于盐酸或稀硫酸等非氧化性酸中而置换出氢气。而第五、六周期 d 区和 ds 区金属以及铜的标准电极电势则多为正值，这些金属单质不溶于非氧化性酸(如盐酸或稀硫酸)中，其中一些金属必须用氧化性酸(如硝酸)予以溶解。一些不活泼的金属如铂、金需用王水溶解，这是由于王水中的浓盐酸可提供配合剂 Cl^- 而与金属离子形成配位个体，从而使金属的电极电势代数值大为减小。

$$3Pt+4HNO_3+18HCl\rightleftharpoons 3H_2[PtCl_6]+4NO\uparrow+8H_2O$$

$$Au+HNO_3+4HCl\rightleftharpoons H[AuCl_4]+NO\uparrow+2H_2O$$

铌、钽、钌、铑、锇、铱等不溶于王水中，但可借浓硝酸和浓氢氟酸组成的混合酸予以溶解。

应当指出，p 区的铝、镓、锡、铅以及 d 区的铬、ds 区的锌等还能与碱溶液作用。例如：

$$2Al + 2NaOH + 2H_2O \rightleftharpoons 2NaAlO_2 + 3H_2\uparrow$$

$$Sn + 2NaOH \rightleftharpoons Na_2SnO_2 + H_2\uparrow$$

这是因为这些金属的氧化物或氢氧化物保护膜具有两性的缘故，或者说由于这些金属的氧化物或氢氧化物保护膜能与过量 NaOH 作用生成配位个体(例如，AlO_2^- 实质上可认为是配位个体$[Al(OH)_4]^-$的简写)。

2) 金属的钝化

前文曾提到一些金属(如铝、铬、镍等)与氧的结合能力较强，但实际上在一定的温度范围内，它们还是相当稳定的。这是由于这些金属在空气中氧化生成的氧化膜具有较显著的保护作用，或称为金属的钝化。粗略地说金属的钝化主要是指某些金属和合金在某种环境条件下丧失了化学活性的行为。最容易产生钝化作用的有铝、铬、镍和钛以及含有这些金属的合金。

金属由于表面生成致密的氧化膜而钝化，不仅在空气中能保护金属免受氧的进一步作用，而且在溶液中还因氧化膜的高电阻有阻碍金属失电子的倾向，引起了电化学极化，从而使金属的析出电势值变大，金属的还原性显著减弱。铝制品可作为炊具，铁制的容器和管道能被用于储运浓 HNO_3 和浓 H_2SO_4，就是由于金属的钝化作用。

金属的钝化对金属材料的制造、加工和选用具有重要的意义。例如，钢铁在 570℃以下经发黑处理所形成的氧化膜 Fe_3O_4 能减缓氧原子深入钢铁内部，而使钢铁受到一定的保护作用；但当温度高于 570℃时，铁的氧化膜中增加了结构较疏松的 FeO，所以钢铁一般对高温抗氧化能力较差。如果在钢中加入铬、铝或硅等，由于它们能生成具有钝化作用的氧化膜，因而能够有效地减慢高温下钢的氧化。一种称为耐热钢的材料就是根据这一原理设计制造的。

2. 非金属单质的氧化还原性

与金属单质不同，非金属单质的特性是易得电子，呈现氧化性，且其性质递变基本上符合周期系中非金属性递变规律及标准电极电势 $E^\ominus$ 的顺序。但除 F_2、O_2 外，大多数非金属单质既具有氧化性又具有还原性。在实际中具有重要意义的可分以下 4 个方面。

(1) 较活泼的非金属单质如 F_2、O_2、Cl_2、Br_2 具有强氧化性，常用做氧化剂。其氧化性强弱可用 $E^\ominus$ 定量判别，对于指定反应既可以从 $E_+ > E_-$，也可从反应的 $\Delta G < 0$ 来判断反应自发进行的方向。例如，盐卤水约含碘 0.5～0.7 $g \cdot dm^{-3}$，若通入氯气可制碘。

$$Cl_2 + 2I^- = 2Cl^- + I_2$$

此时必须注意，通入的氯气不能过量，因为过量 Cl_2 可将 I_2 进一步氧化为无色 IO_3^- 而得不到预期的产品 I_2：

$$5Cl_2 + I_2 + 6H_2O \rightleftharpoons 10Cl^- + 2IO_3^- + 12H^+$$

从电极电势看，这是由于 $E^\ominus(Cl_2/Cl^-) = 1.36\ V > E^\ominus(IO_3^-/I_2) = 1.195\ V$，$Cl_2$ 具有较强的氧化性，I_2 则具有一定的还原性。

(2) 较不活泼的非金属单质如 C、H_2、Si 常用做还原剂。例如，作为我国主要燃料的煤或用于炼铁的焦炭，就是利用碳的还原性；硅的还原性不如碳强，不与任何单一的酸作用，但能溶于 HF 和 HNO_3 的混合酸中，也能与强碱作用生成硅酸盐和氢气：

$$3Si + 18HF + 4HNO_3 \rightleftharpoons 3H_2[SiF_6] + 4NO\uparrow + 8H_2O \quad E^\ominus([SiF_6]^{2-}/Si) = -1.24\ V$$

$$Si + 2NaOH + H_2O \rightleftharpoons Na_2SiO_3 + 2H_2\uparrow \quad E^\ominus(SiO_3^{2-}/Si) = -1.73\ V$$

(3) 较不活泼的非金属单质在一般情况下还原性不强，不与盐酸或稀硫酸等作用。但碘、硫、磷、碳、硼等单质均能被浓硝酸或浓硫酸氧化生成相应的氧化物或含氧酸，例如：

$$S + 2HNO_3(浓) \rightleftharpoons H_2SO_4 + 2NO(g)$$

$$2H_2SO_4(浓) + C \rightleftharpoons CO_2(g) + 2SO_2(g) + 2H_2O$$

(4) 大多数非金属单质既具有氧化性又具有还原性，其中 Cl_2、Br_2、I_2、P_4、S_8 等能发生歧化反应。

以 H_2 为例，高温时氢气变得较为活泼，能在氧气中燃烧，产生无色但温度较高的火焰，称为氢氧焰。氢氧焰可用于焊接钢板、铝板以及不含碳的合金等。在一定条件下，氢气和氧气的混合气体遇火能发生爆炸，因此工程或实验室中使用氢气时要注意安全。

氢气与活泼金属反应时则表现出氧化性，例如：

$$2Li + H_2 \rightleftharpoons 2LiH$$

$$Ca + H_2 \rightleftharpoons CaH_2$$

7.4 单质的制取方法

根据元素的存在状态及其性质，单质的制取大致有 5 种方法：物理分离法、热分解法、电解法、热还原法和氧化法。

1. 物理分离法

物理分离法适用于天然单质的提取。一般是利用要提取的单质与杂质在某些物理性质(密度、沸点)上的显著差异进行分离、提取。我们所熟悉的淘金、液态空气分馏等均属于物理分离法。

2. 热分解法

对于热稳定性差的某些金属化合物，如 Ag_2O、HgS、Au_2O_3、$[Ni(CO)_4]$等，受热易分解为金属单质。例如：

$$HgS(s) + O_2 \xrightarrow{\triangle} Hg(l) + SO_2(g)$$

热分解法还常用于制备一些高纯单质，例如，将粗 Zr 和 I_2 在装有炽热灯丝的密闭容器中加热到 600℃时生成 ZrI_4，而 ZrI_4 在 1800℃时又可分解为纯 Zr 和 I_2(I_2 可循环使用)：

$$Zr(粗) + 2I_2 \xrightarrow{600℃} ZrI_4$$

$$ZrI_4 \xrightarrow{1800℃} Zr(纯) + 2I_2$$

3. 电解法

电解法适用于活泼金属和非金属单质的制取。例如，电解熔融 NaCl 制备 Na：

$$2NaCl(熔体) \xrightarrow{电解} 2Na + Cl_2(g)$$

电解熔融 Al_2O_3 制备 Al：

$$2Al_2O_3(熔体) \xrightarrow{电解} 4Al + 3O_2(g)$$

电解 NaCl 溶液制备 Cl_2、H_2：

$$2NaCl + 2H_2O \xrightarrow{电解} 2NaOH + H_2(g) + Cl_2(g)$$

4. 热还原法

热还原法是使用还原剂还原化合物(如氧化物、硫化物等)制取金属单质的一种方法。一般常用焦炭、CO、H_2、活泼金属等作为还原剂。例如：

$$Fe_2O_3 + 2Al \xrightarrow{\triangle} 2Fe + Al_2O_3$$

$$2ZnO + C \xrightarrow{\triangle} 2Zn + CO_2\uparrow$$

$$MnO_2 + 2CO \xrightarrow{\triangle} Mn + 2CO_2\uparrow$$

$$WO_3 + 3H_2 \xrightarrow{\triangle} W + 3H_2O\uparrow$$

$$2Ca_3(PO_4)_2 + 10C + 6SiO_2 \xrightarrow{\triangle} 6CaSiO_3 + 10CO\uparrow + P_4\uparrow$$

5. 氧化法

氧化法是使用氧化剂制取单质的一种方法。例如，可用空气氧化法从黄铁矿中提取硫：

$$3FeS_2 + 6C + 8O_2 \xrightarrow{\triangle} Fe_3O_4 + 6CO_2(g) + 6S(g)$$

冷却硫蒸气可得粉末状的硫。

又如，目前提取黄金所用的氰化法：把金矿粉用水、石灰扮成浆状，再加入 NaCN (0.03%～0.08%)溶液，在此溶液中，金被空气中的 O_2 氧化，形成配合物而溶解：

$$4Au + 8NaCN + O_2 + 2H_2O \xrightarrow{\triangle} 4NaOH + 4Na[Au(CN)_2]$$

过滤除去泥砂，加入锌，金即被置换出来：

$$2Na[Au(CN)_2] + Zn \xrightarrow{\triangle} Na_2[Zn(CN)_4] + 2Au$$

此法效率很高。用此法也可提取银，但其严重缺点是所用氰化物为剧毒物质，因此使用时务必注意安全和环境保护。上世纪80年代后科学家们开始试验用硫脲法提金：

$$Au + 2SC(NH_2)_2 + \frac{1}{4}O_2 + H^+ \xrightarrow{\triangle} [Au(SCN_2H_4)_2]^+ + \frac{1}{2}H_2O$$

虽然已取得很好效果，但目前尚未形成生产规模。

7-1 在地壳中分布最广的是哪10种元素？

7-2 元素按性质分几类？化学上又如何分类？稀有元素分为几类？

7-3 试写出稀有气体元素的符号和名称。

7-4 单质的晶体结构及物理性质有何变化规律？

7-5 试述元素单质的制备方法。

7-6 为什么常用铝代替铜制造电线，特别是高压电缆？

7-7 为什么国外已有试用金属钠作导线？用钠作导线应注意什么问题？

习题

7-1 CO_2 和 SiO_2 的化学式相似，但是性质完全不同，为什么？

7-2 写出下列物质中哪些是氧化物，哪些是过氧化物和超氧化物：

(1) SnO_2 (2) Na_2O_2 (3) KO_2 (4) RbO_2

(5) SrO_2 (6) MnO_2 (7) BaO_2 (8) Mn_2O_7

7-3 画出元素周期表中各区金属单质的活泼性及其递变情况图。

7-4 写出钾与氧气作用分别生成氧化物、过氧化物和超氧化物的化学反应方程式以及这些生成物与水反应的化学方程式。

7-5 写出下列反应的化学方程式，并指出这些酸中起氧化作用以及起配合作用的元素：

(1) 锌与稀硫酸 (2) 铜与浓硝酸 (3) 金与王水

7-6 H_2O_2 在酸性介质中分别遇到 KI、Cl_2、$KMnO_4$ 和 $K_2Cr_2O_7$ 时，何者是氧化剂？根据标准电极电势来判断，写出反应方程式。

第8章

s区和p区元素选述

8.1 s区元素选述

s区元素包括氢(hydrogen)和ⅠA族的碱金属(alkali metals)及ⅡA族的碱土金属(alkaline earth metals)元素。

氢是周期表中第一个元素，氢原子是所有元素中最小、最简单的原子。氢原子的核外电子排布为$1s^1$，它可以失去1个电子形成H^+，又与卤素原子相类似，形成双原子的气态分子，并且可与碱金属作用形成H^-。因此氢在周期表中的位置是不易确定的，可以把氢归于第ⅠA族中，也可以将氢归于第ⅦA族中。但通常人们把它放在第ⅠA族的位置上。

碱金属元素包括锂(lithium)、钠(sodium)、钾(potassium)、铷(rubidium)、铯(cesium)、钫(francium)6种元素，构成周期表的ⅠA族。由于它们的氢氧化物都是易溶于水的强碱，所以称它们为碱金属元素。

碱土金属元素包括铍(beryllium)、镁(magnesium)、钙(calcium)、锶(strontium)、钡(barium)、镭(radium)6种元素，构成周期表的第ⅡA族。由于钙、锶、钡的氧化物在性质上介于"碱性的"碱金属氧化物和"土性的"难溶的氧化物Al_2O_3等之间，故称碱土金属。现在习惯上把铍和镁也包括在碱土金属之中。

8.1.1 氢

氢是一种最原始的化学元素。氢所具有的一些独特性质是由氢原子独特的原子结构、特别小的半径和低的电负性决定的。因此要把氢作为独立的元素加以考虑。

氢有三种同位素(isotope)，分别为氕(protium，^1_1H)、氘(deuterium，^2_1H或D)、氚(tritium，^3_1H或T)。这三种同位素的化学性质完全一样。

1. 氢原子的成键特征

由于氢的电子结构为$1s^1$，且电负性为2.2，所以它与其他元素的原子化合时，有以下几种成键情况。

1) 离子键

当H与电负性很小的活泼金属(如Na、K、Ca等)形成氢化物时，H原子获得1个电子形成氢负离子，此类反应只在高温条件下进行。H^-因具有较大的半径(208 pm)和强的还原性，仅存在于固态离子型氢化物晶体中。

氢原子失去电子可以生成 H^+。由于 H^+ 的半径很小，产生很强的极化作用，在与其他物质共存时，不能独立存在。如在 HCl 水溶液中，H^+ 以 H_3O^+ 的形式存在。只有在气态时可以检测到独立的 H^+。

2）共价键

（1）两个 H 原子能形成一个非极性的共价单键，如 H_2 分子。

（2）H 原子与非金属元素的原子化合时，形成极性共价键，例如 HCl 分子。键的极性随非金属元素原子的电负性增大而增强。

3）特殊的键型

（1）H 原子可以填充到过渡金属晶格的空隙中，形成一类非整比化合物，一般称为金属型氢化物，例如 $ZrH_{1.30}$ 和 $LaH_{2.86}$ 等。

（2）在硼氢化合物（如乙硼烷 B_2H_6）和某些过渡金属配合物（如 $H[Cr(CO)_5]_2$）中存在着氢桥键（氢桥键是一种特殊的共价键，B 利用 sp^3 杂化轨道，与 H 形成三中心两电子键，即氢桥）。

（3）形成氢键。在含有强极性键的共价氢化物中（如 H_2O、HF 和 NH_3），近乎裸露的 H 原子核可以定向吸引邻近电负性大、半径小的原子（F、O、N 等）上的孤电子对而形成分子间或分子内氢键。

2. 氢化物

氢化物是氢与其他元素形成的二元化合物。在周期表中，除稀有气体外的元素几乎都可以与氢形成氢化物。

1）离子型氢化物

当氢与碱金属和碱土金属（铍和镁除外）直接化合时，生成离子型化合物：

$$2M + H_2 = 2MH \quad （如：KH、NaH）$$

$$M + H_2 = MH_2 \quad （如：CaH_2）$$

常温下，所有纯的离子型氢化物都是白色晶体，其性质类似盐，因此，离子型氢化物又称为盐型氢化物。这类氢化物具有离子化合物的特征，如熔点、沸点较高，熔融时能够导电等。

离子型氢化物中氢的氧化数为－1，具有强烈的失电子趋势，是很强的还原剂。在水溶液中与水强烈反应放出氢气，使溶液呈强碱性，例如：

$$MH + H_2O = MOH + H_2\uparrow$$

$$MH_2 + 2H_2O = M(OH)_2 + 2H_2\uparrow$$

离子型氢化物具有良好的还原性，是极强的还原剂，$E^\ominus(H_2/H^-) = -2.25\ V$。例如：

$$TiCl_4 + 4NaH = Ti + 4NaCl + 2H_2\uparrow$$

$$NaH + ROH = NaOR + H_2\uparrow$$

当氢分子与碱金属等活泼金属在较高温度下直接化合时，H 原子获得 1 个电子生成氢负离子 H^-。因 $\frac{1}{2}H_2 + e^- \longrightarrow H^-$，$\Delta H^\ominus > 0$，是吸热反应，所以离子型氢化物需要在较高温度下生成。

碱金属和碱土金属（铍、镁除外）在加热时与氢生成的离子型氢化物，除了 LiH 和 BaH_2 具有较高的熔点外，其他碱金属和碱土金属的氢化物均在熔化前就分解成单质。

LiH、CaH_2、SrH_2 在干燥空气中尚稳定，但其他离子型氢化物在空气中会自然。LiH 能在乙醚中同 B^{3+}、Al^{3+}、Ga^{3+} 等的无水氯化物结合成复合氢化物，如氢化铝锂的生成：

$$4LiH + AlCl_3 \xrightarrow{乙醚} Li[AlH_4] + 3LiCl$$

这类化合物包括 $Na[BH_4]$、$Li[AlH_4]$ 等，其中 $Li[AlH_4]$ 是最重要的还原剂。

氢化铝锂在干燥空气中较稳定，遇水则发生猛烈的反应：

$$Li[AlH_4] + 4H_2O \xlongequal{} LiOH\downarrow + Al(OH)_3\downarrow + 4H_2\uparrow$$

最有实用价值的是 CaH_2、LiH、NaH。由于 CaH_2 反应性能最弱（较为安全），在工业规模的还原反应中用作氢气源，制备硼、钛、钒和其他单质，而且也可用作微量水的干燥剂。$Li[AlH_4]$ 在有机合成工业中用于有机官能团的还原，例如，将醛、酮、羧酸等还原为醇，将硝基还原为氨基等，在高分子化学工业中用作某些高分子聚合反应的引发剂。离子型氢化物在其他化学工业中和科学研究中都有广泛的应用。

2）共价型氢化物

共价型氢化物也称分子型氢化物。p区元素（稀有气体、铟、铊除外）与氢结合可生成共价型氢化物，通常情况下为无色气体或挥发性液体，不导电。当其结构相似时，氢化物的熔点、沸点随相对分子质量的增大而升高。所以在同一主族中，沸点自上而下，逐渐升高。但由于 HF、NH_3、H_2O 分子间存在氢键，而使其沸点高于同族相邻元素氢化物的沸点。

根据共价型氢化物结构中价层电子构型和成键情况的差异，可将氢化物分为以下几类：

（1）缺电子氢化物

ⅢA族的元素B和Al的氢化物都属于缺电子氢化物。在乙硼烷 B_2H_6 分子中，中心原子硼未满足8电子构型，两个B原子通过氢桥键连在一起，形成一个三中心二电子键。

（2）满电子氢化物

中心原子的价电子全部参与成键，没有剩余的非键电子，满足了8电子构型，形成满电子氢化物，如 CH_4、SiH_4 等。

（3）富电子氢化物

中心原子成键后，还有剩余的孤电子对，ⅤA、ⅥA、ⅦA族的氢化物都属于富电子氢化物。富电子氢化物作为路易斯碱（配位体），可以与金属离子（路易斯酸）形成大量的配合物或形成氢键。

3）金属型氢化物

金属型氢化物也称为过渡型氢化物。d区和f区元素一般都能形成此类化合物。这类氢化物组成不符合正常化合价规律，如，氢化镧 $LaH_{2.76}$、氢化铈 $CeH_{2.69}$、氢化钯 $PdH_{0.8}$ 等。在此类氢化物晶格中，金属原子的排列基本上保持不变，氢原子占据金属晶格中的空隙位置，使得相邻金属原子间距离稍有增加，所以，这类氢化物也被称为间充型氢化物。

某些过渡金属具有可逆吸收和释放氢气的特性，例如：

$$2Pd + H_2 \underset{放氢}{\overset{吸氢}{\rightleftharpoons}} 2PdH \quad \Delta H^{\ominus} < 0$$

这类金属氢化物可作储氢材料。钯、钯合金及铀都是强吸氢材料，但价格昂贵。$LaNi_5$ 是一种极佳的储氢材料，它在空气中稳定，吸氢和放氢过程可以反复进行，其性质不会发生改变：

$$LaNi_5 + 3H_2 \underset{微热}{\overset{298K、2.5\times10^2 kPa}{\rightleftharpoons}} LaNi_5H_6$$

除了 $LaNi_5$ 外，La-Ni-Cu、Zr-Al-Ni、Ti-Fe 等吸氢材料也正在研究中。

3. 氢能源

氢能(hydrogen energy)是氢气和氧气反应所产生的能量，是氢的化学能。在众多的新能源中，氢能是 21 世纪最有希望的二级能源(指必须由一种初级能源如煤、太阳能等来生产的能源)。氢气作为动力燃料有以下几大优点：

(1) 资源丰富。地球表面拥有丰富的水资源，而水中含氢达 11.1%，如能实现太阳能分解水制氢，则经济上很有意义。

(2) 燃料热值大。燃烧 1 kg 氢可发热 1.25×10^6 kJ，相当于 3 kg 汽油或 4.5 kg 焦炭的发热量。

(3) 干净、无毒。氢气燃烧后只生成水，不污染环境。

(4) 应用范围广，适用性强。氢气发动机既可用于飞机和宇宙飞船，也可用于汽车，还可制成氢氧燃料电池。

有关氢能源的研究，目前面临三大课题：氢气的制取、氢气的储存和输送、氢气作为能源的利用。高效率制氢的基本途径是利用太阳能。目前利用太阳能分解水制氢的方法有太阳能热分解水制氢、太阳能发电电解水制氢、阳光催化光解水制氢、太阳能生物制氢等。利用太阳能制氢有重大的现实意义，但却是一个十分困难的研究课题，有大量的理论问题和工程技术问题要解决，然而世界各国都十分重视，投入不少的人力、财力、物力，并且也已取得了多方面的进展。因此，以太阳能制得的氢能，将成为人类普遍使用的一种优质、干净的燃料。此外，由于氢容易气化、着火、爆炸，安全可靠的储氢和输氢方法也成为开发氢能的关键问题。

8.1.2 碱金属和碱土金属元素的化合物

ⅠA 和ⅡA 族元素常见的氧化数分别为+1 和+2，这与它们的族号相一致。常见的ⅠA、ⅡA 族元素的化合物以离子型为主。由于 Li^+、Be^{2+} 的半径远小于同族其他阳离子，故锂、铍的化合物具有一定程度的共价性。

1. 氧化物

碱金属和碱土金属能形成正常氧化物(含有 O^{2-})、过氧化物(含有 O_2^{2-})、超氧化物(含有 O_2^-)、臭氧化物(含有 O_3^-)及低氧化物。s 区元素所形成的氧化物列于表 8-1 中。

表 8-1 s 区元素形成的氧化物

	在空气中直接形成	间接形成
正常氧化物	Li、Be、Mg、Ca、Sr、Ba	ⅠA、ⅡA 所有元素
过氧化物	Na	除 Be 外的所有元素
超氧化物	Na、K、Rb、Cs	除 Be、Mg、Li 外的所有元素
臭氧化物		除 Li 外ⅠA 元素
低氧化物		Rb 和 Cs

1）正常氧化物

碱金属中的锂和所有碱土金属在空气中燃烧时，分别生成正常氧化物 Li_2O 和 MO。其他碱金属的正常氧化物是用金属与它们的过氧化物或硝酸盐相作用而制得，例如：

$$Na_2O_2 + 2Na = 2Na_2O$$

$$2KNO_3 + 10K = 6K_2O + N_2 \uparrow$$

碱土金属氧化物也可以由它们的碳酸盐或硝酸盐加热分解而得到，例如：

$$CaCO_3 \xrightarrow{\triangle} CaO + CO_2 \uparrow$$

$$2Sr(NO_3)_2 \xrightarrow{\text{强热}} 2SrO + 4NO_2 + O_2 \uparrow$$

碱土金属的氧化物均为白色粉末，一般来说在水中溶解度较小，硬度和熔点都很高。BeO 和 MgO 常用来制造耐火材料和金属陶瓷。特别是 BeO，还具有反射放射性射线的能力，常用作原子反应堆外壁砖块材料。

2）过氧化物

过氧化物是含有过氧基（—O—O—）的化合物，可看作 H_2O_2 的衍生物。除铍外，所有碱金属和碱土金属都能形成离子型过氧化物。

$$2M + O_2 = M_2O_2 \text{（M 表示碱金属）}$$

$$M + O_2 = MO_2 \text{（M 表示碱土金属）}$$

Na_2O_2 是化学工业中最常用的碱金属过氧化物。纯的 Na_2O_2 为白色粉末，工业品一般为浅黄色。Na_2O_2 在碱性介质中是强氧化剂，常用作熔矿剂，以使既不溶于水又不溶于酸的矿石被氧化分解为可溶于水的化合物。例如：

$$2Fe(CrO_2)_2 + 7Na_2O_2 = 4Na_2CrO_4 + Fe_2O_3 + 3Na_2O$$

Na_2O_2 与水或稀酸作用产生 H_2O_2，H_2O_2 立即分解放出氧气。所以过氧化钠常用作纺织品、麦秆、羽毛等的漂白剂和氧气发生剂。

在潮湿的空气中，过氧化钠能吸收二氧化碳并放出氧气：

$$2Na_2O_2 + 2CO_2 = 2Na_2CO_3 + O_2 \uparrow$$

因此，过氧化钠广泛用于防毒面具、高空飞行和潜水艇中，吸收人们放出的二氧化碳并供给氧气。

在酸性介质中，当遇到像高锰酸钾这样的强氧化剂时，过氧化钠就显还原性了，过氧离子被氧化成氧气单质：

$$5O_2^{2-} + 2MnO_4^- + 16H^+ = 2Mn^{2+} + 5O_2 \uparrow + 8H_2O$$

Na_2O_2 也用于纺织、纸浆的漂白。Na_2O_2 在熔融时几乎不分解，但遇到棉花、木炭或铝粉等还原性物质时，就会发生爆炸，故使用 Na_2O_2 时要特别小心。

3）超氧化物

除了锂、铍、镁外，碱金属和碱土金属都能形成超氧化物。其中钠、钾、铷、铯在过量的氧气中燃烧可直接生成超氧化物，例如：

$$K + O_2 = KO_2$$

超氧化钾 KO_2、超氧化铷 RbO_2 和超氧化铯 CsO_2 中都含有超氧离子，因为超氧离子中有一个未成对的电子，所以超氧化物有顺磁性并呈现出颜色。超氧化钾是橙黄色，超氧化铷是深棕色，超氧化铯是深黄色。

超氧化物都是强氧化剂。室温下，超氧化物也可以与水或稀酸剧烈地反应生成 H_2O_2，H_2O_2 又分解而放出氧气：

$$2KO_2+2H_2O \longrightarrow 2KOH+H_2O_2+O_2\uparrow$$

$$2KO_2+H_2SO_4 \longrightarrow K_2SO_4+H_2O_2+O_2\uparrow$$

$$2H_2O_2 \longrightarrow 2H_2O+O_2\uparrow$$

超氧化物也可以除去二氧化碳并再生出氧气：

$$4KO_2+2CO_2 \longrightarrow 2K_2CO_3+3O_2\uparrow$$

因此，超氧化物也常被用来制作防毒面具、高空飞行、潜水的供氧剂，还可以用于漂白剂、消毒剂、去臭剂、氧化剂等。

4）臭氧化物和低氧化物

在低温下通过 O_3 与粉末状无水碱金属（除 Li 外）氢氧化物反应，并用液氨提取，即可得到红色的 MO_3 固体：

$$3MOH(s)+2O_3(g) \longrightarrow 2MO_3(s)+MOH\cdot H_2O(s)+\frac{1}{2}O_2\uparrow$$

室温下，臭氧化物缓慢分解为 MO_2 和 O_2：

$$2MO_3 \longrightarrow 2MO_2+O_2\uparrow$$

臭氧化物与水反应，则生成 MOH 和 O_2：

$$4MO_3+2H_2O \longrightarrow 4MOH+5O_2\uparrow$$

Rb 和 Cs 除可形成以上氧化物外，还可形成低氧化物，如低温时，Rb 发生不完全氧化可得到 Rb_6O，它在 -7.3℃以上时分解为 Rb_9O_2：

$$2Rb_6O \xrightarrow{\geqslant -7.3℃} Rb_9O_2+3Rb$$

Cs 可形成一系列低氧化物，如 Cs_7O（青铜色）、Cs_4O（红紫色）、$Cs_{11}O_3$（紫色晶体）、$Cs_{3+x}O$（为非化学计量物质）等。

2. 氢氧化物

碱金属和碱土金属的氧化物（除 BeO、MgO 外）与水作用，即可得到相应的氢氧化物，并伴随着释放出大量热：

$$M_2O+H_2O \longrightarrow 2MOH$$

$$MO+H_2O \longrightarrow M(OH)_2$$

碱金属和碱土金属的氢氧化物均为白色固体，易潮解，在空气中吸收 CO_2 生成碳酸盐。由于碱金属氢氧化物对纤维、皮肤有强烈的腐蚀作用，故称为苛性碱。

碱金属和碱土金属氢氧化物中，除 $Be(OH)_2$ 为两性氢氧化物外，其余的氢氧化物都是强碱或中强碱，并且同族元素（ⅠA 和ⅡA）自上而下氢氧化物的碱性增强可用 R—O—H 规则说明。

1）R—O—H 规则

氢氧化物酸碱性递变规律可用 R—O—H 规则来说明。氧化物的水合物都可以用通式 $R(OH)_n$ 表示。其中 R 代表成碱或成酸元素的离子（即代表 R^{n+}）。R—O—H 在水中有两种解离方式：

$$\underset{\text{酸式解离}}{RO^- + H^+} \longleftarrow R—O—H \longrightarrow \underset{\text{碱式解离}}{R^+ + OH^-}$$

R—O—H 究竟进行酸式解离还是碱式解离，或者兼而有之，与阳离子的极化作用有关。卡特雷奇(G．H．Cartledge)提出以“离子势”来衡量阳离子极化作用的强弱：

$$离子势(\Phi) = \frac{阳离子电荷(z)}{阳离子半径(r)}$$

式中，r 的单位为 pm。在 R—O—H 中，若 R 的 Φ 值大，R 的电场强，其极化作用强，氧原子的电子云将偏向 R，使得 O—H 键被削弱，则 R—O—H 按酸式解离；若 R 的 Φ 值小，R 的电场弱，R 对氧原子上电子云的吸引力变弱，使 O—H 键较强，H^+ 不易解离，则 R—O—H 按碱式解离。因此可用$\sqrt{\Phi}$值作为判断 R—O—H 酸、碱性的标度。

$\sqrt{\Phi}$值	<7	7～10	>10
R—O—H 酸碱性	碱性	两性	酸性

碱金属和碱土金属氢氧化物的酸碱性递变与$\sqrt{\Phi}$值的关系见表 8-2。

表 8-2　碱金属、碱土金属氢氧化物的酸碱性

碱金属氢氧化物	$\sqrt{\Phi}$值	碱土金属氢氧化物	$\sqrt{\Phi}$值
LiOH	4.08	$Be(OH)_2$	8.03
NaOH	3.26	$Mg(OH)_2$	5.53
KOH	2.75	$Ca(OH)_2$	4.49
RbOH	2.59	$Sr(OH)_2$	4.21
CsOH	2.43	$Ba(OH)_2$	3.86

左侧箭头（向下）：碱性增强；右侧箭头（向下）：$\sqrt{\Phi}$值减少；底部箭头（向左）：$\sqrt{\Phi}$值减少，碱性增强

从表 8-2 所列的$\sqrt{\Phi}$值可见，$Be(OH)_2$ 为两性氢氧化物，其余都是碱性氢氧化物。同一族元素，氢氧化物的碱性自上而下逐渐增强；在同一周期，氢氧化物的碱性从右到左依次增强。

用离子势判断氧化物水合物的酸碱性只是一个统计性的经验规律。事实表明，它对某些物质是不适用的，如 $Zn(OH)_2$ 的 Zn^{2+} 离子半径为 74 pm，$\sqrt{\Phi}=5.2$，按酸碱性的标度 $Zn(OH)_2$应为碱性，而实际上 $Zn(OH)_2$ 为两性，这说明除了离子电荷、半径外，还有别的因素如离子的电子构型等，会影响氧化物水合物的酸碱性。

2）氢氧化物的溶解性

碱金属的氢氧化物都易溶于水，仅 LiOH 溶解度较小。碱土金属氢氧化物在水中的溶解度比碱金属的氢氧化物小得多，并且同族元素的氢氧化物的溶解度自上而下逐渐增大，这是因为随着阳离子半径的增大，阳离子和阴离子之间的吸引力逐渐减小，易被水分子拆开的缘故。同理，在同一周期内，从 M(Ⅰ)到 M(Ⅱ)随着离子半径的减小和离子电荷的增多，氢氧化物的溶解度减小。

碱土金属氢氧化物中，较重要的是氢氧化钙 $Ca(OH)_2$(即熟石灰)。它的溶解度不大，

且随温度升高而减小。如果配成石灰水，浓度小而碱性弱，不便使用；若配成石灰乳，在石灰乳中由于存在着如下平衡：

$$Ca(OH)_2(s) \rightleftharpoons Ca^{2+} + 2OH^-$$

使用时，随着 OH^- 的消耗，平衡就向右移动，石灰乳中的固体小粒能继续溶解，供给 OH^-。当我们需要碱时，如果不需要高浓度 OH^-，而且 Ca^{2+} 的存在并不妨碍所进行的反应时，则可以使用价廉易得的 $Ca(OH)_2$。

3. 重要盐类及性质

碱金属、碱土金属最常见的盐有卤化物、硫酸盐、硝酸盐、碳酸盐和磷酸盐，它们存在着以下共性。

1）晶体的类型(键型)

绝大多数碱金属、碱土金属盐类的晶体属于离子晶体，具有较高的熔点和沸点。只有 Be^{2+} 半径小，电荷较多，极化力较强，当它与易变形的阴离子如 Cl^-、Br^-、I^- 结合时，其化合物已过渡为共价化合物。例如 $BeCl_2$ 有较低的熔点，易于升华，能溶于有机溶剂中，这些性质都表明 $BeCl_2$ 是一个共价化合物。

2）颜色

碱金属和碱土金属的离子都是无色的。只要阴离子是无色的，例如 X^-（卤素离子）、O^{2-}、NO_3^-、ClO_3^-、CO_3^{2-} 等，它们的化合物都是无色或白色的(少数氧化物例外)；若阴离子是有色的，则它们的化合物常显阴离子的颜色，如 CrO_4^{2-} 是黄色的，$BaCrO_4$ 和 K_2CrO_4 也为黄色；MnO_4^- 是紫红色的，$KMnO_4$ 也为紫红色。

3）热稳定性

一般来说，碱金属盐具有较高的热稳定性。卤化物在高温时挥发而不分解；硫酸盐在高温时既不挥发又难分解；碳酸盐除 Li_2CO_3 在 1000℃以上部分地分解为 Li_2O 和 CO_2 外，其余皆不分解；唯有硝酸盐的热稳定性较差，加热到一定温度即可分解：

$$4LiNO_3 \xrightarrow{650℃} 2Li_2O + 4NO_2\uparrow + O_2\uparrow$$

$$2NaNO_3 \xrightarrow{830℃} 2NaNO_2 + O_2\uparrow$$

$$2KNO_3 \xrightarrow{630℃} 2KNO_2 + O_2\uparrow$$

碱土金属的碳酸盐在常温下是稳定的($BeCO_3$ 除外)，只有在强热的情况下，才能分解为相应的 MO 和 CO_2。

4）溶解度

碱金属的盐类一般都易溶于水。仅有少数碱金属盐微溶于水，一类是若干锂盐如 LiF、Li_2CO_3、Li_3PO_4 等；另一类是 K^+、Rb^+、Cs^+(以及 NH_4^+)同某些较大阴离子所成的盐，例如高氯酸钾($KClO_4$)、六氯合铂酸钾(K_2PtCl_6)、四苯硼酸钾[$KB(C_6H_5)_4$]、六氯合锡酸铷(Rb_2SnCl_6)等。

碱土金属中，铍盐多数是易溶的，镁盐有部分易溶，钙、锶、钡的盐则多为难溶。并按从 Be 到 Ba 的顺序，硫酸盐和铬酸盐的溶解度递减，氟化物的溶解度递增。铍盐和可溶性钡盐均有毒。

8.1.3 锂、铍的特殊性与对角线规则

一般来说，碱金属元素性质的递变很有规律，但是位于第二周期的锂、铍与ⅠA、ⅡA族其他金属及其化合物在性质上有明显的区别。由于锂、铍的原子体积很小并具有2电子构型的结构，核对外层电子屏蔽作用很小，表现出较高的电离能，使锂、铍的许多化合物中的键是共价键而不是离子键。体积很小的 Li^+ 和 Be^{2+} 具有很高的“电荷/半径”比，因此对其他离子和极性分子产生特别强的吸引力。这种吸引力导致晶格能和水化能均很高，这是造成锂、铍离子型化合物的许多反常性质的原因。

1. 锂的特殊性

(1) 锂的熔、沸点高，硬度大。与氧气反应只生成普通氧化物 Li_2O。

(2) Li^+ 及其化合物易生成水合物。LiOH、Li_2CO_3、$LiNO_3$ 热稳定性差，加热可分解为 Li_2O。

(3) Li可生成离子型化合物 Li_3N 和 Li_2C_2。Li不能生成固体酸式碳酸盐，它只能在溶液中存在。

(4) 与相应的镁盐相似，LiF、Li_2CO_3、Li_3PO_4 均难溶于 H_2O，LiOH仅微溶于水。

2. 铍的特殊性

(1) Be原子有很强的生成共价化合物的倾向，其化合物的熔点都较低。

(2) 铍能生成许多配合物，如 $M_2[BeF_4]$。铍盐在水中强烈水解生成四面体的配位个体 $[Be(H_2O)_4]^{2+}$。

(3) 铍盐是已知的最易溶的盐，铍盐极易水解。铍的化合物有极高的毒性。

(4) 与金属铝一样，铍是两性金属，与酸反应缓慢放出氢气：

$$Be + H_2SO_4 \longrightarrow BeSO_4 + H_2\uparrow$$

用氢氧化钠处理铍，同样也能放出氢气：

$$Be + 2NaOH \longrightarrow Na_2BeO_2 + H_2\uparrow$$

同理，氧化铍BeO和氢氧化铍 $Be(OH)_2$ 也都具有两性。

3. 对角线规则

在周期系中，某元素的性质和它左上方或右下方另一元素性质的相似性，称为对角线规则。这种相似性特别明显地存在于下列三对元素之间：

Li Be B C

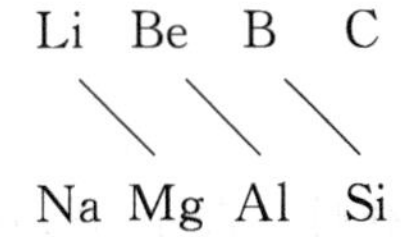

Na Mg Al Si

对角线规则可用离子极化概念粗略地说明。一般来说，若正离子极化力接近，它们形成的化学键性质就相近，因而相应化合物的性质便呈现出某些相似性。由于Li—Mg、Be—Al、B—Si的离子势 Φ 数据分别为：Li^+ 9.6，Mg^{2+} 13.1；Be^{2+} 21.8，Al^{3+} 31.0；B^{3+} 60，

Si^{4+} 69.4 较相近，故性质相似。

锂与镁的相似性表现在：

(1) 锂和镁在过量的氧中燃烧时，并不形成过氧化物，而生成正常的氧化物。

(2) 锂和镁直接与碳、氮化合，生成相应的碳化物或氮化物。例如：

$$6Li + N_2 \xlongequal{} 2Li_3N$$

$$3Mg + N_2 \xlongequal{} Mg_3N_2$$

(3) Li^+ 和 Mg^{2+} 都有很大的水合能力。

(4) 锂和镁的氢氧化物均为中等强度的碱，在水中溶解度不大，加热时可分解为 Li_2O 和 MgO。其他碱金属氢氧化物均为强碱，且加热至熔融也不分解。

(5) 锂和镁的硝酸盐在加热时，均能分解成相应的氧化物 Li_2O、MgO 及 NO_2 和 O_2。

(6) 锂和镁的某些盐类和氟化物、碳酸盐、磷酸盐等均难溶于水。氯化物都具有共价性，能溶于有机溶剂如乙醇中。它们的水合氯化物晶体受热时都会发生水解反应：

$$LiCl \cdot H_2O \xrightarrow{\triangle} LiOH + HCl\uparrow$$

$$MgCl_2 \cdot 6H_2O \xrightarrow{\triangle} Mg(OH)Cl + 5H_2O(g) + HCl(g)$$

铍与铝的相似性表现在：

(1) 铍和铝都是两性金属，其氢氧化物也均为两性，既能溶于酸也能溶于碱。

(2) 铍和铝经浓硝酸处理都表现钝化。

(3) BeO 和 Al_2O_3 都有高熔点和高硬度。

(4) 铍和铝的氯化物是共价分子，能通过氯桥键形成双聚分子，易升华、易聚合，易溶于有机溶剂。

8.2 p区元素选述

p区元素包括周期系中的ⅢA～ⅦA五个主族和零族元素，它们分别称为硼族(ⅢA)、碳族(ⅣA)、氮族(ⅤA)、氧族(ⅥA)、卤素(ⅦA)和稀有气体(零族)。该区元素沿硼(B)—硅(Si)—砷(As)—碲(Te)—砹(At)对角线将其分为两部分，对角线右上角为非金属元素(含对角线上的元素，其中砷和碲均表现为准金属)，对角线左下角为10种金属元素。除氢外，所有非金属元素全部集中在该区。

8.2.1 p区非金属元素的单质

1. 卤族元素

卤素单质最突出的化学性质是氧化性。除 I_2 外，它们均为强氧化剂。卤素单质都能与氢反应，反应条件和反应程度如表 8-3 所示：

表 8-3　卤素与氢反应情况

卤　　素	反应条件	反应速率及程度
F_2	阴冷	爆炸、放出大量热
Cl_2	常温 强光照射	缓慢 爆炸
Br_2	常温	不如氯，需催化剂
I_2	高温	缓慢，可逆

卤素与水可发生两类反应。第一类是卤素对水的氧化作用：

$$2X_2+2H_2O \longrightarrow 4HX+O_2\uparrow$$

第二类是卤素的水解作用，即卤素的歧化反应：

$$X_2+H_2O \rightleftharpoons H^+ +X^- +HXO$$

F_2 的氧化性强，只能与水发生第一类反应，且反应激烈。Cl_2 在日光下缓慢地置换水中的氧。Br_2 与水非常缓慢地反应而放出氧气，但当溴化氢浓度高时，HBr 会与氧作用而析出 Br_2。碘非但不能置换水中的氧，相反，氧可作用于 HI 溶液使 I_2 析出：

$$2I^- +2H^+ +\frac{1}{2}O_2 \longrightarrow I_2+H_2O$$

Cl_2、Br_2、I_2 与水主要发生第二类反应，且从 Cl_2 到 I_2 反应进行程度越来越小。通常，加酸能抑制卤素的水解，加碱则促进水解，生成卤化物和次卤酸盐。

2. 氧气 O_2 和臭氧 O_3

O_2 和 O_3 是氧单质的两种同素异形体。在加热条件下，除卤素、少数贵金属（Au、Pt 等）以及稀有气体外，氧气几乎与所有的元素直接化合成相应的氧化物。

氧气有广泛的用途，富氧空气或纯氧用于医疗和高空飞行，大量的纯氧用于炼钢，氢氧焰和氧炔焰用来切割和焊接金属，液氧常用作制冷剂和火箭发动机的助燃剂。

O_3 的氧化性比 O_2 强，能氧化许多不活泼单质如 Hg、Ag、S 等。可从碘化钾溶液中使碘析出，此反应常作为 O_3 的鉴定反应：

$$O_3+2I^- +2H^+ \longrightarrow I_2+O_2\uparrow +H_2O$$

O_3 可以净化空气和废水，还可用作棉、麻、纸张的漂白剂和皮毛的脱臭剂。空气中微量的臭氧不仅能杀菌，还能刺激中枢神经、加速血液循环。但地表空气中臭氧含量超过 1 μg/g 时，则有损人体健康和植物生长。在离地面 20～40 km 的高空，尤其是在 20～25 km 之间，存在较多的臭氧，形成了薄薄的臭氧层。它能吸收太阳光的紫外辐射，为保护地面上一切生物免受太阳强烈辐射提供了一个防御屏障——臭氧保护层。

近年来，由于人类大量使用矿物燃料（如汽油、柴油）和氯氟烃，大气中 NO、NO_2 等氮氧化物和氯氟化碳（$CFCl_3$、CF_2Cl_2）等含量过多，引起臭氧过多分解，使臭氧层遭到破坏，因此，应采取积极措施来保护臭氧层。

3. 氮、磷、砷

氮是无色无臭难于液化的气体。N_2 在常温下和锂直接反应生成 Li_3N，在高温时不但能和镁、钙、铝、硼、硅等化合生成氮化物,而且能与氧、氢直接化合。因 N 的原子半径小,又没有 d 轨道可供成键,所以 N 在化合物中的配位数最多不超过 4。

$$N_2+6Li=\!=\!=2Li_3N$$

$$N_2+3Ca=\!=\!=Ca_3N_2$$

$$N_2+2B=\!=\!=2BN\text{(原子晶体)}$$

$$N_2+O_2\xrightarrow{\text{放电}}2NO$$

磷有多种同素异形体,其中主要的有白磷、红磷和黑磷三种。

白磷又叫黄磷,易挥发,有剧毒。白磷能将金、铜、银等从它们的盐中还原出来。白磷与热的铜反应生成磷化亚铜,在冷溶液中则析出铜。

$$11P+15CuSO_4+24H_2O\xrightarrow{\triangle}5Cu_3P+6H_3PO_4+15H_2SO_4$$

$$2P+5CuSO_4+8H_2O=\!=\!=5Cu+2H_3PO_4+5H_2SO_4$$

白磷隔绝空气加热到 533K 即可转变为红磷。红磷是一种暗红色的粉末,不溶于水、碱和 CS_2,没有毒性。在氯气中加热红磷生成氯化物,易被硝酸氧化为磷酸,与 $KClO_3$ 摩擦即着火,甚至爆炸。红磷与空气长期接触也会极其缓慢地氧化,形成易吸水的氧化物,所以红磷保存在未密闭的容器中会逐渐潮解,使用前应小心用水洗涤、过滤和烘干。

黑磷是磷的一种最稳定的变体,能导电,故黑磷有"金属磷"之称。在 1215.9 MPa (1200 atm)压力下,将白磷加热到 473 K 方能转化为类似石墨的片状结构的黑磷。黑磷不溶于有机溶剂,一般不容易发生化学反应。

砷是一个类金属的非金属元素,具有金属光泽。三种同素异形体(黄砷、黑砷和灰砷)的物理性质有所不同,但化学性质却完全相同。

常温下,砷在水和空气中都比较稳定,在高温时能和氧、硫、卤素反应。砷不溶于稀酸,但能溶于硝酸、热浓硫酸、王水等,也熔于强碱:

$$2As+3H_2SO_4\text{(热、浓)}=\!=\!=As_2O_3+3SO_2\uparrow+3H_2O$$

$$2As+6NaOH\text{(熔融)}=\!=\!=2Na_3AsO_3+3H_2\uparrow$$

在高温时,砷可以和氧、硫、卤素等发生作用:

$$4As+3O_2=\!=\!=2As_2O_3$$

$$2As+3S=\!=\!=As_2S_3$$

$$2As+3X_2=\!=\!=2AsX_3\text{(X 代表卤素,对于 }F_2\text{,还可形成 }AsF_5\text{)}$$

4. 碳和硼

纯净的、单质状态的碳有三种同素异形体(见图 8-1):金刚石、石墨和 C_{60}。

金刚石晶体透明、折光,在隔绝空气的条件下加热,可以转化为石墨:

$$C\text{(金刚石)}\xrightarrow{1273K}C\text{(石墨)}\quad \Delta H^{\ominus}=-1.9\ kJ\cdot mol^{-1}$$

这一放热转变说明热力学上石墨比金刚石稳定,金刚石有自动变为石墨的倾向,不过反应速度极慢,以致金刚石仍稳定地存在。

石墨具有润滑性,化学性质比金刚石活泼,能被氧化剂、浓 HNO_3 和 $KClO_3$ 等氧化成石墨氧化物(黄绿色的片状固体)。

C_{60} 是由 60 个碳原子组成的球形 32 面体,即由 12 个五边形和 20 个六边形组成。在

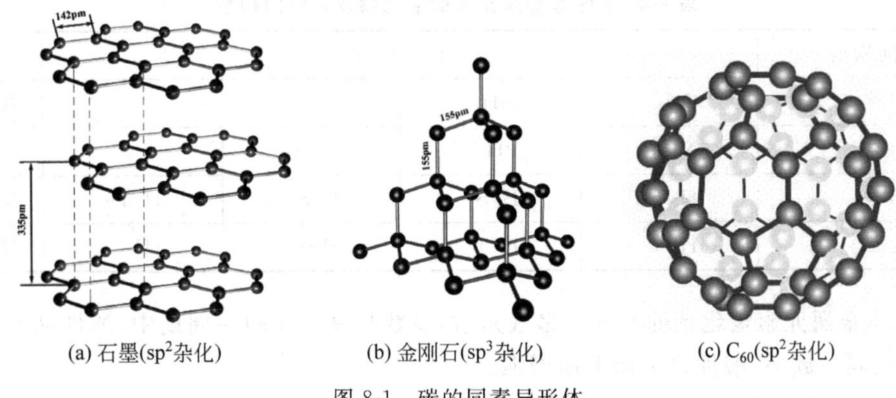

(a) 石墨(sp^2杂化)　　(b) 金刚石(sp^3杂化)　　(c) C_{60}(sp^2杂化)

图 8-1　碳的同素异形体

C_{60}分子中，每个 C 原子采用 sp^2 杂化轨道与相邻的三个 C 原子成键，剩余的未参与杂化的一个 p 轨道在 C_{60} 球壳的外围和内腔形成大 π 键，从而具有芳香性。也有人认为碳原子以 $sp^{2.28}$ 杂化轨道成键。

硼原子的价电子构型是 $2s^2 2p^1$，它能提供成键的电子是 $2s^1 2p_x^1 2p_y^1$，还有一个空轨道。硼在化合物的分子中配位数是 4 还是 3，取决于 sp^3 或 sp^2 杂化轨道中 σ 键的数目。

硼原子成键有三大特性：

(1) 共价性——以形成共价化合物为特征；

(2) 缺电子性——除了作为电子对受体易与电子对供体形成 σ 配键以外，还有形成多中心键的特征；

(3) 多面体性——晶态硼和许多硼的化合物为多面体或多面体的碎片而成笼状或巢状等结构。

硼在空气中燃烧，除生成 B_2O_3 以外，还可生成少量 BN。硼能从许多稳定的氧化物(如 SiO_2、P_2O_5、H_2O 等)中夺取氧而用作还原剂。在炼钢工业中常用硼作去氧剂。

$$4B + 3O_2 \xrightarrow{973\ K} 2B_2O_3 \quad \Delta H^{\ominus} = -2887\ kJ \cdot mol^{-1}$$

硼几乎与所有金属都生成金属型化合物。它们的组成一般为 M_4B、M_2B、MB、M_3B_4、MB_2 及 MB_6，如 Nb_3B_4、Cr_4B、LaB_6 等。这些化合物一般都很硬，且耐高温、抗化学侵蚀，通常它们都具有特殊的物理和化学性质。

8.2.2　p 区非金属元素的重要化合物

1. 氢化物

绝大多数 p 区非金属元素与氢形成共价型氢化物，其几何构型如表 8-4 所示。

p 区非金属氢化物的稳定性与该非金属元素的电负性有关。非金属与氢的电负性相差越远，所生成的氢化物越稳定。在同一周期中，氢化物的热稳定性从左到右逐渐增加，在同一族中，自上而下地减小。这个变化规律与非金属元素电负性的变化规律是一致的。

除了 HF 以外，其他 p 区非金属氢化物都有还原性，且与稳定性的增减规律相反：在周期表中，从右向左，自上而下，元素的半径增大，电负性减小，氢化物的还原性增强。

表 8-4 p 区非金属元素的氢化物及其空间构型

空间构型	氢化物				族
正四面体	CH_4	SiH_4			ⅣA
三角锥形	NH_3	PH_3	AsH_3		ⅤA
V 形	H_2O	H_2S	H_2Se	H_2Te	ⅥA
直线形	HF	HCl	HBr	HI	ⅦA

p 区非金属元素氢化物的水溶液多数是酸，少数是碱。在同一周期中，酸性从左到右逐渐增加，在同一族中，酸性自上而下地增强。

1）卤化氢和氢卤酸

卤化氢均为具有强烈刺激性的无色气体，在空气中易与水蒸气结合而形成白色酸雾。其水溶液称氢卤酸。在氢卤酸中，HCl、HBr 和 HI 均为强酸，且酸性依次增强，只有 HF 为弱酸。氢卤酸中以氢氟酸和盐酸有较大的实用意义。

氢氟酸（或 HF 气体）能和 SiO_2 反应生成气态 SiF_4：

$$SiO_2 + 4HF \xlongequal{} SiF_4\uparrow + 2H_2O$$

利用这一反应，氢氟酸被广泛用于分析化学中，用以测定矿物或钢样中 SiO_2 的含量，还用于在玻璃器皿上刻蚀标记和花纹，毛玻璃和灯泡的“磨砂”也是用氢氟酸腐蚀的。通常氢氟酸储存在塑料容器里。氟化氢有氟源之称，利用它制取单质氟和许多氟化物。氟化氢对皮肤会造成痛苦的难以治疗的灼伤（对指甲也有强烈的腐蚀作用），使用时要注意安全。

2）过氧化氢

过氧化氢分子中有一个过氧基（—O—O—），每个氧原子连着一个氢原子，两个氢原子和氧原子不在一个平面上。在气态时，H_2O_2 的空间结构如图 8-2 所示，两个氢原子像在半展开书本的两页纸上，两面的夹角为 111.5°，氧原子在书的夹缝上，键角∠OOH 为 94.8°，O—O 和 O—H 的键长分别为 147.5 pm 和 95 pm。

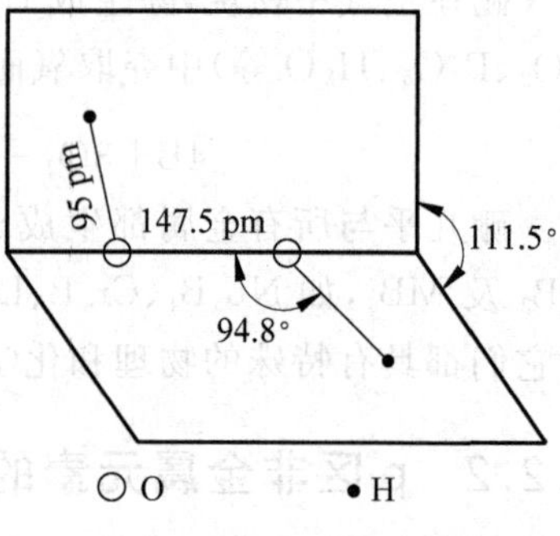

图 8-2 H_2O_2 分子结构示意图

过氧化氢与水可按任意比例互溶，通常所用的双氧水为过氧化氢的水溶液。H_2O_2 具有极弱的酸性，可与碱反应：

$$H_2O_2 + Ba(OH)_2 \rightleftharpoons BaO_2 + 2H_2O$$

H_2O_2 既有氧化性又有还原性。H_2O_2 可使黑色的 PbS 氧化为白色的 $PbSO_4$：

$$PbS + 4H_2O_2 \xlongequal{} PbSO_4\downarrow + 4H_2O$$

这一反应用于油画的漂白。在碱性介质中 H_2O_2 可以把 $[Cr(OH)_4]^-$ 氧化为 CrO_4^{2-}：

$$2[Cr(OH)_4]^- + 3H_2O_2 + 2OH^- \xlongequal{} 2CrO_4^{2-} + 8H_2O$$

过氧化氢的还原性较弱，只有遇到比它更强的氧化剂时才表现出还原性。例如：

$$2MnO_4^- + 5H_2O_2 + 6H^+ \xlongequal{} 2Mn^{2+} + 5O_2\uparrow + 8H_2O$$

$$Cl_2 + H_2O_2 \longrightarrow 2HCl + O_2\uparrow$$

前一反应用来测定 H_2O_2 的含量，后一反应在工业上常用于除氯。

目前生产的 H_2O_2 约有半数以上用作漂白剂，用于漂白纸浆、织物、皮革、油脂、象牙以及合成物等。化工生产上 H_2O_2 用于制取过氧化物（如过硼酸钠、过醋酸等）、环氧化合物、氢醌以及药物（如头孢菌素）等。

3）氮、磷、砷的氢化物

氨（NH_3）是氮的重要化合物之一，几乎所有含氮的化合物都可以由它来制取。氨是一种无色、有刺激性臭味的气体，吸入过量会中毒，无论使用或运输都要防止泄露。氨常用作冷冻机的循环制冷剂，可用作化肥及制备硝酸，还可用于药物、染料等。

液氨与水类似，也是一种良好的溶剂，有微弱的解离作用：

$$2NH_3(l) \rightleftharpoons NH_4^+ + NH_2^- \quad K^{\ominus}(NH_3, l) = 10^{-30}\ (-50℃)$$

液氨能溶解碱金属和碱土金属。

联氨（N_2H_4，又称肼）是一种可燃性的液体，在空气中发烟，能与水及酒精无限混合。在加热时，联氨会发生爆炸性的分解。联氨在空气中燃烧会放出大量的热。

$$N_2H_4(l) + O_2(g) \xrightarrow{\triangle} N_2(g) + 2H_2O(l) \quad \Delta H^{\ominus} = -624\ kJ \cdot mol^{-1}$$

联氨显碱性，是二元弱碱，碱性稍弱于氨：

$$N_2H_4 + H_2O \rightleftharpoons N_2H_5^+ + OH^- \quad K_{b1}^{\ominus} = 1.0 \times 10^{-6}\ (298.15\ K)$$

$$N_2H_5^+ + H_2O \rightleftharpoons N_2H_6^{2+} + OH^- \quad K_{b2}^{\ominus} = 9.0 \times 10^{-16}\ (298.15\ K)$$

联氨还是一种强还原剂，在碱性溶液中能将 CuO、IO_3^-、Cl_2、Br_2 等还原，本身被氧化为 N_2：

$$4CuO + N_2H_4 \longrightarrow 2Cu_2O + N_2\uparrow + 2H_2O$$

$$2IO_3^- + 3N_2H_4 \longrightarrow 2I^- + 3N_2\uparrow + 6H_2O$$

磷化氢（PH_3，又称膦）是一种无色剧毒的、有类似大蒜臭味的气体。PH_3 微溶于水，较易溶于有机溶剂，如 CS_2。它在水中溶解度比 NH_3 的溶解度小得多，它的水溶液的碱性也比氨水弱得多。

$$PH_3 + H_2O \rightleftharpoons PH_4^+ + OH^- \quad K_b^{\ominus} = 4 \times 10^{-28}$$

PH_3 具有较强的还原性。纯净的 PH_3 在空气中燃烧时生成磷酸：

$$PH_3 + 2O_2 \longrightarrow H_3PO_4$$

磷化氢与硫作用生成硫化氢和硫化磷的混合物，与五氯化磷作用被氧化为 PCl_3：

$$2PH_3 + (2x+3)S \longrightarrow 3H_2S + 2PS_x\ (\text{混合物})$$

$$PH_3 + 3PCl_5 \longrightarrow 4PCl_3 + 3HCl$$

磷化氢和白磷一样，也能从溶液中将金属离子（如 Cu^{2+}、Ag^+、Hg^{2+} 等）置换出来：

$$4CuSO_4 + PH_3 + 4H_2O \longrightarrow 4Cu + H_3PO_4 + 4H_2SO_4$$

砷化氢又称胂，具有大蒜气味，有剧毒，吸入少量即很危险。砷化氢不稳定，室温下在空气中发生自燃：

$$2AsH_3 + 3O_2 \longrightarrow As_2O_3 + 3H_2O$$

在缺氧条件下，受热分解为单质砷，单质 As 在玻璃管壁上沉积，形成亮黑色的“砷镜”。“砷镜”能为次氯酸钠溶液所溶解。

$$2AsH_3 \xrightarrow{500\ K} 2As + 3H_2$$

$$5NaClO + 2As + 3H_2O = 2H_3AsO_4 + 5NaCl$$

此即法医学上鉴定砷的马氏(Marsh)试砷法。

AsH_3 的还原性很强，与 $AgNO_3$ 反应便有黑色 Ag 析出，此反应也是检出砷的方法。

$$2AsH_3 + 12AgNO_3 + 3H_2O = As_2O_3 + 12HNO_3 + 12Ag\downarrow$$

4）硼烷

硼烷有 B_nH_{n+4} 和 B_nH_{n+6} 两大类，前者较稳定。在常温下，B_2H_6 及 B_4H_{10} 为气体，B_5～B_8 的硼烷为液体，$B_{10}H_{14}$ 及其他高硼烷都是固体。硼烷多数有毒、有气味、不稳定，有些硼烷加热即分解。

最简单的硼烷是乙硼烷(B_2H_6)，不存在稳定的 BH_3。这是由硼原子的缺电子特征所决定的，B_2H_6 中成键轨道示意图如图 8-3 所示。

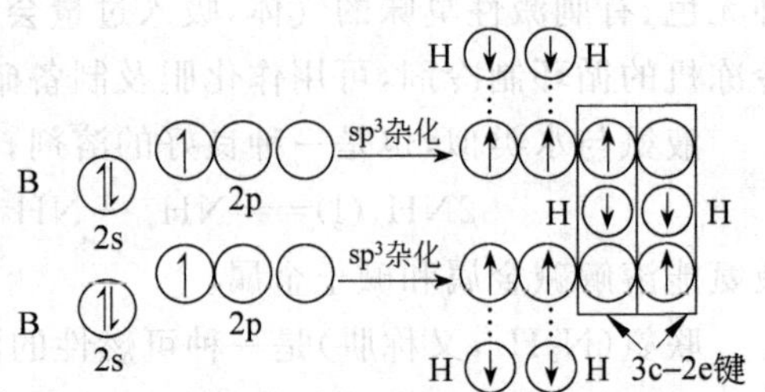

图 8-3　B_2H_6 成键轨道示意图

B 原子采用不等性 sp^3 杂化，每个 B 原子的 4 个 sp^3 杂化轨道中有 2 个与 2 个 H 原子的 s 轨道形成正常的 σ 键，位于两侧的这 4 个 H 原子和 2 个 B 原子处在同一个平面上；2 个 B 原子之间利用每个 B 原子另 2 个 sp^3 杂化轨道(一个有电子，另一个没有电子)同另 2 个 H 原子的 s 轨道形成 2 个 B⌒H⌒B 键，犹如 2 个 B 原子通过 H 原子作为桥梁联接，故 B⌒H⌒B 也称为氢桥键。两个氢桥键位于平面上、下两侧，并垂直于平面，如图 8-4 所示。

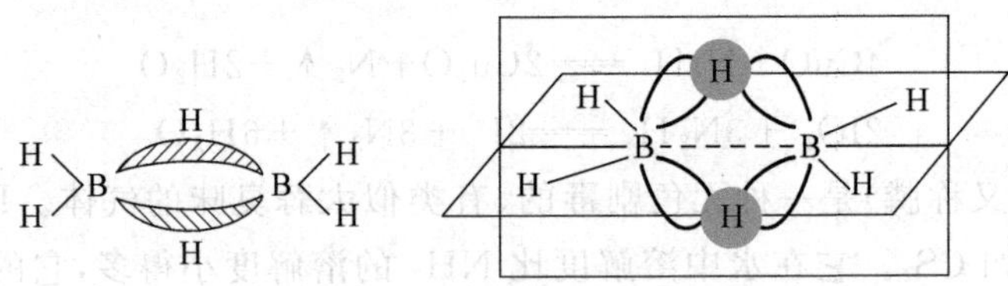

图 8-4　乙硼烷的结构

因氢桥键是由 2 个电子把 3 个原子键合起来，所以叫做三中心二电子键(简称三中心键)，简写为 3c−2e。三中心键是多中心键的一种形式。所谓多中心键是指 3 个或 3 个以上原子之间结合所形成的共价键，它是一种非定域键。多中心键是缺电子原子的一种特殊成键形式，它普遍存在于硼烷之中。三中心键的强度只有 2c−2e 的一半，故硼烷的化学性质比烷烃活泼。

B_2H_6 在空气中能自燃，燃烧时生成 B_2O_3 和水，并放出大量的热；B_2H_6 遇水立即发生水解，产生氢气并放出大量的热：

$$B_2H_6 + 6H_2O = 2H_3BO_3\downarrow + 6H_2\uparrow \quad \Delta_r H_m^{\ominus} = -465\ kJ \cdot mol^{-1}$$

B_2H_6 能与 NH_3、CO 等具有孤电子对的分子发生加合反应：

$$B_2H_6 + 2CO = 2[H_3B \leftarrow CO]$$

$$B_2H_6 + 2NH_3 = 2[H_3B \leftarrow NH_3]$$

2. 卤化物

周期表中的元素除氦、氖、氩外，均可和卤素组成卤化物。卤化物既可根据组成元素的不同，分为金属卤化物和非金属卤化物，也可根据它们性质的不同分为离子型(盐型)卤化物和共价型(分子型)卤化物。非金属卤化物都是共价型卤化物，金属卤化物的情况则比较复杂。

同一非金属与不同卤素的化合物，其熔、沸点按 F、Cl、Br、I 的顺序依次增高。这主要是由于非金属卤化物之间的范德华力随分子量增加而增大的缘故。

卤化物与水作用是卤化物的特征反应之一。共价型卤化物绝大多数遇水立即发生水解反应，一般生成相应的含氧酸和氢卤酸。如：

$$BF_3 + 3H_2O \rightleftharpoons H_3BO_3 + 3HF$$

$$SiCl_4 + 4H_2O \rightleftharpoons H_4SiO_4 + 4HCl$$

$$PCl_3 + 3H_2O \rightleftharpoons H_3PO_3 + 3HCl$$

$$BrF_5 + 3H_2O \rightleftharpoons HBrO_3 + 5HF$$

3. 氧化物

1）一氧化碳 CO 和二氧化碳 CO_2

CO 和 N_2、CN^-、NO^+ 是等电子体，结构相似。CO 的分子中有 1 个 σ 键和 2 个 π 键。与 N_2 不同的是，这个三重键中一个 π 键是配位键，其电子来自氧原子，比 N_2 活泼。

CO 作为一种配体，能与ⅥB、ⅦB 和Ⅷ族的过渡金属形成羰基配合物：$Fe(CO)_5$、$Ni(CO)_4$ 和 $Cr(CO)_6$ 等。羰基配合物一般是有剧毒的。CO 的毒性也很大，它能与血液中携带 O_2 的血红蛋白(Hmb)形成稳定的配合物 COHmb，使血红蛋白丧失输送氧气的能力，导致人体因缺氧而死亡。

室温下，CO 对 O_2、O_3、H_2O_2 均很稳定；但高温下，CO 在空气或 O_2 中燃烧，生成 CO_2 并放出大量的热；高温下，CO 可以从许多金属氧化物或化合物中夺取氧使金属还原，如：

$$Fe_2O_3 + 3CO \xrightarrow{\triangle} 2Fe + 3CO_2\uparrow$$

$$CO + 2Ag(NH_3)_2OH = 2Ag\downarrow + (NH_4)_2CO_3 + 2NH_3\uparrow$$

有催化剂存在时，CO 可以与氢气反应，如：

$$CO + 2H_2 \xrightarrow[623\sim673\ K]{Cr_2O_3 \cdot ZnO} CH_3OH$$

CO 与卤素(F_2、Cl_2、Br_2)反应可得到碳酰卤化物。如 CO 与氯气作用生成碳酰氯($COCl_2$)，又名“光气”(极毒)，它是有机合成中的重要中间体。

$$CO + Cl_2 \xrightarrow{\text{活性炭}} COCl_2\text{(碳酰氯)}$$

CO 显非常微弱的酸性，在 473 K 及 1.0×10^3 kPa 压力下能与粉末状的 NaOH 反应生成甲酸钠：

$$CO + NaOH \xrightarrow[1000\ kPa]{473\ K} HCOONa$$

因此也可以把 CO 看作甲酸 HCOOH 的酸酐。

CO_2 分子没有极性，很容易被液化，是工业上广泛使用的致冷剂。CO_2 不能自燃，也不助燃，是目前经常使用的灭火剂，但它不能扑灭燃烧着的活泼金属 Mg、Na、K 等引起的火灾。这是因为高温下，CO_2 能与碳或活泼金属镁、钠等发生如下反应：

$$CO_2 + 2Mg = 2MgO + C$$

$$2Na + 2CO_2 = Na_2CO_3 + CO$$

CO_2 是酸性氧化物，它能与碱反应。氮肥厂利用此性质，用氨水吸收 CO_2 制得 NH_4HCO_3。实验室和某些工厂利用此性质用碱吸收废气中的 CO_2，使其转变为碳酸盐，一般是用石灰水 $Ca(OH)_2$ 作吸收剂，但由于 $Ba(OH)_2$ 的溶解度比 $Ca(OH)_2$ 的大，故用 $Ba(OH)_2$ 吸收 CO_2 的效果更好。

2）一氧化氮 NO 和二氧化氮 NO_2

氮和氧有多种不同的化合形式，在氧化物中氮的氧化数可以从＋1 到＋5。这些氧化物的物理性质和结构列于表 8-5 中。其中以一氧化氮和二氧化氮较为重要。

表 8-5　氮的氧化物的物理性质和结构

化学式	性状	熔点/K	沸点/K	结构	
N_2O	无色气体，尚稳定	182	184.5	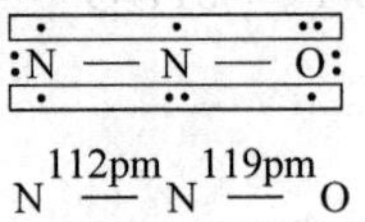 N —112pm— N —119pm— O	N 以 sp 杂化轨道成键，形成 2 个 σ 键，2 个 Π_3^4 键
NO	气体、液体和固体都无色	109.5	121	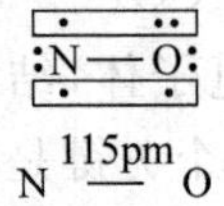 N —115pm— O	形成 1 个 σ 键，1 个 π 键，1 个三电子 π 键
N_2O_3	蓝色固体，存在于低温；气态时分解为 NO_2 和 NO	172.4	276.5 分解	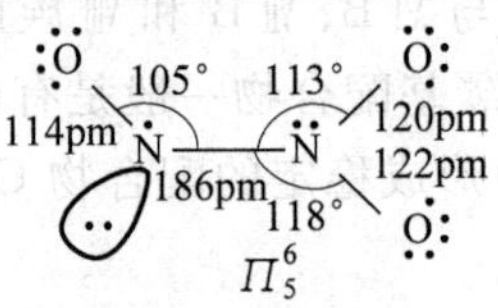 105°，113°，114pm，120pm，122pm，186pm，118°，Π_5^6	固态有两种构型，一为不稳定结构 ONONO；一为稳定结构 $ONNO_2$，见左图（2 个 N 均以 sp^2 杂化成键，形成 4 个 σ 键，1 个 Π_5^6 键）
NO_2	红棕色气体	264	294	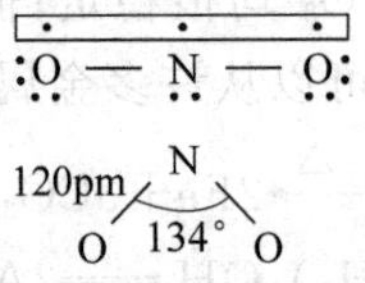 120pm，134°	N 以 sp^2 杂化轨道成键，形成 2 个 σ 键，1 个 Π_3^3 键
N_2O_4	无色气体	261.9	294.3	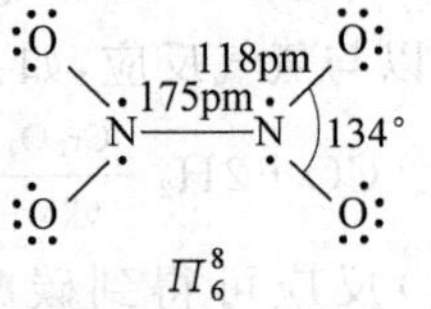 118pm，175pm，134°，Π_6^8	2 个 N 均以 sp^2 杂化轨道成键，形成 5 个 σ 键，1 个 Π_6^8 键
N_2O_5	无色固体，在漫射光和 280K 以下稳定；气体不稳定	305.6	升华	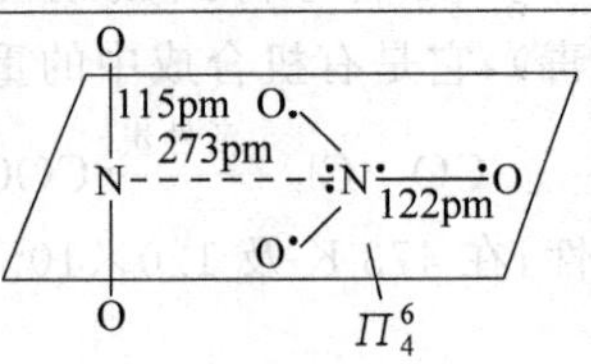 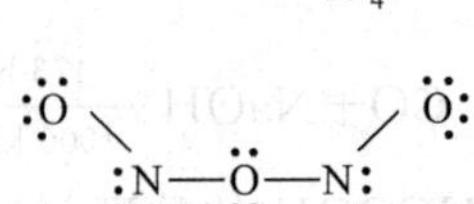 115pm，273pm，122pm，Π_4^6；2个 Π_3^4	固体由 $NO_2^+NO_3^-$ 离子组成，其结构如左图。NO_2^+ 是直线型的，而 NO_3^- 中 3 个 O 原子和中心 N 原子在同一平面上成三角形气体分子结构，如左下图。2 个 N 均以 sp^2 杂化轨道成键，形成 6 个 σ 键，2 个 Π_3^4 键.

NO 微溶于水，但不与水反应，不助燃，在常温下极易与氧反应生成 NO_2。NO_2 又与 NO 结合生成 N_2O_3。NO 可以形成二聚物，该反应是吸热反应：

$$2NO = N_2O_2$$

由于分子中存在孤电子对，NO 可以同金属离子形成配合物，例如与 $FeSO_4$ 溶液形成棕色可溶性的硫酸亚硝酰合铁(Ⅱ)：

$$FeSO_4 + NO = [Fe(NO)]SO_4$$

低温时，NO_2 易聚合成二聚体 N_2O_4。温度超过 423 K，NO_2 发生分解：

$$2NO_2 \xrightarrow{423\ K} 2NO + O_2$$

NO_2 易溶于水歧化生成 HNO_3 和 HNO_2，而 HNO_2 不稳定受热立即分解：

$$2NO_2 + H_2O = HNO_3 + HNO_2$$

$$3HNO_2 = HNO_3 + 2NO + H_2O$$

所以当 NO_2 溶于热水时，其反应(上述两反应的合并)如下：

$$3NO_2 + H_2O(热) = 2HNO_3 + NO$$

这个反应是工业上制备 HNO_3 的一个重要反应。

NO_2 的氧化性较强，碳、硫、磷等在 NO_2 中容易起火燃烧，它和许多有机物的蒸气混合可形成爆炸性气体。

3) 砷的氧化物

As_2O_3 是砷的重要化合物，俗称砒霜，是剧毒的白色粉状固体，致死量为 0.1g。As_2O_3 中毒时，可服用新制的 $Fe(OH)_2$(把 MgO 加入到 $FeSO_4$ 溶液中强烈摇动制得)悬浮液来解毒。

As_2O_3 是两性略偏酸的物质，As_2O_3 微溶于水，生成亚砷酸 H_3AsO_3。H_3AsO_3 主要表现还原性，是较强还原剂，能还原像碘这样弱的氧化剂：

$$AsO_3^{3-} + I_2 + 2OH^- \rightleftharpoons AsO_4^{3-} + 2I^- + H_2O$$

该反应方向受溶液 pH 值的控制。

As_2O_5 是酸性氧化物，易溶于水，是 H_3AsO_4 的酸酐。主要用于制造杀虫剂、除草剂以及含砷药物。已有报道的上海市第九人民医院口腔颌面外科的两项研究表明，三氧化二砷可以显著抑制口腔鳞癌细胞的生长，对临床癌细胞具有很好的抗增殖作用，这为药物治疗口腔癌开辟了一条新途径。

4) 二氧化硫 SO_2 和三氧化硫 SO_3

SO_2 是无色、有刺激性臭味、易液化的气体。SO_2 的分子结构与臭氧相似，呈 V 字形。硫与氧原子之间除了形成 σ 键外，还形成 Π_3^4 键，如图 8-5(a)所示。

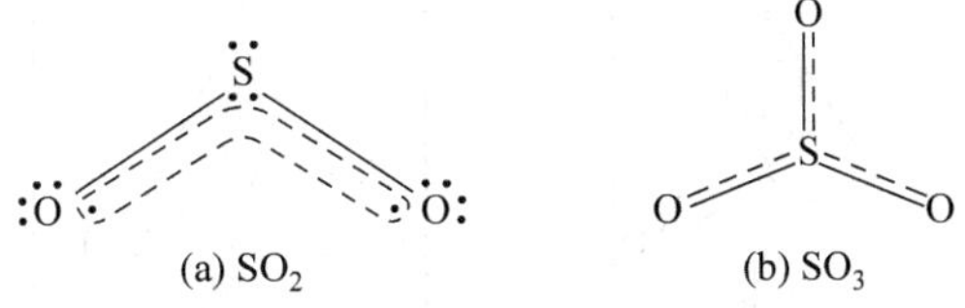

图 8-5 SO_2 和 SO_3 的分子结构

SO_3 是通过 SO_2 的催化氧化来制备的。气态 SO_3 的分子构型呈平面三角形，键角为

120°，中心 S 原子以 sp^2 杂化轨道与氧原子形成 3 个 σ 键，未杂化的 p 轨道与 3 个氧原子的 p 轨道形成 Π_4^6 键，如图 8-5(b)所示。

大气中的 SO_2 遇水蒸气形成的酸雾随雨水降落，雨水的 $pH<5$，故称为酸雨。酸雨能使树叶中的养分、土壤中的碱性养分失去，对人类的健康、自然界的生态平衡威胁极大。当空气中 SO_2 含量超过 $0.01\ g \cdot m^{-3}$ 时，就可造成严重危害，使人、畜死亡，农作物大面积减产，毁坏森林，腐蚀建筑物。我国的能源主要依靠煤炭和石油，而我国的煤炭、石油一般含硫量较高，因此，火力发电厂、钢铁厂、冶炼厂、化工厂和炼油厂排放出的大量的 CO_2 和 SO_2，是造成我国大气污染的主要原因。为了消除大气污染，可以利用燃烧不完全的产物 CO 将工厂烟道气中的 SO_2 还原成硫，这样，既可防止 CO 及 SO_2 对大气的污染，也可回收硫。

SO_3 是强氧化剂，可以使单质磷燃烧，将碘化物氧化为单质碘：

$$10SO_3 + 4P \xlongequal{} 10SO_2 + P_4O_{10}$$

$$SO_3 + 2KI \xlongequal{} K_2SO_3 + I_2$$

SO_3 在工业上主要用来生产硫酸。

8.2.3 p 区非金属元素的含氧酸及其盐

1. 卤素含氧酸及其盐

表 8-6 列出了已知的卤素含氧酸，各种卤酸根离子的结构如图 8-6 所示。

表 8-6 卤素的含氧酸

氧化数	氯	溴	碘	名称
+1	HClO	HBrO	HIO	次卤酸
+3	$HClO_2$	$HBrO_2$	—	亚卤酸
+5	$HClO_3$	$HBrO_3$	HIO_3	卤酸
+7	$HClO_4$	$HBrO_4$	HIO_4、H_5IO_6	高卤酸

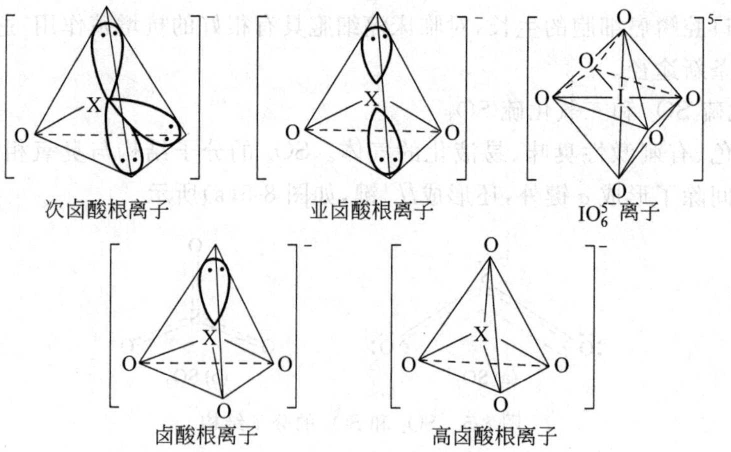

图 8-6 各种卤酸根离子结构

在卤素的含氧酸根离子或含氧酸中，除了 IO_6^{5-} 是 sp^3d^2 杂化外，其他卤素原子都采用 sp^3 杂化轨道与氧成键。卤素含氧酸的稳定性小于相应的盐。同种卤素的含氧酸其稳定性随着卤素原子周围非羟基氧原子数目的增多而增大。

同一卤素不同氧化数的含氧酸，其酸性随着氧化数的增加而增大；同一卤族不同元素（氧化数相同）形成的含氧酸，其酸性按从 Cl 到 I 的顺序依次减弱；相同元素的不同含氧酸的酸性随着价态的升高而增强，即 $HXO<HXO_2<HXO_3<HXO_4$。

例如，次氯酸是很弱的酸（$K_a^{\ominus}=4.0\times10^{-8}$），比碳酸还弱，且很不稳定，只存在于稀溶液中，有以下三种分解方式：

$$2HClO \xrightarrow{\triangle} 2HCl+O_2\uparrow（分解）$$

$$3HClO \xrightarrow{\triangle} 2HCl+HClO_3（歧化）$$

$$2HClO \xrightarrow{脱水剂} Cl_2O+H_2O（脱水）$$

氯酸是强酸，其强度接近于盐酸。浓 $HClO_4$（>60%）与易燃物相遇会发生猛烈爆炸，但冷的稀酸没有明显的氧化性。$HClO_4$ 是最强的无机酸之一。

卤素含氧酸均有较强的氧化性，而且在酸性介质中氧化性更强一些，它们作氧化剂时的还原产物是 X^-。同一元素随着卤原子氧化数的增高，氧化能力依次减弱：$HClO>HClO_2>HClO_3>HClO_4$；同一氧化数的不同卤素的低氧化数含氧酸，其氧化能力从 Cl 到 I 的顺序依次减弱，如：$HClO>HBrO>HIO$。其中溴的含氧酸出现一些反常，如：$HClO_3<HBrO_3>HIO_3$；卤素含氧酸的氧化性强于其含氧酸盐，许多中间氧化数物质容易发生歧化反应。

漂白粉是次氯酸钙和碱式氯化钙的混合物，有效成分是次氯酸钙 $Ca(ClO)_2$。漂白粉中的 $Ca(ClO)_2$ 可以说只是潜在的强氧化剂，使用时必须加酸，使之转变成 HClO 后才能有强氧化性，发挥其漂白、消毒作用。例如棉织物的漂白是先将其浸入漂白粉液，然后再用稀酸溶液处理。二氧化碳从漂白粉中将弱酸 HClO 置换出来：

$$Ca(ClO)_2+CaCl_2\cdot Ca(OH)_2\cdot H_2O+2CO_2 = 2CaCO_3+CaCl_2+2HClO+H_2O$$

所以浸泡过漂白粉的织物，在空气中晾晒也能产生漂白作用。漂白粉对呼吸系统有损害，与易燃物混合易引起燃烧、爆炸。

氯酸钾 $KClO_3$ 是最重要的氯酸盐，也是强氧化剂，与易燃物质（如硫、磷、碳）混合后，经摩擦或撞击就会爆炸，因此可用来制造炸药、火柴及烟火等。$KClO_3$ 有毒，内服 2～3g 即致命。$KClO_3$ 在中性溶液中不能氧化 KI，但酸化后，即可将 I^- 氧化为 I_2：

$$ClO_3^-+6I^-+6H^+ = 3I_2+Cl^-+3H_2O$$

高氯酸盐一般是可溶的，但 K^+、Rb^+、Cs^+、NH_4^+ 的高氯酸盐溶解度却很小。有些高氯酸盐有较显著的水合作用，例如无水高氯酸镁[$Mg(ClO_4)_2$]可做高效干燥剂。

2. 硫的含氧酸及其盐

根据硫含氧酸的结构类似性，可将其分为亚硫酸系列、硫酸系列、连硫酸系列和过硫酸系列，如表 8-7 所示。

表 8-7 硫的含氧酸

分类	名称	化学式	硫的平均氧化数	结构式	存在形式
亚硫酸系列	亚硫酸	H_2SO_3	+4	HO—S(=O)—OH	盐
	连二亚硫酸	$H_2S_2O_4$	+3	HO—S(=O)—S(=O)—OH	盐
硫酸系列	硫酸	H_2SO_4	+6	HO—S(=O)(=O)—OH	酸，盐
	硫代硫酸	$H_2S_2O_3$	+2	HO—S(=O)(=S)—OH	盐
	焦硫酸	$H_2S_2O_7$	+6	HO—S(=O)(=O)—O—S(=O)(=O)—OH	酸，盐
连硫酸系列	连四硫酸	$H_2S_4O_6$	+2.5	HO—S(=O)(=O)—S—S—S(=O)(=O)—OH	盐
	连多硫酸	$H_2S_xO_6$（$x=3\sim6$）		HO—S(=O)(=O)—$(S)_{x-2}$—S(=O)(=O)—OH	盐
过硫酸系列	过一硫酸	H_2SO_5	+6	HO—S(=O)(=O)—O—OH	酸，盐
	过二硫酸	$H_2S_2O_8$	+6	HO—S(=O)(=O)—O—O—S(=O)(=O)—OH	酸，盐

1）亚硫酸系列

亚硫酸为中强酸，在溶液中分步解离：

$$H_2SO_3 \rightleftharpoons H^+ + HSO_3^- \quad K_{a1}^{\ominus}=1.54\times10^{-2}$$

$$HSO_3^- \rightleftharpoons H^+ + SO_3^{2-} \quad K_{a2}^{\ominus}=1.02\times10^{-7}$$

亚硫酸可形成正盐和酸式盐。绝大多数的正盐（K^+、Na^+、NH_4^+ 除外）都不溶于水，酸式盐都溶于水。亚硫酸及其盐既有氧化性又有还原性，但主要以还原性为主，例如：

$$H_2SO_3 + I_2 + H_2O = H_2SO_4 + 2HI$$

$$2H_2SO_3 + O_2 = 2H_2SO_4$$

只有在较强还原剂的作用下，才表现出氧化性，例如：

$$H_2SO_3 + 2H_2S = 3S\downarrow + 3H_2O$$

亚硫酸盐有很多用途，造纸工业用 $Ca(HSO_3)_2$ 溶解木质素以制造纸浆；亚硫酸钠和亚硫酸氢钠用于染料工业；漂白织物时用作去氯剂。此外，还广泛用于香料、皮革、食品加工、医药等工业中。

连二亚硫酸钠 $Na_2S_2O_4$ 是一种白色粉状固体，以二水合物形式（$Na_2S_2O_4 \cdot 2H_2O$）存在，俗称保险粉。在无氧条件下，用锌粉还原亚硫酸氢钠即可制得连二亚硫酸钠：

$$2NaHSO_3 + Zn = Na_2S_2O_4 + Zn(OH)_2$$

它能溶于冷水，但其水溶液很不稳定，易分解：

$$2S_2O_4^{2-} + H_2O = S_2O_3^{2-} + 2HSO_3^-$$

连二亚硫酸钠是很强的还原剂：

$$2SO_3^{2-} + 2H_2O + 2e^- \rightleftharpoons S_2O_4^{2-} + 4OH^- \quad E_A^\ominus = -1.12\ V$$

能还原碘、碘酸盐、O_2、Ag^+、Cu^{2+} 等。例如：

$$Na_2S_2O_4 + O_2 + H_2O = NaHSO_3 + NaHSO_4$$

在气体分析中此反应用于分析氧气。

连二亚硫酸钠主要用于印染工业，它能保证印染织品色泽鲜艳，不致被空气中氧氧化，因而称为保险粉。它还被用来防止水果、食品的腐烂。

2）硫酸系列

硫酸是二元酸中酸性最强的。浓硫酸分别与固体硝酸盐、氯化物反应，可以制备挥发性的硝酸和盐酸：

$$NaNO_3(s) + H_2SO_4 \xrightarrow{\triangle} NaHSO_4 + HNO_3(g)$$

$$NaCl(s) + H_2SO_4 \xrightarrow{\triangle} NaHSO_4 + HCl(g)$$

浓硫酸有强吸水性，可用来干燥与其不起反应的各种气体，如氯气、氢气、二氧化碳等。浓硫酸能严重地破坏动植物组织，如损坏衣服和烧坏皮肤等，使用时必须注意安全。万一浓硫酸溅到皮肤上，应立即用大量水冲洗，然后再用 2% 小苏打或稀氨水冲洗。

硫酸能生成两种盐：正盐和酸式盐。在酸式盐中，仅最活泼的碱金属元素（如 Na、K）才能形成稳定的固态酸式硫酸盐。如在硫酸钠溶液内加入过量的硫酸，即结晶析出硫酸氢钠：

$$Na_2SO_4 + H_2SO_4 = 2NaHSO_4$$

酸式硫酸盐大部分易溶于水。硫酸盐中除 $BaSO_4$、$PbSO_4$、$CaSO_4$、$SrSO_4$ 等难溶，Ag_2SO_4 稍溶于水外，其余都易溶于水，可溶性硫酸盐从溶液中析出时常带有结晶水，如 $CuSO_4 \cdot 5H_2O$、$FeSO_4 \cdot 7H_2O$ 等。这种带结晶水的过渡金属硫酸盐俗称矾。如 $CuSO_4 \cdot 5H_2O$ 称为胆矾或蓝矾，$FeSO_4 \cdot 7H_2O$ 称为绿矾，$ZnSO_4 \cdot 7H_2O$ 称为皓矾等。

许多硫酸盐具有重要用途，如明矾是常用的净水剂、媒染剂，胆矾是消毒菌剂和农药，绿矾是农药、药物和制墨水的原料，芒硝（$Na_2SO_4 \cdot 10H_2O$）是化工原料。

焦硫酸可看作由两分子硫酸脱去一分子水所得的产物：

```
        O                      O                    O         O
        ‖                      ‖                    ‖         ‖
H—O—S—O—[H   H—O]—S—O—H  ——→  H—O—S—O—S—O—H  + H2O
        ‖                      ‖                    ‖         ‖
        O                      O                    O         O
```

焦硫酸与水作用又可生成硫酸：

$$H_2S_2O_7 + H_2O = 2H_2SO_4$$

焦硫酸比硫酸具有更强的氧化性、吸水性和腐蚀性。它还是良好的磺化剂，应用于制造某些染料、炸药和其他有机磺酸类化合物。

硫代硫酸钠（$Na_2S_2O_3 \cdot 5H_2O$）商品名为海波，俗称大苏打。易溶于水，溶液呈弱碱性。$Na_2S_2O_3$ 在中性、碱性溶液中很稳定，在酸性溶液中不稳定，易分解成单质硫和二氧化硫：

$$S_2O_3^{2-} + 2H^+ = S\downarrow + SO_2\uparrow + H_2O$$

硫代硫酸钠是中强还原剂，与强氧化剂如氯、溴等作用被氧化成硫酸钠；与较弱的氧化剂如碘作用被氧化成连四硫酸钠：

$$S_2O_3^{2-} + 4Cl_2 + 5H_2O = 2SO_4^{2-} + 8Cl^- + 10H^+$$

$$2S_2O_3^{2-} + I_2 = S_4O_6^{2-} + 2I^-$$

在纺织和造纸工业中，利用前一反应的 $Na_2S_2O_3$ 除去残氯；在分析化学的"碘量法"中利用后一反应来定量测定碘。

$S_2O_3^{2-}$ 是一个比较强的配位体。例如：

$$AgX + 2S_2O_3^{2-} = [Ag(S_2O_3)_2]^{3-} + X^- \quad (X 为 Cl、Br)$$

在照相技术中，常用硫代硫酸钠将未曝光的溴化银溶解。

3）过硫酸系列

硫的含氧酸中含有过氧基（—O—O—）者称为过硫酸，如图 8-7 所示。过硫酸可视为过氧化氢的衍生物。

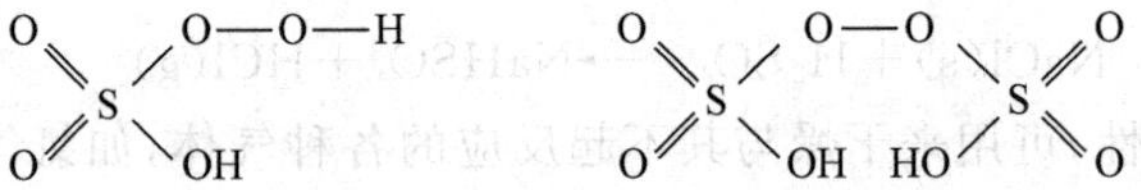

(a) 过一硫酸　(b) 过二硫酸

图 8-7　过硫酸

过二硫酸不稳定，易水解生成硫酸和过氧化氢：

$$H_2S_2O_8 + H_2O = H_2SO_4 + H_2SO_5$$

$$H_2SO_5 + H_2O = H_2SO_4 + H_2O_2$$

$K_2S_2O_8$ 和 $(NH_4)_2S_2O_8$ 是重要的过二硫酸盐，均为强氧化剂：

$$S_2O_8^{2-} + 2e^- \rightleftharpoons 2SO_4^{2-} \quad E_A^{\ominus} = 1.96\ V$$

过二硫酸盐在 Ag^+ 的催化作用下，能将 Mn^{2+} 氧化成紫红色的 MnO_4^-：

$$2Mn^{2+} + 5S_2O_8^{2-} + 8H_2O \xrightarrow{Ag} 2MnO_4^- + 10SO_4^{2-} + 16H^+$$

此反应在钢铁分析中用于测定锰的含量。

过硫酸及其盐不稳定，受热易分解：

$$2K_2S_2O_8 \xrightarrow{\triangle} 2K_2SO_4 + 2SO_3\uparrow + O_2\uparrow$$

3. 氮的含氧酸及其盐

1）亚硝酸及其盐

HNO_2 是一元弱酸，酸性比醋酸略强。亚硝酸盐遇到强酸生成不稳定的 HNO_2 并马上分解为 N_2O_3，使水溶液呈浅蓝色；N_2O_3 又分解为 NO 和 NO_2，使气相出现 NO_2 的红棕色。此反应可用于 NO_2^- 的鉴定。

亚硝酸既可作氧化剂又可作还原剂，其氧化性比稀硝酸还强。无论在酸性还是碱性介质中，其氧化性都大于还原性。亚硝酸盐在酸性溶液中是强氧化剂，例如，NO_2^- 在酸性溶液中能将 I^- 氧化为单质碘：

$$2NO_2^- + 2I^- + 4H^+ \xlongequal{\quad} 2NO + I_2 + 2H_2O$$

此反应可以定量地进行，能用于测定亚硝酸盐含量。

当遇到更强氧化剂如 $KMnO_4$、Cl_2 等，亚硝酸盐则是还原剂，被氧化为硝酸盐：

$$2MnO_4^- + 5NO_2^- + 6H^+ \xlongequal{\quad} 2Mn^{2+} + 5NO_3^- + 3H_2O$$

$$Cl_2 + NO_2^- + H_2O \xlongequal{\quad} 2H^+ + 2Cl^- + NO_3^-$$

NO_2^- 是一种很好的配体，在氧原子和氮原子上都有孤电子对，它们能分别与金属离子形成配位键（如 $M \leftarrow NO_2$ 和 $M \leftarrow ONO$），如 NO_2^- 与钴盐能生成配位个体 $[Co(NO_2)_6]^{3-}$，它与 K^+ 离子生成黄色 $K_3[Co(NO_2)_6]$ 沉淀，此方法可用于检出 K^+ 离子。

2）硝酸及其盐

HNO_3 和 NO_3^- 的成键及分子结构示意图如图 8-8 和图 8-9 所示。HNO_3 分子中，3 个氧原子围绕着氮原子分布在同一平面上，呈平面三角形结构，氮原子采用 sp^2 杂化轨道与 3 个氧原子形成 3 个 σ 键，氮原子上孤电子对则与两个非烃基氧原子的另一个 2p 轨道上未成对的电子形成一个三中心四电子大 π 键，表示为 Π_3^4。在 NO_3^- 中，N 仍然是采用 sp^2 杂化。除了与 3 个氧原子形成 3 个 σ 键外，还与 3 个氧原子形成一个垂直于 3 个 σ 键所在平面的大 π 键，形成该大 π 键的电子除了由 N 和 3 个氧原子提供外，还有决定硝酸根离子电荷的那个外来电子，共同组成一个四中心六电子大 π 键，表示为 Π_4^6。

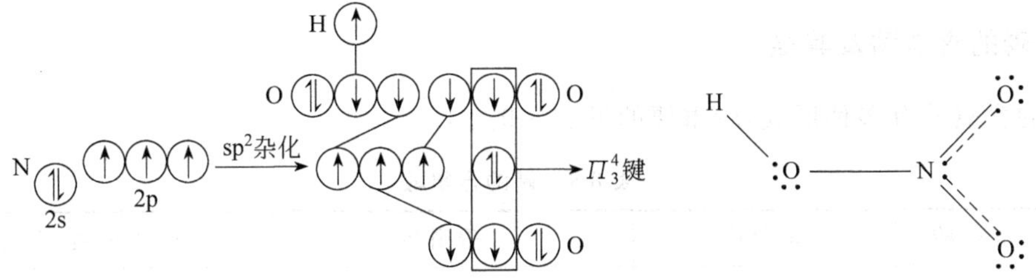

图 8-8　硝酸分子的成键及结构示意图

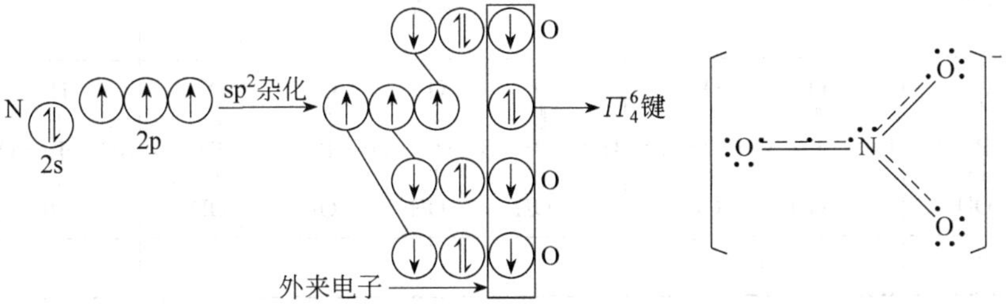

图 8-9　NO_3^- 的成键及结构示意图

硝酸是一种强酸,受热或光照下分解:

$$4HNO_3 \xrightarrow{\text{热或光}} 4NO_2\uparrow + O_2\uparrow + 2H_2O$$

NO_2 又可溶于 HNO_3 中,使之从黄色变为棕色。

硝酸的化学性质主要表现在以下两方面:

(1) 强氧化性

非金属元素如碳、硫、磷、碘等,都能被浓硝酸氧化成氧化物或含氧酸。除金、铂、铱、铑、钌、钛、铌、钽等金属外,硝酸几乎可氧化所有金属。某些易钝化的金属如 Fe、Al、Cr 等能溶于稀硝酸,而不溶于冷浓硝酸。

Sn、Sb、As、Mo、W 和 U 等偏酸性的金属与 HNO_3 反应后生成氧化物,其余金属与硝酸反应则生成硝酸盐。Mg、Mn 和 Zn 与冷的稀硝酸($6\ mol\cdot dm^{-3}\sim 0.2\ mol\cdot dm^{-3}$)反应会放出 H_2。

(2) 硝化作用

硝酸以硝基($—NO_2$)取代有机化合物分子中的一个或几个氢原子,称为硝化作用。这类反应在有机化学中是极其重要的反应。

$$C_6H_6 + HNO_3 \xrightarrow{H_2SO_4} C_6H_5NO_2 + H_2O$$

硝酸与相应的金属或金属氧化物作用可制得硝酸盐。硝酸盐热分解的产物决定于盐的阳离子。除 NH_4NO_3 外,硝酸盐受热分解有 3 种情况(见表 8-8)。

表 8-8 硝酸盐受热分解的 3 种情况

金属活泼性	>Mg	Mg—Cu	<Cu
分解产物	金属亚硝酸盐$+O_2$	金属氧化物$+NO_2+O_2$	金属单质$+NO_2+O_2$
举例	$NaNO_3$	$Pb(NO_3)_2$	$AgNO_3$

4. 磷的含氧酸及其盐

磷的含氧酸有多种形式,较重要的见表 8-9。

表 8-9 磷的含氧酸

名称	正磷酸	焦磷酸	三聚磷酸	偏磷酸	亚磷酸	次磷酸
化学式	H_3PO_4	$H_4P_2O_7$	$H_5P_3O_{10}$	HPO_3	H_3PO_3	H_3PO_2
磷的氧化数	+5	+5	+5	+5	+3	+1
酸结构示意图	HO—P(=O)(OH)—OH	HO—P(=O)(OH)—O—P(=O)(OH)—OH	HO—P(=O)(OH)—O—P(=O)(OH)—O—P(=O)(OH)—OH	O=P(=O)—OH	HO—P(=O)(H)—OH	H—P(=O)(H)—OH
n 元酸	3	4	5	1	2	1

磷酸是一种无氧化性的不挥发的三元中强酸，加热时逐渐脱水生成焦磷酸、偏磷酸。磷酸有很强的配合能力，可以和许多金属离子形成配合物，在分析化学中为了掩蔽 Fe^{3+} 离子（浅黄色）的干扰，常用 H_3PO_4 与 Fe^{3+} 离子形成无色可溶性的配合物 $H_3[Fe(PO_4)_2]$、$H[Fe(HPO_4)_2]$等。高温时，磷酸能溶解矿石，如铬铁矿、金红石等，这是磷酸的主要用途之一。

磷酸具有缩合作用，形成多磷酸（同多酸）。例如：

$$\mathrm{HO-\overset{\overset{\displaystyle O}{\|}}{\underset{\underset{\displaystyle OH}{|}}{P}}-\boxed{OH\ H}-O-\overset{\overset{\displaystyle O}{\|}}{\underset{\underset{\displaystyle OH}{|}}{P}}-OH \xrightarrow[\triangle]{-H_2O} \underset{\text{焦磷酸}}{HO-\overset{\overset{\displaystyle O}{\|}}{\underset{\underset{\displaystyle OH}{|}}{P}}-O-\overset{\overset{\displaystyle O}{\|}}{\underset{\underset{\displaystyle OH}{|}}{P}}-OH}}$$

一般缩合酸的酸性比正酸的酸性强，如 $H_4P_2O_7$ 的酸性强于 H_3PO_4 的酸性。

磷酸盐有三种类型，即磷酸正盐，如 Na_3PO_4、$Ca_3(PO_4)_2$ 等；磷酸一氢盐，如 Na_2HPO_4、$CaHPO_4$ 等；磷酸二氢盐，如 NaH_2PO_4、$Ca(H_2PO_4)_2$ 等。除 K^+、Na^+、NH_4^+ 的盐易溶外，磷酸（正）盐、磷酸一氢盐一般均难溶，磷酸二氢盐均易溶，在磷酸的三种盐溶液中加入 $AgNO_3$ 溶液，生成的沉淀均为 Ag_3PO_4（黄色）：

$$PO_4^{3-}+3Ag^+ = Ag_3PO_4\downarrow \text{（可用于检验 } PO_4^{3-} \text{ 的存在）}$$

$$HPO_4^{2-}+3Ag^+ = Ag_3PO_4\downarrow +H^+$$

$$H_2PO_4^-+3Ag^+ = Ag_3PO_4\downarrow +2H^+$$

在含有硝酸的水溶液中，将 PO_4^{3-} 与过量的钼酸铵 $(NH_4)_2MoO_4$ 混合、加热，可慢慢析出黄色磷钼酸铵沉淀：

$$PO_4^{3-}+3NH_4^++12MoO_4^{2-}+24H^+ \xrightarrow[\text{水浴}]{\triangle} \underset{\text{磷钼酸铵（黄色）}}{(NH_4)_3PO_4\cdot 12MoO_3\cdot 6H_2O}\downarrow +6H_2O$$

此反应可用于鉴定 PO_4^{3-}。

磷酸盐可用作化肥、动物饲料的添加剂，在电镀和有机合成上也有用途。对一切生物来说，磷酸盐在所有能量传递过程，如新陈代谢、光合作用、神经功能和肌肉活动中，都起着重要作用。

焦磷酸是无色玻璃状固体，易溶于水，在冷水中会慢慢地转变为正磷酸。焦磷酸水溶液的酸性强于正磷酸，它是一个四元酸，能生成三种盐：二代、三代和四代盐。常见的焦磷酸盐有 $M_2H_2P_2O_7$ 和 $M_4P_2O_7$ 两种类型。分别往 Cu^{2+}、Ag^+、Zn^{2+}、Hg^{2+} 等离子溶液中加入 $Na_4P_2O_7$ 溶液，均有沉淀生成，但由于这些金属离子能与过量的 $P_2O_7^{4-}$ 离子形成配位个体如 $[Cu(P_2O_7)]^{2-}$、$[Mn_2(P_2O_7)_2]^{4-}$，当 $Na_4P_2O_7$ 溶液过量时，沉淀便溶解。

常见的偏磷酸有三偏磷酸和四偏磷酸。偏磷酸是硬而透明的玻璃状物质，易溶于水，在溶液中逐渐转变为正磷酸。

正磷酸、焦磷酸和偏磷酸可以用硝酸银加以鉴别。正磷酸与硝酸银产生黄色沉淀，焦磷酸和偏磷酸都产生白色沉淀，但偏磷酸能使蛋白沉淀。

亚磷酸是一种二元中强酸，在水中的溶解度极大，能形成 NaH_2PO_3 和 Na_2HPO_3 两种类型的酸式盐。亚磷酸及其盐都是强还原剂，能将 Ag^+、Cu^{2+} 等离子还原为金属：

$$H_3PO_3+CuSO_4+H_2O = Cu+H_3PO_4+H_2SO_4$$

亚磷酸及其浓溶液受热时会发生歧化反应：

$$4H_3PO_3 \xrightarrow{\triangle} 3H_3PO_4 + PH_3\uparrow$$

次磷酸 H_3PO_2 是一元酸，分子中有两个与 P 原子直接键合的氢原子。次磷酸及其盐都是强还原剂，还原性比亚磷酸强，能使 Ag(Ⅰ)、Cu(Ⅱ)、Hg(Ⅱ)等还原，还可把冷的浓 H_2SO_4 还原为 S。

次磷酸盐(KH_2PO_2 或 $Ca(H_2PO_2)_2$ 也可)常用作化学镀镍中的还原剂：

$$Ni^{2+} + H_2PO_2^- + H_2O = HPO_3^{2-} + 3H^+ + Ni$$

5. 碳的含氧酸及其盐

二氧化碳溶于水所生成的碳酸 H_2CO_3 是一个二元弱酸，能生成两类盐：碳酸盐和碳酸氢盐。碱金属(锂除外)和铵的碳酸盐易溶于水，其他金属的碳酸盐难溶于水。对于难溶的碳酸盐来说，相应的碳酸氢盐有较大的溶解度，但易溶的 Na_2CO_3、K_2CO_3 和 $(NH_4)_2CO_3$ 的相应碳酸氢盐却有相对较低的溶解度。

碱金属的碳酸盐和碳酸氢盐在水溶液中均因水解而分别显强碱性和弱碱性：

$$CO_3^{2-} + H_2O \rightleftharpoons HCO_3^- + OH^- \quad (\text{显强碱性})$$

$$HCO_3^- + H_2O \rightleftharpoons H_2CO_3 + OH^- \quad (\text{显弱碱性})$$

所以当可溶性碳酸盐作为沉淀剂与溶液中的金属离子作用时，产物可能是正盐、碳酸羟盐或氢氧化物。对于一个具体反应来说，其产物类型可根据相应金属碳酸盐和氢氧化物的溶解度来判断。如果碳酸盐的溶解度小于相应的氢氧化物的溶解度，则产物为正盐。例如：

$$Ca^{2+} + CO_3^{2-} = CaCO_3$$

如果碳酸盐和相应的氢氧化物的溶解度相近，则反应产物为碳酸羟盐。例如：

$$2Cu^{2+} + 2CO_3^{2-} + H_2O = Cu_2(OH)_2CO_3 + CO_2\uparrow$$

如果氢氧化物的溶解度很小，金属离子和 CO_3^{2-} 的水解完全，则生成氢氧化物沉淀。例如：

$$2Fe^{3+} + 3CO_3^{2-} + 3H_2O = 2Fe(OH)_3 + 3CO_2\uparrow$$

碳酸盐的另一个重要性质是其热稳定性差。不同碳酸盐的热稳定性可以相差很大，有如下规律：

(1) 同一种含氧酸(盐)的热稳定性次序为：

正盐＞酸式盐＞酸(即 $Na_2CO_3 > NaHCO_3 > H_2CO_3$)

(2) 同族元素从上到下，碳酸盐的热稳定性增强：

$$BeCO_3 < MgCO_3 < CaCO_3 < SrCO_3 < BaCO_3$$

(3) 不同金属的碳酸盐的热稳定性次序为：

$$K_2CO_3 > CaCO_3 > ZnCO_3 > (NH_4)_2CO_3$$

6. 硅的含氧酸及其盐

硅酸为组成复杂的白色固体，组成随形成条件不同而异，以通式 $xSiO_2 \cdot yH_2O$ 表示。在各种硅酸中以偏硅酸(H_2SiO_3)的组成最简单，因此常用 H_2SiO_3 代表硅酸。

硅酸是一种二元弱酸，虽然硅酸在水中溶解度不大，但它刚形成时不一定立即沉淀，这是因为开始生成的是可溶于水的单硅酸，当这些单分子硅酸逐渐缩合为多硅酸时，形成硅酸溶胶。在此溶胶中加电解质，或者在适当浓度的硅酸盐溶液中加酸，则得到半凝固状态、软而透明且有弹性的硅酸凝胶(在多酸骨架里包含有大量水)。将硅酸凝胶充分洗涤以除去可溶性盐类，干燥脱水后即成为多孔性固体，称为硅胶。硅胶是很好的干燥剂、吸附剂以及催化剂载体，对 H_2O、BCl_3 及 PCl_5 等极性物质都有较强的吸附作用。

所有硅酸盐中，仅碱金属的硅酸盐可溶于水，重金属的硅酸盐难溶于水，并有特征颜色，如：

$CuSiO_3$	$CoSiO_3$	$MnSiO_3$	$NiSiO_3$	$Fe_2(SiO_3)_3$	$ZnSiO_3$	$Al_2(SiO_3)_3$
蓝绿色	紫色	浅红色	翠绿色	棕红色	白色	无色透明

硅酸钠是最常见的可溶性硅酸盐，易水解，水溶液显强碱性。硅酸钠的水解产物为二硅酸盐或多硅酸盐：

$$Na_2SiO_3 + 2H_2O \rightleftharpoons NaH_3SiO_4 + NaOH$$

$$2NaH_3SiO_4 \rightleftharpoons Na_2H_4Si_2O_7 + H_2O$$

如果在透明的 Na_2SiO_3 溶液中，分别加入颜色不同的重金属盐类，静置几分钟后，可以看到各种颜色的难溶重金属硅酸盐犹如“树”、“草”一样不断生长，形成美丽的“水中花园”。

地壳的 95%为硅酸盐矿，最重要的天然硅酸盐是铝硅酸盐。硅酸盐矿的复杂性在其阴离子，而阴离子的基本结构单元是 SiO_4 四面体。除了简单 SiO_4^{4-} 和 $Si_2O_7^{6-}$ 以外，还有环状、链状、片状或三维网格结构的复杂阴离子。这些阴离子借金属离子结合成为各种硅酸盐（见表 8-10）。

表 8-10　天然硅酸盐的各种结构

SiO_4 四面体组合形式	阴离子	例　子
	SiO_4^{4-}（正硅酸盐）	橄榄石 $(Mg、Fe)_2SiO_4$，锆石 $ZrSiO_4$
	$Si_2O_7^{6-}$（二硅酸盐）	硅铅矿 $Pb_3Si_2O_7$
	$[Si_nO_{3n}]^{2n-}$（环状）	绿柱石 $Be_3Al_2[Si_6O_{18}]$
	$[SiO_3]_n^{2n-}$（单链）	链与链借金属离子连接成纤维结构，如石棉 $CaMg_3[SiO_3]_4$
	$[Si_4O_{11}]_n^{6n-}$（双链）	链与链借金属离子连接成纤维结构，如透闪石 $Ca_2Mg_5[Si_8O_{22}](OH)_2$
	$[Si_4O_{10}]_n^{4n-}$	金属离子在层与层之间的片状结构，如：滑石 $Mg_3[Si_4O_{10}](OH)_2$，白云母 $KAl_2[Si_3O_{10}](OH)_2$
三维网格结构	$(SiO_2)_n$ $[AlSi_3O_8]_n^{n-}$ $[Al_2Si_3O_{10}]_n^{4n-}$	石英 SiO_2 钾长石 $K(AlSi_3O_8)$ 沸石 $Na_2(Al_2Si_3O_{10})\cdot 2H_2O$

7. 硼酸及其盐

硼的含氧酸包括正硼酸 H_3BO_3、偏硼酸 HBO_2 和多硼酸 $xB_2O_3 \cdot yH_2O$ 等。正硼酸脱水后得到偏硼酸，若再进一步脱水可得到硼酐。将硼酐、偏硼酸溶于水，它们又重新生成硼酸：

$$H_3BO_3 \underset{-H_2O}{\overset{\triangle}{\rightleftharpoons}} HBO_2 \underset{-H_2O}{\overset{\triangle}{\rightleftharpoons}} B_2O_3$$

硼酸分子中，每个硼原子用 3 个 sp^2 杂化轨道分别与 3 个羟基(—OH)中的氧原子以共价键相结合形成平面三角形结构；分子间再通过氢键形成层状结构(见图 8-10)，层与层之间借助范德华力连接在一起。硼酸是固体酸，有滑腻感，可作润滑剂。

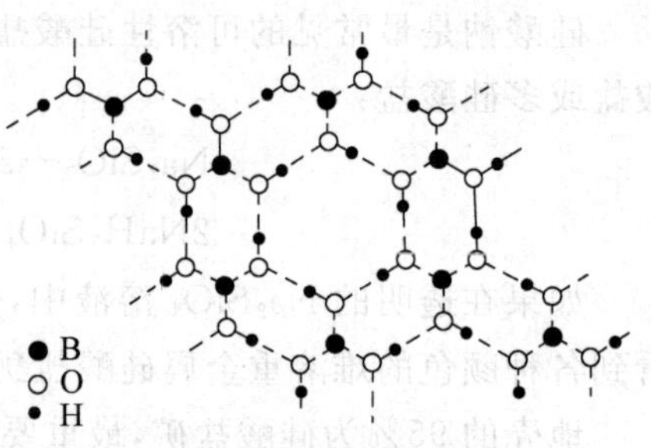

图 8-10　硼酸的层状结构

H_3BO_3 是一元弱酸，是典型的路易斯酸。它之所以有酸性并不是因为它本身给出质子，而是由于硼是缺电子原子，它加合了来自 H_2O 分子的 OH^-(其中氧原子有孤电子对)，释放出了 H^+ 而显酸性。

$$B(OH)_3 + H_2O \rightleftharpoons \left[\begin{matrix} & HO & \\ & | & \\ HO - & B & \leftarrow OH \\ & | & \\ & HO & \end{matrix}\right]^- + H^+$$

常利用硼酸和甲醇或乙醇在浓 H_2SO_4 存在的条件下，生成挥发性硼酸酯燃烧所特有的绿色火焰来鉴别硼酸根。

$$H_3BO_3 + 3CH_3OH \xrightarrow{H_2SO_4} B(OCH_3)_3 + 3H_2O$$

硼酸盐有偏硼酸盐、正硼酸盐和多硼酸盐等多种。最重要的硼酸盐是四硼酸钠，俗称硼砂，是无色透明的晶体。$Na_2B_4O_5(OH)_4 \cdot 8H_2O$ 在 673K 时脱去 8 个结晶水和 2 个羟基水，成为 $Na_2B_4O_7$，所以通常将硼砂的化学式写成 $Na_2B_4O_7 \cdot 10H_2O$。

硼砂的酸根$[B_4O_5(OH)_4]^{2-}$离子的结构如图 8-11 所示。其中三配位的 B 和四配位的 B 各 2 个。在硼砂晶体中，$[B_4O_5(OH)_4]^{2-}$离子通过氢键连接成链状结构，链与链之间通过 Na^+ 离子键结合，水分子存在于链之间。

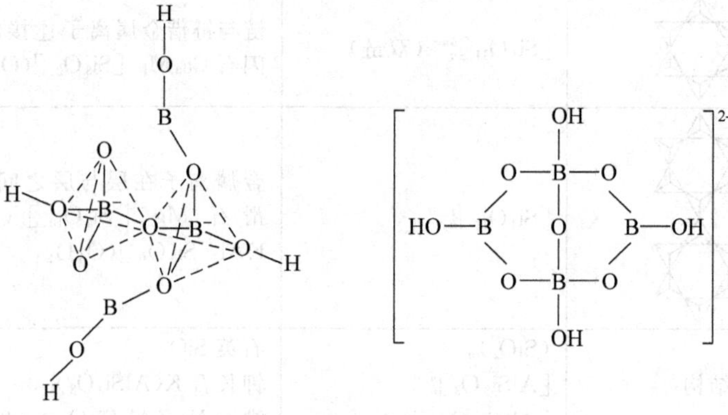

图 8-11　$[B_4O_5(OH)_4]^{2-}$离子的立体结构

硼砂同 B_2O_3 一样，在熔融状态能溶解一些金属氧化物，并依金属的不同而显出特征的颜色(硼酸也有此性质)。例如：

$$Na_2B_4O_7 + CoO = Co(BO_2)_2 \cdot 2NaBO_2 \text{(蓝宝石色)}$$

因此，在分析化学中可以用硼砂来做"硼砂珠试验"，鉴定金属离子。此性质也被应用于搪瓷和玻璃工业(上釉、着色)及焊接金属(去金属表面的氧化物)。硼砂还可以代替 B_2O_3 制特种光学玻璃和人造宝石。

硼酸盐中的 B—O—B 键不及硅酸盐中的 Si—O—Si 键牢固，所以硼砂较易水解。水解时，得到等物质的量的 H_3BO_3 和 $B(OH)_4^-$：

$$B_4O_5(OH)_4^{2-} + 5H_2O = 2H_3BO_3 + 2B(OH)_4^-$$

这种水溶液具有缓冲作用。硼砂易于提纯，水溶液又显碱性，所以分析化学上常用它来标定酸的浓度。硼砂还可以作肥皂和洗衣粉的填料。

8.2.4　稀有气体元素

稀有气体在自然界是以单质状态存在的，除氡以外，它们主要存在于空气中。氦也存在于天然气中，含量约为 1%，另外某些放射性物质中常含有氦。氡存在于放射性矿物中，是镭、钍的放射性产物，在某些地方的地下水中也可以测到微量的氡。

1. 稀有气体的性质和用途

稀有气体元素基态原子价电子构型为 ns^2np^6(除氦 $1s^2$ 外)，均为 8 电子构型，这是稳定的电子构型。在通常条件下，稀有气体元素不易得到或失去电子而形成化学键，即其化学性质是很不活泼的，因而在 1962 年以前一直将稀有气体称为"惰性气体"。这些气体在自然界中以原子的形式存在。

稀有气体的很多用途是基于这些元素的化学惰性和它们的一些物理性质。稀有气体最初是在光学上获得广泛的应用，近年来又逐步扩展到冶炼、医学以及一些重要工业部门。

氦是除氢以外最轻的气体，常用它取代氢气充填气球和气艇。氦在血液中的溶解度比氮小得多，利用氦和氧的混合物制成"人造空气"供潜水员呼吸，以防止潜水员出水时，由于压力骤然下降使原来溶在血液中的氮气逸出，阻塞血管而得"潜水病"。另外，氦的密度、粘度均小，对呼吸困难者，使用氦-氧混合呼吸气有助于吸氧、排出 CO_2。所有物质中，氦的沸点最低，广泛用作超低温研究中的致冷剂。氦还适合作为低温温度计的填充气体。氦在电弧焊接中作惰性保护气体。据报导，32He(月球上存在的氦-3 矿)是较为安全的高效聚变反应原料。

当电流通过充氖的灯管时，能产生鲜艳的红光，充氩则产生蓝光，所以氖和氩常用于霓虹灯、灯塔等照明工程。氩的导电性和导热性都很小，可用氩和氦的混合气体充填灯泡。液氖可用作冷冻剂(致冷温度 25～40 K)。氩也常用作保护气体。

氪和氙用于制造特种光源。在高效灯泡中常充填氪。氙有极高的发光强度，可用以填充光电管和闪光灯。这种氙灯放电强度大、光线强，有"小太阳"之称。80%的氙与 20%的氧气混合使用，可作为无副作用的麻醉剂，用于外科手术。此外，氪和氙的同位素在医学上用于测量脑血流量和研究肺功能、计算胰岛素分泌量等。

氡是核动力工厂和自然界 U 和 Th 放射性聚变的产物，在医学上用于恶性肿瘤的放射性治疗。

2. 稀有气体化合物

1962 年以后，稀有气体的某些化合物被合成出来，从此“惰性气体”的名称才被“稀有气体”所代替。

第一个稀有气体化合物 $Xe^+[PtF_6]^-$（六氟合铂(Ⅴ)酸氙）于 1962 年被英国化学家巴特列特(N. Bartlett)合成得到：

$$Xe+PtF_6 \longrightarrow Xe^+[PtF_6]^-$$

不久，人们利用相似的方法又合成了 $XeRuF_6$ 和 $XeRhF_6$ 等。至今已制成稀有气体化合物数百种，例如卤化物(XeF_2、XeF_4、$XeCl_2$、KrF_2)、氧化物(XeO_3、XeO_4)、氟氧化物($XeOF_2$、$XeOF_4$)、含氧酸盐[M(Ⅰ)$HXeO_4$、M(Ⅰ)$_4XeO_6$]和一些复合物、加合物等，其中简单化合物甚少，大多数化合物的制备都与氟化物的反应有关，某些化合物可看作氟化物的衍生物。

在密闭的镍容器内，将氙和氟加热到高于 250℃ 时，依氟的用量不同，可分别制得 XeF_2、XeF_4、XeF_6。三种氙的氟化物均为稳定的白色结晶状的共价化合物，均能与水反应，例如：

$$2XeF_2+2H_2O \longrightarrow 2Xe+4HF+O_2\uparrow$$

又如 XeF_6 的水解反应很猛烈，容易生成易爆炸的固态 XeO_3：

$$XeF_6+3H_2O \longrightarrow XeO_3+6HF$$

这些氟化物还是优良的氟化剂，例如：

$$2XeF_6+SiO_2 \longrightarrow 2XeOF_4+SiF_4$$

这三种氙的氟化物均为强氧化剂，如：

$$XeF_2+H_2 \longrightarrow Xe+2HF$$

$$XeF_2+H_2O_2 \longrightarrow Xe+2HF+O_2\uparrow$$

H_4XeF_6 和 XeO_3 也都是强氧化剂，能使 NH_3、H_2O_2、Cl^-、Br^-、I^-、Mn^{2+} 等氧化，分别形成 N_2、O_2、Cl_2、Br_2、I_2、MnO_2(或 MnO_4^-)等。由于大多数情况下，氙化物的还原产物仅是单质 Xe，不会给反应系统引进额外的杂质，且产物 Xe 又可循环使用，所以氙的化合物是一个值得重视的氧化剂。

8.2.5 p 区金属元素的单质

p 区金属包括铝(Al)、镓(Ga)、铟(In)、铊(Tl)、锗(Ge)、锡(Sn)、铅(Pb)、锑(Sb)、铋(Bi)和钋(Po)。这些元素从上到下原子半径逐渐增大，失电子趋势逐渐增大，元素的金属性逐渐增强。但总的看来，p 区大部分金属元素的金属性较弱，Tl、Pb 和 Bi 的金属性较强。十种元素中，Po 是一种稀有的放射性元素。

p 区金属元素的价层电子构型为 $ns^2np^{1\sim4}$，内层为饱和结构。由于 ns、np 电子可同时成键，也可仅由 p 电子参与成键，因此它们在化合物中常有两种氧化数，且其氧化数相差为 2。

1. 镓、铟、铊

镓、铟、铊三种元素统称为镓分族。镓、铟、铊的化学性质较为活泼，但和铝一样，表面易形成一层氧化膜而使之稳定。在受热时，才能和空气进一步反应。镓分族元素与非金属反应，易生成氧化物、硫化物、卤化物等，如：

$$2Ga + 3X_2 = 2GaX_3$$

镓分族元素易溶于非氧化性酸和氧化性酸，它们都能形成氧化数为 +3 和 +1 的两类化合物。按 Ga、In、Tl 的次序，+3 氧化数的化合物稳定性降低，+1 氧化数的稳定性增高。例如：

$$2Ga + 3H_2SO_4 = Ga_2(SO_4)_3 + 3H_2\uparrow$$

$$2In + 3H_2SO_4 = In_2(SO_4)_3 + 3H_2\uparrow$$

$$2Tl + H_2SO_4 = Tl_2SO_4 + H_2\uparrow$$

镓是两性金属，还可溶于碱：

$$2Ga + 2NaOH + 2H_2O \xrightarrow{\triangle} 2NaGaO_2 + 3H_2\uparrow$$

2. 锗、锡、铅

碳族金属元素锗、锡、铅又统称为锗分族元素。

在通常条件下，空气中的氧对锗和锡没有影响，只在铅表面生成一层氧化铅或碱式碳酸铅。这三种金属在高温下都能与氧反应而生成氧化物。

$$Ge + O_2 \xrightarrow{973K} GeO_2$$

锗不与水反应，锡也不与水反应，铅的情况比较复杂，它在有空气存在的条件下，能与水缓慢反应生成 $Pb(OH)_2$。

$$2Pb + O_2 + 2H_2O = 2Pb(OH)_2$$

Ge、Sn、Pb 能同卤素和硫生成卤化物和硫化物，如：

$$M + 2X_2 \xrightarrow{\triangle} MX_4 (M = Ge、Sn、Pb)$$

$$M + S \xrightarrow{\triangle} MS$$

$$M + 2S \xrightarrow{\triangle} MS_2$$

Ge、Sn、Pb 与酸反应的情况归纳于表 8-12 中。

表 8-12　Ge、Sn、Pb 与酸的反应

酸	Ge	Sn	Pb
HCl	不反应	与稀酸反应慢，与浓酸反应生成 $SnCl_2$	有反应，但因生成微溶性的 $PbCl_2$ 覆盖在 Pb 表面，反应中止
H_2SO_4	与稀酸不反应，与浓酸反应生成 $Ge(SO_4)_2$	与稀酸难反应，与热的浓硫酸反应得 $Sn(SO_4)_2$	与稀硫酸反应，因生成难溶的 $PbSO_4$ 覆盖层，反应中止。但易溶于热的浓硫酸，生成 $Pb(HSO_4)_2$
HNO_3	与浓酸反应得白色 $xGeO_2 \cdot yH_2O$ 沉淀	与浓酸生成白色 $xSnO_2 \cdot yH_2O$ 沉淀(β 锡酸)，与冷的稀 HNO_3 反应生成 $Sn(NO_3)_2$	与稀 HNO_3 反应，得到 $Pb(NO_3)_2$。由于 $Pb(NO_3)_2$ 不溶于浓 HNO_3，Pb 不与浓 HNO_3 反应

铅在有氧存在的条件下还可溶于醋酸，生成易溶的醋酸铅。

锗同硅相似，与强碱反应放出 H_2 气。锡和铅也能与强碱缓慢地反应得到亚锡酸盐和亚铅酸盐，同时放出 H_2，但铅反应极慢。

3. 锑、铋

锑、铋元素以游离态存在于自然界中，但主要以硫化物矿存在。例如辉锑矿(Sb_2S_3)、辉铋矿(Bi_2S_3)等。我国锑的蕴藏量居世界第一位。

常温下，锑、铋在水和空气中都比较稳定，在高温时能和氧、硫、卤素反应，如：

$$4Sb + 3O_2 \xlongequal{} 2Sb_2O_3$$

$$2Sb + 3S \xlongequal{} Sb_2S_3$$

$$2Sb + 3X_2 \longrightarrow 2SbX_3$$（X 代表卤素；对于 F_2，还可形成 SbF_5）

锑、铋都不溶于稀酸，但能和硝酸、热浓硫酸、王水等反应，如：

$$2Sb + 6H_2SO_4(\text{热、浓}) \xrightarrow{\triangle} Sb_2(SO_4)_3 + 3SO_2\uparrow + 6H_2O$$

$$2Sb + 6HCl \xlongequal{} 2SbCl_3 + 3H_2\uparrow$$

$$Sb + 5HNO_3 \xrightarrow{\triangle} HSbO_3(Sb_2O_5 \cdot H_2O)\downarrow + 5NO_2\uparrow + 2H_2O$$

锑、铋能和许多金属形成化合物，如可与碱金属形成 A_3M 型化合物(A 为碱金属)，与ⅢA 族元素化合形成ⅢA-ⅤA 族半导体材料，如锑化镓 GaSb、锑化铝 AlSb 等。

8.2.6 p 区金属元素化合物的酸碱性

1. 氯化物的酸碱性

三氯化铝 $AlCl_3$ 是共价型化合物，遇水强烈水解，解离为 $Al(H_2O)_6^{3+}$ 和 Cl^- 离子。$AlCl_3$ 还容易与电子对给予体形成配位个体(如 $AlCl_4^-$)和加合物(如 $AlCl_3 \cdot NH_3$)。这一性质使 $AlCl_3$ 成为有机合成中常用的催化剂。

$AlCl_3$ 溶于有机溶剂或处于熔融状态时都以共价的二聚分子 Al_2Cl_6 形式存在。在这种分子中有氯桥键(三中心四电子键)，与 B_2H_6 的桥式结构形式上相似，但本质不同。因为 $AlCl_3$ 为缺电子分子，Al 倾向于接受电子对形成 sp^3 杂化轨道。两个 $AlCl_3$ 分子间发生 Cl→Al 的电子对授予而配位，形成 Al_2Cl_6 分子。

以铝灰和盐酸(适量)为主要原料，在控制的条件下制得一种碱式氯化铝。它是由介于 $AlCl_3$ 和 $Al(OH)_3$ 之间一系列中间水解产物聚合而成的高分子化合物，组成式为 $[Al_2(OH)_nCl_{6-n}]_m$，$1 \leqslant n \leqslant 5$，$m \leqslant 10$，是一种多羟基多核配合物，通过羟基架桥而聚合。因其式量较一般絮凝剂 $Al_2(SO_4)_3$、明矾或 $FeCl_3$ 大得多且有桥式结构，所以它有强的吸附能力。另一方面，它在水溶液中形成许多高价配阳离子，如 $[Al_2(OH)_2(H_2O)_8]^{4+}$ 和 $[Al_3(OH)_4(H_2O)_{10}]^{5+}$ 等。它能显著地降低水中泥土胶粒上的负电荷，所以具有高的凝聚效率和沉淀作用，能除去水中的铁、锰、氟、放射性污染物和重金属、泥沙、油脂、木质素以及印染废水中的流水性染料等，因而在水质处理方面大有取代 $Al_2(SO_4)_3$ 和 $FeCl_3$ 之势。

Ge、Sn、Pb 可形成 MCl_4 和 MCl_2 两种氯化物，Ge、Sn、Pb 的氯化物易水解，如：

$$MCl_4 + 4H_2O \xlongequal{} M(OH)_4 + 4HCl$$

$$MCl_2 + H_2O \longrightarrow M(OH)Cl + HCl$$

在过量 HCl 或 Cl^- 存在下易形成配合物，如：

$$SnCl_4 + 2HCl \longrightarrow H_2[SnCl_6]$$

$$SnCl_4 + 2NH_4Cl \longrightarrow (NH_4)_2[SnCl_6]$$

$$PbCl_2 + 2HCl \longrightarrow H_2[PbCl_4]$$

$GeCl_4$ 是制取 Ge 或其他锗化合物的中间化合物，也是制造光导纤维所需要的一种原料。$SnCl_4$ 用作媒染剂、有机合成上的氯化催化剂及镀锡的试剂。$PbCl_4$ 极不稳定，室温下就分解为 $PbCl_2$ 和 Cl_2。

三氯化锑 $SbCl_3$ 和三氯化铋 $BiCl_3$ 在溶液中都会强烈地水解，生成难溶的 SbOCl 和 BiOCl 酰基盐：

$$SbCl_3 + 2H_2O \longrightarrow Sb(OH)_2Cl + 2HCl$$

$$\longrightarrow SbOCl\downarrow \text{(氯化氧锑或氯化锑酰)} + H_2O$$

$$BiCl_3 + 2H_2O \longrightarrow Bi(OH)_2Cl + 2HCl$$

$$\longrightarrow BiOCl\downarrow \text{(氯化氧铋或氯化铋酰)} + H_2O$$

2. 氢氧化物的酸碱性

氢氧化铝 $Al(OH)_3$ 是典型的两性化合物。新鲜制备的氢氧化铝易溶于酸也易溶于碱：

$$Al^{3+} \underset{H^+}{\overset{OH^-}{\rightleftharpoons}} Al(OH)_3 \underset{H^+}{\overset{OH^-}{\rightleftharpoons}} Al(OH)_4^-$$

$$Al(OH)_3 + 3HNO_3 \longrightarrow Al(NO_3)_3 + 3H_2O$$

$$Al(OH)_3 + KOH \longrightarrow K[Al(OH)_4]$$

白色的 $Ga(OH)_3$ 和 $In(OH)_3$ 均显两性，既可溶于酸，也可溶于碱。$Ga(OH)_3$ 的酸性比 $Al(OH)_3$ 的酸性还强。将红棕色的 $Tl(OH)_3$ 加热到 373K，即分解为 Tl_2O(黑色)，溶于水后得到 TlOH(黄色)。TlOH 碱性很强，但不如 KOH，它又像 AgOH，容易分解成 Tl_2O。

锗、锡、铅的氢氧化物实际上是一些组成不定的氧化物的水合物：$x\text{MO}_2 \cdot y\text{H}_2\text{O}$ 和 $x\text{MO} \cdot y\text{H}_2\text{O}$，通常也将它们的化学式写作 $M(OH)_4$ 和 $M(OH)_2$。它们都是两性的，酸性最强的 $Ge(OH)_4$ 仍然是一个弱酸，碱性最强的 $Pb(OH)_2$ 也还是两性的。

亚锡酸根离子是一种好的还原剂，它在碱性介质中容易转变为锡酸根离子。例如，$Sn(OH)_4^{2-}$ 在碱性溶液中能将 Bi^{3+} 还原为金属铋。

$$3Na_2Sn(OH)_4 + 2BiCl_3 + 6NaOH \longrightarrow 2Bi\downarrow + 3Na_2Sn(OH)_6 + 6NaCl$$

8.2.7 p 区金属元素的重要化合物

1. 铅的氧化物

铅的氧化物除了 PbO 和 PbO_2 以外，还有常见的“混合氧化物”Pb_3O_4。

PbO 俗称“密陀僧”，有两种变体：红色四方晶体和黄色正交晶体。PbO 偏碱性，易溶于醋酸或硝酸得到 Pb(Ⅱ)盐，比较难溶于碱。PbO 用于制造铅蓄电池、铅玻璃和铅的化合物。高纯度 PbO 是制造铅靶彩色电视光导摄像管靶面的关键材料，也是用于激光技术拉制 PbO 单晶的原料。

PbO_2 是两性的，不过其酸性大于碱性，与强碱共热可得铅酸盐：

$$PbO_2 + 2NaOH + 2H_2O \xrightarrow{\triangle} Na_2Pb(OH)_6$$

将 PbO_2 加热，它会逐步转变为铅的低氧化态氧化物：

$$PbO_2 \xrightarrow{563\sim593K} Pb_2O_3 \xrightarrow{663\sim693K} Pb_3O_4 \xrightarrow{803\sim823K} PbO$$

Pb(Ⅳ)为强氧化剂，例如：

$$2Mn(NO_3)_2 + 5PbO_2 + 6HNO_3 = 2HMnO_4 + 5Pb(NO_3)_2 + 2H_2O$$

$$PbO_2 + 4HCl \xrightarrow{\triangle} PbCl_2 + Cl_2\uparrow + 2H_2O$$

$$2PbO_2 + 2H_2SO_4 \xrightarrow{\triangle} 2PbSO_4 + O_2\uparrow + 2H_2O$$

四氧化三铅 Pb_3O_4 俗名“铅丹”或“红丹”。在它的晶体中既有 Pb(Ⅳ)又有 Pb(Ⅱ)，化学式可以写为 $2PbO \cdot PbO_2$。

Pb_3O_4 与 HNO_3 反应得到 PbO_2：

$$Pb_3O_4 + 4HNO_3 = PbO_2\downarrow + 2Pb(NO_3)_2 + 2H_2O$$

铅丹用于制铅玻璃和钢材上用的涂料。因其具有氧化性，涂在钢材上有利于钢铁表面的钝化，防锈蚀效果好，所以被大量地用于油漆船舶和桥梁钢架。

2. 硫化物

p 区金属的硫化物多难溶于水。由于氢硫酸是弱酸，故硫化物都有不同程度的水解性。

GeS_2 和 SnS_2 能溶解在碱金属硫化物的水溶液中：

$$GeS_2 + S^{2-} = GeS_3^{2-}$$

$$SnS_2 + S^{2-} = SnS_3^{2-}$$

GeS 和 SnS 不能溶解在碱金属硫化物的水溶液中，但能溶于多硫化物溶液中：

$$GeS + S_2^{2-} = GeS_3^{2-}$$

$$SnS + S_2^{2-} = SnS_3^{2-}$$

在 GeS_3^{2-} 和 SnS_3^{2-} 盐溶液中加酸，将分别析出白色 GeS_2 和黄色 SnS_2 沉淀：

$$GeS_3^{2-} + 2H^+ = H_2S\uparrow + GeS_2\downarrow$$

$$SnS_3^{2-} + 2H^+ = H_2S\uparrow + SnS_2\downarrow$$

SnS_2 沉淀不溶于酸，但在浓盐酸中生成六氯合锡酸而溶解：

$$SnS_2 + 6HCl = H_2[SnCl_6] + 2H_2S\uparrow$$

常利用 SnS_2 和 SnS 在碱金属硫化物溶液中溶解性的不同来鉴别 Sn^{4+} 和 Sn^{2+}。

SnS 还可溶于中等浓度的盐酸溶液中：

$$SnS + 4HCl = H_2[SnCl_4] + H_2S\uparrow$$

PbS 为黑色沉淀，不溶于稀酸和硫化钠溶液，但能溶于稀 HNO_3 或浓盐酸：

$$3PbS + 8H^+ + 2NO_3^- = 3Pb^{2+} + 3S + 2NO\uparrow + 4H_2O$$

$$PbS + 4HCl(浓) = H_2S\uparrow + H_2[PbCl_4]$$

将 PbS 在空气中煅烧或加氧化剂，如 HNO_3 或 H_2O_2 等，能很容易转化为白色的 $PbSO_4$。

$$PbS + 2O_2 \longrightarrow PbSO_4$$

$$PbS + 4H_2O_2 \longrightarrow PbSO_4 + 4H_2O$$

Sb_2S_3 为橙红色沉淀，显两性，既溶于酸又溶于碱：

$$Sb_2S_3 + 6OH^- \longrightarrow SbO_3^{3-} + SbS_3^{3-} + 3H_2O$$

$$Sb_2S_3 + 6H^+ + 12Cl^- \longrightarrow 2[SbCl_6]^{3-} + 3H_2S\uparrow$$

Sb_2S_3 还能溶于碱性硫化物如 Na_2S 或 $(NH_4)_2S$ 中：

$$Sb_2S_3 + 3S^{2-} \longrightarrow 2SbS_3^{3-}$$

Sb_2S_5 可溶于浓 HCl 中，并发生氧化还原反应：

$$Sb_2S_5 + 12HCl(热,浓) \longrightarrow 2H_3[SbCl_6] + 3H_2S\uparrow + 2S\downarrow$$

Sb_2S_5 的酸性比 Sb_2S_3 的酸性强，因此，Sb_2S_5 比 Sb_2S_3 更易溶于碱性硫化物溶液中：

$$Sb_2S_5 + 3Na_2S \longrightarrow 2Na_3SbS_4$$

Sb_2S_3 具有还原性，与多硫化物反应生成硫代酸盐：

$$Sb_2S_3 + 3S_2^{2-} \longrightarrow 2SbS_4^{3-} + S$$

Bi_2S_3 为棕黑色的碱性氧化物，它可溶于浓盐酸中，但不溶于 NaOH 和碱性硫化物中，如 Na_2S 或 $(NH_4)_2S$：

$$Bi_2S_3 + 6HCl \longrightarrow 2BiCl_3 + 3H_2S\uparrow$$

思考题

8-1 解释碱土金属碳酸盐的热稳定性变化规律。

8-2 为什么 Na_2O_2 常用作潜水艇中的供氧剂？

8-3 如何去除粗食盐中含有的杂质 Ca^{2+}、Mg^{2+} 和 SO_4^{2-}？

8-4 如何鉴别下列各组物质：

(1) Na_2CO_3，$NaHCO_3$，NaOH；

(2) Na_2SO_4，$MgSO_4$；

(3) $Al(OH)_3$，$Mg(OH)_2$，$MgCO_3$。

8-5 用反应式表示下列反应：

(1) 氯水逐滴加入 KBr 溶液中；

(2) 氯气通入热的石灰乳中；

(3) 用 $HClO_3$ 处理 I_2；

(4) 氯酸钾在无催化剂存在时加热分解。

8-6 写出三个具有共价键的金属卤化物的分子式，并说明这种类型卤化物的共同特性。

8-7 用废铁屑制取硫酸铁铵复盐 $NH_4Fe(SO_4)_2 \cdot 12H_2O$，选用哪种氧化剂最为合理：$H_2O_2$、$(NH_4)_2S_2O_8$、$HNO_3$、$O_2$？请简单解释并写出制取过程的化学反应式。

8-8 某红色固体粉末 X 与 HNO_3 作用得棕色沉淀物 A。把此沉淀分离后，在溶液中加入 K_2CrO_4，得黄色沉淀 B；向 A 中加入浓盐酸则有气体 C 发生，此气体有氧化性。问 X、A、B、C 各为何物？

8-9 向 $AlCl_3$ 溶液中加入下列物质，各有何反应？

(1) Na_2S 溶液　　　　　(2) 过量 NaOH 溶液

(3) 过量 NH_3 水　　　　(4) Na_2CO_3 溶液

8-10　为什么说乙硼烷 B_2H_6 是一个缺电子化合物？它的结构如何？

8-11　为什么不能采用加热 $AlCl_3 \cdot 6H_2O$ 脱水的方法来制备无水氯化铝？

8-12　为什么白磷在常温下有很高的化学活性？为什么在暗处可以看到白磷发光？

8-13　如何鉴别正磷酸、焦磷酸和偏磷酸？在 PCl_5 完全水解后的产物中，加入 $AgNO_3$ 只有白色沉淀，而无黄色沉淀，说明了什么？

8-14　实验室配制及保存 $SnCl_2$ 溶液时应采取哪些措施？写出有关的方程式。

8-15　试解释下列现象：

(1) 硅没有类似于石墨的同素异形体；

(2) 氮没有五卤化氮，却有+5 氧化数的 N_2O_5、HNO_3 及其盐，这两者是否有矛盾？

8-16　如何除去 NO 中微量的 NO_2 和 N_2O 中少量的 NO？

8-17　试解释下列各组酸强度的变化顺序：

(1) $HI > HBr > HCl > HF$

(2) $HClO_4 > H_2SO_4 > H_3PO_4 > H_4SiO_4$

(3) $HNO_3 > HNO_2$

(4) $HIO_4 > H_5IO_6$

(5) $H_2SeO_4 > H_6TeO_6$

8-18　为什么氟和其他卤素不同，没有多种可变的正氧化数？

8-1　完成下列反应方程式

(1) $Na + H_2 \xrightarrow{\triangle}$

(2) $CaH_2 + 2H_2O \longrightarrow$

(3) $LiH + AlCl_3 \xrightarrow{乙醚}$

(4) $XeF_2 + H_2O_2 \longrightarrow$

(5) $XeF_2 + H_2O \longrightarrow$

(6) $XeF_6 + 3H_2O \longrightarrow$

(7) $Xe + PtF_6 \longrightarrow$

(8) $Na + NH_3 \longrightarrow$

(9) $KO_2 + H_2O \longrightarrow$

(10) $Na_2O_2 + CO_2 \longrightarrow$

(11) $KO_2 + CO_2 \longrightarrow$

(12) $Be(OH)_2 + OH^- \longrightarrow$

(13) $Mg(OH)_2 + NH_4^+ \longrightarrow$

(14) $BaO_2 + H_2SO_4$(稀)$\longrightarrow$

8-2　以食盐、空气、碳、水为原料，制备下列化合物(写出反应式并注明反应条件)。

(1) Na　(2) Na_2O_2　(3) NaOH　(4) Na_2CO_3

8-3　某固体混合物中可能含有 $MgCO_3$、Na_2SO_4、$Ba(NO_3)_2$、$AgNO_3$ 和 $CuSO_4$。此固体溶于水后可得无色溶液和白色沉淀。无色溶液遇 HCl 无反应，其焰色反应呈黄色；白色沉淀溶于稀盐酸并放出气体。试判断存在、不存在的物质各是什么？

8-4　商品 NaOH 中为什么常含杂质 Na_2CO_3？如何检验？又如何除去？

8-5　下列各对物质在酸性溶液中能否共存？为什么？

(1) $FeCl_3$ 与 Br_2 水　(2) $FeCl_3$ 与 KI 溶液

(3) NaBr 与 $NaBrO_3$ 溶液　(4) KI 与 KIO_3 溶液

8-6　鉴别下列五种固体，并写出有关反应式。

Na_2S, Na_2S_2, Na_2SO_3, Na_2SO_4, $Na_2S_2O_3$

8-7　某物质 X，其水溶液既有氧化性又有还原性：

(1) 向此溶液加入碱时生成盐；

(2) 将(1)所得溶液酸化，加入适量 $KMnO_4$，可使 $KMnO_4$ 褪色；

(3) 在(2)所得溶液中加入 $BaCl_2$ 得白色沉淀。

试判断 X 为何物。

8-8　用化学方法分离下列各组离子：

(1) Ba^{2+}, Al^{3+}, Fe^{3+}；

(2) Mg^{2+}, Pb^{2+}, Zn^{2+}；

(3) Al^{3+}, Pb^{2+}, Bi^{3+}。

8-9　写出硼砂分别与 NiO、CuO 共熔时的反应式。

8-10　向 $BaCl_2$ 和 $CaCl_2$ 的水溶液中分别依次加入：(1) 碳酸铵；(2) 醋酸；(3) 铬酸钾，各有何现象发生？写出反应方程式。

8-11　写出下列各现象的反应方程式。

(1) 在 Na_2O_2 固体上滴加几滴热水；

(2) H_2S 通入 $FeCl_3$ 溶液中；

(3) 用盐酸酸化多硫化铵溶液。

8-12　如何用实验的方法证明 Pb_3O_4 中铅有不同价态？

8-13　解释下列方程式为什么与实验事实不符？

(1) $2\,Al(NO_3)_3 + 3Na_2CO_3 = Al_2(CO_3)_3 + 6NaNO_3$

(2) $PbO_2 + 4HCl = PbCl_4 + 2H_2O$

(3) $Bi_2S_3 + 3S_2^{2-} = 2BiS_4^{3-} + S$

8-14　现有一白色固体 A，溶于水产生白色沉淀 B。B 可溶于浓盐酸。若将固体 A 溶于稀硝酸中(不发生氧化还原反应)，得无色溶液 C。将 $AgNO_3$ 溶液加入溶液 C，析出白色沉淀 D。D 溶于氨水得溶液 E，酸化溶液 E，又产生白色沉淀 D。将 H_2S 通入溶液 C，产生棕色沉淀 F。F 溶于 $(NH_4)_2S_2$，形成溶液 G。酸化溶液 G，得一黄色沉淀 H。少量溶液 C 加入 $HgCl_2$ 溶液得白色沉淀 I，继续加入溶液 C，沉淀 I 逐渐变灰，最后变成黑色沉淀 J。试确定各代号物质是什么？

8-15　金属铝不溶于水，为什么它能溶于 NH_4Cl 和 Na_2CO_3 溶液中？

8-16　某白色固体 A 不溶于水，当加热时，猛烈地分解而产生固体 B 和无色气体 C(此气体可使澄清的石灰水变浑浊)。固体B不溶于水,但溶解于HNO_3得溶液D。向D溶液中加入HCl产生白色沉淀E。E易溶于热水,E溶液与H_2S反应得黑色沉淀F和滤出液G。沉淀F溶解于60%HNO_3中产生淡黄色沉淀H、溶液D和无色气体I,气体I在空气中转变成红棕色。根据以上实验现象,判断各代号物质的名称,并写出有关的反应式。

8-17 完成并配平下列反应方程式(尽可能写出离子反应方程式):

(1) $H_2O_2+KI+H_2SO_4 \longrightarrow$ (2) $H_2O_2 \xrightarrow{\triangle}$

(3) $H_2O_2+KMnO_4+H_2SO_4 \longrightarrow$ (4) $H_2S+H_2SO_3 \xrightarrow{\text{共熔}}$

(5) $Na_2S_2O_3+I_2 \longrightarrow$ (6) $Na_2S_2O_3+Cl_2+H_2O \longrightarrow$

(7) $H_2S+FeCl_3 \longrightarrow$ (8) $Al_2O_3+K_2S_2O_7 \longrightarrow$

(9) $AgBr+Na_2S_2O_3 \longrightarrow$ (10) $Na_2S_2O_8+MnSO_4+H_2O \xrightarrow{Ag^+}$

8-18 试说明硅为何不溶于氧化性的酸(如浓硝酸)溶液中,却分别溶于碱溶液及HNO_3与HF组成的混合溶液中。

第9章

d区和ds区元素选述

d区和ds区元素统称为过渡元素(transition element)。过渡元素是指电子进入d轨道上的一系列元素。这些元素都是金属元素,也称为过渡金属(transition metal)。

在过渡元素中,ⅢB族的钪(scandium)、钇(yttrium)、镧(lanthanum)和其他镧系元素(lanthanide)性质上非常相似,常将它们称为稀土元素(rare earth element)。通常将d区和ds区第四周期的过渡元素称为第一过渡系元素,第一过渡系元素在自然界的储量较多,它们的单质和化合物在工业上的应用也较广泛;而将d区和ds区的第五、六周期的元素分别称为第二、三过渡系元素。

本章将选述d区和ds区元素的通性以及比较重要的金属及其化合物的性质。

9.1 d区元素的通性

9.1.1 d区元素原子结构的特征

d区元素原子的价层电子构型是$(n-1)d^{1\sim9}ns^{1\sim2}$(有个别例外),最外层只有1个或2个电子,因此d区元素较易提供而较难接受电子。d区元素都是金属,其金属性比同周期p区元素的强。d区元素原子半径的变化规律导致第二和第三过渡系同族元素在性质上的差异比第一和第二过渡系相应的元素要小。

9.1.2 d区元素的性质

1. 金属活泼性

同族过渡元素ⅢB族除外,其他各族自上而下活泼性均减弱。造成这种现象的原因是同族元素的原子半径自上而下依次增加不大,而核电荷依次增加较多。

d区元素与酸作用时分为两种情况。一种情况是第一过渡系中d区金属都能溶于稀的盐酸或硫酸;另一种情况是第二、三过渡系d区元素的单质大多较难发生类似反应,有些仅能溶于王水或氢氟酸中,如锆、铪等,有些甚至不溶于王水,如钌、铑、锇、铱等。

d区元素的单质能与活泼的非金属卤素和氧直接形成化合物,可与氢形成金属型氢化物。

2. 氧化数

过渡元素最显著的特征之一是它们具有多种氧化数(见表9-1)。

表 9-1 过渡元素的氧化数

第一过渡系	Sc	Ti	V	Cr	Mn	Fe	Co	Ni
价层电子构型	$3d^1 4s^2$	$3d^2 4s^2$	$3d^3 4s^2$	$3d^5 4s^1$	$3d^5 4s^2$	$3d^6 4s^2$	$3d^7 4s^2$	$3d^8 4s^2$
氧化数①	+3	−1 0 +2 +3 $\underline{+4}$	−1 0 +1 +2 +3 +4 $\underline{+5}$	−3 −2 −1 0 +1 +2 $\underline{+3}$ +4 +5 $\underline{+6}$	−3 −2 −1 0 +1 $\underline{+2}$ +3 $\underline{+4}$ +5 $\underline{+6}$ $\underline{+7}$	−2 0 +1 $\underline{+2}$ $\underline{+3}$ +4 +5 +6	−1 0 +1 $\underline{+2}$ $\underline{+3}$ +4 +5	−1 0 +1 $\underline{+2}$ +3 +4
第二过渡系	Y	Zr	Nb	Mo	Tc	Ru	Rh	Pd
价层电子构型	$4d^1 5s^2$	$4d^2 5s^2$	$4d^4 5s^1$	$4d^5 5s^1$	$4d^5 5s^2$	$4d^7 5s^1$	$4d^8 5s^1$	$4d^{10} 5s^0$
氧化数	+3	0 +1 +2 +3 $\underline{+4}$	−1 0 +1 +2 +3 +4 $\underline{+5}$	−2 −1 0 +1 +2 +3 +4 +5 $\underline{+6}$	−1 0 +1 +2 +3 +4 +5 +6 $\underline{+7}$	−2 0 +1 +2 +3 $\underline{+4}$ +5 +6 +7 +8	−1 0 +1 +2 $\underline{+3}$ +4 +5 +6	0 +1 $\underline{+2}$ +3 +4
第三过渡系	La	Hf	Ta	W	Re	Os	Ir	Pt
价层电子构型	$5d^1 6s^2$	$5d^2 6s^2$	$5d^3 6s^2$	$5d^4 6s^2$	$5d^5 6s^2$	$5d^6 6s^2$	$5d^7 6s^2$	$5d^9 6s^1$
氧化数	+3	+1 +2 +3 $\underline{+4}$	−1 0 +1 +2 +3 +4 $\underline{+5}$	−2 −1 0 +1 +2 +3 +4 +5 $\underline{+6}$	−1 0 +1 +2 +3 $\underline{+4}$ +5 +6 $\underline{+7}$	0 +1 +2 +3 +4 +5 +6 +7 $\underline{+8}$	−1 0 +1 +2 $\underline{+3}$ $\underline{+4}$ +5 +6	0 $\underline{+2}$ +3 $\underline{+4}$ +5 +6

注：①氧化数下"_"表示稳定的氧化数。

第一过渡系元素随着原子序数的增加，最高氧化数逐渐升高，3d 轨道中电子数超过 5 时，最高氧化数又逐渐降低。第二、三过渡系元素从左向右，其氧化数变化趋势与第一过渡系元素一致，不同之处是这些元素的最高氧化数化合物稳定，而低氧化数的氧化物不常见。

在同族中自上而下，高氧化数的化合物趋向稳定，这一点与 p 区ⅢA、ⅣA、ⅤA 族元素正好相反。

此外，许多过渡元素还能形成氧化数为 0、−1、−2、−3 的化合物。例如：

配合物	$[Ni(CO)_4]$	$[Co(CO)_4]^-$	$[Cr(CO)_5]^{2-}$	$[Mn(CO)_4]^{3-}$
形成体氧化数	0	−1	−2	−3

3. 离子的颜色

过渡元素的另一特征是它们所形成的配位个体大都具有颜色，主要原因是这些元素离子的 d 轨道未填满电子，在形成配位个体时受配位体场的影响，原本简并的 d 轨道分裂成能

量不同的 e_g 轨道和 t_{2g} 轨道，由于晶体场分裂能不同，d-d 跃迁所需能量不同，所以吸收光的波长不同，配位个体所显的颜色也不同。表 9-2 列出了第一过渡系元素低氧化数水合离子的颜色。

表 9-2　第一过渡系元素低氧化数水合离子的颜色

元素	Sc	Ti	V	Cr	Mn	Fe	Co	Ni
M^{2+} 中 d 电子数	—	2	3	4	5	6	7	8
$[M(H_2O)_6]^{2+}$ 颜色	—	褐	紫	天蓝	浅桃红	浅绿	粉红	绿
M^{3+} 中 d 电子数	0	1	2	3	4	5	6	7
$[M(H_2O)_6]^{3+}$ 颜色	无	紫	绿	蓝紫	红	浅紫	绿	粉红

4. 配合性

过渡元素易形成配合物。这是因为过渡元素的原子或离子具有能级相近的价电子轨道 $(n-1)$d、ns、np 接受配位体的孤电子对，过渡元素的离子半径较小，最外电子层一般为未填满的 d^x 构型，具有较高的核电荷，对配体有较强的吸引力和较强的极化作用。所以它们有较强的形成配合物的倾向，甚至一些过渡元素的原子也能形成配合物，如$[Ni(CO)_4]$、$[Fe(CO)_5]$、$[Mn_2(CO)_{10}]$和$[Co_2(CO)_8]$。

5. 磁性和催化性

多数过渡元素的原子和离子中有未成对的电子存在，所以具有顺磁性。未成对的 d 电子数越多，磁矩 μ 也越大，表 9-3 列出了第一过渡系元素离子的未成对 d 电子数与物质磁性的关系。

表 9-3　未成对 d 电子与物质磁性的关系

形成体	VO^{2+}	V^{3+}	Cr^{3+}	Mn^{2+}	Fe^{2+}	Co^{2+}	Ni^{2+}
d 电子数	1	2	3	5	6	7	8
未成对 d 电子数	1	2	3	5	4	3	2
磁矩 μ/ B. M.	1.73	2.83	3.87	5.92	4.90	3.87	2.83

许多过渡元素及其化合物具有独特的催化性能。例如，将 SO_2 氧化为 SO_3 时，所用的催化剂是 V_2O_5；烯烃的加氢反应，常用 Pd(钯)作催化剂等。其原因是反应过程中，过渡元素可形成不稳定的配合物，这些配合物作为中间产物可起到配合催化的作用。

9.2　钛和钛的重要化合物

钛(titanium)是ⅣB 族的第一个元素，因钛在自然界存在的分散性和金属钛提炼的困难，钛一直被人们认为是稀有金属。但实际上它在地壳中的含量是比较丰富的。钛的重要矿石有金红石(TiO_2)、钛铁矿($FeTiO_3$)和钒钛铁矿。中国的钛储量约占世界的一半。

9.2.1 钛的性质和用途

钛呈银白色，具有金属光泽，熔点高，密度小，耐磨、耐低温，无磁性，延展性好。

常温下钛较稳定，但受热时可与许多非金属反应，如红热时，钛与氧生成 TiO_2，约 1073K 与氮生成 Ti_3N，573K 与氯生成 $TiCl_4$。钛在室温下与水和稀酸不反应，但可溶于浓盐酸和热的稀盐酸中形成 Ti^{3+}：

$$2Ti + 6HCl \longrightarrow 2TiCl_3 + 3H_2 \uparrow$$

钛与硝酸反应，在其表面形成一层偏钛酸（H_2TiO_3）而使钛钝化：

$$Ti + 4HNO_3 \longrightarrow H_2TiO_3 \downarrow + 4NO_2 \uparrow + H_2O$$

钛也可溶于氢氟酸，形成配合物：

$$Ti + 6HF \longrightarrow 2H^+ + [TiF_6]^{2-} + 2H_2 \uparrow$$

近几十年来，钛已成为工业上重要的金属之一，被用来制造超音速飞机、舰艇及海洋化工设备等。此外，由于钛与生物体组织相容性好，结合牢固，可用来代替损坏的骨头，被称为“亲生物金属”。继铁、铝之后，预计钛将成为应用广泛的第三金属。

9.2.2 钛的重要化合物

钛原子价层电子构型为 $3d^2 4s^2$，除了最外层的 2 个 s 电子参与成键以外，次外层的 2 个 d 电子也容易参加成键，因此钛可以形成氧化数为 +2、+3、+4 的化合物，其中氧化数为 +4的化合物最重要。

1. 二氧化钛（TiO_2）

TiO_2 在自然界中有三种晶型，分别是金红石、锐钛矿（四方）和板钛矿（三方）。天然的 TiO_2 称为金红石，由于含有少量的杂质而呈现红色或橙色。纯的 TiO_2 为白色难溶固体，俗称“钛白”。

钛白是世界上最白的东西，兼有锌白的持久性和铅白的遮盖性，是一种宝贵的白色颜料。钛白不仅雪白，而且粘附性很强，不易起化学变化，特别可贵的是钛白无毒，因此钛白用途很广，用于制作白色的油漆、搪瓷、橡胶、塑料制品以及化妆品。

生产 TiO_2 的方法主要有氯化法和硫酸法两种。氯化法是利用 $TiCl_4$ 与空气在高温下反应而制得 TiO_2：

$$TiCl_4 + O_2 \xrightarrow[\triangle]{1273K} TiO_2 + 2Cl_2 \uparrow$$

硫酸法是目前中国生产 TiO_2 的主要方法，其主要反应如下：

$$\underset{\text{钛铁矿}}{FeTiO_3} + 2H_2SO_4(\text{浓}) \xrightarrow[\text{煮沸}]{\text{分解}} FeSO_4 + \underset{\text{硫酸氧钛}}{TiOSO_4} + 2H_2O$$

$$TiOSO_4 + 2H_2O \xrightarrow[\text{煮沸}]{\text{水解}} H_2TiO_3 \downarrow + H_2SO_4$$

$$H_2TiO_3 \xrightarrow[\text{焙烧}]{\text{烘干}} TiO_2 + H_2O$$

TiO_2 不溶于水，也不溶于稀酸，能溶于热的浓硫酸及浓氢氧化钠溶液，分别生成硫酸氧钛和钛酸钠：

$$TiO_2 + H_2SO_4 \xlongequal{} TiOSO_4 + H_2O$$

$$TiO_2 + 2NaOH \xlongequal{} Na_2TiO_3 + H_2O$$

这表明 TiO_2 为两性偏碱的氧化物。

TiO_2 可溶于 HF 中：

$$TiO_2 + 6HF \xlongequal{} [TiF_6]^{2-} + 2H^+ + 2H_2O$$

2. 四氯化钛($TiCl_4$)

$TiCl_4$ 是钛的重要卤化物，通常由 TiO_2、氯气和碳在高温下反应制得：

$$TiO_2 + 2Cl_2 + 2C \xrightarrow{\triangle} TiCl_4 + 2CO\uparrow$$

四氯化钛具有刺激性臭味，在水中或在潮湿的空气中极易水解，将它暴露在空气中会发烟：

$$TiCl_4 + (2+x)H_2O \xlongequal{} TiO_2 \cdot xH_2O + 4HCl$$

利用此反应可以制造烟幕弹。

$TiCl_4$ 易与醚、酮、胺等形成加合物，三乙基铝 $(CH_3CH_2)_3Al$ 与 $TiCl_4$ 的溶液相互作用，生成著名的 Ziegler-Natta 催化剂，使烯烃容易发生聚合反应。$TiCl_4$ 的这一性质具有重要的现实意义。

3. 钛酸盐和钛氧盐

钛酸盐大都难溶于水，如 $BaTiO_3$ 为难溶的白色固体。$BaTiO_3$ 可用 TiO_2 和 $BaCO_3$ 及助熔剂($BaCl_2$ 或 Na_2CO_3)一起熔融制得：

$$TiO_2 + BaCO_3 \xrightarrow[\triangle]{熔融} BaTiO_3 + CO_2\uparrow$$

$BaTiO_3$ 是制造超声波发生器的材料。

硫酸氧钛 $TiOSO_4$ 为白色粉末，可溶于冷水。在溶液或晶体内实际上不存在简单的 TiO^{2+}，而是以 TiO^{2+} 聚合形成的锯齿状长链 $(TiO)_n^{2n+}$ 形式存在：

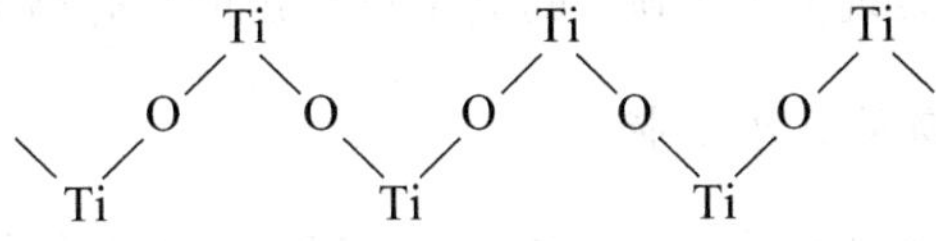

在晶体中这些长链彼此之间由 SO_4^{2-} 连接起来。

钛酸盐和钛氧盐均易水解，形成白色偏钛酸 H_2TiO_3 沉淀：

$$Na_2TiO_3 + 2H_2O \xlongequal{} H_2TiO_3\downarrow + 2NaOH$$

$$TiOSO_4 + 2H_2O \xrightarrow{\triangle} H_2TiO_3 + H_2SO_4$$

在 Ti(Ⅳ)盐的酸性溶液中加入 H_2O_2，则生成较稳定的橙色配合物 $[TiO(H_2O_2)]^{2+}$：

$$TiO^{2+} + H_2O_2 \xlongequal{} [TiO(H_2O_2)]^{2+}$$

利用此反应可测定钛。

9.3 铬、钼、钨及其重要的化合物

铬(chromium)、钼(molybdenum)、钨(tungsten)为ⅥB族元素，其中钼、钨为稀有元素，但中国的蕴藏量极为丰富，江西大庾岭的钨锰铁矿[主要成分为(Fe、Mn)WO_4]，辽宁杨家杖子的辉钼矿(主要成分是MoS_2)堪称大矿，中国钨占世界储量的一半以上，居世界第一位，钼的储量居世界第二位。

9.3.1 铬、钼、钨的性质和用途

铬是银白色、有光泽的金属。粉末状的钼和钨是深灰色的，致密块状的钼和钨也是银白色的，具有金属光泽。

铬、钼元素的价层电子构型为$(n-1)d^5ns^1$，钨为$5d^46s^2$。由于铬、钼、钨元素的原子可以提供6个价电子形成较强的金属键，因此它们的熔点、沸点是同周期中最高的一族。钨的熔点和沸点是所有金属中最高的。另外，铬、钼、钨元素的硬度也都很大。

铬、钼、钨元素的金属活泼性在族中自上而下逐渐降低，表现在以下几个方面：

(1) 从铬、钼、钨元素的$E^\ominus$看，铬比较活泼，还原性比较强，而钼和钨比较稳定。

(2) 铬能溶于稀酸，但不溶于浓硝酸，因为其表面生成了一层紧密的氧化薄膜而呈钝态；钼只能溶于浓硝酸和王水中；钨只能溶于王水中。

(3) 铬在加热时能与氯、溴、碘反应；钼在同样条件下只与氯和溴反应；钨则只能与氯化合，不能与溴和碘发生反应。

铬具有良好的光泽，抗蚀性强，常用作金属表面的镀层(如自行车、汽车、精密仪器的零件常为镀铬制件)。大量铬用于制造合金，如铬钢、不锈钢。钼和钨也大量用于制造耐高温、耐腐蚀的合金钢，以满足刀具、钻头、常规武器以及导弹、火箭等生产的需要。此外，钨丝还用于制作灯丝、高温电炉的发热元件等。

9.3.2 铬、钼、钨的重要化合物

铬的化合物很多，其中以氧化数为+3和+6的化合物较为常见，也较为重要。钼和钨在化合物中的氧化数可以表现为+2到+6，其中最稳定的氧化数为+6。

1. 铬、钼、钨的氧化物及其水合物

高温下，金属铬与氧直接化合、重铬酸铵或三氧化铬热分解，皆可生成三氧化二铬(Cr_2O_3)：

$$4Cr + 3O_2 \xrightarrow{\triangle} 2Cr_2O_3$$

$$(NH_4)_2Cr_2O_7 \xrightarrow{\triangle} Cr_2O_3 + N_2\uparrow + 4H_2O$$

$$4CrO_3 \xrightarrow{\triangle} 2Cr_2O_3 + 3O_2\uparrow$$

Cr_2O_3是一种绿色的固体，熔点很高(2263K)，是冶炼铬的原料。由于它呈绿色，因此常用作绿色颜料(俗称铬绿)，广泛用于陶瓷、玻璃制品着色。

Cr_2O_3 微溶于水，与 Al_2O_3 同晶，具有两性。

Cr_2O_3 溶于 H_2SO_4 生成紫色的硫酸铬 $Cr_2(SO_4)_3$：

$$Cr_2O_3 + 3H_2SO_4 = Cr_2(SO_4)_3 + 3H_2O$$

Cr_2O_3 溶于浓的强碱 NaOH 中生成绿色的亚铬酸钠 $Na[Cr(OH)_4]$或 $NaCrO_2$：

$$Cr_2O_3 + 2NaOH + 3H_2O = 2Na[Cr(OH)_4]$$

或写成：

$$Cr_2O_3 + 2NaOH = 2NaCrO_2 + H_2O$$

向 Cr(Ⅲ)盐溶液中加碱或将亚铬酸钠加热水解，都可以得到灰蓝色的氢氧化铬 $Cr(OH)_3$胶状沉淀，或称为水合三氧化二铬 $Cr_2O_3 \cdot 3H_2O$：

$$Cr^{3+} + 3OH^- = Cr(OH)_3 \downarrow$$

$$NaCrO_2 + 2H_2O \xrightarrow{\triangle} Cr(OH)_3 \downarrow + NaOH$$

氢氧化铬难溶于水，具有两性，既溶于酸生成蓝紫色的$[Cr(H_2O)_6]^{3+}$，也溶于碱生成亮绿色的$[Cr(OH)_4]^-$或$[Cr(OH)_6]^{3-}$：

$$Cr(OH)_3 + 3H^+ \rightleftharpoons Cr^{3+} + 3H_2O$$

$$Cr(OH)_3 + OH^- \rightleftharpoons [Cr(OH)_4]^-$$

$Cr(OH)_3$ 在溶液中存在如下平衡：

$$\underset{\text{紫色}}{Cr^{3+}} + 3OH^- \rightleftharpoons \underset{\text{灰蓝色}}{Cr(OH)_3} \rightleftharpoons H^+ + \underset{\text{绿色}}{CrO_2^-} + H_2O$$

三氧化铬 CrO_3 为暗红色晶体，有毒。对热不稳定，有强氧化性，遇有机物激烈反应，甚至燃烧、爆炸。溶于水主要生成铬酸(H_2CrO_4)，故又称铬酐。

三氧化钼 MoO_3 是白色粉末，加热转变为黄色。熔点 1068K，熔融时呈深蓝色液体。沸点 1428K，即使低于熔点的情况下，它也具有显著的升华现象。

向钼酸铵溶液中加入盐酸，就会沉淀析出钼酸：

$$(NH_4)_2MoO_4 + 2HCl = H_2MoO_4 \downarrow + 2NH_4Cl$$

将钼酸加热焙烧，即分解为 MoO_3：

$$H_2MoO_4 \xrightarrow[\text{焙烧}]{\triangle} MoO_3 + H_2O$$

三氧化钼可在高温下被铝还原为金属钼，这种钼用于制造钼合金。

$$MoO_3 + 2Al \xrightarrow{\text{灼烧}} Mo + Al_2O_3$$

高纯度的钼则是利用氢还原来制备。这种还原分为两个阶段：

$$MoO_3 + H_2 \xrightarrow{723 \sim 923K} MoO_2 + H_2O$$

$$MoO_2 + 2H_2 \xrightarrow{1223 \sim 1373K} Mo + 2H_2O$$

三氧化钨与 H_2 有相同的反应，只是反应温度不同。三氧化钨是深黄色粉末，在加热时变为橙黄色，熔点 1746K，沸点 2023K。

向钨酸钠溶液中加入盐酸，得到黄色的钨酸沉淀，将钨酸加热脱水就变成 WO_3：

$$Na_2WO_4 + 2HCl = H_2WO_4 + 2NaCl$$

$$H_2WO_4 \xrightarrow{773K} WO_3 + H_2O$$

WO_3 主要用于制备金属钨和钨酸盐。

三氧化钼和三氧化钨都是酸性氧化物,都难溶于水。与三氧化铬不同,作为酸酐,不能通过与水反应来制备相应的酸。钼和钨的氧化物溶于氨水和强碱溶液,生成相应的盐:

$$WO_3 + 2NaOH = Na_2WO_4 + H_2O$$

$$MoO_3 + 2NH_3 \cdot H_2O = (NH_4)_2MoO_4 + H_2O$$

2. 铬、钼、钨的酸及其盐

三氧化铬溶于水生成铬酸,溶液呈黄色。铬酸是中强酸,存在于水溶液中。CrO_4^{2-} 离子中的 Cr—O 键较强,所以它不像 VO_4^{3-} 离子那样容易形成各种多酸,但在酸性溶液中也能形成比较简单的多酸根离子,最重要的是重铬酸根离子 $Cr_2O_7^{2-}$。在溶液中,CrO_4^{2-} 同 $Cr_2O_7^{2-}$ 存在下列平衡:

$$\underset{\text{黄色}}{2CrO_4^{2-}} + 2H^+ \underset{OH^-}{\overset{H^+}{\rightleftharpoons}} \underset{\text{橙色}}{Cr_2O_7^{2-}} + H_2O$$

实验证明:在碱性溶液中,CrO_4^{2-} 占优势,当 pH=11 时,Cr(Ⅵ)几乎 100%以 CrO_4^{2-} 形式存在;而在酸性溶液中,$Cr_2O_7^{2-}$ 占优势,当 pH=1.2 时,Cr(Ⅵ)几乎 100%以 $Cr_2O_7^{2-}$ 形式存在;在中性溶液中 $\frac{[Cr_2O_7^{2-}]}{[CrO_4^{2-}]}=1$。由此可见,$CrO_4^{2-}$ 离子和 $Cr_2O_7^{2-}$ 离子的互相转化,取决于溶液的 pH 值。

重铬酸盐大部分易溶于水,而铬酸盐除 K^+、Na^+ 和 NH_4^+ 盐,一般都难溶于水。向重铬酸盐溶液中加入 Ba^{2+}、Pb^{2+} 和 Ag^+ 时,可使上述平衡向生成 CrO_4^{2-} 的方向移动,生成相应的铬酸盐沉淀:

$$Cr_2O_7^{2-} + 2Ba^{2+} + H_2O = \underset{\text{(柠檬黄)}}{2BaCrO_4\downarrow} + 2H^+$$

$$Cr_2O_7^{2-} + 2Pb^{2+} + H_2O = \underset{\text{(铬黄)}}{2PbCrO_4\downarrow} + 2H^+$$

$$Cr_2O_7^{2-} + 4Ag^+ + H_2O = \underset{\text{(砖红色)}}{2Ag_2CrO_4\downarrow} + 2H^+$$

上述反应可用于鉴定 CrO_4^{2-}。柠檬黄、铬黄可作为颜料。

由于 Ba^{2+}、Pb^{2+} 和 Ag^+ 离子的铬酸盐有较小的溶度积,所以不论是向铬酸盐中加入这些离子,还是向重铬酸盐溶液中加入这些离子,生成的都是这些离子的铬酸盐沉淀,而不是重铬酸盐沉淀。

在酸性溶液中,$Cr_2O_7^{2-}$ 是强氧化剂,能氧化 H_2S、H_2SO_3、KI、$FeSO_4$ 等许多物质,本身被还原为 Cr^{3+}。例如:

$$Cr_2O_7^{2-} + 3H_2S + 8H^+ = 2Cr^{3+} + 3S\downarrow + 7H_2O$$

$$Cr_2O_7^{2-} + 3SO_3^{2-} + 8H^+ = 2Cr^{3+} + 3SO_4^{2-} + 4H_2O$$

$$Cr_2O_7^{2-} + 6I^- + 14H^+ = 2Cr^{3+} + 3I_2 + 7H_2O$$

$$Cr_2O_7^{2-} + 6Fe^{2+} + 14H^+ = 2Cr^{3+} + 6Fe^{3+} + 7H_2O$$

在分析化学中常用最后一个反应测定铁的含量。实验室中用于洗涤玻璃器皿的"洗液",是由重铬酸钾的饱和溶液与浓硫酸配制的混合物,称铬酸洗液。

在酸性溶液中，$Cr_2O_7^{2-}$ 还能氧化 H_2O_2：

$$Cr_2O_7^{2-} + 3H_2O_2 + 8H^+ = 2Cr^{3+} + 3O_2\uparrow + 7H_2O$$

在此反应过程中，先生成蓝色的过氧化铬：

$$Cr_2O_7^{2-} + 4H_2O_2 + 2H^+ = 2CrO_5 + 5H_2O$$

这是检验铬（Ⅵ）和过氧化氢的灵敏反应。CrO_5 不稳定，会逐渐分解成 Cr^{3+}，并放出 O_2。CrO_5 在乙醚或戊醇中较为稳定。

和铬酸不同，钼酸和钨酸的重要特点之一，是它们在水中的溶解度较小。同 CrO_4^{2-} 相比，MoO_4^{2-} 和 WO_4^{2-} 的 Mo—O 键和 W—O 键较弱，因此钼酸和钨酸的另一个重要特征是在酸性溶液中易脱水缩合，形成复杂的多钼酸和多钨酸根离子。溶液的酸性越强，缩合程度越大，最后从强酸溶液中析出水合 MoO_3 或 WO_3 沉淀。例如：

$$[MoO_4]^{2-} \xrightarrow{pH=6} [Mo_7O_{24}]^{6-} \xrightarrow{pH=1.5\sim2.9} [Mo_8O_{26}]^{4-} \xrightarrow{pH<1} MoO_3\cdot 2H_2O$$

钼酸根　　七钼酸根　　八钼酸根　　水合三氧化钼

在含有 WO_4^{2-} 的溶液中加入酸，随着溶液 pH 值的减小，可形成 $HW_6O_{21}^{5-}$，$W_{12}O_{39}^{6-}$ 等，最后析出水合氧化钨。

最常见的多钼酸盐为四水合七钼酸铵 $(NH_4)_6[Mo_7O_{24}]\cdot 4H_2O$，它是无色晶体，是实验室中常用的鉴定 PO_4^{3-} 的试剂。

钼酸盐和钨酸盐的第三个特性，是与 Na_2CrO_4 不同，它们的氧化性很弱。在酸性溶液中，必须用强还原剂才能将 H_2MoO_4 还原为 Mo^{3+}。例如向钼酸铵溶液中加入浓盐酸，再用金属锌还原，溶液最初显蓝色，然后还原为绿色的 $MoCl_5$，最后生成棕色的 $MoCl_3$：

$$2(NH_4)_2MoO_4 + 3Zn + 16HCl = 2MoCl_3 + 3ZnCl_2 + 4NH_4Cl + 8H_2O$$

WO_4^{2-} 与 MoO_4^{2-} 有类似的反应。

3. 铬（Ⅲ）的配合物

在铬的配合物中，以 Cr^{3+} 的配合物最多。Cr^{3+} 配合物的配位数几乎都是 6，有人认为 Cr^{3+} 的配合物是以 d^2sp^3 杂化轨道成键，其电子分布为：

d^2sp^3杂化

(↑)(↑)(↑) [(⇅)(⇅)(⇅) (⇅)(⇅)(⇅)]

配位体提供的电子对

Cr^{3+} 的配合物稳定性较高，在水溶液中不易发生解离反应或解离程度较小。Cr^{3+} 的配合物有一特点，就是某一配合物生成后，当其他配位体与之发生交换（或取代）反应时，速率很小，为此往往同一组成的配合物，可有多种异构体存在，例如组成为 $CrCl_3\cdot 6H_2O$ 的配合物有三种异构体：

$[Cr(H_2O)_6]Cl_3$	$[Cr(H_2O)_5Cl]Cl_2\cdot H_2O$	$[Cr(H_2O)_4Cl_2]Cl\cdot 2H_2O$
紫色	蓝绿色	绿色

这样的异构体叫水合异构体。

Cr^{3+} 的配合物中，还因配位体在空间的排布不同而有异构体。这种异构体叫几何异构体。例如，组成为 $[Cr(NH_3)_4Cl_2]^+$ 的配位个体，有两种几何异构体：

$$
\begin{array}{cc}
\text{顺式(紫红色)} & \text{反式(绿色)}
\end{array}
$$

顺式$[Cr(NH_3)_4Cl_2]$：Cl、H_3N、Cl、Cr、H_3N、NH_3、NH_3

反式$[Cr(NH_3)_4Cl_2]$：Cl、H_3N、NH_3、Cr、H_3N、NH_3、Cl

顺式(紫红色)　　　反式(绿色)

9.4 锰和锰的重要化合物

锰(manganese)是第ⅦB族第一个元素，在自然界的储量位于过渡元素中的第三位，仅次于铁和钛，主要以软锰矿($MnO_2 \cdot xH_2O$)形式存在。

9.4.1 锰的性质和用途

锰的外形与铁相似，块状锰是白色金属，质硬而脆。锰是活泼金属，容易溶解在稀的非氧化性酸中生成 Mn^{2+} 盐：

$$Mn + 2H^+ \longrightarrow Mn^{2+} + H_2 \uparrow$$

高温下锰与 X_2、S、C、N_2、Si、B 等非金属反应生成相应化合物，如：

$$3Mn + N_2 \xrightarrow{>1473K} Mn_3N_2$$

锰不能与氧直接化合。

根据还原的方法不同，单质锰分为"还原锰"和"电解锰"两种。在高温下用一氧化碳或铝还原氧化锰得到还原锰：

$$MnO_2 + 2CO \xrightarrow{\triangle} Mn + 2CO_2$$

$$3Mn_3O_4 + 8Al \xrightarrow{\triangle} 9Mn + 4Al_2O_3$$

电解 $MnCl_2$ 得到纯度很高的电解锰。

纯锰用途不大，常以锰铁的形式制造各种合金钢。锰可以代替镍制造不锈钢。锰还是人体必须的微量元素。

9.4.2 锰的重要化合物

锰的标准电极电势图如下：

$$E^{\ominus}(A/V)\quad MnO_4^- \xrightarrow{+0.564} MnO_4^{2-} \xrightarrow{+2.26} MnO_2 \xrightarrow{+0.95} Mn^{3+} \xrightarrow{+1.54} Mn^{2+} \xrightarrow{-1.18} Mn$$

(MnO_4^{2-}—MnO_2：+1.68；MnO_2—Mn^{2+}：+1.23；MnO_4^-—Mn^{2+}：+1.51)

$$E^{\ominus}(B/V)\quad MnO_4^- \xrightarrow{+0.564} MnO_4^{2-} \xrightarrow{+0.60} MnO_2 \xrightarrow{-0.20} Mn(OH)_3 \xrightarrow{+0.10} Mn(OH)_2 \xrightarrow{-1.55} Mn$$

(MnO_4^-—MnO_2：+0.588；MnO_2—$Mn(OH)_2$：-0.050)

由此可以看出，在酸性溶液中 Mn^{3+} 和 MnO_4^{2-} 均易发生歧化反应：

$$2Mn^{3+} + 2H_2O \longrightarrow Mn^{2+} + MnO_2\downarrow + 4H^+$$

$$3MnO_4^{2-} + 4H^+ \longrightarrow 2MnO_4^- + MnO_2\downarrow + 2H_2O$$

Mn^{2+} 较稳定，不易被氧化，也不易被还原。MnO_4^- 和 MnO_4^{2-} 有强氧化性。在碱性介质中，$Mn(OH)_2$ 不稳定，易被空气中的氧气氧化为 MnO_2；MnO_4^{2-} 也能发生歧化反应，但反应不如在酸性溶液中进行得完全。

1. 锰的氧化物和氢氧化物

锰能生成各种氧化物，锰的氧化物及其水合物酸碱性的递变规律是过渡元素中最典型的，锰能生成的各种氧化物见表 9-4。

表 9-4 锰的各种氧化物

氧化数	Ⅱ	Ⅲ	Ⅳ	Ⅵ	Ⅶ
氧化物名称	氧化锰	三氧化二锰	二氧化锰	锰酸酐	高锰酸酐
分子式	MnO	Mn_2O_3	MnO_2	MnO_3	Mn_2O_7
酸碱性	碱性	弱碱性	两性	酸性	酸性
氧化物水合物	$Mn(OH)_2$	$Mn(OH)_3$	$Mn(OH)_4$	H_2MnO_4	$HMnO_4$

由表可知，随着锰的氧化数升高，对应氧化物及氢氧化物的酸性增强。除 Mn_2O_7 外，锰的氧化物均难溶于水，与酸反应时只有 MnO 生成锰酸盐。

$Mn(OH)_2$ 在碱性介质中不稳定，易被空气氧化为 $MnO(OH)$，并进而氧化为 $MnO(OH)_2$，总反应式为：

$$2Mn(OH)_2 + O_2 \longrightarrow 2MnO(OH)_2$$

MnO_2 是锰的最稳定的氧化物，MnO_2 在酸性介质中有强的氧化性，例如

$$MnO_2 + 4HCl \xrightarrow{\triangle} MnCl_2 + Cl_2\uparrow + 2H_2O$$

MnO_2 还可与浓硫酸反应放出氧气：

$$2MnO_2 + 2H_2SO_4(\text{浓}) \xrightarrow{\triangle} 2MnSO_4 + O_2\uparrow + 2H_2O$$

MnO_2 在碱性介质中，能被强氧化剂氧化成 Mn(Ⅵ)化合物：

$$3MnO_2 + 6KOH + KClO_3 \xrightarrow{\text{熔融}} 3K_2MnO_4(\text{绿}) + KCl + 3H_2O$$

Mn_2O_7 极不稳定，在 273K 时即分解放出氧气：

$$2Mn_2O_7 \longrightarrow 4MnO_2 + 3O_2\uparrow$$

Mn_2O_7 有强氧化性，遇有机物（如酒精、乙醚等）立即燃烧。Mn_2O_7 溶于大量冷水生成紫色的高锰酸（$HMnO_4$）。

2. 锰（Ⅱ）盐

锰（Ⅱ）的强酸盐均溶于水，只有少数弱酸盐如 $MnCO_3$、MnS 等难溶于水。其中 $MnCO_3$ 可作白色颜料。

从水溶液中结晶出来的锰（Ⅱ）盐，均为带有结晶水的粉红色晶体。在酸性介质中，

Mn^{2+}的还原性极弱，只有在高酸度的热溶液中，强氧化剂如 H_5IO_6、$NaBiO_3$（s）、$(NH_4)_2S_2O_8$、PbO_2 等才能将 Mn^{2+} 氧化为 Mn^{7+}：

$$5H_5IO_6 + 2Mn^{2+} = 2MnO_4^- + 5HIO_3 + 6H^+ + 7H_2O$$

$$2Mn^{2+} + 14H^+ + 5NaBiO_3(s) = 2MnO_4^- + 5Bi^{3+} + 5Na^+ + 7H_2O$$

$$2Mn^{2+} + 5S_2O_8^{2-} + 8H_2O \xrightarrow{Ag} 2MnO_4^- + 10SO_4^{2-} + 16H^+$$

$$2Mn^{2+} + 4H^+ + 5PbO_2 = 2MnO_4^- + 5Pb^{2+} + 2H_2O$$

由于 MnO_4^- 的紫红色很深，在很稀溶液中仍可观察到，因此可利用上述反应来鉴定溶液中的 Mn^{2+}，值得注意的是 Mn^{2+} 浓度不易太大，且量不易过多，否则会发生下列反应：

$$3Mn^{2+} + 2MnO_4^- + 2H_2O = 5MnO_2\downarrow + 4H^+$$

Mn^{2+} 与 SCN^-、CN^- 可形成相应的配位个体$[Mn(SCN)_6]^{4-}$和$[Mn(CN)_6]^{4-}$。

3. 锰酸盐和高锰酸盐

氧化数为+6 的锰的化合物，仅以深绿色的锰酸根 MnO_4^{2-} 形式存在于强碱溶液中。

锰酸盐在酸性溶液中易发生歧化反应，在中性或弱碱性溶液中也发生歧化反应，但趋势和速率小。

锰酸盐在酸性溶液中有强氧化性，但由于它的不稳定性，所以不用作氧化剂。

$HMnO_4$ 不稳定，常见的和应用较多的是高锰酸盐。高锰酸盐中最重要的是高锰酸钾 $KMnO_4$，俗称灰锰氧。

$KMnO_4$ 是深紫色晶体，能溶于水，是一种强氧化剂。在酸性溶液及光的作用下，会缓慢分解而析出 MnO_2：

$$4MnO_4^- + 4H^+ = 4MnO_2\downarrow + 3O_2\uparrow + 2H_2O$$

光对此分解有催化作用，因此 $KMnO_4$ 必须保存在棕色瓶中。

$KMnO_4$ 的氧化能力随介质的酸性减弱而减弱，其还原产物也因介质的酸性不同而变化。在酸性、中性（或微碱性）、强碱性介质中的还原产物分别为 Mn^{2+}、MnO_2 及 MnO_4^{2-}。例如，在酸性溶液中，用过量还原剂如 SO_3^{2-} 可将 MnO_4^- 还原为 Mn^{2+}：

$$2MnO_4^- + 5SO_3^{2-} + 6H^+ = 2Mn^{2+} + 5SO_4^{2-} + 3H_2O$$

如果 MnO_4^- 过量，它可与 Mn^{2+} 发生如下反应：

$$2MnO_4^- + 3Mn^{2+} + 2H_2O = 5MnO_2\downarrow + 4H^+$$

在中性或弱碱性溶液中，可被 SO_3^{2-} 还原为 MnO_2：

$$2MnO_4^- + 3SO_3^{2-} + H_2O = 2MnO_2\downarrow + 3SO_4^{2-} + 2OH^-$$

在强碱性溶液中，MnO_4^- 过量时，可被 SO_3^{2-} 还原为 MnO_4^{2-}：

$$2MnO_4^- + 2OH^- + SO_3^{2-} = 2MnO_4^{2-} + SO_4^{2-} + H_2O$$

如果 MnO_4^- 量不足，则过剩的还原剂 SO_3^{2-} 可使 MnO_4^{2-} 还原，最后产物为 MnO_2：

$$MnO_4^{2-} + SO_3^{2-} + H_2O = MnO_2\downarrow + SO_4^{2-} + 2OH^-$$

$KMnO_4$ 在化学工业中用于生产维生素 C、糖精等，在轻化工业中用于纤维、油脂的漂白和脱色，在医疗上用作杀菌消毒剂，在日常生活中可用于饮食用具、器皿、蔬菜、水果等消毒。

9.5 铁系元素及其重要的化合物

铁(iron)、钴(cobalt)、镍(nickel)属于第一过渡系Ⅷ族元素，第Ⅷ族元素包括铁、钴、镍、钌、铑、钯、锇、铱、铂。第一过渡系的铁、钴、镍与其余 6 种元素性质差别较大，通常将 Fe、Co、Ni 3 种元素称为铁系元素(iron series elements)，其余 6 种元素称为铂系元素(platinum family element)。

9.5.1 铁系单质的性质和用途

铁、钴、镍的单质都是具有光泽的银白色金属，钴略带灰色，密度大，熔点高。铁和镍的延展性好，而钴则硬而脆。它们都表现有铁磁性，其合金是很好的磁性材料。

铁、钴、镍为中等活泼的金属。在高温下，可分别与氧、硫、氯等非金属作用生成相应的氧化物、硫化物和氯化物。铁溶于盐酸和稀硫酸生成 Fe^{2+} 和 H_2；冷的浓硫酸、浓硝酸使其钝化。钴、镍在盐酸和稀硫酸中比铁溶解慢。浓碱缓慢侵蚀铁，而钴、镍在浓碱中比较稳定。铁、钴、镍均能形成金属型氢化物，如 FeH_2、CoH_2 等。

铁是钢铁工业最重要的原材料。通常钢和铸铁都称为铁碳合金，一般含碳 0.02%～2.0%的称为钢，含碳大于 2%的称为铸铁。

钴和镍主要用于制造各种用途的合金。

9.5.2 铁系元素的重要化合物

1. 氧化物和氢氧化物

铁系元素可形成以下两类氧化物，其颜色也各不相同。

FeO(黑)	CoO(灰绿)	NiO(暗绿)
Fe_2O_3(砖红)	Co_2O_3(黑)	Ni_2O_3(黑)

FeO、CoO 和 NiO 均为碱性氧化物，难溶于水和碱，易溶于酸，并形成相应的盐。

纯净 Fe、Co、Ni 的氧化物常用热分解它们的碳酸盐、硝酸盐或草酸盐的方法制备：

$$MCO_3 \xrightarrow[\triangle]{\text{隔绝空气}} MO + CO_2\uparrow \quad (M = Co、Ni)$$

$$FeC_2O_4 \xrightarrow[\triangle]{\text{隔绝空气}} FeO + CO_2\uparrow + CO\uparrow$$

Fe_2O_3 为难溶于水的两性氧化物，但以碱性为主，与酸反应生成相应的盐，与碱金属氧化物、氢氧化物或碳酸盐共熔生成铁酸盐：

$$Fe_2O_3 + 6HCl = 2FeCl_3 + 3H_2O$$

$$Fe_2O_3 + Na_2CO_3 \xrightarrow{\text{熔融}} 2NaFeO_2 + CO_2\uparrow$$

Fe_2O_3 可用作红色颜料(俗称铁红)，主要用作防锈底漆，也可用作媒染剂、磨光粉以及某些反应的催化剂。

Co_2O_3 和 Ni_2O_3 有强氧化性，与盐酸反应得不到相应的 Co(Ⅲ)和 Ni(Ⅲ)盐，而是被还原为钴(Ⅱ)和镍(Ⅱ)盐：

$$Ni_2O_3 + 6H^+ + 2Cl^- = 2Ni^{2+} + Cl_2\uparrow + 3H_2O$$

铁和镍还可以形成 Fe_3O_4 和 Ni_3O_4。Fe_3O_4 具有强磁性和良好的导电性。铁系元素的氢氧化物均难溶于水，它们的氧化还原性及其变化规律与其氧化物相似：

还原性增强 ←

$Fe(OH)_2$	$Co(OH)_2$	$Ni(OH)_2$
（白色）	（粉红色）	（浅绿色）
$Fe(OH)_3$	$Co(OH)_3$	$Ni(OH)_3$
（红棕色）	（棕色）	（黑色）

氧化性增强 →

其中 $Fe(OH)_2$ 很不稳定，容易被空气中的氧气氧化，使沉淀变为绿色，最后成为红棕色的水合氧化铁(Ⅲ)$Fe_2O_3 \cdot xH_2O$：

$$4Fe(OH)_2 + O_2 + 2H_2O = 4Fe(OH)_3\downarrow$$

$Co(OH)_2$ 比较稳定，在空气中能缓慢地被氧化成棕色的 $Co(OH)_3$。$Ni(OH)_2$ 则更稳定，不能被空气中的氧所氧化，只有在强碱溶液中用强氧化剂($NaOCl$、Br_2、Cl_2 等)才能将其氧化为黑色的水合氧化镍 $NiO(OH)$：

$$2Ni(OH)_2 + Br_2 + 2OH^- = 2NiO(OH)\downarrow + 2Br^- + 2H_2O$$

由此可见，$M(OH)_2$($M=Fe$、Co、Ni)的还原能力按铁、钴、镍依次减弱。而稳定性则依次增强。

$Fe(OH)_2$ 和 $Co(OH)_2$ 略显两性，$Co(OH)_2$ 和 $Ni(OH)_2$ 可溶于氨水，生成土黄色的 $[Co(NH_3)_6]^{2+}$ 和紫蓝色的 $[Ni(NH_3)_6]^{2+}$。

新沉淀出来的 $Fe(OH)_3$ 也显两性，易溶于酸，生成相应的铁(Ⅲ)盐；溶于热浓强碱溶液生成 $[Fe(OH)_6]^{3-}$：

$$Fe(OH)_3 + 3OH^- \xrightarrow{\triangle} [Fe(OH)_6]^{3-}$$

$CoO(OH)$ 和 $NiO(OH)$ 与酸反应，得不到相应的钴(Ⅲ)和镍(Ⅲ)盐：

$$2CoO(OH) + 6H^+ + 2Cl^- = 2Co^{2+} + Cl_2\uparrow + 4H_2O$$

$NiO(OH)$ 的氧化能力比 $CoO(OH)$ 更强。总之氧化数为 +3 的铁系元素水合氧化物的氧化能力，按铁、钴、镍顺序依次增强。

2. 盐类

氧化数为 +2 的铁系元素盐类，在性质上有许多相似之处，表现在：

(1) 与强酸形成的盐易溶于水，并有微弱水解使溶液显酸性；从溶液中结晶出来时常常带有结晶水，一般来说硫酸盐含 7 个结晶水，硝酸盐含 6 个结晶水。

(2) 水合离子都带有颜色。如 $[Fe(H_2O)_6]^{2+}$ 为绿色，$[Co(H_2O)_6]^{2+}$ 为粉红色，而 $[Ni(H_2O)_6]^{2+}$ 为苹果绿色。

(3) 它们的硫酸盐均能与碱金属或铵的硫酸盐形成复盐，如浅绿色的硫酸亚铁铵 $(NH_4)_2SO_4 \cdot FeSO_4 \cdot 6H_2O$ 称为摩尔盐，它是分析化学中常用的还原剂，用于标定 $K_2Cr_2O_7$ 或 $KMnO_4$ 溶液。

铁系元素的 Fe^{2+}、Co^{2+}、Ni^{2+} 依顺序还原性减弱，稳定性增强。

$CoCl_2 \cdot 6H_2O$ 是常用的钴盐，在受热脱水过程中伴有颜色的变化：

$$\underset{\text{粉红}}{CoCl_2 \cdot 6H_2O} \xrightleftharpoons{325.4K} \underset{\text{紫红}}{CoCl_2 \cdot 2H_2O} \xrightleftharpoons{363K} \underset{\text{蓝紫}}{CoCl_2 \cdot H_2O} \xrightleftharpoons{393K} \underset{\text{蓝色}}{CoCl_2}$$

无水 $CoCl_2$ 是蓝色的，在潮湿空气中由于水合作用也会转变为粉红色的 $CoCl_2 \cdot 6H_2O$。$CoCl_2$ 因有吸水色变这一性质而被用作变色硅胶干燥剂中的干湿指示剂。如用作干燥剂的硅胶常浸 $CoCl_2$ 溶液后烘干备用。当它由蓝色变为粉红色时，表明吸水已达饱和，将粉红色硅胶在 393K 烘干，待恢复蓝色后仍可继续使用。

在铁系元素中，只有铁能形成氧化数为＋3 的简单盐；而钴(Ⅲ)盐只能以固体形式存在；镍(Ⅲ)的简单盐仅能制得黑色的极不稳定的 NiF_3。

在酸性介质中，钴(Ⅲ)的氧化性强于铁(Ⅲ)，Fe^{3+} 在水溶液中是最稳定的，Co^{3+} 不稳定，易被还原成 Co^{2+}，Ni^{3+} 在水溶液中不存在。

铁(Ⅲ)的重要性质主要有氧化性和水解性。

Fe^{3+} 可被 H_2S、I^-、Sn^{2+} 等还原剂还原成 Fe^{2+}：

$$2Fe^{3+} + H_2S = 2Fe^{2+} + S\downarrow + 2H^+$$

$$2Fe^{3+} + 2I^- = 2Fe^{2+} + I_2$$

$$2Fe^{3+} + Sn^{2+} = 2Fe^{2+} + Sn^{4+}$$

Fe^{3+} 盐溶于水后容易水解，其水解程度比 Fe^{2+} 盐大，由于水解使溶液显酸性：

$$[Fe(H_2O)_6]^{3+} + H_2O = [Fe(OH)(H_2O)_5]^{2+} + H_3O^+$$

$$[Fe(OH)(H_2O)_5]^{2+} + H_2O = [Fe(OH)_2(H_2O)_4]^{+} + H_3O^+$$

一般来说，当溶液的 pH＝0 左右时，以$[Fe(H_2O)_6]^{3+}$形式存在；当溶液的 pH ＝2～3 时，开始水解；pH 值升高，水解加强，当 pH＝4～5 时，即形成水合三氧化二铁沉淀。加热可促进水解使溶液颜色加深。

三氯化铁是重要的铁(Ⅲ)盐。通氯气于加热的铁，可得棕黑色的无水盐。它是共价键占优势的化合物，可以升华。在蒸气中以双聚分子 Fe_2Cl_6 存在，其结构与 Al_2Cl_6 相似：

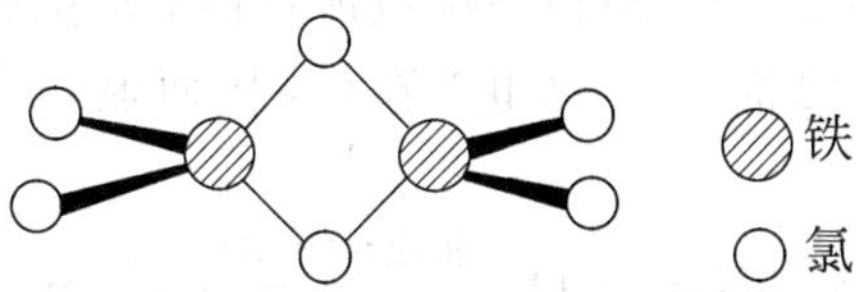

无水三氯化铁在空气中易潮解，受热则变为 Fe_2O_3：

$$4FeCl_3 + 3O_2 = 2Fe_2O_3 + 6Cl_2\uparrow$$

三氯化铁用作水的净化剂、有机合成的催化剂以及印刷电路的蚀刻剂等。

3. 铁系元素的配合物

铁系元素均易形成配合物。Fe^{2+}、Fe^{3+} 易形成配位数为 6 的配合物，Co^{3+}、Co^{2+}、Ni^{2+} 等可形成配位数为 6 或 4 的配合物。

在 Fe^{2+} 的溶液中，加入过量的 KCN 溶液，则可生成$[Fe(CN)_6]^{4-}$：

$$Fe^{2+} + 6CN^- = [Fe(CN)_6]^{4-}$$

用氯气氧化$[Fe(CN)_6]^{4-}$时，生成$[Fe(CN)_6]^{3-}$：

$$2[Fe(CN)_6]^{4-} + Cl_2 \longrightarrow 2[Fe(CN)_6]^{3-} + 2Cl^-$$

利用上述反应，可分别得到黄血盐 $K_4[Fe(CN)_6]$ 和赤血盐 $K_3[Fe(CN)_6]$。

在 Fe^{2+}、Fe^{3+} 的溶液中，分别加入 $K_3[Fe(CN)_6]$、$K_4[Fe(CN)_6]$ 的溶液，都能生成蓝色沉淀：

$$xFe^{2+} + xK^+ + x[Fe(CN)_6]^{3-} \longrightarrow \underset{\text{滕氏蓝}}{[KFe(CN)_6Fe]_x(s)}$$

$$xFe^{3+} + xK^+ + x[Fe(CN)_6]^{4-} \longrightarrow \underset{\text{普鲁士蓝}}{[KFe(CN)_6Fe]_x(s)}$$

这两个反应分别用来鉴定 Fe^{2+} 和 Fe^{3+}。近年来，实验证明滕氏蓝和普鲁士蓝的组成都是 $[KFe(CN)_6Fe]_x$。

在放有 Fe^{2+}（如 $FeSO_4$）的硝酸盐的混合溶液的试管中，小心地加入浓 H_2SO_4，在浓 H_2SO_4 与溶液的界面上出现"棕色环"，这是由于生成了配位个体 $[Fe(NO)(H_2O)_5]^{2+}$ 而呈现的颜色：

$$3Fe^{2+} + NO_3^- + 4H^+ \longrightarrow 3Fe^{3+} + NO + 2H_2O$$

$$[Fe(H_2O)_6]^{2+} + NO \longrightarrow \underset{\text{棕色}}{[Fe(NO)(H_2O)_5]^{2+}} + H_2O$$

这一反应用来鉴定 NO_3^- 和 NO_2^- 的存在（鉴定 NO_3^- 时用 H_2SO_4，鉴定 NO_2^- 时用 HAc）。配位个体中铁的氧化数为 +1，配位体为 NO^+。此配位个体是不稳定的，微热或振摇它的溶液，"棕色环"立即消失。

当 HNO_3 与 $[Fe(CN)_6]^{4-}$ 的溶液作用时，有红色的 $[Fe(CN)_5(NO)]^{2-}$ 生成：

$$[Fe(CN)_6]^{4-} + 4H^+ + NO_3^- \longrightarrow [Fe(CN)_5NO]^{2-} + CO_2 + NH_4^+$$

在溶液中 S^{2-} 与 $[Fe(CN)_5NO]^{2-}$ 作用时，生成红紫色的 $[Fe(CN)_5NOS]^{4-}$：

$$[Fe(CN)_5NO]^{2-} + S^{2-} \longrightarrow [Fe(CN)_5NOS]^{4-}$$

这一反应用来鉴定 S^{2-}。

Co^{3+} 形成配合物后，在溶液中则是稳定的；Ni^{3+} 的配合物比较少见，且是不稳定的。

Co^{3+} 在水溶液中不能稳定存在，难以与配位体直接形成配合物，通常把 Co(Ⅱ)盐溶在有配合剂的溶液中，借氧化剂把 Co(Ⅱ)氧化，从而制出 Co(Ⅲ)的配合物。例如 $[Co(NH_3)_6]Cl_3$ 的制法是：

$$4CoCl_2 + 4NH_4Cl + 20NH_3 + O_2 \xrightarrow{\text{催化剂(木炭)}} 4[Co(NH_3)_6]Cl_3 + 2H_2O$$

Co(Ⅲ)配合物的配位数都是 6，$[CoF_6]^{3-}$ 是高自旋的，其他几乎都是低自旋的。低自旋 Co(Ⅲ)的配合物在溶液中或固态时，不容易发生变化，十分稳定。

把 $Na_3[Co(NO_2)_6]$ 溶液加到含有 K^+ 的溶液中，析出难溶于水的黄色晶体 $K_3[Co(NO_2)_6]$：

$$3K^+ + [Co(NO_2)_6]^{3-} \longrightarrow K_3[Co(NO_2)_6]\downarrow$$

这一反应用来鉴定 K^+ 的存在。

Co(Ⅱ)的配合物（特别是螯合物）也很多，可分为两大类：一类是以粉红或红色为基础的八面体配合物，另一类是以深蓝色为基础的四面体配合物。在水溶液中有下述平衡存在：

$$\underset{\text{粉红色(八面体)}}{[Co(H_2O)_6]^{2+}} \underset{H_2O}{\overset{Cl^-}{\rightleftharpoons}} \underset{\text{蓝色(四面体)}}{[CoCl_4]^{2-}}$$

在 Co(Ⅱ)的八面体配合物中，大都是高自旋的，低自旋是少见的。Co(Ⅱ)配合物在水溶液中稳定性差。

Ni(Ⅱ)的配合物主要是八面体构型的，其次是平面正方形和四面体构型的配合物。Ni(Ⅱ)的八面体配合物一般认为是以 sp^3d^2 杂化轨道成键。

Ni^{2+} 与丁二肟在弱碱性条件下，生成难溶于水的鲜红色螯合物二丁二肟合镍(Ⅱ)沉淀，可利用这一反应鉴定 Ni^{2+} 离子。

过渡金属原子和具有离域 π 键结构的分子(如环戊二烯和苯等)形成的配合物称为夹心型配合物。图 9-1 表示的是二茂铁的夹心配合物。

在茂环内，每个 C 原子各有一个垂直于茂环平面的 2p 轨道，5 个 2p 轨道与未成键的 p 电子形成 π 键，通过所有这些 π 电子与 Fe^{2+} 形成夹心配合物。

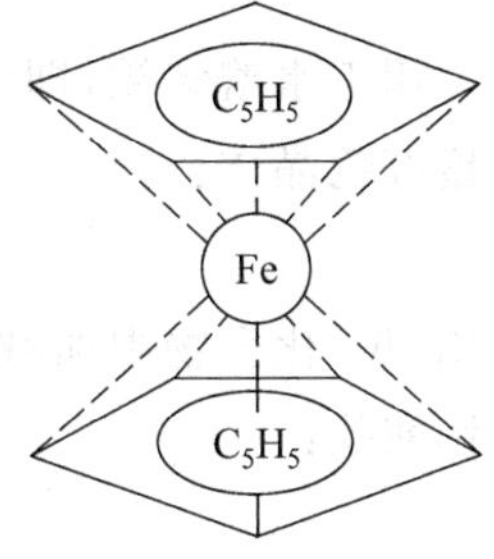

图 9-1 二茂铁的结构

9.6 铂系元素

铂系元素包括钌(ruthenium)、铑(rhodium)、钯(palladium)，锇(osmium)、铱(iridium)、铂(platinum)6 种元素。根据它们的密度，把钌、铑、钯称为轻金属，而把锇、铱、铂称为重金属。它们都是稀有金属，几乎完全以单质状态存在，高度分散于各种矿石中，并共生在一起。这里重点讨论钯和铂的性质及其重要的化合物。

9.6.1 铂系单质的性质

铂系元素除锇呈蓝灰色外，其余都是银白色。在每一个三元素组中，它们都是难溶金属，金属的熔沸点都是从左到右逐渐降低。这 6 种元素中最难熔的是锇，最易熔的是钯。熔沸点的这种变化趋势与铁系金属相似。

铂系金属对酸的稳定性比其他各族金属都高。钌和锇，铑和铱，不仅不溶于普通强酸，甚至也不溶于王水，钯和铂都能溶于王水中，钯还能溶于硝酸和热硫酸中。如：

$$3Pt + 4HNO_3 + 18HCl = 3H_2PtCl_6 + 4NO\uparrow + 8H_2O$$

除王水外，铂也溶于 $HCl-H_2O_2$、$HCl-HClO_4$ 的混合溶液中。热的浓硫酸能很慢地溶解铂生成 $Pt(OH)_2(HSO_4)_2$。

所有铂系金属在有氧化剂存在时与碱一起熔融，都会变成可溶性化合物。铂系金属在常温下对于空气和氧是稳定的。只有粉状锇在室温下的空气中会慢慢地被氧化，生成挥发性四氧化锇 OsO_4。OsO_4 的蒸气没有颜色，对呼吸道有剧毒，尤其有害于眼睛，会造成暂时失明。

钌在空气中加热时形成 RuO_2。铑和钯只在炽热高温时才逐渐氧化成 Rh_2O_3 和 PdO，温度再上升，氧化物又将分解。铱在高温时氧化生成的是氧化物的混合物。铂对氧的作用比铂系其他金属来得稳定，在氧气中加热，金属表面生成 PtO，高温时又分解。

所有的铂系金属都有一个特性，即催化活性很高，铂在多种化学工业中用作催化剂。

铂系金属与铁系金属一样都容易形成配位化合物。

9.6.2 铂和钯的重要化合物

1. 氯铂酸及其盐

用王水溶解铂，即生成氯铂酸。四氯化铂溶于盐酸也生成氯铂酸，将溶液蒸发浓缩，可得橙红色晶体：

$$PtCl_4 + 2HCl = H_2[PtCl_6]$$

在铂(Ⅳ)化合物中加碱，可以得到两性的氢氧化铂 $Pt(OH)_4$，它溶于盐酸得氯铂酸，溶于碱得铂酸盐：

$$Pt(OH)_4 + 6HCl = H_2[PtCl_6] + 4H_2O$$
$$Pt(OH)_4 + 2NaOH = Na_2[Pt(OH)_6]$$

将 NH_4Cl 或 KCl 加入 $PtCl_4$ 中，可制得相应的氯铂酸铵 $(NH_4)_2[PtCl_6]$ 或氯铂酸钾 $K_2[PtCl_6]$：

$$PtCl_4 + 2NH_4Cl = (NH_4)_2[PtCl_6]$$
$$PtCl_4 + 2KCl = K_2[PtCl_6]$$

$(NH_4)_2[PtCl_6]$ 和 $K_2[PtCl_6]$ 都是难溶于水的黄色晶体，利用难溶氯铂酸盐的生成可以检验 NH_4^+ 和 K^+ 的存在。氯铂酸溶液用作镀铂时的电镀液。

用草酸钾、二氧化硫等还原剂和氯铂酸盐反应，可生成氯亚铂酸盐 $M_2[PtCl_4]$，例如：

$$K_2[PtCl_6] + K_2C_2O_4 = K_2[PtCl_4] + 2KCl + 2CO_2\uparrow$$

2. 铂(Ⅱ)-乙烯配合物

$[Pt(C_2H_4)Cl_2]_2$ 是人们制得的第一个不饱和烃与金属的配合物。这个配合物是由氯亚铂酸盐 $[PtCl_4]^{2-}$ 和乙烯在水溶液中反应制得，并可被乙醚萃取：

$$[PtCl_4]^{2-} + C_2H_4 = [PtCl_3(C_2H_4)]^- + Cl^-$$
$$2[PtCl_3(C_2H_4)]^- = [Pt(C_2H_4)Cl_2]_2 + 2Cl^-$$

中性 $[Pt(C_2H_4)Cl_2]_2$ 是一个具有桥式结构的二聚物，两个乙烯分子的排布是反式的。

```
H4C2       Cl       Cl
     \    /  \    /
      Pt      Pt
     /   \  /   \
   Cl     Cl     C2H4
```

配位个体 $[PtCl_3(C_2H_4)]^-$ 的构型是平面四方形：

```
 ┌                          ┐-
 │  H   H                   │
 │   \ /        Cl          │
 │    C                     │
 │    ‖ ←---- Pt ———→ Cl    │
 │    C                     │
 │   / \      Cl            │
 │  H   H                   │
 └                          ┘
```

3. 二氯化钯

在红热的条件下，将金属钯直接氯化得二氯化钯（$PdCl_2$），823K 以上得不稳定的 α-$PdCl_2$，823K 以下转变为 β-$PdCl_2$。α-$PdCl_2$ 的结构呈扁平的链状（见图 9-2），β-$PdCl_2$ 的分子结构以 Pd_6Cl_{12} 为单元（见图 9-3）。在 α-$PdCl_2$ 和 β-$PdCl_2$ 这两种结构中，钯（Ⅱ）都具有正方形配位的特征。

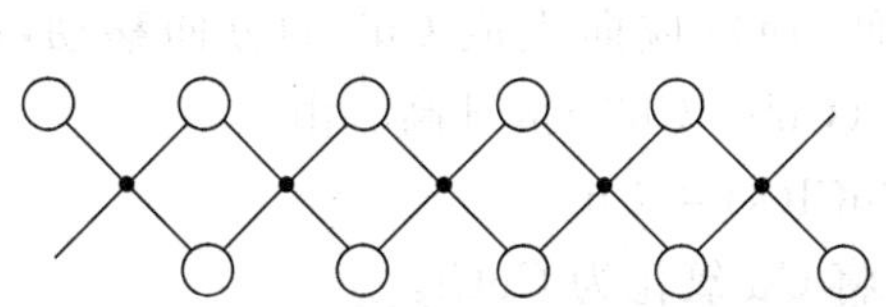
图 9-2　α-$PdCl_2$ 的扁平链状结构图

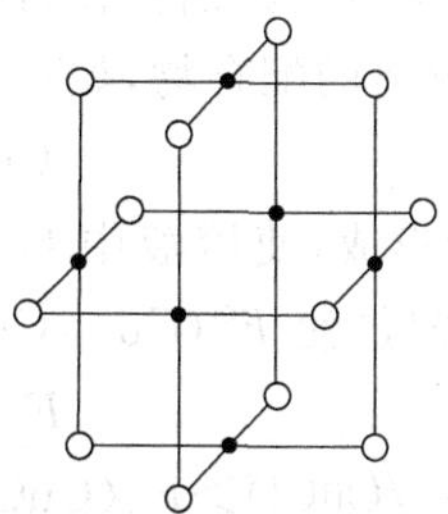
图 9-3　β-$PdCl_2$ 的 Pd_6Cl_{12} 结构单元

$PdCl_2$ 水溶液遇 CO 即被还原成金属钯：

$$PdCl_2 + CO + H_2O = Pd + CO_2 + 2HCl$$

析出的金属钯尽管量很少，但是很容易从它显示的黑色分辨出来，因此，可利用这一反应鉴定 CO 的存在。

常温常压下，用 $PdCl_2$ 作催化剂，可将乙烯氧化成乙醛，这是一个重要的配位催化反应，是生产乙醛的好方法。

9.7　ds 区元素选述

ds 区元素包括铜族（ⅠB）和锌族（ⅡB）。铜族元素的外层电子构型为 $(n-1)d^{10}ns^1$，包括铜(copper)、银(silver)和金(gold)三种金属元素；锌族元素的外层电子构型为 $(n-1)d^{10}ns^2$，包括锌(zine)、镉(cadium)、汞(mercury)三种金属元素。铜族三元素和ⅠA 族的碱金属元素的最外电子层中都只有一个电子，失去电子后都呈现＋1 氧化数；锌族和ⅡA 族碱土金属元素的最外电子层都有 2 个 s 电子，失去后都呈现＋2 氧化数。因此在氧化数和某些化合物的性质方面，ⅠB 与ⅠA、ⅡB 与ⅡA 族有一些相似之处，但由于ⅠB 族和ⅡB 族原子的次外层为 18 个电子，而ⅠA 和ⅡA 族原子的次外层为 8 个电子，所以又有一些显著的差异。

9.7.1　铜（Ⅰ）和铜（Ⅱ）的互相转化

从 Cu^+ 和 Cu^{2+} 的价电子构型看，Cu^+ ($3d^{10}$) 应比 Cu^{2+} ($3d^9$) 更稳定。在气态时 Cu^+ 的化合物较稳定，但在水溶液中，Cu^+ 易发生歧化反应生成 Cu 和 Cu^{2+}：

$$2Cu^+ \rightleftharpoons Cu + Cu^{2+}$$

$$E^\ominus_A/V \quad Cu^{2+} \xrightarrow{0.153} Cu^+ \xrightarrow{0.52} Cu$$

$$\lg K^{\ominus} = \frac{z(E_{+}^{\ominus} - E_{-}^{\ominus})}{0.0592} = \frac{0.52 - 0.153}{0.0592} = 6.20$$

$$K^{\ominus} = 1.58 \times 10^{6}$$

此反应的平衡常数较大，反应进行得很彻底，如

$$Cu_2O + H_2SO_4(稀) = Cu\downarrow + CuSO_4 + H_2O$$

与 Cu^{+} 相比，Cu^{2+} 的电荷高，半径小，水合热大，所以溶液中 Cu^{2+} 更稳定。若使 Cu^{+} 不发生歧化反应，必须有还原剂存在，使 Cu^{2+} 转变为 Cu^{+}，同时降低溶液中 Cu^{+} 的浓度，使之成为难溶物或难解离的配合物，如：

$$Cu^{2+} + Cu + 2Cl^{-} = 2CuCl\downarrow$$

由于 CuCl 的形成，使溶液中 Cu^{+} 的浓度大大降低，使反应向生成 Cu^{+} 的方向移动，由于 Cu^{+} 浓度的降低，使 $E^{\ominus}(Cu^{+}/Cu)$ 值下降，而使 $E^{\ominus}(Cu^{2+}/Cu^{+})$ 值升高。由

$$E^{\ominus}\ A/V \quad Cu^{2+} \xrightarrow{0.509} CuCl(s) \xrightarrow{0.07} Cu$$

可知 $E^{\ominus}(Cu^{2+}/CuCl) > E^{\ominus}(CuCl/Cu)$，故 Cu^{2+} 可将 Cu 氧化为 CuCl。

同理，在热的 Cu(Ⅱ)盐溶液中加入 KCN，可得到白色 CuCN 沉淀：

$$2Cu^{2+} + 4CN^{-} = 2CuCN\downarrow + (CN)_2\uparrow$$

若继续加入过量的 KCN，则 CuCN 因形成 $[Cu(CN)_x]^{1-x}$ 而溶解：

$$CuCN + (x-1)CN^{-} = [Cu(CN)_x]^{1-x} \quad (x = 2 \sim 4)$$

9.7.2 汞(Ⅰ)和汞(Ⅱ)的相互转化

在酸性溶液中 Hg 的电势图为

$$E^{\ominus}\ A/V \quad Hg^{2+} \xrightarrow{0.920} Hg_2^{2+} \xrightarrow{0.792} Hg \quad (Hg^{2+} \xrightarrow{0.851} Hg)$$

由电势图可知 Hg_2^{2+} 在酸性溶液中不能发生歧化反应，而能发生歧化逆反应，即 Hg^{2+} 可氧化 Hg 而生成 Hg_2^{2+}：

$$Hg^{2+} + Hg = Hg_2^{2+}$$

$$\lg K^{\ominus} = \frac{z(E_{+}^{\ominus} - E_{-}^{\ominus})}{0.0592} = \frac{0.920 - 0.792}{0.0592} = 2.16$$

Hg^{2+} 基本上都能转化为 Hg_2^{2+}，因此 Hg(Ⅱ)化合物用金属还原，即可得到 Hg(Ⅰ)化合物，要想使 Hg_2^{2+} 发生歧化反应，必须使之生成难溶物或难解离的配合物，如：

$$Hg_2^{2+} + S^{2-} = HgS\downarrow + Hg\downarrow$$

$$Hg_2^{2+} + 2CN^{-} = Hg(CN)_2\downarrow + Hg\downarrow$$

$$Hg_2^{2+} + 4I^{-} = [HgI_4]^{2-} + Hg\downarrow$$

$$Hg_2^{2+} + 2OH^{-} = HgO\downarrow + Hg\downarrow + H_2O$$

$$2HgCl_2 + Sn^{2+} + 4Cl^{-} = Hg_2Cl_2 + [SnCl_6]^{2-}$$

金属汞与氯化汞固体一起研磨，可制得氯化亚汞：

$$HgCl_2 + Hg = Hg_2Cl_2$$

Hg_2Cl_2 分子结构为直线型(Cl—Hg—Hg—Cl)。Hg_2Cl_2 为白色固体，难溶于水。少量的 Hg_2Cl_2 无毒，因味略甜，俗称甘汞。在医药上用作泻剂和利尿剂，也常用于制作甘汞电

极。Hg_2Cl_2 见光易分解：

$$Hg_2Cl_2 \xrightarrow{光} HgCl_2 + Hg$$

因此应把它保存在棕色瓶中。

Hg_2Cl_2 与氨水反应可生成氨基氯化汞和汞，而使沉淀显灰色：

$$Hg_2Cl_2 + 2NH_3 = Hg(NH_2)Cl\downarrow + Hg\downarrow + NH_4Cl$$

此反应用于鉴定 Hg(Ⅰ)。

在 $Hg_2(NO_3)_2$ 溶液中加入 KI，先生成浅绿色 Hg_2I_2 沉淀，继续加入 KI 溶液，则形成 $[HgI_4]^{2-}$，同时有汞析出：

$$Hg_2^{2+} + 2I^- = Hg_2I_2\downarrow$$

$$Hg_2I_2 + 2I^- = [HgI_4]^{2-} + Hg$$

$Hg_2(NO_3)_2$ 可由过量 Hg 与硝酸反应或 $Hg(NO_3)_2$ 溶液与金属汞一起摇荡而得：

$$6Hg + 8HNO_3(稀) = 3Hg_2(NO_3)_2 + 2NO\uparrow + 4H_2O$$

$$Hg(NO_3)_2 + Hg = Hg_2(NO_3)_2$$

9.7.3　ds 区元素与 s 区元素的对比

1. ⅠB 族元素与ⅠA 族元素的对比

ⅠB 族元素与ⅠA 族元素的性质差异简述如下：

ⅠA 族单质金属的熔点和沸点都较低，硬度也较小；而ⅠB 族金属则具有较高的熔点和沸点，并且有良好的延展性、导热性和导电性。

ⅠA 族是极活泼的轻金属，在空气中极易被氧化，能与水激烈反应，同族内的活泼性随原子序数增大而增加；而ⅠB 族都是不活泼的重金属，在空气中比较稳定，与水几乎不反应，同族内的活泼性随原子序数增大而减小。这些都与它们的标准电极电势有关，ⅠA 族金属的 $E^\ominus$ 值很负，是很强的还原剂，能从水中置换出氢气；而ⅠB 族金属的 $E^\ominus$ 值很大，不能从水中置换出氢气。

ⅠA 族所形成的化合物大多是无色的离子型化合物，而ⅠB 族的化合物有相当程度的共价性，大多数显颜色。ⅠA 族的氢氧化物都是极强的碱，且非常稳定；而ⅠB 族的氢氧化物碱性较弱，并且不稳定，易脱水形成氧化物。ⅠA 族的离子一般很难成为配合物的形成体，而ⅠB 族的离子则有很强的配合能力。

上述单质和化合物性质上的差别，都和ⅠB 族元素的次外层 d 电子也能参加成键，它们的离子具有 d^{10}、d^9、d^8 等结构特点有关。

2. ⅡB 族元素与ⅡA 族元素的对比

ⅡB 族元素与ⅡA 族元素的性质差异对比如下：

ⅡB 族金属的熔点、沸点都比ⅡA 族低，汞在室温下是液体。ⅡA 族和ⅡB 族金属的导电性、导热性、延展性都较差(只有镉有延展性)。

ⅡA 族元素比较活泼，尤其是钙、锶、钡在空气中易被氧化，ⅡB 族元素的活泼性比ⅡA 族的差，它们在干燥空气中常温下不起变化。ⅡA 族元素不但能从稀酸中置换出氢气，而且能从水中置换出氢气(铍和镁与冷水作用慢)；ⅡB族元素都不能从水中置换出氢气，在稀的盐酸或硫酸中，锌容易溶解，镉较难，汞则完全不溶。这从它们的 $E^{\ominus}$ 值可以得到说明。

这两族的 M^{2+} 离子都是无色的。由于ⅡB族元素的离子具有18电子构型，极化力较强，因而它们的化合物不管在程度上或范围上都比ⅡA族元素的化合物所表现的共价性为大。而且，易变形的阴离子(如 S^{2-}、I^- 等)与镉和汞形成的化合物常有颜色。此外，ⅡB族金属离子形成配合物的倾向比ⅡA族金属离子强得多。

ⅡB族元素的氢氧化物是弱碱性的，且易脱水分解；而钙、锶、钡的氢氧化物则是强碱性的，不易脱水分解。$Be(OH)_2$ 和 $Zn(OH)_2$ 都是两性氢氧化物。

这两族元素的硝酸盐都易溶于水。ⅡB族元素的硫酸盐是易溶的，而钙、锶、钡的硫酸盐则是微溶的。这两族元素的碳酸盐又都难溶于水。

ⅡB族元素的盐在溶液中都有一定程度的水解，而钙、锶、钡的盐则不水解。

ⅡB族元素的金属活泼性自上而下减弱，但它们的氢氧化物碱性则相反地自上而下增强；ⅡA族元素的金属活泼性以及它们的氢氧化物的碱性，则自上而下一致增强。

从以上比较看出，在单质状态下，特别是物理性质方面，Be和Mg与锌分族和钙分族都有一定的相似性(如从上往下，熔点递降、密度递增；导电、导热、延展性均较差等)，但在化合物状态中，Be和Mg则与钙分族更为相似。

9-1 硫酸氧钛 $TiOSO_4$ 的结构有何特征？

9-2 为什么 $TiCl_4$ 在空气中冒烟？写出反应方程式。

9-3 组成为 $CrCl_3 \cdot 6H_2O$ 的配合物有几种异构体？各为什么颜色？这样的异构体被称为什么异构体？

9-4 为什么常用 $KMnO_4$ 和 $K_2Cr_2O_7$ 作试剂，而很少用 $NaMnO_4$ 和 $Na_2Cr_2O_7$ 作试剂？

9-5 如何实现Cr(Ⅵ)和Cr(Ⅲ)的相互转化？写出有关反应方程式。

9-6 解释下列现象和问题，并写出相应的反应方程式：

(1) 新沉淀的 $Mn(OH)_2$ 是白色的，但在空气中慢慢变成棕黑色；

(2) $KMnO_4$ 在酸性溶液中氧化性增强；

(3) 利用酸性条件下 $K_2Cr_2O_7$ 的强氧化性，使乙醇氧化，反应颜色由橙红变为绿色，据此来监测司机酒后驾车的情况；

(4) 制备 $Fe(OH)_2$ 时，如果试剂不除去氧，则得到的产物不是白色的；

(5) 在 Fe^{3+} 的溶液中加入KSCN时出现血红色，若加入少许 NH_4F 固体则血红色消失；

(6) 硫酸法是目前中国生产 TiO_2 的主要方法，请写出主要反应的方程式；

(7) $[Co(NH_3)_6]^{3+}$ 和 Cl^- 能共存于同一溶液中，而 Co^{3+} 和 Cl^- 不能共存于同一溶液中；

(8) Fe_2O_3 是难溶于水的两性氧化物，试写出 Fe_2O_3 与HCl和 Na_2CO_3 反应的反应方程式；

(9) HNO_3 与过量汞反应的产物是 $Hg_2(NO_3)_2$；

(10) 金子可以耐普通酸的腐蚀，却能溶解在王水中。

9-7 实验测得 $K_4[Fe(CN)_6]$和$[Co(NH_3)_6]Cl_3$ 具有反磁性，请推断这两个配合物的形成体以何种杂化轨道与配位体成键？

9-8 溶液的 pH 值对 CrO_4^{2-} 与 $Cr_2O_7^{2-}$ 存在的平衡有何影响？

9-9 氧化数为+2 的铁系元素盐类，在性质上有何相似之处？

9-10 $CoCl_2 \cdot 6H_2O$ 是常用的钴盐，试写出 $CoCl_2 \cdot 6H_2O$ 受热脱水的温度和颜色变化。

习题

9-1 写出钛与热的浓盐酸、氢氟酸反应的离子方程式。试解释两者差别的原因。

9-2 试用实验事实说明 $KMnO_4$ 的氧化能力比 $K_2Cr_2O_7$ 强，写出有关反应方程式。

9-3 举出 4 种能将 Mn^{2+} 直接氧化为 MnO_4^- 的氧化剂，写出有关反应的方程式。

9-4 用反应方程式表示 $KMnO_4$ 在碱性介质中的分解反应以及 K_2MnO_4 在弱碱性(中性或酸性)介质中的歧化反应。

9-5 完成并配平下列反应方程式：

(1) $Ti+4HNO_3 =\!=\!=$

(2) $(NH_4)_2Cr_2O_7 \xrightarrow{\triangle}$

(3) $(NH_4)_2MoO_4+2HCl =\!=\!=$

(4) $MoO_3+2NH_3 \cdot H_2O =\!=\!=$

(5) $Cr_2O_7^{2-}+ 6Fe^{2+}+14H^+ =\!=\!=$

(6) $Cr_2O_7^{2-}+3H_2O_2+8H^+ =\!=\!=$

(7) $Cr_2O_7^{2-}+4H_2O_2+2H^+ =\!=\!=$

(8) $2(NH_4)_2MoO_4+3Zn+16HCl =\!=\!=$

(9) $3Mn_3O_4+8Al \xrightarrow{\triangle}$

(10) $3MnO_2+6KOH+KClO_3 \xrightarrow{熔融}$

(11) $2Ni(OH)_2+Br_2+2OH^- =\!=\!=$

(12) $FeC_2O_4 \xrightarrow[\triangle]{隔绝空气}$

9-6 向重铬酸钾溶液中加入 Ba^{2+}、Pb^{2+} 和 Ag^+ 时，将生成铬酸盐沉淀，试写出相应的化学反应方程式，并标出铬酸盐的颜色。

9-7 MnO_4^- 与 SO_3^{2-} 作用，条件不同，产物不同，写出下列情况下的反应方程式：

(1) 在酸性溶液中，SO_3^{2-} 过量；

(2) 在酸性溶液中，MnO_4^- 过量；

(3) 中性(或弱碱性)溶液中；

(4) 在强碱性溶液中，MnO_4^- 过量；

(5) 在强碱性溶液中，MnO_4^- 量不足。

9-8 写出铜和汞的电势图，并计算铜(Ⅰ)和铜(Ⅱ)、汞(Ⅰ)和汞(Ⅱ)相互转化的 $\lg K^{\ominus}$。

9-9 写出制备$[Pt(C_2H_4)Cl_2]_2$的反应方程式，画出$[Pt(C_2H_4)Cl_2]_2$二聚物具有的桥式结构。

9-10 在放有 $FeSO_4$ 的硝酸盐的混合溶液的试管中，小心地加入浓 H_2SO_4，在浓 H_2SO_4 与溶液的界面上出现“棕色环”，写出反应方程式。

第 10 章

f 区元素选述

f 区元素包括周期表中的第六周期ⅢB 族的镧系元素和第七周期ⅢB 族的锕系元素。镧系元素包括从 57 号元素镧(lanthanum)到 71 号元素镥(lutetium)的 15 种元素，用 lanthanides 表示，简写为 Ln。锕系元素包括从 89 号元素锕(actinium)到 103 号元素铑(lawrencium)的 15 种元素，用 actinides 表示，简写为 An。镧系元素中只有钷(promethium)是人工合成的具有放射性的元素。锕系元素均有放射性，铀(uranium)后元素为人工合成元素，称超铀元素。锕系元素中的钍(thorium)和铀在地壳内储量较多，而锕、镤(protactinium)、镎(neptunium)、钚(plutonium)则极微。周期系第ⅢB 族中的钪(scandium)、钇(yttrium)和镧以及其他镧系元素(共 17 种元素)性质都非常相似，并在矿物中共生在一起，总称为稀土元素，常用 RE 表示。镧、铈(cerium)、镨(praseodymium)、钕(neodymium)、钷(promethium)、钐(samarium)和铕(europium)称为铈组稀土(也称轻稀土)；钆(gadolinium)、铽(terbium)、镝(dysprosium)、钬(holmium)、铒(erbium)、铥(thulium)、镱(ytterbium)、镥(lutetium)、钪(scandium)和钇(yttrium)称为钇组稀土(也称重稀土)。

稀土元素在地壳中的丰度大，但比较分散，彼此性质又十分相似，因此分离和提纯比较困难，使得人们对它的系统研究进行得比较晚。

f 区元素的价层电子构型为$(n-2)f^{0\sim14}(n-1)d^{0\sim2}ns^2$，其特征是随着核电荷的增加，电子依次填入倒数第三层$(n-2)$f 轨道，因而又统称内过渡元素。

下面分别讨论镧系元素和锕系元素。

10.1 镧系元素

10.1.1 镧系元素的通性

1. 价层电子结构

镧系元素的价层电子构型除镧(La)为 $5d^1 6s^2$、铈(Ce)为 $4f^1 5d^1 6s^2$、钆(Gd)为 $4f^1 5d^1 6s^2$ 外，其余均为 $4f^x 6s^2$($x=3\sim7$, $9\sim14$)构型(见表 10-1)。镧系元素的电子层结构最外层和次外层基本相同，只是 4f 轨道上的电子数不同但能级相近，因而它们的性质非常相似。

2. 氧化数

由于镧系元素在形成化合物时，最外层的 s 电子、次外层的 d 电子以及倒数第三层中的部分 4f 电子均可参与成键，即易失去 2 个 s 电子和 1 个 d 电子或 2 个 s 电子和 1 个 f 电子，所以通常能形成稳定的 +3 氧化数的化合物。+3 氧化数是所有镧系元素的特征氧化数，除此之外，某些镧系元素还能形成其他氧化数的化合物，如 +2 或 +4 氧化数。表 10-1 给出了镧系元素的常见氧化数。

表 10-1　镧系元素的电子结构、常见氧化数、原子半径和离子半径

原子序数	元素符号	元素名称	价电子结构	原子半径/pm	常见氧化数	离子半径/pm		
						+2	+3	+4
57	La	镧	$4f^0 5d^1 6s^2$	183	+3		103	
58	Ce	铈	$4f^1 5d^1 6s^2$	182	+2　+3　+4		102	87
59	Pr	镨	$4f^3 6s^2$	182	+3　+4		99	85
60	Nd	钕	$4f^4 6s^2$	181	+3　+4		98	
61	Pm	钷	$4f^5 6s^2$	183	+3		97	
62	Sm	钐	$4f^6 6s^2$	180	+2　+3	—	96	
63	Eu	铕	$4f^7 6s^2$	208	+2　+3	117	95	
64	Gd	钆	$4f^7 5d^1 6s^2$	180	+3		94	
65	Tb	铽	$4f^9 6s^2$	177	+3　+4		92	76
66	Dy	镝	$4f^{10} 6s^2$	178	+2　+3	107	91	
67	Ho	钬	$4f^{11} 6s^2$	176	+3		90	
68	Er	铒	$4f^{12} 6s^2$	176	+3		89	
69	Tm	铥	$4f^{13} 6s^2$	176	+2　+3	103	88	
70	Yb	镱	$4f^{14} 6s^2$	193	+2　+3	102	87	
71	Lu	镥	$4f^{14} 5d^1 6s^2$	174	+3		86	

从表 10-1 可以看出，镧、钆和镥(Lu)具有 $5d^1 6s^2$ 电子层结构，失去 3 个电子后，各电子层都成为稳定结构(4f 全空或半充满或全充满)，所以它们只能生成氧化数为 +3 的稳定化合物。铈(Ce)、镨(Pr)、钕(Nd)、铽(Tb)和镝(Dy)存在 +4 氧化态，可形成氧化数为 +4 的化合物，钐(Sm)、铕(Eu)、铥(Tm)和镱(Yb)存在 +2 氧化态，可形成氧化数为 +2 的化合物，这是因为 4f 电子层接近或保持全空、半充满及全充满时的状态较稳定，也就是说这与镧系原子的电子构型有关。

总之，从镧到钆，从钆到镥，氧化数的变化是先升向 +4，然后降到 +2，再回到 +3，这样镧系元素氧化数的变化形成了两个周期。

3. 原子半径和离子半径

镧系元素的原子半径和离子半径随着原子序数的增大而逐渐减小，这种现象称为镧系收缩(lanthanide contraction)。在镧系元素中，镧系元素原子每增加一个质子，相应地就有一个电子添加到 4f 轨道中。与 6s 和 5s、5p 轨道相比，4f 轨道对核电荷有较大的屏蔽作用。

因此，随原子序数的增加，有效核电荷增加缓慢，最外层电子受核的引力只是缓慢地增加，导致原子半径和离子半径缓慢减小。但从图 10-1 可以看出，在总的收缩趋势中，Eu 和 Yb 原子半径比较大，原因是 Eu 和 Yb 分别具有半充满($4f^7$)和全充满($4f^{14}$)电子层结构，这一相对稳定的结构对核电荷的屏蔽增强，它们的原子半径便明显增大。

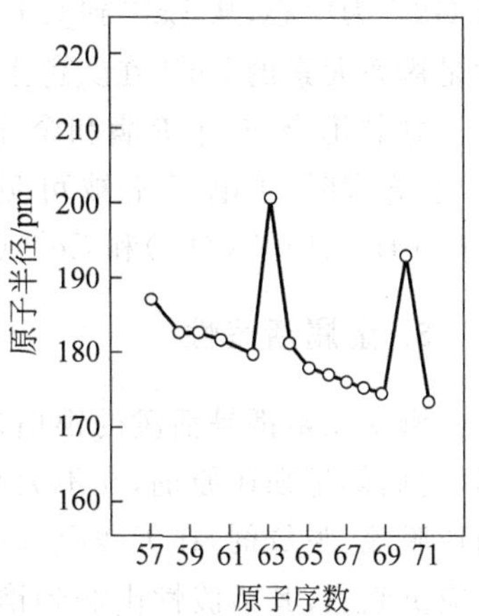

图 10-1　镧系元素的原子序数与原子半径的关系

在镧系收缩中，离子半径比原子半径的收缩更显著，这是因为离子比原子少一个电子层，镧系元素的原子失去最外层 6s 电子以后，4f 轨道则处于倒数第二层，这种离子状态的 4f 轨道比原子状态的 4f 轨道对核的屏蔽作用小，从而使得离子半径的收缩效果比原子半径明显。Ln^{3+} 半径在 86～103pm 之间，与原子半径由 La 到 Lu 在 Eu、Yb 处会出现峰的变化有所不同，Ln^{3+} 半径的变化是十分有规律的，如表 10-1 所示。Ln^{3+} 已无 6s 和 5d 电子，最外层皆为 $5s^2 5p^6$ 结构，La 到 Lu 有效核电荷依次增加，比在原子中显著，从 La^{3+} 到 Lu^{3+} 总共收缩 16.4pm。

镧系收缩是周期系中一个重要的现象，它使周期表中镧系后面的元素的原子半径和离子半径分别与第五周期同族元素的原子半径和离子半径极为接近，造成 Zr 和 Hf、Nb 和 Ta、Mo 和 W 性质相似，难以分离。此外，它还造成 Y^{3+} 半径(88pm)落在 Er^{3+}(88.1pm)附近，因而 Y 在自然界中常与镧系元素共生，成为稀土元素的一员。

镧系收缩的另一个结果，是镧系元素之间半径接近，性质相似，容易共生，很难分离。表 10-1 给出了镧系元素的原子半径和离子半径。

4. 离子的颜色

镧系元素的许多 Ln^{3+} 在晶体或水溶液中均具有漂亮的不同颜色(如表 10-2 所示)。从表 10-2 可以看出，离子的颜色与未成对的 f 电子数有关，即是由 4f 电子的 f—f 跃迁引起的，并且具有 f^x(x=0～7)电子的离子与具有 $f^{(14-x)}$ 电子的离子，常显示相同或相近的颜色。若

表 10-2　Ln^{3+} 在晶体或水溶液中的颜色

离子($4f^x$)	未成对 4f 电子数	颜色	未成对 4f 电子数	离子($4f^x$)
La^{3+}($4f^0$)	0	无	0	Lu^{3+}($4f^{14}$)
Ce^{3+}($4f^1$)	1	无	1	Yb^{3+}($4f^{13}$)
Pr^{3+}($4f^2$)	2	绿	2	Tm^{3+}($4f^{12}$)
Nd^{3+}($4f^3$)	3	淡红	3	Er^{3+}($4f^{11}$)
Pm^{3+}($4f^4$)	4	粉红/淡黄	4	Ho^{3+}($4f^{10}$)
Sm^{3+}($4f^5$)	5	黄	5	Dy^{3+}($4f^9$)
Eu^{3+}($4f^6$)	6	淡红	6	Tb^{3+}($4f^8$)
Gd^{3+}($4f^7$)	7	无	7	Gd^{3+}($4f^7$)

以 Gd^{3+} 为中心，从 La^{3+} 到 Gd^{3+} 的颜色变化规律，又将在从 Gd^{3+} 到 Lu^{3+} 的过程中重演，这就是镧系元素的 Ln^{3+} 在颜色上的周期性变化。

4f 轨道全空、半充满和全充满或接近这种结构时是稳定的或比较稳定的，4f 轨道半充满、全充满时 4f 电子不被可见光激发，4f 轨道全空时无电子可激发，所以 $La^{3+}(4f^0)$、$Gd^{3+}(4f^7)$、$Lu^{3+}(4f^{14})$和 $Ce^{3+}(4f^1)$、$Eu^{3+}(4f^6)$、$Tb^{3+}(4f^8)$、$Yb^{3+}(4f^{13})$皆无色。

5. 金属活泼性

镧系元素都是活泼的银白色金属，比较软，有延展性。其活泼性仅次于碱金属和碱土金属，它们都是强还原剂，在不太高的温度下即可与氧、硫、氯、氮等反应，所以在冶金工业中常用作脱硫、脱氧剂，在无线电真空技术中用作吸气剂。镧系金属与水作用可放出氢气，与酸反应更激烈，其活泼性由镧到镥递减。因此，镧系金属要保存在煤油里。此外，铈在氧化时可观察到发火现象(先形成 Ce_2O_3，继续氧化为 CeO_2)，故金属铈或富铈合金常用作打火石。

10.1.2 镧系元素的重要化合物

1. Ln(Ⅲ)的化合物

1) 氧化物和氢氧化物

镧系元素都属硬酸，易与硬碱 O^{2-}、OH^- 等结合，形成难溶于水的氧化物、氢氧化物。对所有镧系元素，三价是其特征氧化数，除 Ce、Pr、Tb 外，在空气中加热均可得到它们的三价碱性氧化物 Ln_2O_3。

$$4Ln + 3O_2 \xlongequal{} 2Ln_2O_3$$

将镧系元素的氢氧化物、草酸盐、硝酸盐、碳酸盐等加热分解也可以得到 Ln_2O_3。

Ln_2O_3 与碱土金属氧化物性质相似，Ln_2O_3 不溶于水和碱性介质中，而易溶于酸中。与 $A1_2O_3$ 不同之处在于即使经过灼烧的 Ln_2O_3 也易溶于强酸中。镧系氧化物还可以从空气中吸收二氧化碳和水形成相应的碳酸盐和氢氧化物。

Ln_2O_3 与水反应或在 Ln^{3+} 溶液中加入 NaOH 都可以生成氢氧化物，氢氧化物不仅是水合氧化物，而且有确定的分子式 $Ln(OH)_3$。

$$Ln_2O_3 + 3H_2O \xlongequal{} 2Ln(OH)_3$$

$$Ln^{3+} + 3OH^- \longrightarrow Ln(OH)_3$$

镧系元素氢氧化物的碱性接近于碱土金属氢氧化物。同时由于离子半径从 La^{3+} 到 Lu^{3+} 逐渐减小，所以 $Ln(OH)_3$ 的碱性从镧到镥有规律地逐渐减弱，以至于 $Yb(OH)_3$ 和 $Lu(OH)_3$ 在高压下与浓氢氧化钠共热可生成 $Na_3Yb(OH)_6$ 和 $Na_3Lu(OH)_6$。镧系氢氧化物的溶解度比碱土金属氢氧化物小得多。

2) 盐类

(1) 卤化物

镧系元素可以与 X_2 发生反应生成 LnX_3。

镧系元素的氟化物 LnF_3 不溶于水，即使在 $3mol \cdot dm^{-3}$ HNO_3 的 Ln^{3+} 盐溶液中加氢氟酸或 F^-，也可得到氟化物的沉淀，这是镧系元素离子的特性检验方法。

在镧系金属卤化物中研究得最多的是氯化物，卤化物易溶于水，在水溶液中结晶出水合物。La～Nd 的氯化物常含有 7 个水分子，而 Nd～Lu(包括 Y)的氯化物常含有 6 个水分子。无水氯化物不易从加热水合物得到，因为加热时生成氯氧化物 LnOCl。制备无水氯化物最好是将氧化物在 $COCl_2$ 或 CCl_4 蒸气中加热，也可加热氧化物与 NH_4Cl 而制得。

$$Ln_2O_3 + 6NH_4Cl = 2LnCl_3 + 3H_2O + 6NH_3$$

无水氯化物均为高熔点固体，易潮解，易溶于水，其溶解度随温度的升高而显著增大。镧系元素的溴化物和碘化物与氯化物相似。

(2) 硫酸盐

将镧系元素的氧化物或氢氧化物溶于硫酸中生成硫酸盐，由溶液中可以结晶出八水合物 $Ln_2(SO_4)_3 \cdot 8H_2O$。硫酸铈还有九水合物，无水硫酸盐可从水合物脱水而制得。

硫酸盐的溶解度随着温度升高而减小，它们能生成很多硫酸复盐，如 $Ln_2(SO_4)_3 \cdot Na_2SO_4 \cdot 2H_2O$。

(3) 草酸盐

草酸盐($Ln_2(C_2O_4)_3$)是最重要的镧系盐类之一。镧系元素的草酸盐不仅难溶于水，也难溶于稀酸，利用这一特点可把镧系金属离子以草酸盐的形式析出，从而同其他许多金属离子分离开来，所以在重量法测定镧系元素和用各种方法分离镧系元素时，总是使之先转化为草酸盐与其他金属离子分离，然后经过灼烧而得到氧化物。

镧系金属草酸盐的制备，可采用向硝酸盐或氯化物的溶液中加入 6 $mol \cdot dm^{-3}$ 硝酸和草酸的方法。在硝酸溶液中若存在 NH_4^+，将得到复盐 $NH_4Ln(C_2O_4)_2 \cdot nH_2O$($n$=1 或 3)。用草酸铵作沉淀剂，Ce、Pr、Nd、Pm、Sm、Eu 等镧系金属离子将生成正草酸盐，其余离子将得到草酸盐的混合物。

2. Ln(Ⅳ)的化合物

铈、镨、钕、铽、镝都可以形成四价化合物，四价铈的化合物在水溶液中是稳定的。四价铈的二元固体化合物有二氧化铈 CeO_2、水合二氧化铈 $CeO_2 \cdot nH_2O$ 和氟化物 CeF_4。纯二氧化铈为白色，在空气中加热金属铈、氢氧化铈、三价铈的含氧酸盐(如草酸盐、碳酸盐、硝酸盐)都可得到 CeO_2。二氧化铈是惰性物质，不与强酸或强碱作用，当有还原剂存在时，可溶于酸并得到 Ce(Ⅲ)溶液。在 Ce(Ⅳ)盐溶液中加入氢氧化钠，便析出胶状黄色沉淀，称水合二氧化铈 $CeO_2 \cdot nH_2O$，它可重新溶于酸中。一般铈(Ⅳ)盐不如铈(Ⅲ)盐稳定，在水溶液中易水解，以致铈(Ⅳ)盐在稀释时往往析出碱式盐。常见的铈盐有硫酸铈 $Ce(SO_4)_2 \cdot 2H_2O$ 和硝酸铈 $Ce(NO_3)_4 \cdot 3H_2O$，其中以硫酸铈最稳定。硫酸铈在酸性溶液中是一个强氧化剂，在氧化还原过程中，Ce^{4+} 直接变为 Ce^{3+} 而没有中间产物，反应快速，可用于定量分析工作中。

10.1.3　稀土元素的分离

由于稀土元素及其+3 价态的化合物性质很相似，它们在自然界共生，而且在矿物中又往往与杂质元素(如铀、钍、铌、钽、钛、锆、硅、氟等)伴生，这给分离提纯带来很大困难。历史上采用化学分离法(包括分离结晶法、分步沉淀法和选择性氧化法等)，现在一般采用溶剂萃取法和离子交换法。据报道，我国在 1958 年已经成功地完成了从独居石(磷铈镧矿)[(Ce、La)PO_4]提取并分离出 15 种稀土元素的工作。

1. 离子交换法

离子交换法(即离子交换色层分离法)是分离提纯稀土元素快速和有效的常用方法之一,通过一次离子交换柱分离就可获得纯度高达80%的稀土元素。这个方法的原理是利用各种稀土元素配合物性质的差别,在离子交换树脂上,稀土离子先与树脂活性基团的阳离子选择性地进行交换,随后用一种配合剂淋洗,把吸附在树脂上的稀土离子分步淋洗下来,经过在离子交换柱上进行的多次"吸附"和"解吸"(淋洗)过程,性质十分相似的元素得以分开。

由于离子交换法有不连续性、处理量少、成本高等缺点,因此,20世纪60年代后逐步被溶剂萃取法所取代,不过现在某些工厂生产高纯单一稀土产品时仍然采用离子交换法或将其与溶剂萃取法配合使用。

2. 溶剂萃取法

借助于有机溶剂的作用,使溶解在水溶液(水相)中的溶质部分或几乎全部转移到有机溶剂(有机相)中去的过程称为溶剂萃取,所用的有机试剂称为萃取剂。显然,萃取剂应为与水不互溶的液态有机化合物。

萃取分离法是利用被分离元素在两个互不相溶的液相中分配系数的不同进行分离的。萃取系统的分类可按照萃取剂的种类分为磷型(或P型)、胺型(或N型)、螯合型(或C型)等。常用的萃取剂有磷酸三丁酯(TBP)、二(2－乙基己基)膦酸(P_{204})、2－乙基己基膦酸单酯(P_{507})、环烷酸等。P_{507}萃取剂的性能优异,已成功地用于混合澄清槽分离出各种单一纯稀土元素。

由于相邻稀土元素+3价离子的分离系数(D)值差别很小,必须使含料水相与有机相多次接触(多级萃取),才能得到纯品。在实际生产中,把若干萃取器串联起来操作(这种工艺叫做串级萃取),从而大大提高分离效率。

1978年,北京大学徐光宪教授提出了优化萃取工艺设计的基本公式、原则和设计步骤,发展了液-液萃取理论,并在稀土分离工艺中得到了应用。

10.2 锕系元素

锕系又称5f过渡系,在周期表中位于镧系的下方。锕系元素的化学性质相似,所以单独组成一个系列,在元素周期表中占有特殊位置。锕系元素单质是具有银白色光泽的放射性金属,与镧系金属相比,锕系金属熔点、密度稍高,金属结构变体多。

10.2.1 锕系元素的通性

锕系元素与镧系元素的价电子结构相似,锕系与镧系元素性质的周期性是同类型电子结构再现的结果。这两个内过渡系的电子都是填充到内层的(n－2)f能级上,但有时也填入到(n－1)d能级上。由于锕系元素的5f轨道比镧系元素的4f轨道成键能力强,所以在形成化合物时锕系元素比镧系元素的共价键更强些。

对于锕系元素，其前半部分元素（钍～镅）中的 5f 电子与核的作用比镧系元素的 4f 电子弱，因而不仅可以把 6d 和 7s 轨道上的电子作为价电子给出，而且也可以把 5f 轨道上的电子作为价电子参与成键，形成高价稳定氧化数。随着原子序数的递增，核电荷增加，5f 电子与核间的作用增强，使 5f 和 6d 能量差变大，5f 能级趋于稳定，电子不易失去，这样就使得镅（Am）以后的元素，+3 氧化数成为其稳定价态。与镧系元素比较，氧化数的多样性是锕系元素与镧系元素的主要区别。锕系元素在水溶液中的多种不同的氧化数，使分离锕系元素的问题变得比较容易解决，在生产上有着重要的实际意义。

在锕系元素中，由于 5f 电子对原子核的屏蔽作用比较弱，随着原子序数的递增，有效核电荷增加，锕系元素的离子半径也有与镧系收缩类似的“锕系收缩”现象。并且锕系元素+3 价和+4 价离子的半径比相应的镧系元素离子的半径略大。

锕系元素都是金属，与镧系元素一样，化学性质比较活泼。它们的氯化物、硫酸盐、硝酸盐、高氯酸盐可溶于水，氢氧化物、氟化物、硫酸盐、草酸盐不溶于水。

10.2.2　锕系元素的重要化合物

1. 钍的重要化合物

钍的特征氧化数是+4，在水溶液中 Th^{4+} 溶液为无色，能稳定存在，能形成各种无水的和水合的盐。

1）氧化钍和水合二氧化钍

ThO_2 是所有氧化物中熔点最高的（3660K），为白色粉末，与硼砂共熔可得晶体状态的 ThO_2。强灼热过的晶形的 ThO_2 几乎不溶于酸，但在 800K 灼热草酸钍所得 ThO_2 很松，在稀盐酸中似能溶解，实际上是形成溶胶。

在钍盐溶液中加碱或氨，生成二氧化钍水合物，为白色凝胶状沉淀，它在空气中强烈吸收 CO_2，易溶于酸，不溶于碱，但溶于碱金属的碳酸盐形成配合物。

2）硝酸钍

硝酸钍是制备其他钍盐的原料，最重要的硝酸钍盐为 $Th(NO_3)_4 \cdot 5H_2O$，易溶于水、醇、酮和酯中。在钍盐溶液中加入不同试剂，可析出不同沉淀，最重要的沉淀有氢氧化物、过氧化物、氟化物、碘酸盐、草酸盐和磷酸盐。后四种盐即使在 6 mol·dm^{-3} 强酸性溶液中也不溶，因此可用于分离钍和其他有相同性质的三价和四价阳离子。

Th^{4+} 在 pH 大于 3 时发生强烈水解，形成的产物是配位个体，随溶液的 pH、浓度和阴离子的性质不同，形成配位个体的组成不同。在高氯酸溶液中，主要为 $[Th(OH)]^{3+}$、$[Th(OH)_2]^{2+}$、$[Th_2(OH)_2]^{6+}$、$[Th_4(OH)_8]^{8+}$，最后产物为六聚物 $[Th_6(OH)_{15}]^{9+}$。

2. 铀的重要化合物

六氟化铀 UF_6 可以从低价氟化物氟化而制得。UF_6 是无色晶体，熔点 337K，干燥空气中稳定，遇水蒸气即水解：

$$UF_6 + 2H_2O = UO_2F_2 + 4HF$$

六氟化铀具有挥发性，利用 $^{238}UF_6$ 和 $^{235}UF_6$ 蒸气扩散速度的差别，使 ^{238}U 和 ^{235}U 分离，从而得到纯铀 235 核燃料。

硝酸铀酰（硝酸铀氧基）由溶液中析出的是六水合硝酸铀酰的晶体 $UO_2(NO_3)_2 \cdot 6H_2O$，带有黄绿色荧光，在潮湿空气中变潮。易溶于水、醇和醚，UO_2^{2+} 离子在溶液中水解。

在硝酸铀溶液中加 NaOH 可析出黄色重铀酸钠 $Na_2U_2O_7 \cdot 6H_2O$。将此盐加热脱水得无水盐，叫"铀黄"，用在玻璃或陶瓷釉中作为黄色颜料。

10.3 核化学简介

核化学，又称为核子化学，是用化学方法或化学与物理相结合的方法研究原子核（稳定性和放射性）的反应、性质、产物鉴定和合成制备的一门学科。自 19 世纪末贝克勒尔(Becquerel)发现铀的天然放射性后，1934 年居里夫妇(Pierre Curie，Marie Curie)发现了人工放射性，经过大量科学工作者的不断研究探索，核化学已经成为一门重要的化学分支学科。核技术和应用已涉及国民经济的一些重要部门，渗透到人们的日常生活中，因此和平利用核能已为全球所关注。

核反应与化学反应不同，化学反应前后原子核亦即元素的种类不变，而原子核反应涉及原子核里质子或中子的增减，经核反应后，往往导致一种元素变为另一种元素或另一种同位素，还伴随产生大量的能量。核反应一般可分为放射性衰变、粒子轰击原子核、核裂变及核聚变等 4 种类型。

1) 放射性衰变

天然放射性是指不稳定原子核自发放出 α、β、γ 射线的现象。大量的同种原子核因放射性而陆续发生转变，使处于原状态的核数目不断减少的过程称为放射性衰变。常见的衰变有以下三种。

(1) α 衰变

不稳定的原子核自发地放射出射线的过程，称为 α 衰变。α 射线是 α 粒子（^4_2He 氦核）流。当质量数为 238 的核素（简写为铀－238）失去一个 α 粒子时，剩下的是原子序数为 90 和质量数为 234 的钍核，即 $^{234}_{90}Th$，其核反应方程式如下：

$$^{238}_{92}U \longrightarrow ^{234}_{90}Th + ^4_2He$$

在上述核反应中，方程式两边质量总数相等（即 238＝234＋4），原子序数之和或核电荷总数也相等（92 ＝ 90＋2）。

(2) β^- 衰变

不稳定的原子核自发地放射出 β^- 射线的过程，称为 β^- 衰变。β^- 射线是高速电子流，用 $^{0}_{-1}e$ 表示。例如：

$$^{210}_{83}Bi \longrightarrow ^{210}_{84}Po + ^{0}_{-1}e$$

由此可见，放射性元素从原子核里放射 α 粒子，质量数减少 4，核电荷减少 2，生成的新元素在元素周期表中的位置向左移了两格，从原子核里放射出 β^- 粒子，质量数不变，核电荷增加 1，生成的新元素在元素周期表中的位置向右移了一格。此规律称为放射性位移定律。例如：

$$^{141}_{56}Ba \xrightarrow{\beta^-} ^{141}_{57}La \xrightarrow{\beta^-} ^{141}_{58}Ce \xrightarrow{\beta^-} ^{141}_{59}Pr$$

(3) γ 衰变

由激发态原子核通过发射 γ 射线（γ 光子）跃迁到低能态的过程，称为 γ 衰变。例如：

$$^{60}_{27}Co \longrightarrow ^{60}_{27}Co + \gamma$$

显然，在 γ 衰变时原子核的质量数和电荷数均保持不变，仅仅是能量状态发生了变化。

γ 射线是一种波长极短的电磁波，即高能光子。它不为电、磁场所偏移，是一种电中性的射线，比 X 射线的穿透力还强，因而有硬射线之称，可穿透 200mm 厚的铁板或 88mm 厚的铅板，它没有质量，其光谱类似于元素的原子光谱。

上述 3 种是天然放射性衰变的类型，除此之外，还有正电子 β^+ 衰变和电子俘获两种衰变方式，它们属于人工放射性衰变。

(1) β^+ 衰变

β^+ 射线是高速正离子（$^{0}_{+1}e$）流，正电子是电子的反物质。它的质量和电子相同，电荷也相同，只是符号相反。β^+ 衰变可看做核中的质子（$^{1}_{1}p$）转化为中子（$^{1}_{0}n$）的过程，此时核电荷减少一个单位，而质量不变：

$$^{1}_{1}p + ^{0}_{-1}e \longrightarrow ^{1}_{0}n$$

例如：

$$^{19}_{10}Ne \longrightarrow ^{19}_{9}F + ^{0}_{+1}e$$

$$^{11}_{6}C \longrightarrow ^{11}_{5}B + ^{0}_{+1}e$$

(2) 电子俘获

原子核可以从内层（K 层）中俘获一个电子，使核内一个质子变成中子：

$$^{1}_{1}p + ^{0}_{-1}e \longrightarrow ^{1}_{0}n$$

电子俘获的核衰变例如：

$$^{7}_{4}Be + ^{0}_{-1}e \longrightarrow ^{7}_{3}Li$$

$$^{40}_{19}K + ^{0}_{-1}e \longrightarrow ^{40}_{18}Ar$$

在放射性衰变过程中，放射性元素的核素减少到原有核数一半所需的时间称为半衰期。半衰期是放射性核数的一个特性常数，一般不随外界条件的变化、元素所处状态（游离态或化合态）的不同或元素质量的多少而改变。元素的放射性越强，它的半衰期越短。不同放射性核素的半衰期可能差别很大，如新合成的 107 号元素（Bh）的半衰期仅有 2.0×10^{-3} 秒，而$^{238}_{92}U$ 的半衰期可达 4.5×10^{9} 年。

2) 粒子轰击原子核

粒子轰击是指某原子核受高速粒子如氦核 α、质子 p、中子 n、氘核 D、氚核 T 等的轰击，变成另一种原子核，同时释放出另一种粒子的核反应。例如，用氘核（$^{2}_{1}H$）轰击$^{6}_{3}Li$ 生成$^{7}_{4}Be$ 并释放出中子（$^{1}_{0}n$）的核反应式为：

$$^{6}_{3}Li + ^{2}_{1}H \longrightarrow ^{7}_{4}Be + ^{1}_{0}n \quad (\text{简写为}\ ^{6}_{3}Li(d,n)^{7}_{4}Be)$$

利用这类核反应可人工制得超铀元素。例如，早在 1940 年首次合成了 93 号元素 Np，就是用中子轰击$^{238}_{92}U$ 制备的。

$$^{238}_{92}U + ^{1}_{0}n \longrightarrow ^{239}_{92}U + \gamma \ (^{238}_{92}U(n,\gamma)^{239}_{92}U)$$

$$^{239}_{92}U \longrightarrow ^{239}_{93}Np + ^{0}_{-1}e \ (\beta^- \text{衰变})$$

由$^{239}_{93}Np$ 经衰变可得到超铀元素钚。随后由钚－239 经过两次（n，γ）反应，得到钚－241，再由钚－241 经 β^- 衰变，便得到超铀元素镅。

$$^{239}_{94}Pu + ^{1}_{0}n \longrightarrow ^{240}_{94}Pu + \gamma(^{239}_{94}Pu(n,\gamma)^{240}_{94}Pu)$$

$$^{240}_{94}Pu + ^{1}_{0}n \longrightarrow ^{241}_{94}Pu + \gamma(^{240}_{94}Pu(n,\gamma)^{241}_{94}Pu)$$

$$^{241}_{94}Pu \longrightarrow ^{241}_{95}Am + ^{0}_{-1}e$$

其他超铀元素都是通过(α,n)或(n,γ)等核反应人工合成的。用类似的人工方法,目前已合成了从104号到112号超铀元素。

3) 核裂变和原子弹

核能(原子能)是原子核发生变化时释放出来的能量。有两种释放形式,一种是核裂变,一种是核聚变。

原子核被轰击后,分裂为较轻的裂块和较重的裂块,同时放出中子的过程,称为核裂变。例如,用中子轰击铀－235:

$$^{235}_{92}U + ^{1}_{0}n \longrightarrow ^{236}_{92}U \longrightarrow \text{轻裂块} + \text{重裂块} + \text{中子}$$

反应第一步生成不稳定的铀－236,然后分裂成两个大小相差不多的裂块,同时释放出巨大的能量。由$^{235}_{92}U$裂变而得到的裂块,其原子序数一般在30～60之间,其质量数在72～160之间。在核分裂的同时又放出中子,而且产生的中子数目比原来进入原子核的数目多(进入一个,平均放出2～3个)。所以,这个反应一经开始,便可继续下去,由于中子数目逐渐增多,反应就越来越快。这样的急剧裂变反应会引起爆炸,原子弹就是根据这一原理制造的。美国于1945年7月16日试爆了第一颗原子弹。我国继苏联、英国、法国之后,于1964年10月14日首爆原子弹成功。

4)核聚变和氢弹

一些质量很轻的化学元素(主要是氢的核素氘和氚)的原子核,在高温(1亿℃以上)下可以聚合为较重元素,同时放出大量的能量。这个过程称为核聚变。例如,氘核和氚核聚变成氦核的反应式为:

$$^{2}_{1}H + ^{3}_{1}H \longrightarrow ^{4}_{2}He + ^{1}_{0}n$$

$$^{2}_{1}H + ^{2}_{1}H \begin{cases} \longrightarrow ^{3}_{2}He + ^{1}_{0}n \\ \longrightarrow ^{3}_{1}H + ^{1}_{1}H \end{cases}$$

由于核均带正电,相互间排斥力较大,因而核聚变反应必须在极高温度条件下(加热使氘核获得足够的能量以克服氘核间的斥力)才能进行。所需温度在1亿℃以上,故聚变反应也称为热核反应。

人工的聚变目前只能在氢弹爆炸或由加速器产生的高能粒子碰撞中实现。氢弹实际上是由$^{235}_{92}U$或$^{238}_{94}Pu$裂变产生1亿℃以上高温引发(即用原子弹引发)氢的同位素的热核反应,从而使氢原子核发生剧烈而不可控制的聚变反应。同样质量的燃料,核聚变比核裂变放出的能量更多。美国于1952年在马绍尔群岛爆炸了第一颗氢弹,我国继苏联之后于1967年6月17日试爆了威力达百万吨TNT级的氢弹。

热核反应在宇宙中屡见不鲜,太阳就是一个例子。太阳主要由氢构成,其内部的温度很高,于是氢不断地发生热核反应,放出能量。这就是太阳发光发热的能量来源。

核能是巨大的,核聚变产生的能量是同量燃料核裂变能量的4倍,由于其他能源如煤、石油、天然气等日益减少,因此和平利用核能成为当前一些国家为解决能源危机而采用的有效办法。

目前利用核能的普遍形式是裂变发出的核能发电。苏联于 1954 年建成世界上第一座发电站，我国自行设计、建造的第一座核电站——浙江秦山核电站装机容量为 3.0×10^5 kW，已于 1991 年并网发电；广东大亚湾地区引进两套 9.0105 kW 的核电站也已分别于 1993 年、1994 年投入运行，但在能源结构中比例甚小。至今世界上已有 30 多个国家 400 多座核电站在运行中。但是，核裂变所需要的铀矿储量有限，而且核裂变废料有放射性，处理困难。因此，科学家们把注意力转向研究利用核聚变能。

10-1 什么是稀土元素？什么是轻稀土元素？什么是重稀土元素？

10-2 在镧系元素中，+3 氧化数是最稳定的，也是最常见的，试解释之。

10-3 为什么镧系元素化学性质很相似？

10-4 为什么锕系元素中前一半元素易显示高氧化数，而后一半易显示低氧化数？

10-5 如何分离稀土元素？

10-6 什么是核化学？核反应包括哪几种类型？

10-7 目前有的国家正在建设核电站，而有的国家却正在关闭核电站。对此问题您有何见解？

10-1 按照正确顺序写出镧系元素和锕系元素的原子序数、元素名称和元素符号，并说明它们的核外电子排布方式。

10-2 为什么镧系元素的价电子结构出现 $4f^n5d^16s^2$ 或 $4f^n5d^06s^2$ 两种形式的排布？

10-3 什么是镧系收缩？对第六周期的元素性质有何影响？

10-4 如何制备无水 $LnCl_3$？

10-5 锕系元素中“超铀元素”的意义是什么？试写出超铀元素的原子序数、元素名称和元素符号。

10-6 写出并配平下列核反应方程式。

(1) ${}^{11}_{5}B$ 衰变放出 α 粒子；

(2) ${}^{107}_{47}Ag$ 吸收中子；

(3) ${}^{107}_{47}Ag$ 衰变放出 β 粒子。

知识扩展篇

第11章

化学热点知识简介

11.1 纳米技术简介

11.1.1 纳米技术的由来和发展

要了解纳米技术，首先要了解纳米这一长度单位。1 nm 是十亿分之一米，或千分之一微米。直观上讲，人的头发直径一般为 20～50 μm，单个细菌用显微镜测出直径为 5 μm，而 1 nm 大体上相当于 4 个原子的直径。传统的特性理论、设备操作的模型和材料是基于临界范围普遍大于 100 nm 的假设，当材料的颗粒缩小到只有几纳米到几十纳米时，材料的性质发生了意想不到的变化。由于组成纳米材料的超微粒尺度，其界面原子数量比例极大，一般占总原子数的 40%～50%左右，使材料本身具有宏观量子隧道、表面和界面等效应，从而具有许多与传统材料不同的物理、化学性质，这些性质不能被传统的模式和理论所解释。

纳米技术研究的是结构尺寸在 0.1～100 nm(有些资料为 1～100 nm)范围内材料的性质和应用。它的本质是一种可以在分子水平上，一个原子、一个原子地来创造具有全新分子形态结构的手段，使人类能在原子和分子水平上操纵物质；它的目标是通过在原子、分子水平上控制结构来发现这些特性，学会有效地生产和运用相应的工具，设计这些纳米结构，最终直接以原子和分子来构造具有特定功能的产品。

不同学科的科学家潜心研制和分析纳米结构，试图发现单个分子、原子在纳米级范围内不能被传统的模式和理论所解释的现象以及众多分子下这些现象的发展，他们的工作奠定了纳米技术的基础，推动了纳米技术的发展。让我们简单回顾一下它的历史：

1959 年，著名物理学家、诺贝尔奖获得者理查德·菲利普·费曼(Richard Phillips Feynman)在美国加州理工学院召开的美国物理学会年会上预言：如果人们可以在更小尺度上制备并控制材料的性质，将会打开一个崭新的世界。这一预言被科学界视为纳米材料萌芽的标志。

1974 年，科学家唐尼古奇最早使用纳米技术一词描述精密机械加工。20 世纪 70 年代美国康奈尔大学格兰维斯特和布赫曼利用气相凝集的手段制备纳米颗粒，开始了人工合成纳米材料。

1982 年，研究纳米的重要工具——扫描隧道显微镜被发明。

1989 年，德国教授格雷特(Gelert)利用稀有气体凝集的方法制备出纳米颗粒，从理论及性能上全面研究了相关材料的试样，提出了纳米晶体材料的概念，成为纳米材料的创始人。

1990 年 7 月，第一届国际纳米科学技术会议在美国巴尔的摩(Baltimore)举行。

1991年,碳纳米管被发现,它的质量只有同体积钢的1/6,强度却是钢的10倍。

1992年开始,两年一届的世界纳米材料会议分别在墨西哥、德国、美国夏威夷、瑞典举行。

1993年,继1989年美国斯坦福大学搬走原子团"写"下斯坦福大学英文名字、1990年美国国际商用机器公司在镍表面用36个氙原子排出"IBM"之后,中科院北京真空物理实验室操纵原子成功写出"中国"二字。

1997年,美国科学家首次成功地用单电子移动单电子,利用这种技术可望研制成功速度和存储容量比现有计算机提高成千上万倍的量子计算机。

1999年,巴西和美国科学家发明了世界上最小的"秤",可称量$1/10^{-9}$ g的物体,相当于一个病毒的质量;此后不久,德国科学家研制出能称量单个原子质量的"秤"。

到1999年,全球纳米产品的年营业额达到500亿美元。

由于纳米技术不可估量的经济效益和社会效益——包括促进信息产业的电子、光电子的继续发展和提高,为制造业、国防、航空和环境应用提供更物美价廉的材料,在医疗、医药和农业中起重要作用——人类可以预计在21世纪,纳米科学和技术将会改变人造物体的特性,产生工业革命。IBM的前首席科学家约翰·阿姆斯特朗(John Armstrong)在1991年写道:"我相信纳米科学和技术将会是下一个信息时代中心,就像在70年代的微米引起的革命一样。"

11.1.2 纳米技术的学科领域

纳米技术的发展使新名词、新概念不断涌现,像纳米材料学、纳米机械学、纳米生物学和纳米药物学、纳米电子学、纳米化学等,而且仍在不断扩大。现将几个主要的学科领域介绍如下。

1. 纳米材料学

观测和研究纳米材料所具有的特殊结构,包括表面粗糙度、表面结构、颗粒大小、缺陷和材料制备。在纳米尺度下,物质中电子的量子力学性质和原子的相互作用受到尺度大小的影响,从而使其具有许多与传统材料不同的物理、化学性质。科学实验证明,1 g具有纳米尺寸的微粒,其表面积可达几万平方米,由于表面积增大,活性就增强;五颜六色的金属,由于吸光能力增加而一律变成黑体,熔点也随之降低。而且纳米铁材料的断裂应力比常规材料高12倍;气体通过纳米材料的扩散速度比一般材料快几千倍;纳米铜材料比常规铜材料的热扩散增强了近1倍。铜到纳米级就不再导电,纳米铜的膨胀系数比普通铜成倍增加。绝缘的二氧化硅晶体等,在20 μm纳米就开始导电,成为导体。人们还发现,纳米颗粒的外形会逐渐变化,粒度越小,变化越强;纳米材料中有大颗粒"并吞"小颗粒的现象,纳米颗粒与生物细胞膜的物化作用很强,因而能被细菌吞噬而产生特殊的生化效应。纳米材料这些奇特的力、电、光、磁、吸收、催化、敏感等性能使之具有广泛而诱人的应用前景。如能得到纳米尺度的结构,就可能控制材料的基本性质(如熔点、磁性、电容,甚至颜色),而不改变物质的化学成分,最终实现根据材料的性能要求,设计、合成纳米复合材料。

2. 纳米动力学

纳米动力学主要研究的是微机械和微电机，或称为微型电动机械系统（MEMS），它是指集微型传感器、微型执行器以及信号处理和控制电路、接口电路、通信和电源于一体的完整微型机电系统。用于有传动机械的微型传感器和执行器、光纤通信系统，特种电子设备、医疗和诊断仪器等。微电子技术在许多领域引发了一场微小型化革命，以加工微米、纳米结构和系统为目的的微米、纳米技术在此背景下应运而生，人们利用精细加工手段加工出微米、纳米级结构，组成 MEMS，将电子系统和外部世界有机地联系起来，它不仅可以感受运动、光、声、热、磁等自然界信号，并将这些信号转换成电子系统可以认识的电信号，还可以通过电子系统控制这些信号，进而发出指令，控制执行部件完成所需要的操作。

3. 纳米生物学和纳米药物学

首先要介绍一下 DNA 芯片。DNA 芯片或称基因芯片，实质上是一种高密度的寡核苷酸（DNA 探针）阵列。它采用在位组合合成化学和微电子芯片的光刻技术或其他方法将大量特定序列的 DNA 片段（探针）有序地固化在玻璃或硅衬底上，构成储存有大量生命信息的 DNA 芯片。DNA 芯片有可能首次将人类的全部基因（约 10 万个）集约化地固化在 $1\ cm^2$ 的芯片上，目前已达到的密度是 40 万种探针/芯片，每种探针间的空间尺度是 $12 \sim 20\ \mu m$。在与待测样品 DNA 作用后，即可检测到大量相应的生命信息，包括基因识别、基因鉴定、基因突变和基因表达等。有了纳米技术，还可用自组装方法在细胞内放入零件或组件构成新的材料。目前，DNA 芯片不作为分子的电子器件，也不作为 DNA 计算机用，主要起生命信息的储存和处理的功能。但正是基于它对生命信息进行平行处理的原理，利用 DNA 芯片可快速、高效、同时地获取空前规模的生命信息，DNA 芯片很有可能成为今后生命科学研究和医学诊断中革命性的新方法。它将改变生命科学的研究方式，革新医学诊断和治疗方法，极大地提高人口素质和健康水平。总之，纳米技术在生物学和药物学的深入发展和广泛应用，将开辟一个生命信息研究和应用的新纪元。

4. 纳米电子学

纳米电子学包括基于量子效应的纳米电子器件，纳米结构的光、电性质，纳米电子材料的表征，以及原子操纵和原子组装等。当前电子技术的趋势要求器件和系统更小、更快、更少，也就是说空间体积要小，响应速度要快，单个器件的功耗要少。但是更小并非没有限度。纳米技术是建设者的最后疆界，它的影响将是巨大的。

5. 纳米化学

纳米化学是研究物质在原子级水平上的化学问题，是对此范围内的物质合成、纳米物质的表征方法、物质所表现的异常行为及其应用等方面的研究。它包括纳米材料合成方法的研究、纳米复合材料的制备、纳米材料特异性质的尺寸效应及其机理的研究、纳米材料的表征与检测、纳米仿生材料的研究、纳米催化的研究、纳米材料的工业化前途等。本书着重介绍纳米催化。

催化剂的性能很大程度上取决于它的表面效应，表面不饱和的性质对它的选择性能有很大的影响。有资料介绍，负载型纳米非晶态合金是较理想的催化加氢材料。用 Ni-B/SiO_2 非晶态催化剂，催化环戊二烯选择性加氢制备环戊烯反应，其转换率可达 100%，而选择性为 96%以上。以溶胶-凝胶法制备的 γ-Al_2O_3 陶瓷膜，可用于超滤，或经过修饰成为催化膜用于膜反应器，实现分离、反应一体化。由于膜表面的酸性，它还可直接作为催化剂用于酸性催化反应。

利用波美石溶胶胶粒，以过渡金属（包括贵金属）、稀土金属和碱土金属修饰，即可制成多种催化膜。Ni /γ-Al_2O_3 催化剂具有高稳定性，在应用于 850 ℃下进行的甲烷部分氧化制造合成气反应中，具有大于 95%的转化率以及 98%的 CO 选择性。

气凝胶氧化物担载的 Co 基催化剂，具有很高的 F－T 合成活性和烃产物选择性。ZrO_2 涂层 SiO_2 载体担载的 Co 基催化剂，有利于重质产物的生成；而溶胶-凝胶法制得的 ZrO_2、SiO_2 混合气凝胶担载的 Co 基催化剂，则有利于液态烃的生成。

使用氩电弧等离子体制备的过渡金属、贵金属和稀土金属等的纳米金属催化剂，以及用合金制成的纳米稀土薄壳或储氩催化剂等，有望为规模生产提供基础。金属簇及金属离子对上述催化剂的修饰，在催化和合成领域的应用也是研究热点之一。纳米化学也可为纳米分子筛的合成提供途径。它除了有巨大的内、外表面积之比，高的晶内扩散性能外，更有利于提高负载性催化剂中金属组分的负载量及分散性能。

11.1.3 纳米技术的产品领域

因纳米技术而得到发展和创新的领域和产品有：

(1) 电子和通信。用纳米薄层和纳米记录点的全媒体存储器、平板显示器、全频道通信工程和计算机用的器件，信息存储密度和运算速度都要比现在大 3～6 个数量级，且廉价而节能。

(2) 计算机。通过极小的晶体管和记忆芯片提高电脑速度和效率几百万倍。

(3) 纳米医疗。新的纳米结构药物；可到达身体的指定部位的基因和药物传送系统；有生物相容性的器官和血液代用品；家用早期病情自诊系统；生物传感器；骨头和组织的自生长材料等。

(4) 化学和材料。能提高化工厂燃烧效率，减少汽车污染的各种催化剂；超硬但不脆裂的钻头及切削工具；用于真空封接和润滑的智能磁性液体；化学、生物载体的探测器和解毒剂等。

(5) 能源。高电能存储量、体积和重量小且成本低的新型电池；使用人工光合作用的清洁能源；量子阱式太阳能电池等。

(6) 制造工业。基于扫描隧道显微镜原理的一系列扫描探针显微镜和测量仪器的微细加工；新的操纵原子的工具和方法；渗有纳米粒子的块状材料；使用纳米粒子的化学/机械磨削等。

(7) 飞机和汽车。由纳米粒子加强的轻质材料；由纳米粒子加强的轮胎，耐磨，可直接再生；不需要洗涤的外壳油漆；廉价的不燃塑料；有自修补功能的涂层和纤维；生产出比钢强度大 10 倍，而重量只有其几分之一的材料来制造各种更轻便，更省燃料的交通工具。

(8) 航天。轻型航天器；经济的能量发生器和控制器；微型机器人等。

(9) 环境保护。工业废污处理；廉价的海水除盐膜；从原子或分子做起的制造工艺，无切削、无化学处理，材料消耗最少。

11.1.4　纳米材料的特性

纳米材料的特性主要表现为表面效应、小尺寸效应和量子尺寸效应。

1）表面效应

微粒随着粒径变小，比表面积将会显著增大，表面原子所占的比例会显著增多，导致了性质的急剧变化。这种表面原子数随纳米粒子尺寸减小而急剧增大后引起的性质上的显著变化称为表面效应。例如：金属的纳米粒子会燃烧；无机纳米粒子会吸附空气，并与气体反应。

2）小尺寸效应

当纳米粒子的粒径与光波、德布罗意波等尺寸相当或更小时，会引起一系列宏观物理性质的变化，称为小尺寸效应，主要表现在以下几个方面：

（1）特殊光学性质：纳米金属粉末为黑色，尺寸越小，颜色越黑。这是因为其对光的反射率很低。利用这个特性我们可以制造高效率的光热（光电）转换材料。

（2）特殊热学性质：纳米粒子的熔点明显低于相应的晶体，当粒径小于 10nm 时尤为显著。

（3）特殊磁学性质：超微磁性颗粒有很高的矫顽力，可制成高存储密度的磁记录磁粉。

（4）特殊力学性质：纳米粉体压制的陶瓷材料具有良好的韧性和延展性，具有新奇的力学性质。

3）量子尺寸效应

由于颗粒超细化使大块材料中的连续能级分裂为分立的能级，能级间距随着颗粒尺寸的减小而增加，这称为量子尺寸效应。

纳米材料可以根据其性能和应用领域分为纳米磁性材料、纳米催化材料和纳米光学材料等。例如，由纳米粉包覆表面活性剂分散到基液中形成的纳米磁性液体可以用来进行真空、加压等动态密封。利用纳米二氧化钛粉末的光催化作用，可以净化空气或处理污水。纳米磷酸钙骨水泥的生物亲和力好、可在体内降解，具有良好的市场前景。此外，纳米的硼化物和碳化物具有良好的吸波特性，可作为军事上的隐身涂层。

11.2　绿色化学

11.2.1　绿色化学的产生及其背景

化学在保证和提高人类生活质量、保护自然环境以及增强化学工业竞争力等方面均起着关键作用。化学科学的研究成果和化学知识的应用，创造了无数的新产品，进入每一个普通家庭，使我们衣食住行各个方面都受益匪浅，更不用说化学药物对人们防病祛疾、延年益寿、更高质量地享受生活等方面所起到的作用。但是另一方面，随着化学品的大量生产和广泛应用，给人类原本和谐的生态环境带来了黑臭的污水、讨厌的烟尘、难以处置的废物和各种各样的毒物，威胁着人们的健康，伤害着我们的地球。

当今,可持续发展是世人普遍认同的发展观。它强调人口、经济、社会、环境和资源的协调发展,既要发展经济,又要保护自然资源和环境,使子孙后代能永续发展。绿色化学正是基于人与自然和谐发展的可持续发展理论。1984 年,美国环保局(EPA)提出"废物最小化",这是绿色化学的最初思想。1989 年,美国环保局又提出了"污染预防"的概念。1990 年,美联邦政府通过了"防止污染行动"的法令,将污染的防止确立为国策,该法案条文中第一次出现了"绿色化学"一词。1992 年,美国环保局又发布了"污染预防战略"。1995 年,美国政府设立了"总统绿色化学挑战奖"。1999 年,英国皇家化学会创办了第一份国际性《绿色化学》杂志,标志着绿色化学的正式诞生。我国也紧跟世界化学发展的前沿,在 1995 年,中国科学院化学部确定了"绿色化学与技术"的院士咨询课题。

11.2.2 绿色化学的概念

绿色化学又称环境无害化学(environmentally benign chemistry)、环境友好化学(environmentally friendly chemistry)、清洁化学(clean chemistry)。绿色化学即用化学的技术和方法去消灭或减少那些对人类健康、社区安全、生态环境有害的原料、催化剂、溶剂或试剂在生产过程中的使用,同时也要在生产过程中不产生有毒有害的副产物、废物和产品。绿色化学的理想在于不再使用有毒、有害的物质,不再产生废物,不再处理废物。从科学观点看,绿色化学是化学科学基础内容的更新;从环境观点看,它是从源头上消除污染;从经济观点看,它合理利用资源和能源,降低生产成本,符合经济可持续发展的要求。

11.2.3 绿色化学的应用原则

阿纳斯塔斯(R. T. Anastas)和韦纳(J. C. Waner)曾提出绿色化学的 12 条原则:

(1) 防止废物的生成比其生成后再处理更好。

(2) 设计合成方法应使生产过程中所采用的原料最大量地进入产品之中。

(3) 设计合成方法时,只要可能,不论原料、中间产物和最终产品,均应对人体健康和环境无毒、无害(包括极小毒性和无毒)。

(4) 化工产品设计时,必须使其具有高效的功能,同时也要减少其毒性。

(5) 应尽可能避免使用溶剂、分离试剂等助剂,如不可避免,也要选用无毒无害的助剂。

(6) 合成方法必须考虑过程中能耗对成本与环境的影响,应设法降低能耗,最好采用在常温常压下的合成方法。

(7) 在技术可行和经济合理的前提下,采用可再生资源代替消耗性资源。

(8) 在可能的条件下,尽量避免使用保护基或其他暂时修饰所产生的衍生物。

(9) 合成方法中采用高选择性的催化剂比使用化学计量助剂更优越。

(10) 化工产品要设计成在其使用功能终结后,它不会永存于环境中,要能分解成可降解的无害产物。

(11) 进一步发展分析方法,对危险物质在生成前实行在线监测和控制。

(12) 要选择化学生产过程的物质,使化学意外事故(包括渗透、爆炸、火灾等)的危险性降低到最小程度。

这 12 条原则目前为国际化学界所公认,它反映了近年来在绿色化学领域中所开展的多方面的研究工作内容，也指明了未来发展绿色化学的方向。

为了更明确地表述绿色化学在资源使用上的要求，人们又提出了“5R”理论：

(1) 减量(reduction)。减量是从省资源、少污染的角度提出的。在保护产量的情况下如何减少用量，有效途径之一是提高转化率、减少损失率；减少“三废”排放量，主要是减少废气、废水及废弃物(副产物)排放量，必须控制在排放标准以下。

(2) 重复使用(reuse)。重复使用是降低成本和减废的需要。如化学工业过程中的催化剂、载体等，从一开始就应考虑有重复使用的设计。

(3) 回收(recycling)。回收主要是回收未反应的原料、副产物、助溶剂、催化剂、稳定剂等非反应试剂。

(4) 再生(regeneration)。再生是变废为宝，节省资源、能源，减少污染的有效途径。它要求化工产品生产在工艺设计中应考虑到有关原材料的再生利用。

(5) 拒用(rejection)。拒绝使用是杜绝污染的最根本办法，它是指对一些无法替代，又无法回收、再生和重复使用的毒副作用、污染作用明显的原料，拒绝在化学过程中使用。

11.2.4　绿色化学的发展前景

绿色化学主要有以下发展方向。

(1) 反应原料的绿色化：即反应原料符合“5R”原则。

(2) 原子经济性反应：在基本有机原料的生产中，已有一些原子经济性反应的典范，如丙烯氢甲酰化制丁醛、甲醇羰化制醋酸和从丁二烯和氢氰酸合成己二腈等。

(3) 高效合成法：不涉及分离高效的多步合成无疑是洁净技术的重要组成部分。

(4) 提高反应的选择性：定向合成，如不对称合成。

(5) 环境友好催化剂：例如在正己烷的裂解反应中，固体酸 SiO_2-$AlCl_3$ 比普通 $AlCl_3$ 具有更好的选择性、更小的腐蚀性。

(6) 物理方法促进化学反应：如微波引发和促进狄尔斯-阿尔德(Diels-Alder)反应、克莱森(Claisen)重排、缩合等许多重要的有机反应。

(7) 酶促有机化学反应：酶促有机化学反应有高效性、选择性、反应条件温和以及自身对环境友好等特点。

(8) 溶剂：化学污染不仅来源于原料和产品，而且与反应介质、分离和配方中使用的溶剂有关，有毒挥发性溶剂替代品的研究是绿色化学的重要研究方向，如超临界流体、水相有机合成和室温熔盐溶剂等。

(9) 计算机辅助绿色化学设计和模拟：在化学化工领域，计算机已广泛用于构效分析、结构解析、反应性预测、故障诊断及控制等许多方面。无疑，计算机在寻找符合绿色化学原则的最佳反应路线、化工过程最优化、产品设计等方面推动了绿色化学的更快发展。

(10) 环境友好产品：如可降解塑料、环境友好农药、绿色燃料、绿色涂料和氯氟烃(俗称氟利昂)替代物等。

绿色化学不但有重大的社会、环境和经济效益，而且说明化学的负面作用是可以避免的，显现了人的能动性。绿色化学体现了化学科学、技术与社会的相互联系和相互作用，是化学科学高度发展以及社会对化学科学发展作用的产物，对化学本身而言是一个新阶段的到来。作为新世纪的一代，不但要有能力去发展新的、对环境更友好的化学，以防止化学污染；而且要让全民了解绿色化学、接受绿色化学、为绿色化学作出应有的贡献。

11.2.5 低碳生活

“低碳生活”是个新概念，提出的却是世界可持续发展的老问题，它反映了人类因气候变化而对未来产生的担忧，世界对此问题的共识日益增多。

低碳生活(low-carbon life)是指生活作息时所耗用的能量要尽量减少，从而减低二氧化碳的排放量。低碳生活，对于我们普通人来说是一种态度，而不是能力，我们应该积极提倡并实践低碳生活，注意节电、节油、节气，从点滴做起。除了种树，还有人买运输里程很短的商品，有人坚持爬楼梯，形形色色，有的很有趣，有的不免有些麻烦。但关心全球气候变暖的人们却把减少二氧化碳实实在在地带入了生活。

“低碳生活”这一理念着眼于人类未来。近几百年来，以大量矿石能源消耗和大量碳排放为标志的工业化过程让发达国家在碳排放上遥遥领先于发展中国家。当然，也正是这一工业化过程使发达国家在科技上领先于其他国家，也令其生产与生活方式长期以来习惯于“高碳”模式，并形成了全球的“样板”，最终导致其自身和全世界被“高碳”所绑架。在首次石油危机、继而在气候变化成为问题以后，发达国家对高耗能的生产消费模式和“低碳生活”理念才幡然觉悟，有了新的认识。尽管仍有学者对气候变化原因有不同的看法，但由于“低碳生活”理念至少顺应了人类“未雨绸缪”的谨慎原则和追求完美的心理与理想，因此“宁可信其有，不愿信其无”，“低碳生活”理念也就渐渐被世界各国所接受。

简单理解，低碳生活就是返璞归真地去进行人与自然的活动，主要是从节电、节气和回收三个环节来改变生活细节，包括以下一些良好的生活习惯：

(1) 每天的淘米水可以用来洗手、擦家具，干净卫生，自然滋润。

(2) 将废旧报纸铺垫在衣橱的最底层，不仅可以吸潮，还能吸收衣柜中的异味。

(3) 用过的面膜纸不要扔掉，用它来擦首饰、擦家具的表面或者擦皮带，不仅擦得亮还能留下面膜纸的香气。

(4) 喝过的茶叶渣，把它晒干，做一个茶叶枕头，又舒适，还能帮助改善睡眠。

(5) 出门购物，自己带环保袋，无论是免费或者收费的塑料袋，都减少使用。

(6) 出门自带喝水杯，减少使用一次性杯子。

(7) 多用永久性的筷子、饭盒，尽量避免使用一次性的餐具。

(8) 养成随手关闭电器电源的习惯，避免浪费用电。

还有以下不容易注意到的几点：

(1) 用传统的发条闹钟取代电子闹钟。

(2) 在午休和下班后关掉电脑电源。

(3) 一旦不用电灯、空调，随手关掉；手机一旦充电完成，立即拔掉充电插头。

(4) 选择晾晒衣物，避免使用滚筒式干衣机；用在附近公园中的慢跑取代在跑步机上的锻炼。

(5) 用节能灯替换 60 W 的灯泡；不开汽车改骑自行车等。

气候变化已经不再只是环保主义者、政府官员和专家学者关心的问题，而是与我们每个人息息相关。在提倡健康生活已成潮流的今天，“低碳生活”不再只是一种理想，更是一种值得期待的新的生活方式。

11.3 温室效应和臭氧层破坏

11.3.1 温室效应

温室效应(greenhouse effect),又称"花房效应",是大气保温效应的俗称。大气能使太阳短波辐射到达地面,但地表向外放出的长波热辐射线却被大气吸收,这样就使地表与低层大气温度增高,因其作用类似于栽培农作物的温室,故名温室效应。自工业革命以来,人类向大气中排入的二氧化碳等吸热性强的温室气体逐年增加,大气的温室效应也随之增强,已引起全球气候变暖等一系列严重问题,引起了全世界各国的关注。

温室效应主要是由于现代化工业社会燃烧过多煤炭、石油和天然气,这些燃料燃烧后放出大量的二氧化碳气体进入大气造成的。

二氧化碳气体具有吸热和隔热的功能。在空气中,氮和氧所占的比例是最高的,它们都可以透过可见光与红外辐射。而二氧化碳不能透过红外辐射,所以二氧化碳可以防止地表热量辐射到太空中,具有调节地球气温的功能。如果没有二氧化碳,地球的年平均气温会比目前降低20℃;但如果二氧化碳含量过高,其结果会形成一种无形的玻璃罩,使太阳辐射到地球上的热量无法向外层空间发散,使地球仿佛捂在一口锅里,温度逐渐升高,形成"温室效应"。因此,二氧化碳也被称为温室气体。除二氧化碳外,还有甲烷、一氧化氮等30多种气体也会形成温室效应。其中二氧化碳约占75%,氯氟代烷约占15%~20%。

如果二氧化碳含量比现在增加一倍,全球气温将升高3~5℃,两极地区可能升高10℃,气候将明显变暖。气温升高,将导致某些地区雨量增加,某些地区出现干旱,飓风力量增强,出现频率也将提高,自然灾害加剧。20世纪60年代末,非洲下撒哈拉牧区曾发生持续6年的干旱。由于缺少粮食和牧草,牲畜被宰杀,饥饿致死者超过150万人。更令人担忧的是,由于气温升高,将使两极地区冰川融化,海平面升高,许多沿海城市、岛屿或低洼地区将面临海水上涨的威胁,甚至被海水吞没。海平面上升对人类社会的影响是十分严重的。如果海平面升高1 m,直接受影响的土地约5×10^6 km^2,人口约10亿,耕地约占世界耕地总量的1/3。如果考虑到特大风暴潮和盐水侵入,沿海海拔5m以下地区都将受到影响,这些地区的人口和粮食产量约占世界的1/2。一部分沿海城市可能要迁入内地,大部分沿海平原将发生盐渍化或沼泽化,不适于粮食生产。同时,对江河中下游地带也将造成灾害。当海水入侵后,会造成江水水位抬高,泥沙淤积加速,洪水威胁加剧,使江河下游的环境急剧恶化。

在2006年公布的气候变化经济学报告中显示,如果人类继续现在的生活方式,到2100年全球气温将有50%的可能会上升4℃多。同时,英国《卫报》表示,气温如果这样升高就会打乱全球数百万人的生活,甚至健康,最终导致全球发生大规模的迁移和冲突。

温室效应和全球气候变暖已经引起了世界各国的普遍关注,目前正在推进制订国际气候变化公约,减少二氧化碳的排放已经成为大势所趋。

为减少大气中过多的二氧化碳,一方面需要人们尽量节约用电,少开汽车;另一方面保护好森林和海洋,比如不乱砍滥伐森林,不让海洋受到污染以保护浮游生物的生存。还可以通过植树造林、减少使用一次性方便木筷、节约纸张(造纸用木材)、不践踏草坪等行动来保护绿色植物，使它们多吸收二氧化碳来帮助减缓温室效应。

科学家预测，如果人类现在开始有节制地对树木进行采伐，到2040年，全球暖化会降低5%。

11.3.2 臭氧层破坏

对于大气臭氧层破坏的原因，科学家们有多种见解。但是大多数人认为，人类过多地使用氯氟烃类化学物质（用CFCs表示）是破坏臭氧层的主要原因。氯氟烃是一种人造化学物质，1930年由美国的杜邦公司投入生产。在第二次世界大战后，尤其是进入60年代以后，开始大量使用，主要用作气溶胶、制冷剂、发泡剂、化工溶剂等。另外，哈龙类物质（用于灭火器）、氮氧化物也会造成臭氧层的损耗。

平流层内离地面20～30 km是臭氧的集中层带，在这个臭氧层中存在着氧原子（O）、氧分子（O_2）和臭氧（O_3）的动态平衡。但是氮氧化物、氯、溴等活性物质及其他活性基团会破坏这个平衡，使其向着臭氧分解的方向转移。而CFCs物质的非同寻常的稳定性使其在大气同温层中很容易聚集起来，其影响将持续一个世纪或更长的时间。在强烈的紫外辐射作用下它们光解出氯原子和溴原子，成为破坏臭氧的催化剂（一个氯原子可以破坏10万个臭氧分子）。

人类活动排入大气中的一些物质进入平流层，与那里的臭氧发生化学反应，导致臭氧耗损，使臭氧浓度减少的现象称为臭氧层破坏或臭氧层损耗。

人为消耗臭氧层的物质主要是广泛用于冰箱和空调制冷、泡沫塑料发泡、电子器件清洗的氯氟烷烃（CFCs）以及用于特殊场合灭火的溴氟烷烃（halons，哈龙）等化学物质。这些物质被称为消耗臭氧层物质，国际社会为了保护臭氧层，将这些物质列入淘汰或受控制使用的名单中，因此也称这些物质为“受控物质”。

消耗臭氧层的物质，在大气的对流层中是非常稳定的，可以停留很长时间，以CFC-12为例，它在对流层中寿命长达120年左右，因此这类物质可以扩散到大气的各个部位，但是到了平流层后，就会被太阳的紫外辐射分解，释放出活性很强的游离氯原子或溴原子，参与导致臭氧损耗的一系列化学反应：游离的氯原子或溴原子与O_3分子反应，产生氯或溴的一氧化物，夺走O_3分子的一个氧原子，使之变成氧分子；氯或溴的一氧化物与游离的氧原子反应，释放“夺来”的氧原子，形成更多的氧分子和游离氯原子或游离溴原子，新的游离氯原子或溴原子重新与其他O_3分子反应，再度生成O_2分子和氯或溴的一氧化物，这样的反应循环不断，每个游离氯原子或溴原子可以破坏约10万个O_3分子，这就是氯氟烷烃或溴氟烷烃破坏臭氧层的原因。

臭氧层被大量损耗后，吸收紫外辐射的能力大大减弱，导致到达地球表面的紫外线明显增加，给人类健康和生态环境带来多方面的危害，目前已受到人们普遍关注的主要有对人体健康、陆生植物、水生生态系统、生物化学循环、材料，以及对流层大气组成和空气质量等方面的影响。

有人估计，如果臭氧层中臭氧含量减少10%，地面不同地区的紫外线辐射将增加19%～22%，由此皮肤癌发病率将增加15%～25%。另据美国环境保护局（EPA）估计，大气层中臭氧含量每减少1%，皮肤癌患者就会增加10万人，患白内障和呼吸道疾病的人也将增多。紫外线辐射增强，对其他生物产生的影响和危害也令人不安。有人认为，臭氧层被破坏，将打乱生态系统中复杂的食物链，导致一些主要生物物种灭绝。臭氧层的破坏，将使地球上 2/3 的农作物减产，导致粮食危机。紫外线辐射增强，还会导致全球气候变暖。

爱护臭氧层的消费者购买带有"无氯氟化碳"标志的产品；爱护臭氧层的一家之主合理处理废旧冰箱和电器，在废弃电器之前，除去其中的氟氯化碳和氟氯烃制冷剂；爱护臭氧层的农民不用含甲基溴的杀虫剂，在有关部门的帮助下，选用适合的替代品，如果还没有使用甲基溴杀虫剂就不要开始使用它；爱护臭氧层的制冷维修师确保维护期间从空调、冰箱或冷柜中回收的冷却剂不会释放到大气中，做好常规检查和修理泄漏；爱护臭氧层的办公室员工鉴定公司现有设备如空调、清洗剂、灭火剂、涂改液、海绵垫中那些使用了消耗臭氧层的物质，并制订适当的计划，淘汰它们，用替换物品换掉它们；爱护臭氧层的公司替换在办公室和生产过程中所用的消耗臭氧层物质，如果生产的产品含有消耗臭氧层物质，那么应该用替代物来改变产品的成分；爱护臭氧层的教师，告诉你的学生，告诉你的家人、朋友、同事、邻居，保护环境、保护臭氧层的重要性，让大家了解哪些是消耗臭氧层物质。

有了科学的方法，再加上我们的实际行动，我们相信，在不远的将来，我们将拥有一片美丽而完整的蓝天。

11.4　等离子体和离子液体

1. 等离子体

等离子体(plasma)是一种由自由电子和带电离子为主要成分的物质形态，广泛存在于宇宙中，常被视为物质的第四态，被称为等离子态，或者"超气态"，也称"电浆体"。等离子体具有很高的电导率，与电磁场存在极强的耦合作用。等离子体是由克鲁克斯(William Crookes)在 1879 年发现的，1928 年美国科学家欧文·朗缪尔(Irving Langmuir)和汤克斯(Tonks)首次将"等离子体"一词引入物理学，用来描述气体放电管里的物质形态。严格来说，等离子体是具有高位能、高动能的气体团，等离子体的总带电量仍是中性，借由电场或磁场的高动能将外层的电子击出，结果电子不再被束缚于原子核，而成为高位能、高动能的自由电子。

1) 等离子体的原理

等离子体通常被视为物质除固态、液态、气态之外存在的第四种形态。如果对气体持续加热，使分子分解为原子并发生电离，就形成了由离子、电子和中性粒子组成的气体，这种状态称为等离子体。等离子体与气体的性质差异很大，等离子体中起主导作用的是长程的库仑力，而且电子的质量很小，可以自由运动，因此等离子体中存在显著的集体过程，如振荡与波动行为。等离子体中存在与电磁辐射无关的声波，称为阿尔文波。

2) 常见的等离子体

等离子体是宇宙中存在最广泛的一种物态，目前观测到的宇宙物质中，99%都是等离子体。常见等离子体形态包括人造等离子体、地球上的等离子体和太空天体物理中的等离子体，具体见表 11-1。

表 11-1 常见等离子体形态

人造等离子体	地球上的等离子体	太空和天体物理中的等离子体
• 荧光灯，霓虹灯灯管中的电离气体	• 圣艾尔摩之火	• 太阳和其他恒星(其中等离子体由于热核聚变供给能量产生)
• 核聚变实验中的高温电离气体	• 火焰(上部的高温部分)	• 太阳风
• 电焊时产生的高温电弧，电弧灯中的电弧	• 闪电	• 行星际物质(存在于行星之间)
• 火箭喷出的气体	• 球状闪电	• 星际物质(存在于恒星之间)
• 等离子显示器和电视	• 大气层中的电离层	• 星系际物质(存在于星系之间)
• 太空飞船 重返地球时在飞船的热屏蔽层前端产生的等离子体	• 极光	• 木卫一与木星之间的流量管
• 在生产集成电路中用来蚀刻电介质层的等离子体	• 中高层大气闪电	• 吸积盘
• 等离子球		• 星际星云

3) 等离子体的性质

等离子态常被称为“超气态”，它和气体有很多相似之处，比如：没有确定形状和体积，具有流动性，但等离子也有很多独特的性质。等离子体中的粒子具有群体效应，只要一个粒子扰动，这个扰动就会传播到每个等离子体中的电离粒子。等离子体本身亦是良导体。等离子体的独特性质主要表现在以下 4 个方面。

(1) 电离

等离子体和普通气体的最大区别在于它是一种电离气体。由于存在带负电的自由电子和带正电的离子，因此有很高的电导率，和电磁场的耦合作用也极强(带电粒子可以与电场耦合，带电粒子流可以与磁场耦合)。描述等离子体要用到电动力学，因此发展起来一门叫做磁流体动力学的理论。

(2) 组成粒子

和一般气体不同的是，等离子体包含两到三种组成粒子：自由电子、带正电的离子和未电离的原子。这使得我们针对不同的组分定义不同的温度：电子温度和离子温度。轻度电离的等离子体，离子温度一般远低于电子温度，称之为“低温等离子体”。高度电离的等离子体，离子温度和电子温度都很高，称为“高温等离子体”。相比于一般气体，等离子体组成粒子间的相互作用也大很多。

(3) 速率分布

一般气体的速率分布满足麦克斯韦分布(Maxwell distribution)，但等离子体由于与电场的耦合，可能偏离麦克斯韦分布。

(4) 等离激元

表面等离激元效应(surface plasmon)实验里我们把金属的微小颗粒视为等离子体(金属晶体因为其内部存在大量可以移动的自由电子，带有定量电荷，自由分布，且不会发生碰撞导致电荷的消失，因此金属晶体可以被视为电子的等离子体)，由于金属的介电系数在可见光和红外波段为负数，因此当把金属和电介质组合为复合结构时会发生很多有趣的现象。当光波(电磁波)入射到金属与介质分界面时，金属表面的自由电子发生集体振荡，如果电子

的振荡频率与入射光波的频率一致，就会产生共振，这时会形成一种特殊的电磁模式：电磁场被局限在金属表面很小的范围内并发生增强，这种现象会被称为表面等离激元现象。这种电磁场增强效应能够有效地提高分子的荧光产生信号、原子的高次谐波产生效率，以及分子的拉曼散射信号等。在宏观的尺度上这一现象就表现为在特定波长、状态下的金属晶体的透光率大幅提升。

4）等离子技术

所谓等离子体，就电气技术而言，它指的是一种拥有离子、电子和核心粒子的不带电的离子化物质。等离子体包括几乎相同数量的自由电子和阳极电子。在一个等离子中，其中的粒子已从核心粒子中分离了出来。因为，等离子包括大量的离子和电子，因此是电的最佳导体，而且会受到磁场的影响，当温度高时，电子便会从核心粒子中分离出来了。

近几年来，等离子平面屏幕技术可谓如日中天，它是未来真正平面电视的最佳候选者。其实等离子显示技术并非近年才有的新技术，早在 1964 年，美国伊利诺斯大学就成功研制出了等离子显示平板，但那时等离子显示器为单色。现在等离子平面屏幕技术为最新技术，而且它是高质图像和大纯平屏幕的最佳选择。大纯平屏幕可以在任何环境下看电视，等离子面板拥有一系列像素，这些像素又包含三种次级像素，它们分别呈红、绿、蓝色。在等离子状态下的气体能与每个次像素里的磷光体反应，从而能产生红、绿或蓝色。这种磷光体与用在阴极射线管（CRT）装置（如电视机和普通电脑显示器）中的磷光体是一样的，你可以由此而得到你所期望的丰富而有动态的颜色，每种由一个先进的电子元件控制的次像素能产生 16 亿种不同的颜色，所有的这些意味着你能在约不到 6 英寸（1 英寸＝2.54 cm）厚的显示屏上更容易看到最佳画面。

2. 离子液体

离子液体是指全部由离子组成的液体，如高温下的 KCl、KOH 呈液体状态，此时它们就是离子液体。在室温或室温附近温度下呈液态的由离子构成的物质，称为室温离子液体、室温熔融盐、有机离子液体等，目前尚无统一的名称，但倾向于简称为离子液体。在离子化合物中，正负离子之间的作用力为库仑力，其大小与正负离子的电荷数量及半径有关，离子半径越大，它们之间的作用力越小，这种离子化合物的熔点就越低。某些离子化合物的阴阳离子体积很大，结构松散，导致它们之间的作用力较低，以至于熔点接近室温。

离子液体一般由有机阳离子和无机阴离子组成，常见的阳离子有季铵盐离子、季鏻盐离子、咪唑盐离子和吡咯盐离子等，阴离子有卤素离子、四氟硼酸根离子、六氟磷酸根离子等。

离子液体的特点包括：不挥发、不可燃、导电性强、室温下离子液体的黏度很大（通常比传统的有机溶剂高 1～3 个数量级，离子液体内部的范德华力与氢键的相互作用决定其黏度）、热容大、蒸气压小、性质稳定，对许多无机盐和有机物有良好的溶解性，在电化学、有机合成、催化、分离等领域被广泛应用。

在与传统有机溶剂和电解质相比时，离子液体具有一系列突出的优点：

（1）液态范围宽，从低于或接近室温到 300℃以上，有高的热稳定性和化学稳定性。

（2）蒸汽压非常小，不挥发，在使用、储藏中不会蒸发散失，可以循环使用，消除了挥发性有机化合物的环境污染问题。

（3）电导率高，电化学窗口大，可作为许多物质电化学研究的电解液。

(4) 通过正负离子的设计可调节其对无机物、水、有机物及聚合物的溶解性，并且其酸度可调至超酸。

(5) 具有较大的极性可调控性，黏度低，密度大，可以形成二相或多相体系，适合作分离溶剂或构成反应-分离耦合新体系。

(6) 对大量无机和有机物质都表现出良好的溶解能力，且具有溶剂和催化剂的双重功能，可以作为许多化学反应溶剂或催化活性载体。

由于离子液体的这些特殊性质和表现，它与超临界 CO_2 和双水相一起被称为三大绿色溶剂。

11.5 因特网与化学信息检索

因特网是英文 Internet 的中文译名，也有人译作互联网或国际互联网，它是当今世界上最大最流行的计算机网络。因特网的出现，是 20 世纪末的一场革命，也是人类社会进入信息时代的标志。从资源角度看，它是一个集各部门、各领域的各种信息资源为一体的供网上用户共享的信息资源库。随着 Internet 的迅速发展，网上信息以爆炸性的速度不断丰富和扩展，其数量之大、类型之多，已经给人们的工作、学习和生活方式带来了巨大影响。对于化学专业的学生来说，如何充分利用 Internet 帮助我们学习化学知识，了解化学信息，学会从上百万个网站中快速有效地查找和提取到所需信息的技术和方法，是在竞争激烈的社会中强中取胜的基本要求。

那么，如何快速地从网络上获取化学信息资源呢？获取 Internet 信息资源的工具大体上可以分为两大类：一类是利用各种搜索引擎(search engines)，它是一种搜索工具站点，专门提供自动化搜索的工具，在每一个搜索引擎的页面上都会有一个搜索框，在搜索框内输入想要查找的信息的关键词，搜索引擎就可以迅速地筛选出想要的信息。另一类是针对某个专门领域或主题，进行系统收集、组织而形成的资源导航系统。万维网(world-wide web，www，又称 web)有很多联机指南、目录、索引以及搜索引擎。常用的几个国内外搜索引擎网址如下：

1) 国内搜索引擎网址

百度(baidu)：http://www.baidu.com/，是全球最大的中文网站和中文搜索引擎之一。资料新，更新快，其搜索结果中的网页可用性高。

搜狗：http://www.sogou.com/dir/，搜狐的搜索引擎。

天网搜索：http://e.pku.edu.cn/，北京大学网络实验室研制开发。

有道(yodao)http://www.yodao.com/?keyfrom=so163redir，网易的搜索引擎。

2) 国外搜索引擎网址

Yahoo(英文版)：http://www.yahoo.com/，与化学有关的搜索引擎网址为 http://www.yahoo.com/Science/Chemistry。

雅虎(中文版)：http://cn.yahoo.com/。

Google(英文版)：http://www.google.com/，全球规模最大的搜索引擎，提供了简单易用的免费服务，用户可以在瞬间得到相关的搜索结果。

Google(中文版)：http://www.google.cn/。

上述搜索引擎大多对资源提供了更详细的分类，以缩小检索范围，提高命中率。可供选择的类别有网站、网页、新闻、图片等，选择的类别不同，检索的结果自然就不一样。搜索引擎为检索化学信息提供了有力的帮助，但是如何高效地使用搜索引擎是有一定的技巧的。每个搜索引擎都向用户提供了一个良好的信息查询界面，一般包括分类目录及关键词两种信息查询途径。如果我们有明确的查询对象，只想找一些具体内容的参考资料，就可以选择"关键词(keyword)"查询。具体做法是在检索框内键入关键词，并单击旁边的搜索按钮，自然会返回检索结果。这时可以按照需要点击，进入检索结果任意浏览。关键词的选择要准确，否则即使可以得出搜索结果，但会出现大量相关性很小的信息，需要逐项查看后选择，所以检索效率常常较低。通常，多角度地输入多个关键词可以缩小检索范围。例如，在 yahoo 网站搜索框内输入关键词"chemistry"，其主页上将会出现 28000 多万个链接，信息量太大，为了快速到达指定的网站，可以使用分类搜索或高级搜索。搜索引擎的主页上将网上信息分成若干类，当要查找化学信息时，可以选择点击"science"(科学)，在这一层次中给出"chemistry"，即可大大减少链接数，也可以直接输入网址"http://dir. yahoo. com/science/chemistry"。高级搜索(advanced search)能进一步缩小检索范围，在"advanced search"中可以通过地区、关键词、时间、类别等加以限制，快速到达要检索的网站，得到要查找的信息。

利用互联网也可以方便、快捷地查找化学数据。在 Internet 上的化学数据库按照承载的化学信息内容可以划分为化学文献资料数据库、化学结构信息数据库、物理化学参数数据库、机构数据库、科学家数据库、化工产品及其来源数据库等。在众多的数据库中有些是非常规范的具有专业水准的数据库，如美国国家标准与技术研究院(National Institute of Standards and Technology, NIST)的物性数据库：http://webbook. nist. gov/chemistry/，输入该网址，可以看到 Search Options(检索途径)有 Name(英文名)、Formula(分子式)、Molecular weight(相对分子质量)等。点击其中任何一种检索方式，按照要求输入具体物质(如苯可输入 benzene、C_6H_6 或 78. 11)，确定热力学单位(select the desired units for thermodynamic data)和需要查阅的数据类型(select the desired type(s) of data)以后，点击"Search"即可给出气相热化学数据(gas phase thermochemistry data)、凝聚相热化学数据(condensed phase thermochemistry data)、相变数据(phase change data)、反应热化学数据(reaction thermochemistry data)等一系列数据。如果输入分子式或相对分子质量，系统会给出相应的很多同分异构体，在此基础上进一步选取要查的物质再点击它，就会给出相应的检索数据。

Cambridgesoft 公司的 chemfinder 网站也有大量的化学数据库：http://www. cambridgesoft. com。输入 Name(英文名)、Formula(分子式)、Molecular weight(相对分子质量)等，可以查到 Melting point(熔点)、Boiling point(沸点)、Density(密度)、Refractive index(折射率)、Flashpoint(闪点)、Vapor pressure(蒸气压)、Vapor density(蒸气密度)、Water solubility(水溶性)等物理化学数据。

在中文化学数据库中，中国科学院科学数据库化学专业数据库(http://www. sdb. ac. cn/viewdb. jsp? uri=cn. csdb. organchem)可以提供化合物有关的命名、结构、基本性质、毒性、谱学、鉴定方法、化学反应、医药农药应用、天然产物、相关文献和市场供应等信息。化学专业数据库目前已经有 11 个方面的数据内容，分别是化合物结构数据库、化学反应数据库、红外光谱图数据库、质谱谱图数据库、化学物质分子方法数据库、药物与天然产物数据库、中药与有效成分数据库、化学配方数据库、毒性化合物数据库、化工产品数据库、化学核心期刊数据库。

还有一些与化学课程教学相关的网站，如与无机化学课程有关的网站有：

国家精品课程网站资源(http://www.jingpinke.com/)，在提供课程资源库的同时，也提供了大量的教学资源、教育软件、教材教辅等不同类型的相关内容。点击中国高校课程网中的“化学化工课程网”可以找到需要的信息资料。也可以点击指定的学校，寻找需要的资料。

牛津大学的Atkins教授是化学教材领域内世界最著名和多产的专家，在世界著名出版社(W. H. Freeman & Co)科学技术类公司网站(http://bcs.whfreeman.com/Chemicalprinciples3e)内，有Atkins教授编写的*Chemical Principles*，*3ed*(《化学原理》)教材。该书“学生资源”里包含的栏目有各章大纲、动态图、动画、实验录像、工具、可视分子数据库、互动练习、例题等很丰富的学习资料。还有关于*Inorganic Chemistry*(《无机化学》)，*General Chemistry*(《普通化学》)，*Physical Chemistry*(《物理化学》)，*Molecular Quantum Mechanics*(《分子量子力学》)，*Quanta*(《量子》)，*Concepts of Physical Chemistry*(《物理化学概要》)等书的介绍；Atkins教授写的科普化学专著有*Molecules*(《分子》)，*The Second Law*(《第二定律》)，*Atoms*，*Electrons and Change*(《原子、电子和变化》)，*The Periodic Kingdom*(《周期王国》)，这些都可以从上述网站检索出来。

Internet上提供了丰富的化学、化工、生物化学资源，包括化学教育资源等，在学习过程中可以根据需要检索或查阅，将对学习提供极大的帮助。

第 12 章

化学基础知识的延伸与应用

12.1 配位场理论简介

配位场理论(ligand field theory,LFT)是晶体场理论和分子轨道理论的结合,用以解释配位化合物中的成键情况。与晶体场理论不同的是,配位场理论考虑配体与中心原子之间一定程度的共价键合,可以解释晶体场理论无法解释的光谱化学序列等现象。配位场理论选取的模型都为八面体构型,即 6 个配体沿三维空间坐标轴正负指向中心原子,以方便理解。

1. σ 配位键

八面体配合物中,6 个配体从 x、y 和 z 正负轴指向中心原子,因此凡是有 σ 对称性的外层轨道都可能与配体孤对电子的外层 σ 轨道重叠形成 σ 配位键。s 轨道、p_x、p_y、p_z 和 d 轨道中的 $d_{x^2-y^2}$、d_{z^2} 6 个轨道具有 σ 对称性,可以与 6 个配体的 σ 轨道形成 6 个 σ 成键轨道和 6 个 σ^* 反键轨道。d_{xy}、d_{xz} 和 d_{yz} 轨道(t_{2g} 轨道)能级不变,成为非键轨道。八面体配合物 $[Ti(H_2O)_6]^{3+}$ 的 σ 分子轨道能级图如下:

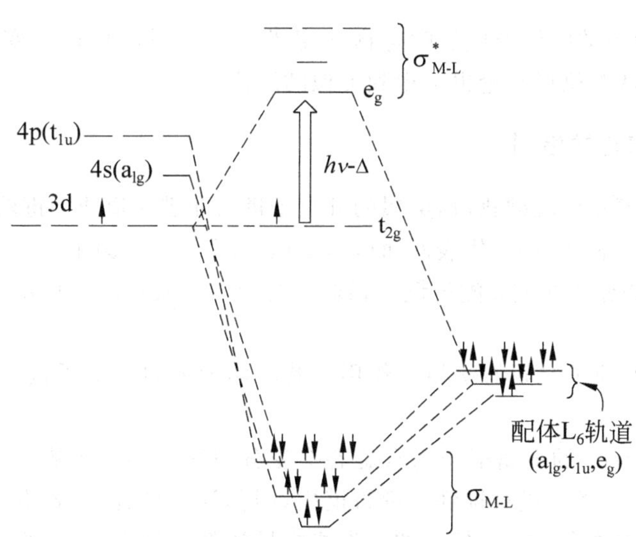

6 个成键轨道分别记为 a_{1g}、t_{1u} 和 e_g 轨道,反键轨道则与其对应,记为 a_{1g}^*、t_{1u}^* 和 e_g^* 。一般配体的电负性较大,6 个 σ 轨道能级较中心原子低,配体提供的孤对电子主要进入成键轨

道中，而中心原子的 d 电子则主要进入 t_{2g} 非键轨道和 e_g^* 反键轨道。由于 e_g^* 含有较多的 d 轨道成分，类似于晶体场理论中的 e_g 轨道，因此，e_g^* 和 t_{2g} 轨道之间的能级差便成为分裂能，用配位场理论也得到了与晶体场理论相似的结果。

2. π 配位键

当中心原子和配体形成 π 配位键时，根据配位体性质的不同，有两种不同的 π 相互作用，分别为充满电子的配体 p 轨道与金属原子成键和配体有低能级的空 π^* 轨道与金属原子成键，从而导致分裂能发生较大的变化。

中心原子含有 π 对称性的轨道包括 d_{xy}、d_{xz} 和 d_{yz}，虽然它们不能与配体 σ 轨道组合，但是可以与配体 π 对称性的轨道组成分子轨道，形成 π 配位键。在单纯形成 σ 配位键时，这些轨道只是非键轨道，能级变化很小。

当充满电子的配体 p 轨道与金属原子成键，例如 F^-、Cl^-、OH^- 等配体与金属原子形成的配合物，配体的电子填充成键 π 分子轨道，中心原子的 $d(t_{2g})$ 轨道电子进入反键 π^* 轨道，能量升高，是配合物的最高占据轨道(HOMO)。与单纯包含 σ 配位键的配合物相比，分裂能值变小，配合物易形成高自旋型，电子从配体流向中心原子，形成"正常的"π 配位键。

相反，当配体有低能级的空 π^* 轨道与金属原子成键，例如 CO、CN^-、PR_3 等，原来的非键 t_{2g} 轨道变为 π 成键轨道，而 e_g 依然是反键 σ^* 轨道。相比之下，分裂能值增大，电子进入成键 π 分子轨道，看上去电子是从中心原子流向配体，因此称之为反馈 π 键。

晶体场理论只从静电作用考虑，认为 e_g 轨道直接指向配体，而 t_{2g} 则插入配体间的空当中，得出 e_g 轨道能级高于 t_{2g} 轨道的结论。而配位场理论(分子轨道理论)则以中心原子和配体原子轨道叠加来考虑：

在纯 σ 配合物中，e_g 是 σ^* 反键轨道，t_{2g} 是非键轨道；

对于 π 轨道充满电子形成的配合物，e_g 保持 σ^* 反键轨道，t_{2g} 变为 π^* 反键轨道，分裂能值变小；

对于有空 π^* 轨道的配体形成的配合物，e_g 仍保持 σ^* 反键轨道，t_{2g} 变为 π 成键轨道，分裂能值增大。因而从配位场理论也可得到类似的结论。

3. 自旋及光谱化学序列

配体的电子充填 6 个成键轨道，金属的 d 电子进入非键轨道或反键轨道中，非键与反键之间的能级差称为分裂能 Δ_o(o 代表八面体)，受以下两个因素影响：

(1) 配体与中心原子之间 σ 配位键的强弱。若配体为强的 σ 电子给予体，则 Δ_o 值较大；反之较小。

(2) 配体与中心原子之间的 π 相互作用。若配体为强的 π 电子接受体，可形成强的反馈 π 键，则 Δ_o 值增大。

电子组态为 $d^4 \sim d^7$ 的金属配合物自旋态会受分裂能大小的影响。电子填充到非键和反键轨道中时，若电子优先成对排到非键轨道中，则称为低自旋态；若电子优先进入反键轨道，而后成对，则称为高自旋态。较大的分裂能常导致低自旋态，而较小的分裂能则常导致高自旋态。

光谱化学序列由光谱数据衍生出来，根据分裂能 Δ_o 的大小来衡量配体的"强度"。由配位场理论可知，弱场配体都是 π 电子给予体（如 I^-），强场配体都是 π 电子接受体（如 CN^- 和 CO），而配体如 H_2O 或 NH_3 则处于中间，π 相互作用很弱。

$I^- < Br^- < S^{2-} < SCN^- < Cl^- < NO_3^- < N_3^- < F^- < OH^- < C_2O_4^{2-} < H_2O < NCS^- < CH_3CN <$ py（吡啶）$< NH_3 <$ en（乙二胺）$<$ bpy（联吡啶）$<$ phen（1，10－邻菲啰啉）$< NO_2^- < Ph_3P$（三苯基膦）$< CN^- < CO$

配位场理论是 20 世纪三四十年代在晶体场理论的基础上，结合分子轨道理论建立起来的。晶体场理论假设配位键由中心原子与配体之间的静电吸引组成，忽视其中的共价性，因此无法解释光谱化学序列和中性配体（如 N_2 和 CO）形成的配合物。配位场理论则弥补了这些不足。

12.2 晶体的缺陷

简单地说，晶体的缺陷是实际晶体中粒子排列与理想晶体的差别。在理想完整晶体中，粒子按一定的次序严格地处在空间有规则的、周期性的格点上。但在实际的晶体中，往往存在偏离了理想晶体结构的区域，这些与完整周期性点阵结构的偏离就是晶体中的缺陷。晶体缺陷有的是在晶体生长过程中，由于温度、压力、介质组分浓度等变化而引起的；有的则是在晶体形成后，由于质点的热运动或受应力作用而产生的。它们可以在晶格内迁移，以至消失；同时又可有新的缺陷产生。

12.2.1 晶体缺陷的几种类型

根据晶体内粒子偏离晶格点阵的情况，可以把晶体的缺陷大致分为以下几类。

1. 点缺陷

点缺陷是只涉及大约一个原子大小范围的晶格缺陷。它包括晶格位置上缺失正常应有的质点而造成的空位缺陷；由于额外的质点充填晶格空隙而产生的填隙原子缺陷；由杂质成分的质点替代了晶格中固有成分质点的位置而引起的替位杂质原子缺陷。

对于离子晶体，如存在空位缺陷，当空位缺陷是正离子时，由于物质是电中性，将可能发生下列几种情况：

(1) 在晶体的其他位置负离子也发生缺位，这种同时存在正、负离子缺位的晶体缺陷称为肖特基缺陷，如图 12-1(a)。

(2) 空缺的正离子没有脱离晶体，而是进入晶格的某个空隙位置，这种空穴与填隙同时存在的缺陷称为弗仑克尔缺陷，如图 12-1(b)。

(3) 在晶体中引入高电荷的杂质离子，如在 AgCl 晶体中有一个 Ag^+ 离子的位置空穴，而在其他本应填充 Ag^+ 离子位置的地方填充了 Cd^{2+}、Hg^{2+} 等离子；NiO 晶体中 Ni^{2+} 空位上引入了 Li^+ 离子，每引入一个 Li^+，必须有一个 Ni^{2+} 转变为一个 Ni^{3+}，从而使晶体保持了电中性。这种缺陷称为化学杂质缺陷，如图 12-1(c)。化学杂质缺陷也包括如 MgO 晶体中有部分结点被 Na^+ 和 Cl^- 同时取代的情况。

2. 线缺陷

在晶格点阵中，由于空缺一系列原子而产生的晶体缺陷称为线缺陷。图 12-2 为晶格的线缺陷的示意图。

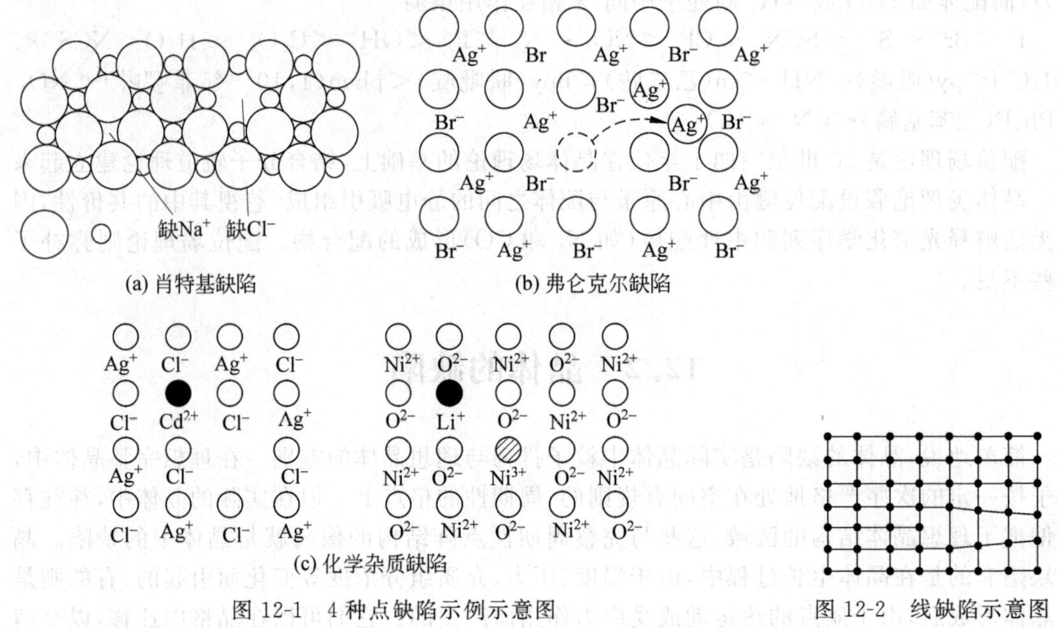

图 12-1　4 种点缺陷示例示意图　　　图 12-2　线缺陷示意图

3. 面缺陷

面缺陷是指沿着晶格内或晶粒间的某个面两侧大约几个原子间距范围内出现的晶格缺陷，如堆垛层错等。堆垛层错是指沿晶格内某一平面，质点发生错误堆垛的现象。如一系列平行的原子面，原来按 ABCABCABC…的顺序成周期性重复地逐层堆垛，如果在某一层上违反了原来的顺序，如表现为 ABCABCAB | ABCABC…，则在划线处就出现一个堆垛层错，该处的平面称为层错面。堆垛层错也可看成晶格沿层错面发生了相对滑移的结果。

4. 体缺陷

体缺陷是指晶体内部含有空洞、沉淀或杂质包裹物等所造成的缺陷。

12.2.2　晶体缺陷对物质性质的影响

晶体缺陷的存在对晶体的性质会产生明显的影响。实际晶体或多或少都有缺陷。晶体缺陷的类型很多，它们对晶体性质的影响也各不相同，如面缺陷和线缺陷将使晶体的机械性能降低，而点缺陷则常对晶体的功能性质产生巨大的影响。

1. 晶体点缺陷对物质性质的影响

当离子晶体中有大量的空穴或间隙缺陷存在时，对晶体在一定温度下施加电压，晶体中的离子就会因这些缺陷的存在而发生移动，从而使离子晶体能够导电。利用晶体缺陷的这个特点可以制造固体电解质。如在 AgCl 晶体中，渗入 $CdCl_2$ 形成固溶体，由于 Cd^{2+} 离子取代了 Ag^+ 离子的结点，为了保持晶体的电中性，另一个晶格结点中的 Ag^+ 离子将被释放出来而形成空穴。因 Ag^+ 离子的半径较小，晶格中的 Ag^+ 离子在电场的作用下可以在空穴中移动(或者说空穴在移动)，因而具有导电性。但如果空穴是由半径比较大的负离子(如 O^{2-}、F^-、Cl^- 等)的空缺产生的，由于负离子的半径较大，在晶格中移动困难，因此只能在高温下才有导电性。

在晶格中引入杂质，也会对材料的性能产生很大的影响。如在 Si 单晶中掺入杂质 As，当 As 原子取代 Si 原子后，由于 As 原子比 Si 原子多了一个电子，这个多出来的电子可以自由移动而使整个晶体的导电性提高。这样的晶体称为 n 型半导体。同样用 Ga 取代单晶硅中的 Si 原子后，因 Ga 原子比 Si 原子少一个电子，将在晶体中产生正电空穴，从而形成 p 型半导体。

晶体中缺陷的存在也能使晶体的光学性能、化学性能等发生巨大的变化。因此研究晶体缺陷对物质性能的影响已成为当今材料科学研究的一个重要领域。

2. 晶体面缺陷对晶体物质性质的影响

晶体中存在严重的面缺陷时，相当于把晶体分成几个或许多各自独立的小晶体(晶粒)，这种晶型物质称为多晶。在小晶粒与小晶粒之间存在着界面，称为晶面。通常在两个小晶粒之间的界面层(<100 nm)内原子的排列比较混乱，这些原子的能量状态要比在晶格中的原子的能量高。因此，晶界面的熔点要比晶体本身的熔点低、晶界面中的原子扩散速度快，容易吸附杂质原子和存在许多空隙。根据多晶体系中晶面熔点低、扩散速度快的特点，可以将需要烧结的原料制成细微粉末，在晶体的熔点以下使材料烧结成形。但多晶体中因晶面熔点低，使晶体的耐热性能降低，所以，需要在高温条件下工作的材料应在加工制造过程中尽可能地减少晶体中的晶界面。

3. 晶格缺陷使化合物组成偏离整比性

通常在人们的印象当中，化合物都是由几种固定的按简单数字配比的元素所组成，然而更多的化合物却是非整比化合物，尤其是无机化合物。晶体中由于空位或填隙原子等的原因，使化合物组成偏离整比性，各类原子的相对数目不能用几个小的整数比表示的化合物称为非整比化合物。

非整比化合物的形成通常有下列几种情况。

(1)金属有多种氧化数：由于过渡金属元素常有多种氧化数，当晶格结点上的金属离子的氧化数发生变化时，可造成非整比化合物。金属铁有 Fe^{2+}、Fe^{3+} 两种离子，在 FeS 中当有部分 Fe^{2+} 被 Fe^{3+} 取代时，为保持化合物的电中性，Fe 原子的总数将减少，从而使 Fe 与 S 的原子个数之比不再是 1∶1，而是 Fe 原子数小于 1，即化学计量式变为 $Fe_{1-x}S$。从硫与铁的非整比化合物的形成原因可知，晶体中每有 2 个 Fe^{3+} 取代了 3 个 Fe^{2+}，在晶格中就会产生一个正离子空穴，所以在因金属的多种氧化数引起的非整比化合物中，总是伴随着晶体缺陷的存在。

(2)电子代替负离子产生的空穴：一些金属虽不能形成多种氧化数，但也能形成非整比化合物，如 $Na_{1+x}Cl$。这是由于钠原子进入晶格结点后，可释放出电子，因钠离子变多，晶格中产生了负离子的空穴，但这些空穴是由钠原子释放出的电子占据。由于空穴中的电子只受附近正离子的吸引，所处的能量状态较高，容易受到激发，其激发所需要的能量一般在可见光的范围内，因此电子代替负离子所形成的非整比化合物通常具有颜色，如 $Na_{1+x}Cl$ 为蓝色固体。这类化合物通常也有导电性。

(3)杂质取代：某种杂质离子进入晶体后，为了保持晶体的电中性，原子晶格结点中的离子的氧化数发生变化，结果产生了非整比化合物。如 NiO 晶体中掺入少量的 Li^+ 离子，当 Li^+ 离子占据了晶格结点中 Ni^{2+} 离子的位置时，为了保持电中性，将有部分的 Ni^{2+} 离子被氧化成 Ni^{3+}，形成化合物 $Li_xNi_{1-x}O$。

总之，晶体缺陷和非整比化合物使晶体的性质发生了很大的变化，这些特殊的性质可以满足人们的各种需求。因此，利用晶体缺陷制作的各种材料，如颜料、导电及超导材料、磁性材料、半导体材料及化学反应的催化剂等，越来越受到人们的重视。

12.3 酸碱溶剂、正负和软硬理论简介

12.3.1 酸碱溶剂理论

酸碱溶剂理论由富兰克林(Franklin)创立。该理论对酸碱的定义类似于酸碱电离理论，但比其广泛。该理论认为：凡物质经过离解而产生作为溶剂特征的正离子为酸，产生为溶剂特征的负离子为碱。酸和碱的反应就是正离子与负离子化合形成了溶剂分子。溶剂理论的酸、碱可用下列各式表示。

1) 以水为溶剂

溶剂的离解：

$$H_2O \xlongequal{} H^+ + OH^-$$

酸的离解：

$$HCl \xlongequal{} H^+ + Cl^-$$

碱的离解：

$$NaOH \xlongequal{} Na^+ + OH^-$$

中和作用：

$$HCl + NaOH \xlongequal{} NaCl + H_2O \text{（与酸碱电离理论相同）}$$

2) 以液态氨为溶剂

溶剂的离解：

$$2NH_3 \xlongequal{} NH_4^+ + NH_2^-$$

酸的离解：

$$NH_4Cl \xlongequal{} NH_4^+ + Cl^-$$

碱的离解：

$$NaNH_2 \xlongequal{} Na^+ + NH_2^-$$

中和作用：

$$NH_4Cl + NaNH_2 \xlongequal{} NaCl + 2NH_3$$

3) 以液态 SO_2 为溶剂

溶剂的离解：

$$2SO_2 \xlongequal{} SO^{2+} + SO_3^{2-}$$

酸的离解：

$$SOCl_2 \rightleftharpoons SO^{2+} + 2Cl^-$$

碱的离解：

$$Na_2SO_3 \rightleftharpoons 2Na^+ + SO_3^{2-}$$

中和作用：

$$SOCl_2 + Na_2SO_3 \rightleftharpoons 2NaCl + 2SO_2$$

可见酸碱溶剂理论是将阿伦尼乌斯理论中以水为溶剂的个别现象，推广到任何溶剂的一般情况的理论。

12.3.2 酸碱正负理论

1939 年，乌萨诺维奇（Усанович）在讨论一些化学反应时指出，应该把质子的转移推广到正离子的转移。例如下列反应：

$$(CH_3)_3N{:} + CH_3I \longrightarrow (CH_3)_4N^+ + I^- \quad (1)$$

$$(CH_3)_2HN{:} + CH_3I \longrightarrow (CH_3)_3NH^+ + I^- \quad (2)$$

$$(CH_3)_3N{:} + HI \longrightarrow (CH_3)_3NH^+ + I^- \quad (3)$$

这三个反应的产物都是甲基铵盐。由于(1)、(2)的反应中没有质子的传递，所以只有(3)是质子理论中的酸碱反应。从反应式中可以看出，式(2)、(3)的产物完全一样，但却由于反应物不同而把它们分别归于不同的反应类型，这显然是不够合理的。如果把 CH_3I 也看作酸，就解决了这个矛盾。也就是说，只要把质子的转移扩大到正离子的转移就可以了。因此，乌萨诺维奇提出了酸碱正负理论：凡是能释放正离子或能与负离子加合的物质称为酸；凡能供给电子、负离子或能与正离子加合的物质称为碱。这样一来，式(1)、(2)也是酸碱反应了。酸碱正负理论与酸碱电子理论的唯一差别就在于正负理论中氧化-还原反应也被称为酸碱反应，其中氧化剂被认为是酸，还原剂被认为是碱，例如：

$$Cl_2(\text{氧化剂，酸}) + 2K(\text{还原剂，碱}) \rightleftharpoons 2KCl \quad (2e^- \text{ 由 K 转移到 } Cl_2)$$

从以上分析可以看出，人们对于酸和碱的认识经历了一个由浅入深、由现象到本质、由特殊到一般、由低级到高级的认识过程。

12.3.3 软硬酸碱理论

路易斯提出的酸碱电子理论最主要的不足之处是没有统一的标度来确定酸碱的相对强弱。例如，对酸碱电子理论中的路易斯酸 Fe^{3+} 来说，碱性强弱次序是 $F^- > Cl^- > Br^- > I^-$；但对同样是酸碱电子理论中的路易斯酸 Hg^{2+} 来说，碱性强弱次序是 $I^- > Br^- > Cl^- > F^-$。因为路易斯酸碱没有统一的强弱次序，所以酸碱反应的方向就难以判断。酸碱电子理论的这种缺陷可由皮尔逊（R. G. Pearson）等人提出的软硬酸碱规则（rule of hard and soft acids and bases）来弥补。

1963 年，美国化学家皮尔逊在阿兰德（Ahrland）等人工作的基础上提出了软硬酸碱的概念和软硬酸碱规则，初步揭示了酸碱反应的规律。

1. 软硬酸碱的分类

按路易斯酸碱电子理论，酸是可以接受电子对的分子或离子，碱是可以提供电子对的分子或离子。因此，所有的金属离子和缺电子分子都是路易斯酸，所有阴离子或能提供电子对的分子都是路易斯碱。

根据路易斯酸性质的不同，皮尔逊把酸分为硬酸、软酸和交界酸 3 类。

(1) 硬酸：硬酸是半径较小、电荷数大、对外层电子的吸引力强的阳离子。常见的硬酸有 H^+、Li^+、Na^+、K^+、Be^{2+}、Mg^{2+}、Ca^{2+}、Sr^{2+}、Mn^{2+}、Al^{3+}、Sc^{3+}、Ga^{3+}、In^{3+}、La^{3+}、Co^{3+}、Fe^{3+}、As^{3+}、Si^{4+}、Ti^{4+}、Zr^{4+}、Sn^{4+}、BF_3 和 $Al(CH_3)_3$。

(2) 软酸：软酸是半径较大、电荷数小、对外层电子的吸引力弱的阳离子。常见的软酸有 Cu^+、Ag^+、Au^+、Tl^+、Hg^+、Cd^{2+}、Pd^{2+}、Pt^{2+}、Hg^{2+}、CH_3Hg^+、I_2、Br_2 和金属原子。

(3) 交界酸：介于硬酸和软酸之间的酸称为交界酸。常见的交界酸有 Fe^{2+}、Co^{2+}、Ni^{2+}、Cu^{2+}、Zn^{2+}、Pb^{2+}、Sn^{2+}、Sb^{3+}、Bi^{3+}、$B(CH_3)_3$、SO_2、NO^+、$C_6H_5^+$ 和 GaH_3。

根据路易斯碱的性质的不同，皮尔逊把碱分为硬碱、软碱和交界碱 3 类。

(1) 硬碱：硬碱中给出电子的原子或阴离子的电负性大、半径小、不易失去电子。常见的硬碱有 H_2O、OH^-、F^-、Ac^-、PO_4^{3-}、SO_4^{2-}、Cl^-、CO_3^{2-}、ClO_4^-、NO_3^-、ROH、R_2O、NH_3、RNH_2 和 N_2H_4。

(2) 软碱：软碱中给出电子的原子或阴离子的电负性小、半径大、易失去电子。常见的软碱有 CO、SCN^-、I^-、$S_2O_3^{2-}$、S^{2-}、CN^-、C_6H_6、H^-、R^-、R_2S 和 C_2H_4。

(3) 交界碱：介于硬碱和软碱之间的碱称为交界碱。常见的交界碱有 N_3^-、Br^-、SO_3^{2-}、N_2、C_6H_5、NO_2^- 和 NH_2。

2. 软硬酸碱规则

皮尔逊从大量路易斯酸碱反应中总结出一条规律，这就是软硬酸碱规则："硬亲硬，软亲软。"即硬酸倾向与硬碱结合生成稳定的配合物，而软酸倾向与软碱结合生成稳定的配合物。利用软硬酸碱规则可以判断酸碱配合物的稳定性和酸碱反应的方向。必须指出，如果酸碱是一硬一软，其结合力就不强，生成的配合物的稳定性较差。

软硬酸碱规则虽然比较粗糙，但仍然是一种比较实用的简单规则，一般可以用于判断酸碱配合物的稳定性和预测酸碱反应的方向。酸碱反应都是向硬酸与硬碱结合或软酸与软碱结合的方向进行，因为生成这样的配合物是稳定的。例如，下列反应均能正向进行：

$$\underset{(硬\text{-}软)}{Hg^{2+} + H_2S} \;=\!=\!=\; \underset{(软\text{-}软)}{HgS\downarrow} + 2H^+$$

$$\underset{(软\text{-}硬)}{[Ag(NH_3)_2]^+} + 2CN^- \;=\!=\!=\; \underset{(软\text{-}软)}{[Ag(CN)_2]^-} + 2NH_3$$

12.4 水体污染及其处理

水是一种宝贵的自然资源，如同阳光、空气和土壤一样，是人类和其他生物生存所必需的物质基础，而且在工农业生产上有多种用途。

水体是水的集合体，是地表水圈的重要组成部分，是以相对稳定的陆地为边界的天然水域，包括江、河、湖、海、冰川、积雪、水库、池塘等，也包括地下水和大气中的水汽。

水体污染是指排入水体的污染物在数量上超过了该物质在水体中的本底含量和自净能力即水体的环境容量，从而导致水体的物理特征、化学特征发生不良变化，破坏了水中固有的生态系统和水体的功能，从而降低水体使用价值的现象。

由于工农业生产所排放的废水和生活污水以及垃圾、粉尘等不断进入水体，使天然水体受到污染。20 世纪 70 年代后，随着全球工业生产的发展和社会经济的繁荣，大量的工业废水和城市生活废水排入水体，水体污染日益严重。

水体污染从成因上可以分为自然污染和人为污染。自然污染是指由于特殊的地质或自然条件，使一些化学元素大量富集，或天然植物腐烂中产生的某些有毒物质或生物病原体进入水体，从而污染了水质。人为污染则是指由于人类活动(包括生产性的和生活性的)引起地表水水体污染。

水体污染从环境污染物的来源可分为点污染和面污染。点污染是指污染物质从集中的地点(如工业废水及生活污水的排放口)排入水体。其特点是排污经常，变化规律服从工业生产废水和城市生活污水的排放规律，量值可以直接或间接测定，影响可以直接评价。而面污染则是指污染物质来源于集水面积的地面上(或地下)，如农田施用化肥和农药，灌排后常含有农药和化肥的成分，城市、矿山在雨季，雨水冲刷地面污物形成的地面径流等。面源污染的排放是以扩散方式进行的，时断时续，并与气象因素有联系。

水体污染从污染的性质可分为物理性污染、化学性污染和生物性污染。其中的化学性污染包括无机无毒物(酸、碱、一般无机盐、氮、磷等植物营养物质)、无机有毒物(重金属、砷、氰化物、氟化物等)、有机无毒物(碳水化合物、脂肪、蛋白质等)和有机有毒物(苯酚、多环芳烃、PCB、有机氯农药等)的污染。

在无机有毒物污染中，毒性较显著的有汞(Hg)、镉(Cd)、铅(Pb)、铬(Cr)等重金属的离子和非金属砷(As)的化合物以及氰化物。重金属元素污染以汞的毒性为最大，镉次之，铅、铬等也有相当的毒性。

水中的汞来源于汞极电解食盐厂、汞制剂农药厂、用汞仪表厂等的废水。汞中毒后，会引起神经损坏、瘫痪、精神错乱、失明等症状，称为水俣病。汞的毒性大小与其存在的形态有关，+1 价的汞化合物如甘汞 Hg_2Cl_2(难溶于水)毒性小，而+2 价汞的毒性就大。水中的无机汞在微生物的作用下会转变成有机汞：

$$HgCl_2 + CH_4 \xlongequal{\text{微生物}} CH_3HgCl + HCl$$

有机汞 CH_3Hg^+ 的毒性更大，20 世纪 50 年代发生在日本的水俣病就是无机汞转变为有机汞，累积性的汞中毒事件。我国规定工业废水中汞的最大允许排放浓度(以 Hg 计)为 $0.05mg \cdot dm^{-3}$。

处理含汞废水的方法很多，这里介绍常见的两种方法，即沉淀法和还原法。

沉淀法：汞的化合物中，除硝酸汞外大多难溶于水，其中以 HgS 的溶解度最小，因此在含汞废水中加入 Na_2S 或 NaHS，即可将 Hg^{2+} 以 HgS 的形式除去。由于 HgS 可溶于过量的 Na_2S 中，形成可溶性的 $[HgS_2]^{2-}$，因此 Na_2S 不能过量，可用 $FeSO_4$ 与过量的 Na_2S 反应，生成 FeS 沉淀，因 FeS 溶于酸，所以要控制废水的 pH 值(一般控制在 8～10 之间)，使

HgS 和 FeS 一起从废水中沉淀而除去，也可用 $Fe(OH)_3$ 和 HgS 共沉淀的方法来提高分离效果。

还原法：此法是用还原剂将废水中的汞还原为金属汞。常用的还原剂有 Fe、Cu、Zn、肼、硼氢化钠 $NaBH_4$、$Na_2S_2O_3$ 及 Na_2SO_3 等。还可用微生物还原，例如耐汞菌可将 $HgCl_2$、HgI_2、$HgSO_4$、$Hg(NO_3)_2$、$Hg(CN)_2$、$Hg(SCN)_2$、HgO、$Hg(Ac)_2$、醋酸苯汞、磷酸乙基汞和氯化钾汞等还原为金属汞。

水中镉的主要存在形态是 Cd^{2+}，来源于金属矿山、冶炼厂、电镀厂、某些电池厂、特种玻璃制造厂及化工厂等的废水。镉具有较高的潜在毒性，饮用水中不得超过 $0.01\ mg \cdot dm^{-3}$，否则将因累积而引起贫血、肾脏损坏，并且使大量钙质从尿中流失，引起骨质疏松。日本富山县镉中毒事件就是镉污染所引起。中毒后病人骨骼严重畸形、剧痛，身长缩短，骨脆易折，称为骨疼病。我国工业废水中镉的最大允许排放浓度(以 Cd^{2+} 计)为 $0.1\ mg \cdot dm^{-3}$。

含镉废水的主要处理方法有化学法和电解法。

化学法：对于一般工业含镉废水，可投入消石灰或硫化碱，使 Cd^{2+} 形成难溶的 $Cd(OH)_2$ 或 CdS 沉淀而除去。

电解法：此法用于处理氰化镀镉废水。在这种水中主要含 $[Cd(CN)_4]^{2-}$，另外还有 Cd^{2+} 和 CN^- 等有毒物质。首先在废水中加入适量 NaCl 和 NaOH，然后进行电解。阳极产生的 Cl_2 与 NaOH 反应生成 NaClO，ClO^- 能把 CN^- 氧化为 CO_3^{2-} 和 N_2。

$$Cl_2 + 2OH^- \longrightarrow ClO^- + Cl^- + H_2O$$

$$2CN^- + 5ClO^- + 2OH^- \longrightarrow 2CO_3^{2-} + N_2\uparrow + 5Cl^- + H_2O$$

溶液中 OH^- 与 Cd^{2+} 反应生成 $Cd(OH)_2$ 而沉出。此法缺点是耗电量大，部分 CN^- 被氧化为有毒的氰气 $(CN)_2$ 而污染空气。

水中铅的主要存在形态为 Pb^{2+}，来源于金属矿山、冶炼厂、电池厂、油漆厂等的废水。铅能毒害神经系统和造血系统，引起痉挛、精神迟钝、贫血等。我国工业废水中铅的最大允许排放浓度(以 Pb^{2+} 计)为 $1.0mg \cdot dm^{-3}$。

欲除去酸性废水中的 Pb^{2+}，一般可投加石灰水，使生成 $Pb(OH)_2$ 沉淀。废水中残留的 Pb^{2+} 浓度与水中的 OH^- 浓度(即 pH 值)有关。根据同离子效应，加入适当过量的石灰水，可使废水中残留的 Pb^{2+} 进一步减少；但石灰水的用量不宜过多，否则会使部分 $Pb(OH)_2$ 沉淀溶解(请读者思考这是为什么)。

水中铬的主要存在形态是铬酸根离子 CrO_4^{2-} 或重铬酸根离子 $Cr_2O_7^{2-}$，来源于冶炼厂、电镀厂及制革、颜料等工业的废水。铬的毒害作用是引起皮肤溃疡、贫血、肾炎等，并可能有致癌作用。Cr^{3+} 是人体中的一种微量营养元素，但过量也会引起毒害。我国工业废水中铬的最大允许排放浓度(以 Cr^{6+} 计)为 $0.5mg \cdot dm^{-3}$。

含铬废水的处理方法有以下三种。

还原法：在酸性含 Cr(Ⅵ)废水中，用还原剂 $FeSO_4$ 或 $NaHSO_3$ 将 Cr(Ⅵ)还原为 Cr(Ⅲ)，然后加碱调解 pH，使其转变为 $Cr(OH)_3$ 沉淀而除去。

$$Cr_2O_7^{2-} + 6Fe^{2+} + 14H^+ \longrightarrow 2Cr^{3+} + 6Fe^{3+} + 7H_2O$$

$$Cr_2O_7^{2-} + 3HSO_3^- + 5H^+ \longrightarrow 2Cr^{3+} + 3SO_4^{2-} + 4H_2O$$

$$Cr^{3+} + 3OH^- \longrightarrow Cr(OH)_3\downarrow$$

铁氧体法：若在酸性含铬废水中加入 $FeSO_4$，然后加入适量的 NaOH，使 Cr^{3+} 和 Fe^{3+}

以及未反应的 Fe^{2+} 都沉淀为氢氧化物，加热通入空气，使部分 Fe^{2+} 氧化为 Fe^{3+}，当 Fe^{2+} 和 Fe^{3+} 的含量达到一定比例时，能生成具有磁性的氧化物 $Fe_3O_4 \cdot xH_2O$ 沉淀(称铁氧体)。由于 Cr^{3+} 与 Fe^{3+} 电荷相同、半径相近，因而在沉淀过程中，部分 Fe^{3+} 被 Cr^{3+} 取代，用磁铁将有磁性的沉淀物吸出而达到净化水的目的。

离子交换法：将含 Cr(Ⅵ)的污水流经阴离子交换树脂，进行离子交换后 $HCrO_4^-$ 便留在树脂上，然后用 NaOH 溶液淋洗，使 $HCrO_4^-$ 离子重新进入溶液而被收回，同时树脂也得到再生，其反应如下：

$$\underset{(树脂)}{R—OH} + HCrO_4^- \underset{再生}{\overset{交换}{\rightleftharpoons}} \underset{(树脂上)}{R—HCrO_4} + OH^-$$

水中砷的主要存在形态是亚砷酸根离子 AsO_3^{2-} 和砷酸根离子 AsO_4^{2-}，AsO_3^{2-} 的毒性比 AsO_4^{2-} 的要大。冶金工业、玻璃陶瓷、制革、染料和杀虫剂生产的废水中含有砷或砷的化合物。砷中毒会引起细胞代谢紊乱、胃肠道失常、肾衰退等。我国工业废水中砷的最大允许排放浓度(以 As 计)为 $0.5\ mg \cdot dm^{-3}$。

含砷废水可用化学沉淀法处理。

石灰法：以 $Ca(OH)_2$ 为沉淀剂，使砷转变为砷酸钙或偏亚砷酸钙难溶物过滤除去。

$$As_2O_3 + Ca(OH)_2 \longrightarrow Ca(AsO_2)_2 \downarrow + H_2O$$

硫化法：以 H_2S 为沉淀剂，使废水中的砷转变为难溶的硫化砷。

$$2As^{3+} + 3H_2S \longrightarrow As_2S_3 \downarrow + 6H^+$$

氰化物的毒性很强，在水中以 CN^- 存在。若遇酸性介质，则 CN^- 能生成毒性极强的挥发性氢氰酸 HCN。氰化物主要来源于电镀、煤气、冶金等工业的废水。CN^- 的毒性是由于它与人体中的氧化酶结合，使氧化酶失去传递氧的作用，引起呼吸困难，全身细胞缺氧而窒息死亡。口腔粘膜吸进约 50 mg 氢氰酸，瞬时即能致死。我国工业废水中氰化物的最大允许排放浓度(以 CN^- 计)为 $0.5\ mg \cdot dm^{-3}$。

12.5 电解及其应用和金属的腐蚀与防护

12.5.1 电解及其应用

1. 电解现象与电解池

电解(electrolysis)是将电流通过电解质溶液或熔融态物质(又称电解液)，在阴极和阳极上引起氧化还原反应的过程，电化学电池在外加电压时可发生电解过程。

电解池是实现电解过程的装置。它由分别浸没在含有正、负离子的溶液中的阴、阳两个电极构成。电解池的阳极是与电源正极相连的电极，阴极是与电源负极相连的电极。通电后，溶液中带正电荷的正离子迁移到阴极，并与电子结合发生还原反应，变成中性的元素或分子；带负电荷的负离子迁移到阳极，给出电子发生氧化反应变成中性元素或分子。例如，以铂为电极，电解 NaOH 溶液(见图 12-3)：

阴极反应

$$4H_2O + 4e^- = 2H_2 \uparrow + 4OH^-$$

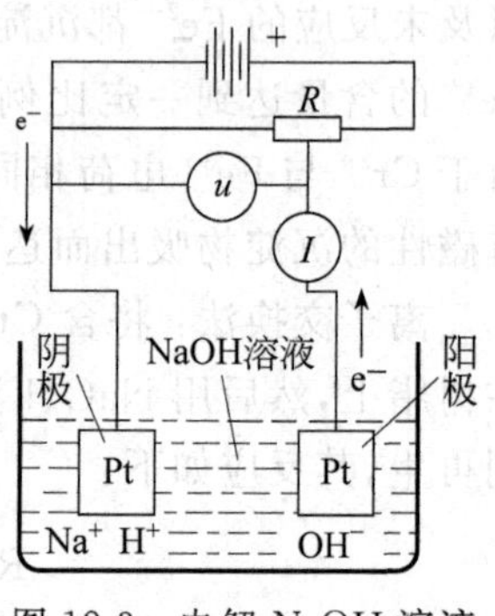

图 12-3 电解 NaOH 溶液

阳极反应

$$4OH^- = 2H_2O + O_2\uparrow + 4e^-$$

总反应

$$2H_2O = 2H_2\uparrow + O_2\uparrow$$

实际上，电解 NaOH 溶液是电解水的过程。

在电解池的两极反应中，氧化型物质得到电子或还原型物质给出电子的过程都叫做放电。如以 H_2SO_4 为电解液，则有

阴极反应

$$4H^+ + 4e^- = 2H_2\uparrow \text{（}H^+\text{ 放电）}$$

阳极反应

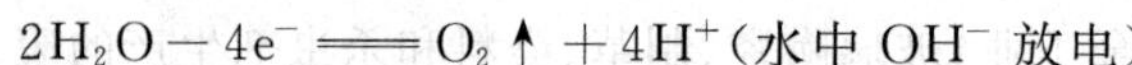

$$2H_2O - 4e^- = O_2\uparrow + 4H^+ \text{（水中 }OH^-\text{ 放电）}$$

总反应

$$2H_2O = 2H_2 + O_2\uparrow$$

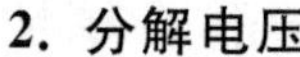

2. 分解电压

在电解一给定的电解液时，需要对电解池施以多少电压才能使电解顺利进行是电解过程的一个重要问题。

下面以铂作电极，电解 0.1 mol·dm^{-3}NaOH 溶液为例加以说明。

将 0.1 mol·dm^{-3}NaOH 溶液按图 12-3 的装置进行电解，通过可变电阻 R 调节外电压 u，从电流计 I 可以读出在一定外加电压下的电流数值。当接通电流后，可以发现，在外加电压很小时，电流很小；电压逐渐增加到 1.23 V 时，电流增大仍很小，电极上没有气泡发生；只有当电压增加到约 1.7 V 时，电流开始剧增，而以后随电压的增加，电流直线上升。同时，在两极上有明显的气泡发生，电解能够顺利进行。通常把能使电解得以顺利进行的最低电压称为实际分解电压，简称分解电压。

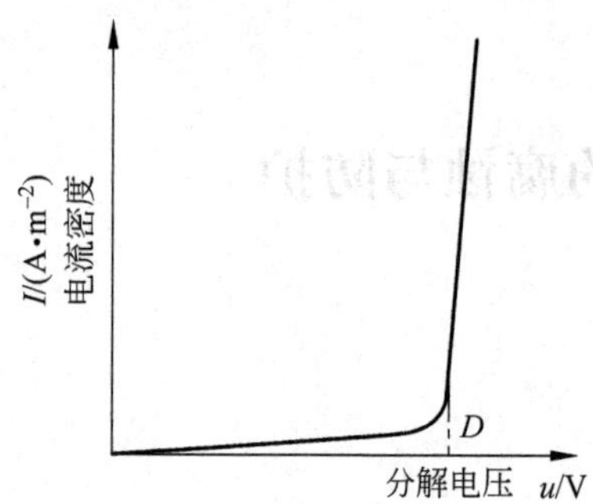

图 12-4 电解的电压-电流密度曲线

如果把上述实验结果以电压为横坐标、以电流密度为纵坐标作图，可得图 12-4 的曲线。图中 D 点的电压读数即为实际分解电压。

各种物质的分解电压是通过实验测定的。产生分解电压的原因可以从电极上的氧化还原产物进行分析。在电解 NaOH 溶液时，阴极上析出氢气，阳极上析出氧气，而部分氢气和氧气分别吸附在铂表面，组成了氢氧原电池：

$$(-)Pt \mid H_2(g, p_1) \parallel NaOH(0.1\ mol \cdot dm^{-3}) \mid O_2(g, p_2) \mid Pt(+)$$

该原电池的电子流方向与外加直流电源电子流的方向相反。因而至少需要外加一定值的电压以克服该原电池所产生的电动势，才能使电解顺利进行。这样看来，分解电压是由于电解产物在电极上形成某种原电池，产生反向电动势而引起的。分解电压的理论数值可以根据电解产物及溶液中有关离子的浓度计算得到。

实际分解电压往往大于理论分解电压。电解池中实际分解电压与理论分解电压之间的

偏差，除了因电阻所引起的电压降以外，就是由于阴、阳极的极化所引起的。它包括浓差极化和电化学极化两个方面。

3. 极化和超电势

1）极化

极化(polarization)是指电流通过电极时，电极电势偏离平衡电极电势的现象。按照极化产生的原因，可以把极化分为两类：

(1) 浓差极化：浓差极化是由于离子扩散速率缓慢所引起的，它可以通过搅拌和升高温度使离子的扩散速率增大而使之减小。

(2) 电化学极化(活化极化)：电化学极化是由电解产物析出过程中某一步骤(如离子的放电、原子结合为分子、气泡的形成等)反应速率迟缓而引起电极电势偏离平衡电势的现象。即电化学极化是由电化学反应速率决定的，与外界条件无关，因此无法消除。

2）超电势

电解时，电解池的实际分解电压 E(实)与理论分解电压 E(理)之差(在消除因电阻所引起的电压降和浓差极化的情况下)称为超电压 E(超)，即：

$$E(\text{超}) \approx E(\text{实}) - E(\text{理})$$

超电压是由超电势构成的。

超电势(over potential，η)指在不含内电阻、消除浓差极化的条件下的电化学极化而产生的电势。即某一个电流密度下，极化电极电势与平衡电极电势之差的绝对值。

超电势导致阳极析出电势升高，阴极析出电势降低。由于两极的超电势均取正值，所以电解池的超电压等于阴极超电势 η(阴)与阳极超电势 η(阳)之和，即：

$$E(\text{超}) = \eta(\text{阴}) + \eta(\text{阳})$$

4. 电解池中两极的电解产物

电解池中两极电解产物的析出，其规律是在阳极上进行氧化反应的首先是析出电势(考虑超电势因素后的实际电极电势)代数值较小的还原态物质，即电极电势(代数值)越小的电对，还原型越先氧化析出；在阴极上进行还原反应的首先是析出电势代数值较大的氧化型物质，即电极电势(代数值)越大的电对，氧化型越先还原析出。

5. 电解的应用

电解的应用很广，在机械工业和电子工业中广泛应用电解进行金属材料的加工和表面处理。最常见的是电镀、阳极氧化、电解加工等。在我国，目前应用电刷镀的方法对机械的局部破损进行修复，在铁道、航空、船舶和军事工业等方面均已应用。下面简单介绍电镀、阳极氧化和电刷镀的原理。

1）电镀

电镀是应用电解的方法将一种金属镀到另一种金属零件表面上的过程。以电镀锌为例说明电镀的原理。它是将被镀的零件作为阴极材料，用金属锌作为阳极材料，在锌盐溶液中进行电解。电镀用的锌盐通常不能直接用简单锌离子的盐溶液。若用硫酸锌作电镀液，由于锌离子浓度较大，结果使镀层粗糙、厚薄不均匀，镀层与基体金属结合力差。若采用碱性锌酸盐镀锌，则镀层较细致光滑。这种电镀液是由氧化锌、氢氧化钠和添加剂等配制而成的。氧化锌在氢氧化钠溶液中形成 $Na_2[Zn(OH)_4]$ 溶液：

$$2NaOH + ZnO + H_2O = Na_2[Zn(OH)_4]$$

$$[Zn(OH)_4]^{2-} \rightleftharpoons Zn^{2+} + 4OH^-$$

NaOH 一方面作为配合剂，另一方面又可增加溶液的导电性。

由于 $[Zn(OH)_4]^{2-}$ 配位个体的形成，降低了 Zn^{2+} 的离子浓度，使金属晶体在镀件上析出的过程中有个适宜（不致太快）的晶核生成速率，可得到结晶细致的光滑镀层。随着电解的进行，Zn^{2+} 不断放电，同时 $[Zn(OH)_4]^{2-}$ 不断解离，能保证电镀液中 Zn^{2+} 的浓度基本稳定。两极的主要反应为：

$$\text{阴极}\quad Zn^{2+} + 2e^- = Zn$$

$$\text{阳极}\quad Zn = Zn^{2+} + 2e^-$$

2）阳极氧化

阳极氧化就是把金属在电解过程中作为阳极，使之氧化而得到厚度达到 5～300 μm 的氧化膜。以铝及铝合金的阳极氧化为例，将经过表面抛光、除油等处理的铝及铝合金工件作为电解池的阳极材料，并用铅板作为阴极材料，稀硫酸（或铬酸、草酸）溶液作为电解液。通电后，适当控制电流和电压条件，阳极的铝制工件表面就能（被）氧化而生成一层氧化铝膜。阳极氧化过程中氧化膜的生成是两种不同的化学反应同时进行的结果。一种是 Al_2O_3 的形成反应，另一种是 Al_2O_3 被电解液不断溶解的反应。当生成速率大于溶解速率时，氧化膜就能形成，并保持一定的厚度。电极反应如下：

$$\text{阳极}\quad 2Al + 6OH^-(aq) = Al_2O_3 + 3H_2O + 6e^- \quad\text{（主要）}$$

$$4OH^-(aq) = 2H_2O + O_2\uparrow + 4e^- \quad\text{（次要）}$$

$$\text{阴极}\quad 2H^+(aq) + 2e^- = H_2\uparrow$$

阳极氧化所得氧化膜能与金属结合得很牢固，因而大大地提高铝及其合金的耐腐蚀性和耐磨性，并可提高表面的电阻和热绝缘性。经过阳极氧化处理的铝导线可做电机和变压器的统组线圈。除此之外，氧化物保护膜还富有多孔性，具有很好的吸附能力，能吸附各种染料。常用各种不同颜色的染料使之吸附于表面孔隙中，以增强工件表面的美观或作为使用时的区别标记。

3）电刷镀

当较大型或贵重的机械发生局部损坏后，整个机械就不能使用，从而造成经济上的损失。电刷镀是把适当的电镀液刷镀到受损的机械零部件上使其回生的技术。这是一种较理想的机械维修技术。

电刷镀的阴极是经清洁处理的工件，阳极用石墨（或铂铱合金、不锈钢等），外面包以棉花色套，称为镀笔。在镀笔的棉花包套中浸满金属电镀溶液，工件在操作过程中不断旋转，与镀笔间保持相对运动。当把直流电源的输出电压调到一定的工作电压后，将镀笔的棉花包套部分与工件接触，就可将金属镀到工件上。

电刷镀的电镀液不是放在电镀槽中，而是在电刷镀过程中不断滴加电镀液，使之浸湿在棉花包套中，在直流电的作用下不断刷镀到工件阴极上。这样就把固定的电镀槽改变为不固定形状的棉花包套，从而摆脱了庞大的电镀槽，使设备简单而操作方便。

12.5.2 金属的腐蚀与防护

当金属与周围介质接触时，由于发生化学作用或电化学作用而引起的破坏叫做金属的腐蚀。金属的腐蚀现象十分普遍，例如钢铁制件在潮湿空气中很容易生锈，钢铁在加热炉中加热时会生成一层氧化皮，地下的金属管道遭受腐蚀而穿孔，化工机械在强腐蚀性介质(酸、碱、盐)中也较易腐蚀，铝制品在潮湿空气中使用后表面会出现一层白色粉末等。金属遭到腐蚀后，会使整个的机器设备和仪器仪表不能使用而造成经济上的巨大损失；另外，机械的局部腐蚀损坏会引起如锅炉爆炸、石油管破裂等重大事故。因此，了解腐蚀发生的原理及防护方法有十分重要的意义。

1. 腐蚀的分类及其机理

根据金属腐蚀过程的不同特点，可以将其分为化学腐蚀和电化学腐蚀两大类。

1) 化学腐蚀

单纯由化学作用而引起的腐蚀叫做化学腐蚀。金属在干燥气体或无导电性的非水溶液中的腐蚀，都属于化学腐蚀。例如，金属和干燥气体(如 O_2、H_2S、SO_2、Cl_2 等)接触时，在金属表面上生成相应的化合物(如氧化物、硫化物、氯化物等)。

温度对化学腐蚀的影响很大。例如，钢材在常温和干燥的空气里并不易腐蚀，但在高温下就容易被氧化，生成一层由 FeO、Fe_2O_3 和 Fe_3O_4 组成的氧化皮，同时还会发生脱碳现象。这主要是由于钢铁中的渗碳体(Fe_3C)与气体介质作用的结果，例如：

$$Fe_3C + O_2 = 3Fe + CO_2\uparrow$$

$$Fe_3C + CO_2 = 3Fe + 2CO\uparrow$$

$$Fe_3C + H_2O = 3Fe + CO + H_2\uparrow$$

反应生成的气体产物离开金属表面，而碳便从邻近的、尚未反应的金属内部逐渐扩散到这一反应区，于是金属层中的碳逐渐减少，形成了脱碳层。钢铁表面由于脱碳致使硬度减小、疲劳极限降低。

此外，在原油中含有多种形式的有机硫化物，它们对金属输油管及容器也会产生化学腐蚀。

2) 电化学腐蚀

当金属与电解质溶液接触时，由电化学作用而引起的腐蚀叫做电化学腐蚀。金属在大气中的腐蚀、在土壤及海水中的腐蚀和在电解质溶液中的腐蚀都是电化学腐蚀。

电化学腐蚀的特点是形成腐蚀电池。在腐蚀电池中，负极上进行氧化过程，负极常叫做阳极；正极上进行还原过程，正极常叫做阴极。

电化学腐蚀可分为析氢腐蚀、吸氧腐蚀和差异充气腐蚀。其阳极过程均是金属阳极溶解。

2. 腐蚀的防护

金属腐蚀的防护方法有很多。例如，可以根据不同的用途选用不同的金属或非金属组成耐腐合金以防止金属的腐蚀；也可以采用油漆、电镀、喷镀或表面钝化等方法形成金属覆盖层而与介质隔绝以防止腐蚀。

1）正确选用材料，合理设计结构

选用材料时应以在使用环境下不易腐蚀为原则。设计金属结构时，应避免电势差大的金属材料相互接触。

2）覆盖层保护法

将金属与介质用保护膜隔开，以避免组成腐蚀电池。

覆盖金属保护层的方法：电镀、喷镀、化学镀、浸镀、真空镀等。

覆盖非金属保护层的方法：将涂料、塑料、搪瓷、高分子材料、油漆等涂在被保护金属的表面。

3）缓蚀剂法

在腐蚀介质中，加入少量能减小腐蚀速率的物质以防止腐蚀的方法叫做缓蚀剂法。所加的物质叫做缓蚀剂。

在石油工业中，H_2S 气体及 NaCl 溶液对管道及容器的腐蚀、酸洗除锈工艺中酸对被洗金属的腐蚀、工业用水中水对容器的腐蚀、金属切削工艺中切削液对金属工件的腐蚀以及锅炉的腐蚀等方面常采用缓蚀剂防腐。

4）阴极保护法

阴极保护法就是将被保护的金属作为腐蚀电池的阴极（原电池的正极）或作为电解池的阴极而不受腐蚀。前一种是牺牲阳极（原电池的负极）保护法，后一种是外加电流法。

阴极保护可以单独使用，也可以与涂料防腐法联合使用。当涂料受到损伤或存在微孔时仍能有阴极保护的作用，从而可以延长涂料的使用寿命，又能减小阴极保护电流，减少电能的消耗。

12.5.3 化学电源实例

化学电源是将物质发生化学反应产生的能量直接转换成电能的一种装置，即通常所说的电池。在电池中化学能转化为电能，在实际应用中有小如纽扣的电池，也有能产生兆瓦级的燃料电池发电站，种类繁多。按化学电源的工作性质及储存方式可分为以下 4 类。

1）一次电池

一次电池经过连续放电或间歇放电后，不能用充电的方法使两极的活性物质恢复到初始状态，即反应是不可逆的，因此两极上的活性物质只能利用一次。特点是小型、携带方便，但放电电流不大，一般用于仪器及各种电子器件。广泛应用的原电池有锌-锰干电池（电解质不流动）和锌-汞电池。

锌-锰干电池又叫做锌-碳干电池或 Leclanche 电池，其结构见图 12-5。金属锌外壳是负极（阳极），轴心的石墨棒是正极（阴极），这一石墨棒被一层炭黑包裹着。在两极之间是含有 NH_4Cl 和 $ZnCl_2$ 的糊状物。这种湿盐的混合物的作用如同电解质和盐桥，允许离子转移电荷使电池能形成通路。

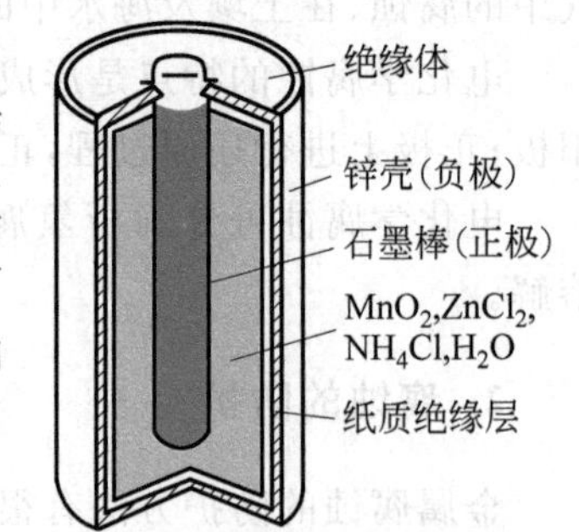

图 12-5 锌-锰干电池结构示意图

锌-锰干电池的电极反应比较复杂，一般认为：

负极反应

$$Zn(s) = Zn^{2+}(aq) + 2e^-$$

正极反应

$$2MnO_2(s) + 2NH_4^+(aq) + 2e^- = Mn_2O_3(s) + H_2O(l) + 2NH_3(aq)$$

电池反应

$$Zn(s) + 2MnO_2(s) + 2NH_4^+ = Zn^+(aq) + Mn_2O_3(s) + 2NH_3(aq) + H_2O(l)$$

新的锌-锰干电池电压为1.5 V。在使用过程中，电池中离子浓度不断变化，电压不断下降，是这种电池的不足之处。锌-锰干电池中的 $NH_4Cl(aq)$ 和 $ZnCl_2(aq)$ 是酸性介质。在碱性锌-锰干电池中以 KOH 取代了 NH_4Cl，其结构与 Leclanche 干电池相似。这种电池具有更好的性能，适合于气温比较低的环境中使用，而且放电时电压比较稳定。

2）二次电池（蓄电池）

二次电池（蓄电池）工作时，在两极上进行的反应均为可逆反应，因此可用充电的方法使两极活性物质恢复到初始状态，从而获得再生放电的能力。这种充电和放电能够反复多次，因此电池可循环使用。常见的蓄电池有铅-蓄电池、镉-镍蓄电池、铁-镍蓄电池、锌-空气蓄电池和氢镍电池。

铅-蓄电池是工业上和实验室里用得最多的蓄电池，1859 年由普兰特（G . Plante）发明，汽车启动电源也常用它。铅蓄电池的极板是用铅锑合金制作的栅状框架，正极填充 PbO_2，负极填充灰铅。正、负极板交替排列，并浸泡在 30% H_2SO_4 溶液（密度为 1.2 kg · dm^{-3}）中。

负极反应

$$Pb + SO_4^{2-} - 2e^- = PbSO_4$$

正极反应

$$PbO_2 + 4H^+ + SO_4^{2-} + 2e^- = PbSO_4 + 2H_2O$$

电池反应

$$Pb + PbO_2 + 2H_2SO_4 \underset{\text{充电}}{\overset{\text{放电}}{\rightleftharpoons}} 2PbSO_4 + 2H_2O$$

3）储备电池（激活电池）

这种电池的正负极活性物质在储存期间不直接接触，使用前临时注入电解液或用其他方式激活。

4）燃料电池（连续电池）

在电池中燃料直接氧化而发电的装置叫燃料电池。通常的燃料是氢气、丙烷、甲醇等，氧化剂为纯氧或空气中的氧。这种电池的特点是正负极本身不包含活性物质，活性物质储存在电池系统之外，只要将活性物质连续地注入电池，电池就能够长期不断地进行放电。燃料电池种类繁多，常见的有氢-氧燃料电池、肼-空气燃料电池。

氢-氧燃料电池是最简单的燃料电池，其结构示意图见图 12-6。与一般的密闭化学电池不同，在氢-氧燃料电池中，是把燃料与氧化剂连续不断地输送到电池内。在正极上，氧气通过多孔的电极材料被催化还原：

$$O_2(g) + 2H_2O(l) + 4e^- = 4OH^-(aq)$$

在负极上，氢气通过多孔的电极材料被催化氧化：

$$2H_2(g) + 4OH^-(aq) = 4H_2O(l) + 4e^-$$

电池反应为：

$$2H_2(g) + O_2(g) \longrightarrow 2H_2O(l), \quad E^\ominus = 1.229\ V$$

产生的水不断从电池内排除。

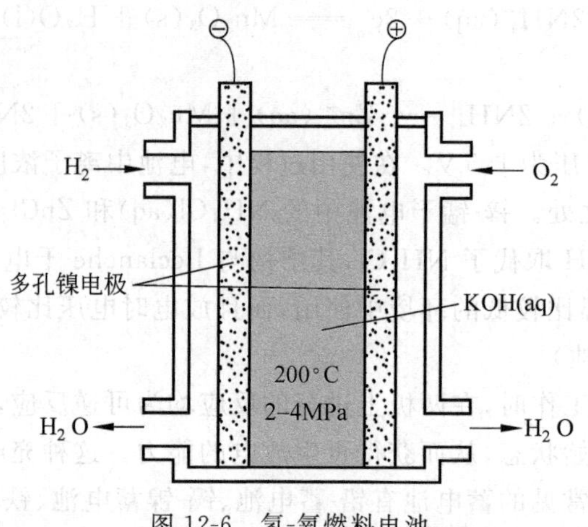

图 12-6 氢-氧燃料电池

燃料电池中能量转换效率可高达 60%～70%，还有容量大、比能量高、噪声小等优点，在航天技术中已得到应用。扩充燃料电池的燃料种类、改进性能和扩大其应用范围，是燃料电池研究者们所关注的问题。

另外，还有一种新型的电池是纳米型电池。这是世界上最小的伏打电池。1992 年，化学家们在加利福尼亚大学欧文分校（University of Califomia，lrvine）用扫描隧道显微镜将彼此紧挨着的很小的金属点沉积在一个表面上。他们制备出有 4 个电极的 Volta 电池，其中 2 个铜电极、2 个银电极。这 4 个电极在石墨晶体的表面上堆成垛状。垛的直径为（15～20）nm，高（2～5）nm，电池的总尺寸为 70 nm，约为红血细胞的百分之一大小。当电池浸在稀的硫酸铜溶液中，作为负极（阳极）的铜垛就开始溶解，发生氧化反应：

$$Cu(s) \longrightarrow Cu^{2+}(aq) + 2e^-$$

作为正极（阴极）的银垛上就有铜原子镀在它的上面，发生了铜离子的还原反应：

$$Cu^{2+}(aq) + 2e^- \longrightarrow Cu(s)$$

总的电池反应过程是铜原子通过溶液中的 Cu^{2+}，从阳极向阴极转移，而在外电路则有电子通过石墨从阳极（Cu 负极）向阴极（Ag 正极）输送。这种电子流动可产生大约 20 mV、1×10^{-18} A 的微小电流。

虽然容量如此小的电池作化学电源的应用价值还有待于探讨，但在这种原子层次上去理解电化学过程，对固态电子学，特别是半导体领域的研究有重要意义。

12.6 人体中的化学元素

人体是由化学元素组成的，构成地壳的 90 多种元素在人体内几乎均可找到，但并不是所有的元素都是人体所必需的。到目前为止，人体中必需的元素只发现 25 种，其中氧、碳、氢、氮、钙、磷、钾、硫、钠、氯和镁等 11 种元素占人体质量组成的 99.9%，称为常量元素；还有硅、铁、氟、锌、碘、铜、钒、锰、铬、钴、硒、钡、锡和镍等 14 种元素，占人体质量不到 0.1%，称为微量元素，它们含量虽少，但对人体健康的影响至关重要。医生可根据人体组织或体液中某一元素的含量作为疾病诊断和治疗的依据；营养学家可根据人体内对某元素的需求和现含水平，掌握人体营养状况并进行调节。除了上述 25 种元素外，还有 30 种左右元素在人体各种组织中普遍存在，它们对人体健康的生物效应和作用至今还未被人们认识。还有少量的有毒元素，如铅、镉、汞、镭等，它们是人体不需要的有毒物质，在人体中能检测到但含量极微，对人体健康不会造成影响。

12.6.1　元素在人体健康中的重要作用

概括地讲，元素在人体健康中主要起以下五种重要的作用。

(1) 构成肌体组织：人体的肌体组织主要为有机化合物，由碳、氢、氧、氮元素组成，也含有少量的硫。钾、钠、镁、氯是体液和细胞质中的成分，钙、磷、镁是构成骨骼、牙齿的重要元素。

(2) 调节生理功能：人的血液总是恒定在微碱性状态(pH 值为 7.35～7.45)，钾、钠元素起着重要的作用；人有敏锐的味觉离不开元素锌；人体肌肉维持紧张与弛缓的平衡状态，心脏保持一定的节律，离不开元素钙和镁。

(3) 参加酶的活动：酶是人体活细胞产生的一种生物催化剂，催化生物体内各种生物化学反应的进程。它的结构比化学催化剂复杂得多，效率也较之强百万倍，乃至千万倍。人体内有 2000 多种酶，酶的催化作用是单一的，但多种酶的作用又是连续的。它们将食物分解成营养素，然后或者组合成肌肉、血液等新的肌体组织，或者经体内加工后储存备用，或者将它们变成热能，用来维持体温和脑力、体力劳动所需的能量。酶还可对老化或死亡的组织、新陈代谢的产物和进入身体的有害物质进行清理，参加酶活动的元素有铁、铜、锌、镁、钴、钼 6 种。这些元素不足时可使酶的活性降低，使体内生物化学反应紊乱。

(4) 运送氧的任务：血液中的血红素与二价铁结合形成血红蛋白，随着血液在全身的循环，血红蛋白负责把肺部吸入的新鲜氧气输送到大脑和全身各组织细胞中，供其完成重要的生理功能。当人体内铁不足时，就会患缺铁性贫血，大脑和全身细胞得不到充足的氧，就会使人感到头晕、疲乏无力、心跳气喘。

(5) 参与人体中激素的活动：人体内的激素是由内分泌细胞产生的一种物质，它起控制和调节体内各项生命活动的作用。但很多激素需要微量元素参与才能有效地起作用。例如胰岛素需要铬和锰参加，才能有效的调节人体血糖的浓度。

12.6.2　人体中的常量元素

人体中的 11 种常量元素有碳、氢、氧、氮、硫、氯、钙、镁、磷、钠、钾，占体重的 99.9%。碳、氢、氧、氮是组成人体有机质的主要元素，占人体总质量的 96%以上，还有少量的硫(0.25%)也是组成有机质的元素。

钙占人体重的 1.7%左右，99%存在于骨骼和牙齿中，血液中占 0.1%。离子态的钙可促进凝血酶原转变为凝血酶，使伤口处的血液凝固。钙在其他多种生理过程中都有重要作用，如在肌肉的伸缩运动中，它能活化 ATP 酶，保持肌体正常运动。缺钙少儿会患软骨病；中老年人出现骨质疏松症(骨质增生)；受伤易流血不止。钙还是很好的镇静剂，它有助于神经刺激的传达、神经的放松，它可以代替安眠药使你容易入眠，缺钙神经就会变得紧张，脾气暴躁、失眠。钙还能降低细胞膜的渗透性，防止有害细菌、病毒或过敏原等进入细胞中。钙还是良好的镇痛剂，还能帮你减少疲劳、加速体力的恢复。成人对钙的日需要量推荐值为1.0 g以上。奶及奶制品是理想的钙源，此外海参、黄玉参、芝麻、蚕豆、虾皮、干酪、小麦、大豆、芥末、蜂蜜等也含有丰富的钙。适量的维生素 D_3 及磷有利于钙的吸收。葡萄糖酸钙及乳酸钙易被吸收，是较理想的钙的补充片剂。

成年人体中磷的含量约为 700 g，80%以不溶性磷酸盐的形式沉积于骨骼和牙齿中，其余主要集中在细胞内液中。它是细胞内液中含量最多的阴离子，是构成骨质、核酸的基本成分，既是肌体内代谢过程的储能和释能物质，又是细胞内的主要缓冲剂。缺磷和摄入过量的磷都会影响钙的吸收，而缺钙也会影响磷的吸收。每天摄入的钙、磷比为 1～1.5 最好，有利于两者的吸收。正常的膳食结构一般不会缺磷。

镁在人体中含量约为体重的 0.05%，它是生物必需的营养元素之一。人体中的镁 50%沉积于骨骼中，其次在细胞内部，血液中只占 2%。镁和钙一样具有保护神经的作用，是很好的镇静剂，严重缺镁时，会使大脑的思维混乱，丧失方向感，产生幻觉，甚至精神错乱。镁是降低血液中胆固醇的主要催化剂，又能防止动脉粥样硬化，所以摄入足量的镁可以防治心脏病。镁又是人和哺乳类动物体内多种酶的活化剂，人体中每一个细胞都需要镁，它对于蛋白质的合成、脂肪和糖类的利用及数百组酶系统都有重要作用。因为多数酶中都含有 VB_6，必须与镁结合，才能被充分吸收、利用，缺少其中任何一种都会出现抽筋、颤抖、失眠、肾炎等症状，因此镁和 VB_6 配合可治疗癫痫病。镁和钙的比例得当，可帮助钙的吸收，其适当比例为 0.4～0.5。若缺少镁，钙会随尿液流失，若缺乏镁和 VB_6，则钙和磷会形成结石，如胆结石、肾结石、膀胱结石是不溶性磷酸钙，这也是动脉硬化的原因。镁还是利尿剂和导泻剂，若镁过量太多也会导致镁、钙、磷从粪便、尿液中大量流失，从而使肌肉无力、眩晕、丧失方向感、反胃、心跳变慢、呕吐甚至失去知觉。因此对钙、镁、磷的摄取都要适量，符合比例，从而保证你健康长寿。镁最佳的来源是坚果、大豆和绿色蔬菜，男人比妇女更需要镁。

钠、钾、氯是人体内的宏量元素，分别占体重的 0.15%、0.35%、0.15%。钾主要存在于细胞内液中，钠则存在于细胞外液中，而氯则在细胞内、外体液中都存在。这三种物质能使体液维持接近中性，决定组织中水分多寡。Na^+ 在体内起钠泵的作用，调节渗透压，给全身输送水分，使养分从肠中进入血液，再由血液进入细胞中。它们对于内分泌也非常重要，钾有助于神经系统传达信息，氯用于形成胃酸。这三种物质每天均会随尿液、汗液排出体外，健康人每天的摄取量与排出量大致相当，保证了这三种物质在体内的含量基本不变。钾主要由蔬菜、水果、粮食、肉类供给，而钠和氯则由食盐供给。人体内的钾和钠必须彼此均衡，过多的钠会使钾随尿液流失，过多的钾也会使钠严重流失。钠会促使血压升高，因此摄入过量的钠会患高血压症，而且具有遗传性。钾可激活多种酶，对肌肉的收缩非常重要，没有钾，糖无法转化为能量或储存在体内的肝糖中(为新陈代谢提供能量的物质)，肌肉无法伸缩，就会导致麻痹或瘫痪。此外，细胞内的钾与细胞外的钠在正常情况下能形成均衡状态，当钾不足时，钠会带着许多水分进入细胞内，使细胞胀裂形成水肿；缺钾还会导致血糖降低。没有充足的镁会使钾脱离细胞，排出体外，而导致细胞缺钾使心脏停止跳动。美国的一项调查发现，50 岁以下猝死于心脏病的人大多是由于心肌细胞内缺钾所致，所以建议每天钾、钠、镁、钙都应均衡摄入，才能保证身体健康。

12.6.3　人体中必需的微量元素

到目前为止，发现人体必需的微量元素有硅、铁、氟、锌、碘、铜、钒、锰、铬、钴、硒、钡、锡和镍 14 种，它们含量虽少，但对人体的健康却至关重要。

人体必需的微量元素中铁含量最多，成年人体内约含 4～5 g，其中 73%存在于血红蛋白中，3%存在于肌红蛋白中，它起着将氧输送到肌体内每一个细胞中的作用，其余部分主要储存于肝脏中，铁是多种酶的成分。铁对于婴幼儿、少年儿童的发育非常重要，特别是 6～24 个月的婴幼儿，缺铁会使大脑发育迟缓、受损。人体中缺铁，会导致缺铁性贫血，人会感到体虚无力，严重时发展为缺铁性心脏病。动物性食品比植物性食品中的铁易吸收，但总的吸收率不高，无机铁的吸收率较高。

锌在成人体内含量为 2～3 g，是人体 70 多种酶的组成成分，参与蛋白质和核酸的合成，因此锌是维持人体正常发育的重要元素之一。缺锌会影响很多酶的活性，进而影响整个机体的代谢。锌蛋白就是味觉素，缺锌时味觉不灵，使人食欲不振。锌是维持维生素 A 正常代谢功能的必需元素，增强眼睛对黑暗的适应能力。胰腺中锌含量降至正常人一半时，易患糖尿病。缺锌还会使男性性成熟较晚，严重时会造成不育。另外，缺锌儿童还常表现为生长障碍、智力低下、反复口腔溃疡、伤口不愈及异食癖(喜欢吃纸张、玩具、泥土、墙壁等)。有人对多动症儿童的锌含量做过研究，发现多动症儿童体内锌含量比正常儿童明显偏低，而补锌后症状改善，故认为缺锌可能与注意力不集中、多动、冲动等行为有关。动物食品中锌的生物有效性优于植物食品，但总的情况是人体对食物中锌的吸收利用率较低。猪、牛、羊肉及海产品中锌的含量高一些，食品中含有大量的钙、磷、铜、植酸等会影响锌的吸收，铁与锌的比为 1 时，锌吸收最好，若大于 1.5 时，也影响锌的吸收，缺锌严重时，可直接补充无机锌盐(注意要在医生指导下)。

碘在人体中含有 20～50 mg，其中 20%～30%集中在甲状腺中，它构成甲状腺素和三碘甲状腺素，该类物质的功能是控制能量的转移、蛋白质和脂肪的代谢，调节神经与肌肉功能，调控毛发与皮肤的生长。怀孕期间缺乏碘，胎儿发育不正常，严重时会生出低能儿、畸形儿、甚至胎死腹中。一般人缺碘会造成甲状腺肿大，肿大的甲状腺消耗更多的碘，使甲状腺细胞分解，而降低分泌甲状腺素的功能，使人感到疲倦、懒散、畏寒、性欲减退、脉搏减缓、低血压。轻微缺碘与甲状腺癌、高胆固醇及心脏病致死都有很大关系。富含碘的食物有海鱼、海藻类(海带、紫菜)。加碘食盐是每天补充碘的主要来源，碘的每日需要量，成人推荐值为 0.1～0.2 mg。

多了少了都致病——氟，人体中含氟量约为 2.6 g，主要分布在骨骼与牙齿中，其生理功能是防止龋齿和老年骨质疏松症。氟又是一种积累性毒物，体内含量高时会发生氟斑牙，长期较大剂量摄入时会引发氟骨病，骨骼变形、变脆、易折断。过量的氟还会损伤肾功能。每人每天摄入推荐量为 2～3 mg。海产品、茶叶中含有丰富的氟，含氟为 0.5～1.0 $mg \cdot dm^{-3}$ 的生活饮水是供给氟的最好来源(100%吸收)。

铁的肋手——铜，促进肠道对铁的吸收，促使铁从肝及网状内皮系统的储藏中释放出来，故铜对血红蛋白的形成起重要作用，缺铜也会导致缺铁性贫血。铜对于许多酶系统和核糖核酸(RNA、DNA)的制造有重要的作用，它也是细胞核的一部分。它有助于骨骼、大脑、神经、结缔组织的发育，缺铜会造成骨质疏松、皮疹、脱毛、心脏受损，还会使毛发黑色素丧失、动脉弹性降低。体内铜/锌比值降低时，可引起胆固醇代谢紊乱，产生高胆固醇血症，易发生冠心病和高血压。铜也具有一定毒性，摄入过量会发生急、慢性中毒，可导致肝硬化、肾受损、组织坏死、低血压。世界卫生组织建议日摄入量，成年人 30 μg/kg 体重，少年40 μg/kg 体重、婴儿 80 μg/kg 体重。海米、茶叶、葵花籽、西瓜籽、核桃、肝类含有丰富的铜，在未使用化肥的土壤中栽种的植物食品也含较多的铜。

钴是维生素 B_{12} 的成分，每天只需要 3 μg VB_{12} 就能防止恶性贫血、疲倦、麻痹等现象，人体中只有结肠中的大肠杆菌能合成含钴 VB_{12}，因此需要将在体外合成的含钴 VB_{12} 摄入体内才能被充分利用。人体中的钴可随尿液排出，低剂量的钴不会引起中毒，若把钴放在酒中服用，则可以发生中毒而引发中毒性心力衰竭导致死亡。

锰是人体必需的另一种微量元素，在许多酶系统中起着重要作用。缺锰会引起胎儿骨骼异常，发育迟缓及畸形。缺锰会使人体免疫力降低，全身肌肉无力，动作不协调。人体对锰的吸收利用率较低，多余的锰会随胆汁通过粪便排出体外。含锰丰富的食物有糙米、米糠、香料、核桃、花生、麦芽、大豆、土豆等。

铬、硒、镍、钒、钼、硅、锡都是人体需要的微量元素。铬是维持人体内葡萄糖正常含量的关键因素，它可以提高胰岛素的效能，降低血清胆固醇含量，对预防和治疗糖尿病、冠心病有明显功效。硒参与人体组织的代谢过程，对预防克山病、肿瘤和心血管疾病，延缓衰老等方面都有重要作用；硒还有抗癌作用，对某些有毒元素有抑毒作用。镍具有刺激血液生长的作用，能促进红细胞再生。钒可促进牙齿矿化坚固；钼激活黄素氧化酶、醛氧化酶；锡直接影响机体的生长；硅是骨骼软骨形成初期所必需的元素。这些元素在人体内含量很少，但对人体内的新陈代谢都有重要作用。环境未受严重污染时，通过食物链进入体内不多，不会造成危害；若环境遭受严重污染或长期接触，则在体内积累达到一定量时，会对机体产生各种毒害作用，甚至致癌。

12.6.4 人体中的有害元素

铅、镉、汞、砷、银、铝、铬(六价)、碲等元素在人体中有少量存在。每天都从食物、呼吸、饮水等渠道少量进入人体，当然也通过排泄系统排出体外。到目前为止还未发现这些元素在体内有什么生理作用，而其毒性作用却发现不少。如汞是一种蓄积性毒物，在人体内排泄缓慢，最毒物质是甲基汞，损害神经系统，尤其是大脑和小脑的皮质部分，表现为视野缩小、听力下降、全身麻痹，严重者神经紊乱以致疯狂痉挛而致死。镉可在体内蓄积而引起慢性中毒，主要损害肾近曲小管上皮细胞，表现为蛋白质尿、糖尿、氨基酸尿；镉对磷有亲和力，故可使骨骼中的钙析出而引起骨质疏松软化，出现严重的腰背酸痛、关节痛及全身刺痛；镉可致畸胎，有致癌作用并引起贫血。铅在体内能积蓄，主要损害神经系统、造血器官和肾脏，同时出现胃肠道疾病、神经衰弱及肌肉酸痛、贫血等症状，中毒严重时休克、死亡。砷可在体内积蓄而导致慢性中毒，主要是三价砷与细胞中含巯基的酶结合形成稳定的结合物而使酶失去活性，阻碍细胞呼吸作用，引起细胞死亡而呈现毒性；无机砷化合物可引发肺癌和皮肤癌。若银在人体内大量积蓄可引起局部或全身银质沉着，表现为皮肤、黏膜及眼睛出现难看的灰蓝色色变，有损面容，而到目前为止还未发现有生理作用或病理的变化。铝进入神经核后，影响染色体，老年性痴呆症患者的脑中有高浓度的铝；铝能把骨骼中的钙置换出来，使骨质软化，把酶调控部位上的镁置换出来而抑制酶的活性，还会降低血浆对锌的吸收；健康人对铝的吸收很少，而肾功能受损者对铝的吸收较高。六价铬是致癌物。长期与碲接触，肝脏、肾脏和神经功能都会受到损害。

除了上述元素之外，人体中还发现了30多种到目前为止还不知其生理功能或病理损害的元素。

12.6.5 结论

在地球和人类的进化发展过程中，人体和外界环境在不断地进行着物质的交换，在地壳中能找到的元素，随着分析仪器和技术的发展，在人体内也一定能检测到。至于元素在体内的多少，并不意味着其重要不重要，从元素与生命总的关系看，元素不论其量是"微"还是"宏"，都各司其职，各有利弊。而必需与非必需、有益与有害、营养与毒性元素的划分仅是人类不同认识阶段的相对概念。如发现了7种必需元素的美国科学家施瓦兹(Schwartz)就预言，所有元素可能最终都显示其生物学作用。随着研究的深入，将会发现一些"非必需元素"、"有害元素"具有一定的生物学作用而成为必需元素。美国动物和人类元素营养学家默兹(Merz)也提出相似的看法，他认为，就我们现有的知识，除根据化学性质外，不可能找出一种合理的微量元素分类方法。事实也证实了过去认为有毒害的元素，如硒、钼、锡、镍、钒等现在成为必需元素。因所有元素的毒性是固定的，但其毒性作用却与它同生物物质接触的浓度有关，因此对毒性较大的元素只要控制其对环境的污染，不要长时间接触，就不会给人体健康带来很大的危害。

对微量元素，虽然人体需要很少，但不可忽视摄取。那么在缺乏某些微量元素时，我们该如何补充呢？专家建议，以科学的饮食结构摄取必需的微量元素。各种食物中含有丰富的微量元素，因此一般而言，只要注意合理饮食，就能够满足我们的人体所需。应努力做到饮食结构多样化，同时适当配以粗粮、杂粮。此外，对于儿童来说，切不可偏食，更不可造成某些营养物过剩，应保持营养平衡。在新颁布的《中国居民膳食指南(2007)》中，对一般人群的膳食指南有10条：

(1) 食物多样，谷类为主，粗细搭配；

(2) 多吃蔬菜、水果和薯类；

(3) 每天吃奶类、大豆或其制品；

(4) 常吃适量的鱼、禽、蛋和瘦肉；

(5) 减少烹调油用量，吃清淡少盐膳食；

(6) 食不过量，天天运动，保持健康体重；

(7) 三餐分配要合理，零食要适当；

(8) 每天足量饮水，合理选择饮料；

(9) 饮酒应限量；

(10) 吃新鲜、卫生的食物。

其中各种食物每人每天摄入量标准为：

(1) 建议主食的摄入量每人每天应摄入250～400 g；

(2) 蔬菜和水果每天应摄入300～500 g；

(3) 鱼虾类50～100 g，畜、禽肉50～75 g，蛋类25～50 g；

(4) 每天应吃相当于鲜奶300 g的奶类及奶制品和相当于干豆30～50 g的大豆及其

制品；

(5) 每天烹调油不超过 25 g 或 30 g，在现在的基础上减半；

(6) 每天食盐不超过 6 g，相当于一小勺；

(7) 每天饮水量至少 1200 cm^3，相当于 6 杯。

注重日常的饮食营养搭配，摄取各种元素，拥有一个健康的体魄，这是每一个人每天都要重视的事，并要加强意识，养成良好的饮食习惯。

12.7 物质的化学组成

12.7.1 配合物的类型

除了前面我们讲述和提到的简单配合物（单齿配体的配合物）、螯合物和夹心配合物（二茂铁）外，还有以下几种类型的配合物。

1. 多核配合物

多核配合物是指一个配合物中有两个或两个以上的形成体，即一个配位原子同时与两个以上形成体结合形成的配合物，也叫桥式配合物。在多核配合物中，多中心金属原子可以相同，也可以不同，例如：

$$\left[(H_3N)_4Co\begin{matrix}H\\|\\O\\ \diagup\ \diagdown\\ \diagdown\ \diagup\\O\\|\\H\end{matrix}Co(NH_3)_4\right]^{4+}$$

作为桥的配体一般为$-OH$，$-NH_2$，$-O-$，$-O_2-$，Cl^- 等。现在发现这类配合物数量很多，例如：

$$Pb\begin{matrix}H\\O\\ \diagup\ \diagdown\\ \diagdown\ \diagup\\O\\H\end{matrix}Pb \qquad \begin{matrix}Cl\\ \\Cl\end{matrix}Al\begin{matrix}Cl\\ \\Cl\end{matrix}Al\begin{matrix}Cl\\ \\Cl\end{matrix}$$

作为多核配合物的特例，多酸型配合物是一类含氧酸中的 O^{2-} 被另一个含氧酸取代。若两个含氧酸根相同，形成的酸为同多酸；若两个含氧酸根不同，则为杂多酸。例如 PO_4^{3-} 中的一个 O^{2-} 若被另一个 PO_4^{3-} 取代，则形成同多酸酸根 $P_2O_7^{2-}$；O^{2-} 若被 $(Mo_3O_{10})^{2-}$ 取代，则形成杂多酸酸根 $[PO_3(Mo_3O_{10})]^{3-}$。

2. 原子簇化合物

原子簇化合物是簇原子以金属-金属键组成的多面体网络结构（如图 12-7）。M-M 电子离域于整个簇骼，是存在于金属原子间的多中心键。

金属原子簇的键合方式非常多，使得簇合物分子结构多种多样，常见的有四面体、八面

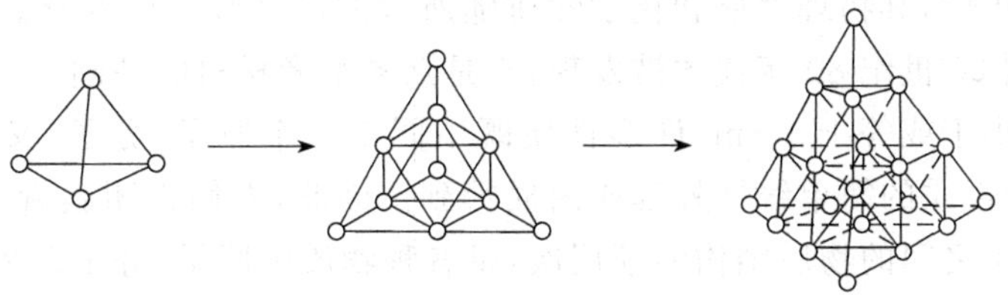

图 12-7　原子簇化合物的多面体网络结构示意图

体、立方烷结构、四方锥结构等。例如：杂原子簇合物$[M_2Ni_3(CO)_{13}(\mu-CO)_3]^{2-}$中金属原子的三角双锥结构，$[Rh_6(CO)_6(\mu-CO)_9C]^{2-}$中铑的三棱柱结构。另外，同种簇合物可以由简单低核长大变成复杂高核，例如羰基锇簇合物。

3. 羰合物

以一氧化碳为配体的配合物称为羰基配合物（简称羰合物）。一氧化碳几乎与全部的过渡金属形成稳定的配合物，如$Fe(CO)_5$、$Ni(CO)_4$、$Co_2(CO)_8$等，羰合物在结构和性质上是一类比较特殊的配合物。

羰合物的形成过程如下所示：

M（+）+（+）C≡O ⟶ M C≡O

M←C 间的 σ 键：C 原子提供孤电子对，中心金属原子提供空杂化轨道。

M + C≡O ⟶ M C≡O

M→C 的反馈 π 键：CO 分子提供空的 $\pi^*(2p)$ 反键轨道，金属原子提供 d 轨道上的孤电子对。

羰合物的熔沸点一般不高，较易挥发（注意有毒！），不溶于水，一般易溶于有机溶剂，广泛用于纯制金属。

4. 大环配合物

大环配合物是环骨架上带有 O、N、S、P 等多个配位原子的多齿配体形成的配合物。主要有两种类型：一种是冠醚，这是一类新型配体，其中的氧原子可部分或全部参与配位；另一种是穴醚和球醚。大环配合物大量存在于自然界中，在生物体内也起重要作用。例如人体血液中具有载氧功能的血清蛋白是卟啉与Fe^{2+}的配合物，在植物光合作用中起重要作用的叶绿素是具有卟啉环的镁配合物，维生素 B_{12} 是卟啉环的钴配合物。

大环配合物在元素分离分析、仿生化学等领域有着广泛的用途，大环配合物的生理机能与生物物质的模型研究都属于近代科学发展的前沿。

12.7.2　团簇

团簇是由几个乃至上千个原子、分子或离子通过物理或化学结合力组成的相对稳定的微观或亚微观聚集体，其物理性质和化学性质随所含的原子数目而变化。团簇作为一类新的化学物种，直到 20 世纪 80 年代才被发现，它是众多纳米材料的基础。

团簇的粒径小于或等于 1 nm，许多性质既不同于单个原子、分子，又不同于固体和液体，也不能用两者性质的简单线性外延或内插得到。因此，人们把团簇看成是介于原子、分子与宏观固体物质之间的物质结构的新层次，是各种物质由原子、分子向大块物质转变的过渡状态，或者说，代表了凝聚态物质的初始状态。

在大量的团簇中，人们研究最多的是碳团簇。如 C_{60} 是在 1985 年，克罗特(H. W. Kroto)、斯莫利(R. E. Smalley)和柯尔(R. F. Curl)在激光加热石墨蒸发并在甲苯中形成碳的团簇时发现的，称为富勒烯(fullerene)、足球烯 (footballene) 或巴基球(buckball)，1996 年三人因对开拓这个新领域的贡献而荣获诺贝尔化学奖。除了 C_{60} 之外，富勒烯家族还有 C_{70}、C_{76}、C_{84}、C_{90}、C_{94} 等。

团簇在量子点激光、单电子晶体管，尤其在作为构造结构单元研制新材料方面有广阔的应用前景。团簇的研究有助于我们认识凝聚物质的某些性质和规律。

12.7.3 金属有机化合物

金属有机化合物是指金属或类金属(如硼、硅、砷等)与碳成键的化合物，如 $(C_2H_5)_3Al$、$(CH_3)_3B$ 和 $Fe(CO)_5$ 等。

1827 年问世的蔡司(Zeise) $KPtCl_3(CH_2=CH_2)$是第一个被发现的具有不饱和有机分子与金属键链的金属有机化合物。此后，有机硅、有机钠、有机锌等相继问世并得到应用。著名的格氏试剂 RMgX(R 代表烃基，X 代表卤素)及其催化反应极大地推动了有机化学的发展，齐格勒-纳塔(Ziegler-Natta)催化剂也给工业带来了巨大的经济效益。现已发现，周期表中几乎所有金属元素都能和碳结合，形成不同形式的金属有机化合物。

金属有机化合物可以成功地为价键理论的研究工作提供大量的新颖物种，特别是用作试剂或催化剂在有机合成化学上取得了巨大的成就。此外，在塑料添加剂、抗震剂、杀菌剂等方面也有着广泛应用。近年来，还发现许多金属有机化合物在生物体系内有重要的生理功能，如维生素 B_{12}，引起了生物学界的关注。由于金属有机化合物本身结构和功能的特殊性，以及广泛的应用前景，它在 21 世纪将有更大的发展。

12.7.4 高分子化合物

高分子化合物又称高分子(聚合物)，高分子是由分子量很大的长链分子所组成，高分子的相对分子质量从几千到几十万甚至几百万，而每个分子链都是由共价键联合的成百上千的一种或多种小分子构造而成。

高分子与低分子化合物相比较，相对分子质量非常高。由于这一突出特点，聚合物显示出了特有的性能，表现为“三高一低一消失(高相对分子质量、高弹性、高黏度、结晶度低、无气态)”，使高分子材料(如复合材料、橡胶等)具有高强度、高韧性、高弹性等特点。

高分子化合物在自然界中大量存在。这种高分子叫天然高分子。在生物界中，构成生物体的蛋白质、纤维素，携带生物遗传信息的核酸，食物中的主要成分蛋白质和淀粉，衣服的原料棉、毛、丝、麻，以及木材、橡胶等，都是天然高分子。非生物界中，如长石、石英、金刚石

等，是无机高分子。

天然高分子可以通过化学方法加工成天然高分子的衍生物，从而改变其加工成型性能和使用性能。例如硝酸纤维素、硫化橡胶（即橡皮）、粘胶纤维等，都是天然高分子的衍生物。

高分子一词一般指的是合成有机高分子。完全由人工方法合成的高分子，在高分子科学中占有最重要的地位。这种高分子是由一种或几种小分子作原料，通过聚合制成的，所以也叫聚合物，用作原料的小分子称作单体。当今世界上作为材料使用的大量高分子化合物是以煤、石油、天然气等为起始原料制得低分子有机化合物，再经聚合反应而制成的。各种塑料、橡胶、纤维都是典型的高分子。

12.7.5　自由基和生物大分子

1. 自由基

构成生命体的物质在生化反应与代谢等生命过程中多有自由基参与，自由基甚至在参与和介入中起着导向作用。

所谓自由基，是指带有未成对电子的分子、原子或离子，未成对电子具有成双的趋向，因此常易发生失去或得到电子的反应而显示出较活泼的化学性质。其中最重要的是氧中心自由基（简称氧自由基），它可聚集在体表、心脏、血管、肝脏和脑细胞中。如果沉积在血管壁上，会使血管发生纤维性病变，导致动脉管硬化、高血压、心肌梗死；沉积在脑细胞时，会引起老年人神经官能不全，导致记忆、智力障碍以及抑郁症，甚至老年性痴呆等，是造成人类衰老和疾病的元凶。

氧自由基可分为无机氧自由基（超氧自由基、羟基自由基）和有机氧自由基（过氧自由基、烷氧自由基、多元不饱和脂肪酸自由基、半醌自由基）。

另外，单线态氧 $1O_2$、H_2O_2、NO_2^-、NO 等分子或离子中虽然没有未成对电子，但氧化能力强，因此有人把它们和上述氧自由基放在一起，统称为活性氧（是指氧的某些产物和一些反应的含氧产物，它的特点是含有氧，化学性质较氧活泼）。

$O_2^{\cdot -}$ 称为超氧阴离子自由基，是生物体多种生理反应中自然生成的中间产物。$O_2^{\cdot -}$ 既可以作为还原剂供给电子，又可以作为氧化剂接受电子。$O_2^{\cdot -}$ 可以与 H^+ 结合生成超氧酸 $HO_2^{\cdot}$；$O_2^{\cdot -}$ 可以在铁螯合物催化下与 H_2O_2 反应产生羟自由基·OH。

$$O_2^{\cdot -} + H_2O_2 \xrightarrow{\text{铁螯合物}} O_2 + \cdot OH + OH^-$$

·OH 是化学性质最活泼的活性氧物种。其反应特点是没有专一性，几乎与生物体内所有物质，如糖、蛋白质、DNA、碱基、磷脂和有机酸等都能反应，且反应速率快，可以使非自由基反应物变成自由基。例如，·OH 与细胞膜及细胞内容物中的生物大分子（用 RH 表示）作用：

$$\cdot OH + RH \longrightarrow H_2O + R\cdot$$

生成的有机自由基 R·又可继续起作用生成 $RO_2^{\cdot}$：

$$R\cdot + O_2 \longrightarrow RO_2^{\cdot}$$

这样，自由基通过上述方式传递和增强。越来越多的氧自由基在细胞内出现会损伤细胞，引发各种疾病。很多研究表明，含氧自由基关系到 60 多种疾病，由于 $O_2^{\cdot -}$ 自由基可使细胞质和细胞核中的核酸链断裂，会导致肿瘤、炎症、衰老、血液病以及心、肝、肺、皮肤等方面病变的产生。在人体和环境中持续形成的自由基来自人体正常的新陈代谢过程，大量体育运动、吸烟、食用脂肪和腌熏烤肉、发生炎症、某些抗癌药物、安眠药、射线、农药、有机物腐烂、塑料用品制造过程、油漆干燥、石棉、空气污染、化学致癌物、大气中的臭氧等也都能产生自由基。已知自由基可损伤蛋白质，可使蛋白质的转换增加；损害 DNA，可导致细胞突变；损失核苷辅酸，可扰乱某些生化代谢；损伤—SH，可使某些酶的活性降低或丧失；攻击未饱和脂肪酸可引起脂质过氧化，其氧化产物可引起—SH 氧化、酶失活、膜功能受损、干扰膜的运送功能等。另外，由燃料废气、香烟和一些粉尘造成的大气污染，使大气上空的自由基占分子污染物总量的 1%～10%，因此环境污染中的自由基反应也是不可忽视的。

在生物体内的 $O_2^{\cdot -}$ 过量和不足都对身体不利，因此 $O_2^{\cdot -}$ 的产生和消除应处于动态平衡，即生物体内活性氧自由基不断产生又不断被清除是属于生命所必需的过程，也有其重要的生理功能。正常生物体具有维持活性氧的平衡生理浓度的能力，只有当活性氧的浓度失去控制时才会造成伤害，体内过多的 $O_2^{\cdot -}$ 可以依靠 SOD 去消除。SOD 是超氧化物歧化酶英文名称 Super oxide dismutase 的缩写，是一种具有特定生物催化功能的蛋白质，由蛋白质和金属离子组成，广泛存在于自然界的动、植物和一些微生物体内。SOD 能催化 $O_2^{\cdot -}$ 发生歧化反应：

$$O_2^{\cdot -} + O_2^{\cdot -} + 2H^+ \xrightarrow{\text{SOD}} H_2O_2 + O_2$$

活性氧 H_2O_2 对机体亦有害，但有过氧化氢酶能催化 H_2O_2 发生还原性反应而被清除，由此在体内形成一套解毒系统，对机体起保护作用。因此 SOD 是机体内 $O_2^{\cdot -}$ 的清除剂。有研究表明，人体的一些病变可反映在 SOD 与 $O_2^{\cdot -}$ 的含量变化上。对 SOD 减少或 $O_2^{\cdot -}$ 增加的疾病可用 SOD 药物治疗。

2. 生物大分子

糖类、蛋白质、核酸等生物大分子是构成生命体的基本物质，它们在生命体中有重要作用。糖类主要是由绿色植物光合作用形成的，这类物质主要由 C、H 和 O 所组成，其化学式通常以 $C_n(H_2O)_n$ 表示，其中 C、H、O 的原子比恰好可以看作由碳和水复合而成，所以有碳水化合物之称。糖类物质的主要作用是通过生物氧化而提供能量，以满足生命活动的能量需要。

蛋白质是细胞里最复杂的、变化最大的一类大分子，它存在于一切活细胞中。蛋白质是分子量很大的聚合物，水解时产生的单体叫氨基酸。蛋白质的种类繁多，功能迥异，各种特殊功能是由蛋白质分子里氨基酸的顺序决定的，氨基酸是构成蛋白质的基础。

核酸是一类多聚核苷酸，它的基本结构单位是核苷酸。采用不同的降解法可以将核酸降解成核苷酸，核苷酸还可进一步分解成核苷和磷酸，核苷再进一步分解生成碱基（含 N 的杂环化合物）和戊糖。也就是说核酸是由核苷酸组成的，而核苷酸又由碱基、戊糖与磷酸组成。核酸是遗传信息的携带者与传递者。

附录A　常用国际单位制

1. 国际单位制(SI)的基本单位

量		单　　位	
名称	符号	名称	符号
长度	l	米	m
质量	m	千克(公斤)	kg
时间	t	秒	s
电流	I	安[培]	A
热力学温度	T	开[尔文]	K
物质的量	n	摩[尔]	mol
发光强度	I_V	坎[德拉]	cd

2. 常用的SI导出单位

量		单　　位		
名　称	符号	名　称	符号	SI单位
频率	ν	赫[兹]	Hz	s^{-1}
能[量]	E	焦[耳]	J	$kg \cdot m^2 \cdot s^{-2}$
力	F	牛[顿]	N	$kg \cdot m \cdot s^{-2} = J \cdot m^{-1}$
压力	p	帕[斯卡]	Pa	$kg \cdot m^{-1} \cdot s^{-2} = N \cdot m^{-2}$
功率	P	瓦[特]	W	$kg \cdot m^2 \cdot s^{-3} = J \cdot s^{-1}$
电荷[量]	Q	库[仑]	C	$A \cdot s$
电位,电压,电动势	U	伏[特]	V	$kg \cdot m^2 \cdot s^{-3} \cdot A^{-1} = J \cdot A^{-1} \cdot s^{-1}$
电阻	R	欧[姆]	Ω	$kg \cdot m^2 \cdot s^{-3} \cdot A^{-2} = V \cdot A^{-1}$
电导	G	西[门子]	S	$kg^{-1} \cdot m^{-2} \cdot s^3 \cdot A^2 = \Omega^{-1}$
电容	C	法[拉]	F	$A^2 \cdot s^4 \cdot kg^{-1} \cdot m^{-2} = A \cdot s \cdot V^{-1}$
摄氏温度	t	摄氏度	℃	K

附录B 一些基本的物理化学常数

名　　称	符号及数值
玻尔半径	$a_0 = 52.9\ pm$
电子电荷(基本电荷)	$e = 1.602\,191\,7 \times 10^{-19}\ C$
法拉第常数	$F = 9.648\,530 \times 10^4\ C \cdot mol^{-1}$
普朗克常量	$h = 6.626\,196 \times 10^{-34}\ J \cdot s$
电子静止质量	$m_e = 9.109\,588 \times 10^{-31}\ kg$
质子静止质量	$m_p = 1.672\,614 \times 10^{-27}\ kg$
原子的质量单位	$u = 1.660\,531 \times 10^{-27}\ kg$
阿伏加德罗常数	$N_A = 6.022\,169 \times 10^{23}\ mol^{-1}$
摩尔气体常数	$R = 8.314\ J \cdot mol^{-1} \cdot K^{-1}$
理想气体标准摩尔体积	$V_0 = 2.241 \times 10^{-2}\ m^3 \cdot mol^{-1}$
自然对数的底数	$e = 2.718\,28, \ln x = 2.303 \lg x$

附录C 标准热力学数据(298.15 K,100 kPa)

化学式(状态)	英文名称	$\Delta_f H_m^\ominus(298.15K)$ / $kJ \cdot mol^{-1}$	$\Delta_f G_m^\ominus(298.15K)$ / $kJ \cdot mol^{-1}$	$S_m^\ominus(298.15K)$ / $J \cdot mol^{-1} \cdot K^{-1}$
Ag(s)	silver	0	0	42.55
AgCl(s)	silver(Ⅰ) chloride	−127.068	−109.789	96.2
AgBr(s)	silver(Ⅰ) bromide	−100.37	−96.90	107.1
AgI(s)	silver(Ⅰ) iodide	−61.84	−66.19	115.5
Ag_2O(s)	silver(Ⅰ) oxide	−31.0	−11.2	121.3
Al(s)	aluminum	0	0	28.33
Al_2O_3(α,刚玉)	aluminum oxide(corundum)	−1675.7	−1582.3	50.92
Br_2(l)	bromine	0	0	152.231
Br_2(g)	bromine	30.907	3.110	245.463
HBr(g)	hydrogen bromide	−36.4	−53.45	198.695
CaF_2(s)	calcium fluoride	−1219.6	−1167.3	68.87
$CaCl_2$(s)	calcium chloride	−795.8	−748.1	104.6
CaO(s)	calcium oxide	−635.09	−604.03	39.75

续表

化学式(状态)	英文名称	$\Delta_f H_m^\ominus$(298.15K) / kJ·mol^{-1}	$\Delta_f G_m^\ominus$(298.15K) / kJ·mol^{-1}	$S_m^\ominus$(298.15K) / J·mol^{-1}·K^{-1}
$CaCO_3$(方解石)	calcium carbonate(calcite)	−1206.92	−1128.79	92.9
$Ca(OH)_2$(s)	calcium hydroxide	−986.09	−898.49	83.39
C(石墨)	carbon (graphite)	0	0	5.740
C(金刚石)	carbon (diamond)	1.895	2.900	2.377
CO(g)	carbon monoxide	−110.525	−137.168	197.674
CO_2(g)	carbon dioxide	−393.51	−394.359	213.74
Cl_2(g)	chlorine	0	0	223.07
HCl(g)	hydrogen chloride	−92.30	−95.299	186.91
Cu(s)	copper	0	0	33.150
CuO(s)	copper(Ⅱ) oxide	−157.3	−129.7	42.63
Cu_2O(s)	copper(Ⅰ) oxide	−168.6	−146.0	93.14
CuS(s)	copper(Ⅱ) sulfide	−53.1	−53.6	66.5
Cu_2S(s)	copper(Ⅰ) sulfide	−79.5	−86.2	120.9
F_2(g)	fluorine	0	0	202.78
HF(g)	hydrogen fluoride	−271.1	−273.2	173.779
Fe(s)	iron	0	0	27.28
$FeCl_2$(s)	iron(Ⅱ) chloride	−341.79	−302.30	117.95
$FeCl_3$(s)	iron(Ⅲ) chloride	−399.49	−334.00	142.3
Fe_2O_3(赤铁矿)	iron(Ⅲ) oxide	−824.2	−742.2	87.40
Fe_3O_4(磁铁矿)	iron(Ⅱ,Ⅲ) oxide	−1118.4	−1015.4	146.4
FeS(s)	iron(Ⅱ) sulfide	−100.0	−100.4	60.29
$FeSO_4$(s)	iron(Ⅱ) sulfate	−928.4	−820.8	107.5
H_2(g)	hydrogen	0	0	130.68
H_2O(l)	water	−285.830	−237.129	69.91
H_2O(g)	water	−241.818	−228.572	188.825
H_2O_2(l)	hydrogen peroxide	−187.78	−120.35	109.6
HgO(红、斜方晶形)	mercury(Ⅱ) oxide	−90.83	−58.539	70.29
I_2(s)	iodine (rhombic)	0	0	116.135
I_2(g)	iodine (rhombic)	62.438	19.327	260.69
HI(g)	hydrogen iodide	26.48	1.70	206.594
MnO_2(s)	manganese(Ⅳ) oxide	−520.03	−465.14	53.05

续表

化学式(状态)	英文名称	$\Delta_f H_m^\ominus$(298.15K) kJ·mol^{-1}	$\Delta_f G_m^\ominus$(298.15K) kJ·mol^{-1}	$S_m^\ominus$(298.15K) J·mol^{-1}·K^{-1}
$NaOH$(s)	sodium hydroxide	−425.609	−379.494	64.455
Na_2SO_4(s)	sodium sulfate	−1387.08	−1270.16	149.58
Na_2CO_3(s)	sodium carbonate	−1130.68	−1044.44	134.98
$NaHCO_3$(s)	sodium hydrogencarbonate	−950.81	−851.0	101.7
N_2(g)	nitrogen	0	0	191.61
N_2O(g)	nitrous oxide	82.05	104.20	219.85
NO(g)	nitrogen oxide	90.25	86.57	210.761
NO_2(g)	nitrogen dioxide	33.18	51.30	240.06
NH_3(g)	ammonia	−46.11	−16.45	192.45
N_2H_4(l)	hydrazine	50.63	149.34	121.21
HNO_3(l)	nitric acide	−174.10	−80.71	155.60
NH_4NO_3(s)	ammonium nitrate	−365.56	−183.87	151.08
NH_4Cl(s)	ammonium chloride	−314.43	−202.87	94.6
NH_4HS(s)	ammonium hydrogen sulfide	−156.9	−50.5	97.5
O_2(g)	oxygen	0	0	205.03
O_3(g)	ozone	142.7	163.2	238.93
P(白磷)	phosphorus (white)	0	0	41.09
P(红磷)	phosphorus (red)	−17.6	−121	22.80
PCl_3(g)	phosphorus (Ⅲ) chloride	−287.0	−267.8	311.78
PCl_5(g)	phosphorus (Ⅴ) chloride	−374.9	−305.0	364.58
H_2S(g)	hydrogen sulfide	−20.63	−33.56	205.79
SO_2(g)	sulfur dioxide	−296.830	−300.194	248.1
SO_3(g)	sulfur trioxide	−395.72	−371.06	256.7
Si(s)	silicon	0	0	18.83
$SiCl_4$(l)	tetrachlorosilane	−687.0	−619.84	239.7
$SiCl_4$(g)	tetrachlorosilane	−657.01	−616.98	330.73
SiF_4(g)	tetrifluorosilane	−1614.94	−1572.65	282.49
SiO_2(石英)	silicon dioxide (quartz)	−910.94	−856.64	41.84
SiO_2(无定形)	silicon dioxide	−903.49	−850.70	46.9
Sn(s,白)	tin (white)	0	0	51.55
Sn(s,灰)	tin (gray)	−2.09	0.13	44.14

续表

化学式(状态)	英文名称	$\Delta_f H_m^\ominus$(298.15K)/kJ·mol^{-1}	$\Delta_f G_m^\ominus$(298.15K)/kJ·mol^{-1}	$S_m^\ominus$(298.15K)/J·mol^{-1}·K^{-1}
SnO_2(s)	tin(Ⅳ) dioxide	−580.7	−519.6	52.3
Zn(s)	zinc	0	0	41.63
$ZnCl_2$(s)	zinc chloride	−415.05	−369.398	111.46
ZnO(s)	zinc oxide	−348.28	−318.30	43.64
$Zn(OH)_2$(s,β)	zinc hydroxide	−641.91	−553.52	81.2
CH_4(g)	methane	−74.81	−50.72	186.264
C_2H_6(g)	ethane	−84.68	−32.82	229.60
C_2H_2(g)	acetylene	226.73	209.20	200.94
CH_3COOH(l)	acetic acid	−484.5	−389.9	159.8
C_2H_5OH(l)	ethyl alcohol	−277.69	−174.78	160.7

数据来源：The NBS tables of chemical thermodynamic properties. Journal of Physical and Chemical Reference Data, Vol. 11,1982 Supplement NO. 2.

附录 D 常用弱酸和弱碱的解离常数

1. 常用弱酸的解离常数

中文名称	英文名称	化学式	$K_a^\ominus$	$pK_a^\ominus$
醋酸	acetic acid	HAc	1.8×10^{-5}	4.74
砷酸	arsenic acid	H_3AsO_4	5.62×10^{-3}	2.25
			1.70×10^{-7}	6.77
			3.95×10^{-12}	11.40
硼酸	boric acid	H_3BO_3	7.3×10^{-10}	9.14
碳酸	carbonic acid	H_2CO_3	4.3×10^{-7}	6.37
			5.6×10^{-11}	10.25
氢氰酸	hydrocyanic acid	HCN	4.93×10^{-10}	9.31
铬酸	chromic acid	H_2CrO_4	1.8×10^{-1}	0.74
			3.2×10^{-7}	6.49
氢氟酸	hydrofluoric acid	HF	3.53×10^{-4}	3.45
氢硫酸	hydrosulfuric acid	H_2S	9.5×10^{-8}	7.02
			1.3×10^{-14}	13.89

续表

中文名称	英文名称	化学式	$K_a^\ominus$	$pK_a^\ominus$
过氧化氢	hydrogen peroxide	H_2O_2	2.4×10^{-12}	11.62
磷酸	phosphoric acid	H_3PO_4	7.52×10^{-3}	2.12
			6.23×10^{-8}	7.21
			4.4×10^{-13}	12.36
偏硅酸	silicic acid	H_2SiO_3	1.7×10^{-7}	6.77
			1.6×10^{-12}	11.80
硫酸	sulfuric acid	H_2SO_4	$1.2\times10^{-2}(K_{a2}^\ominus)$	1.92
亚硫酸	sulfurous acid	H_2SO_3	1.54×10^{-2}	1.81
			1.02×10^{-7}	6.99

2. 常用弱碱的解离常数

中文名称	英文名称	化学式	$K_b^\ominus$	$pK_b^\ominus$
氨水	ammonia water	$NH_3\cdot H_2O$	1.8×10^{-5}	4.74
苯胺	aniline	$C_6H_5NH_2$	3.98×10^{-10}	9.40
1,4-丁二铵	1,4-butane-diamine	$C_4H_{12}N_2$	6.61×10^{-4}	3.18
			2.24×10^{-5}	4.65
二甲胺	dimethylamine	$(CH_3)_2NH$	5.89×10^{-4}	3.23
二乙胺	diethylamine	$(C_2H_5)_2NH$	6.31×10^{-4}	3.20
乙胺	ethylamine	$C_2H_5NH_2$	4.27×10^{-4}	3.37
1,6-己二胺	1,6-hexanediamine	$C_6H_{16}N_2$	8.51×10^{-4}	3.070
			6.76×10^{-5}	4.170
肼	hydrazine	N_2H_4	8.71×10^{-7}	6.06
			1.86×10^{-14}	13.73
甲胺	methylamine	CH_3NH_2	4.17×10^{-4}	3.38
吡啶	pyridine	C_5H_5N	1.48×10^{-9}	8.83

数据来源：WEAST R C. CRC handbook of chemistry and physics，69th ed. Boca Raton，FL：CRC Press，1988－1989.

附录 E 常见难溶电解质的溶度积

化学式	英文名称	$K_{sp}^{\ominus}$	$pK_{sp}^{\ominus}$
AgAc	silver acetate	1.94×10^{-3}	2.71
AgCl	silver chloride	1.8×10^{-10}	9.74
AgBr	silver bromide	5.0×10^{-13}	12.30
AgI	silver iodide	8.3×10^{-17}	16.10
Ag_2CO_3	silver carbonate	8.45×10^{-12}	11.07
$Ag_2C_2O_4$	silver oxalate	5.4×10^{-12}	11.27
Ag_2CrO_4	silver chromate	1.12×10^{-12}	11.95
$Ag_2Cr_2O_7$	silver dichromate	2.0×10^{-7}	6.70
Ag_3PO_4	silver phosphate	1.4×10^{-16}	15.85
AgSCN	silver thiocyanate	1.03×10^{-12}	11.99
AgOH	silver hydroxide	2.0×10^{-8}	7.70
Ag_2S	silver sulfide	6.3×10^{-50}	49.20
Ag_2SO_4	silver sulfate	1.4×10^{-5}	4.85
$AlPO_4$	aluminum phosphate	6.3×10^{-19}	18.20
$Al(OH)_3$(无定形)	aluminum hydroxide	1.3×10^{-33}	32.89
$BaCO_3$	barium carbonate	5.1×10^{-9}	8.29
$BaCrO_4$	barium chromate	1.2×10^{-10}	9.92
BaF_2	barium fluoride	1.84×10^{-7}	6.74
BaC_2O_4	barium oxalate	1.6×10^{-7}	6.79
$BaSO_4$	barium sulfate	1.1×10^{-10}	9.96
$Be(OH)_2$(无定形)	beryllium hydroxide (amorphous)	1.6×10^{-22}	21.80
$CaCO_3$	calcium carbonate	4.96×10^{-9}	8.30
$CaC_2O_4\cdot H_2O$	calcium oxalate hydrate	4×10^{-9}	8.40
$CaHPO_4$	calcium hydrogen phosphate	1×10^{-7}	7.00
$CaSO_4$	calcium sulfate	9.1×10^{-6}	5.04
CaF_2	calcium fluoride	1.46×10^{-10}	9.84
$Ca(OH)_2$	calcium hydroxide	5.5×10^{-6}	5.26
$CaCrO_4$	calcium chromate	7.1×10^{-4}	3.15
$Ca_3(PO_4)_2$	calcium phosphate	2.0×10^{-29}	28.70

续表

化学式	英文名称	$K_{sp}^{\ominus}$	$pK_{sp}^{\ominus}$
CdS	cadmium sulfide	8.0×10^{-27}	26.10
$CdCO_3$	cadmium carbonate	1.00×10^{-12}	12.00
$Cd(OH)_2$(新制备)	cadmium hydroxide (new preparation)	6.3×10^{-15}	14.20
$Cd_3(PO_4)_2$	cadmium phosphate	2.53×10^{-33}	32.60
$Co(OH)_2$(新制备)	cobalt(Ⅱ) hydroxide(new preparation)	1.09×10^{-15}	14.96
α-CoS	cobalt sulfide	4×10^{-21}	20.40
$CoCO_3$	cobalt carbonate	1.4×10^{-13}	12.85
$Co(OH)_3$	cobalt hydroxide	1.6×10^{-44}	43.80
β-CoS	cobalt sulfide	2.0×10^{-25}	24.70
$Cr(OH)_2$	chromium(Ⅱ) hydroxide	2×10^{-16}	15.70
$Cr(OH)_3$	chromium hydroxide	6.3×10^{-31}	30.20
CuBr	copper(Ⅰ) bromide	6.27×10^{-9}	8.20
CuI	copper(Ⅰ) iodide	1.1×10^{-12}	11.96
$Cu(OH)_2$	copper hydroxide	2.2×10^{-20}	19.66
CuS	copper sulfide	6.3×10^{-36}	35.20
CuSCN	copper(Ⅰ) thiocyanate	4.8×10^{-15}	14.32
CuCl	copper(Ⅰ) chloride	1.72×10^{-7}	6.76
$CuCO_3$	copper carbonate	1.4×10^{-10}	9.85
Cu_2S	copper(Ⅰ)	2.5×10^{-48}	47.60
$Cu_3(PO_4)_2$	copper phosphate	1.40×10^{-37}	36.85
$Fe(OH)_2$	iron(Ⅱ) hydroxide	8.0×10^{-16}	15.10
$FeC_2O_4\cdot2H_2O$	iron oxalate dihydrate	3.2×10^{-7}	6.49
$FePO_4\cdot2H_2O$	iron phosphate dihydrate	9.91×10^{-16}	15.00
$FeCO_3$	iron carbonate	3.13×10^{-11}	10.50
$Fe(OH)_3$	iron(Ⅲ) hydroxide	4.0×10^{-38}	37.40
FeS	iron(Ⅱ) sulfide	6.3×10^{-18}	17.20
$Mg_3(PO_4)_2$	magnesium phosphate	1.04×10^{-24}	23.98
$Mg(OH)_2$	magnesium hydroxide	1.8×10^{-10}	9.74
$MgCO_3$	magnesium carbonate	6.82×10^{-6}	5.17
$MnCO_3$	manganese carbonate	2.2×10^{-11}	10.66
MnS	manganese sulfide	2.5×10^{-13}	12.60

续表

化学式	英文名称	$K_{sp}^{\ominus}$	$pK_{sp}^{\ominus}$
$Mn(OH)_2$	manganese hydroxide	1.9×10^{-13}	12.72
$MnC_2O_4\cdot2H_2O$	manganese oxalate dehydrate	1.70×10^{-7}	6.77
$Ni(OH)_2$(新制备)	nickel hydroxide (new preparation)	2.0×10^{-15}	14.70
$NiCO_3$	nickel carbonate	1.42×10^{-7}	6.85
NiS	nickel sulfide	1.07×10^{-21}	20.97
$PbBr_2$	lead bromide	6.6×10^{-6}	5.18
PbF_2	lead fluoride	3.3×10^{-8}	7.48
$Pb(OH)_2$	lead hydroxide	1.2×10^{-15}	14.92
$PbCrO_4$	lead chromate	2.8×10^{-13}	12.55
PbC_2O_4	lead oxalate	8.51×10^{-10}	9.07
$PbCl_2$	lead chloride	1.6×10^{-5}	4.80
PbI_2	lead iodide	7.1×10^{-9}	8.15
$PbCO_3$	lead carbonate	7.4×10^{-14}	13.13
PbS	lead sulfide	8.0×10^{-28}	27.10
$PbSO_4$	lead sulfate	1.6×10^{-8}	7.80
$Zn(OH)_2$	zinc hydroxide	1.2×10^{-17}	16.92
$Sn(OH)_2$	tin(Ⅱ) hydroxide	1.4×10^{-28}	27.85
SnS	tin(Ⅱ) sulfide	3.25×10^{-25}	24.49
$ZnCO_3$	zinc carbonate	1.46×10^{-10}	9.84
$ZnC_2O_4\cdot2H_2O$	zinc oxalate dihydrate	1.58×10^{-9}	8.80
ZnS	zinc sulfide	2.93×10^{-25}	24.53
$Zn_3(PO_4)_2$	zinc phosphate	9.0×10^{-33}	32.05

数据来源：DEAN J A. Lang's handbook of chemistry, 13th ed. New York: McGraw-Hill, 1985.

附录 F　某些配位个体的稳定常数

配位个体	$K_{稳}^{\ominus}$	$\lg K_{稳}^{\ominus}$	配位个体	$K_{稳}^{\ominus}$	$\lg K_{稳}^{\ominus}$
$[Ag(NH_3)_2]^+$	1.1×10^{7}	7.04	$[Al(C_2O_4)_3]^{3-}$	2.00×10^{16}	16.30
$[Cd(NH_3)_4]^{2+}$	1.32×10^{7}	7.12	$[Fe(C_2O_4)_3]^{4-}$	1.66×10^{5}	5.22
$[Co(NH_3)_6]^{2+}$	1.29×10^{5}	5.11	$[Fe(C_2O_4)_3]^{3-}$	1.58×10^{20}	20.20
$[Co(NH_3)_6]^{3+}$	1.58×10^{35}	35.2	$[Zn(C_2O_4)_3]^{4-}$	1.41×10^{8}	8.15

续表

配位个体	$K^{\ominus}_{稳}$	$\lg K^{\ominus}_{稳}$	配位个体	$K^{\ominus}_{稳}$	$\lg K^{\ominus}_{稳}$
$[Cu(NH_3)_4]^{2+}$	2.09×10^{13}	13.32	$[Co(en)_3]^{2+}$	8.71×10^{13}	13.94
$[Ni(NH_3)_4]^{2+}$	9.09×10^{7}	7.96	$[Cu(en)_2]^{2+}$	6.31×10^{10}	10.82
$[Zn(NH_3)_4]^{2+}$	2.88×10^{9}	9.46	$[Cu(en)_3]^{2+}$	1.00×10^{21}	21.00
$[Ag(SCN)_2]^{-}$	3.72×10^{7}	7.57	$[Ni(en)_3]^{2+}$	2.14×10^{18}	18.33
$[Co(SCN)_4]^{2-}$	1.00×10^{3}	3.00	$[Cd(en)_3]^{2+}$	1.23×10^{12}	12.09
$[Fe(SCN)_2]^{+}$	2.29×10^{3}	3.36	$[Co(en)_3]^{3+}$	4.9×10^{48}	48.69
$[Zn(SCN)_4]^{2-}$	41.7	1.62	$[Fe(en)_3]^{2+}$	5.01×10^{9}	9.70
$[FeF_6]^{3-}$	1.0×10^{16}	16.0	$[Zn(en)_3]^{2+}$	1.29×10^{14}	14.11
$[AgCl_2]^{-}$	1.10×10^{5}	5.04	$[AgY]^{3-}$	2.09×10^{7}	7.32
$[CdCl_4]^{2-}$	6.33×10^{2}	2.80	$[AgY]^{-}$	2.0×10^{16}	16.30
$[CuCl_4]^{2-}$	3.47×10^{2}	2.54	$[AlY]^{-}$	1.29×10^{16}	16.11
$[AgBr_2]^{-}$	2.14×10^{7}	7.33	$[BaY]^{2-}$	6.03×10^{7}	7.78
$[AgI_3]^{2-}$	4.78×10^{13}	13.68	$[CaY]^{2-}$	1.00×10^{11}	11.00
$[Ag(CN)_2]^{-}$	1.26×10^{21}	21.11	$[CdY]^{2-}$	2.50×10^{16}	16.40
$[Au(CN)_2]^{-}$	2.00×10^{38}	38.30	$[CoY]^{2-}$	2.04×10^{16}	16.31
$[Cd(CN)_4]^{2-}$	6.02×10^{18}	18.78	$[CoY]^{-}$	1.00×10^{36}	36
$[Cu(CN)_4]^{2-}$	1.00×10^{30}	30.00	$[CuY]^{2-}$	5.01×10^{18}	18.70
$[Fe(CN)_6]^{4-}$	1.00×10^{35}	35	$[FeY]^{2-}$	2.14×10^{14}	14.33
$[Fe(CN)_6]^{3-}$	1.00×10^{42}	42	$[FeY]^{-}$	1.70×10^{24}	24.23
$[Ni(CN)_4]^{2-}$	2.00×10^{31}	31.3	$[HgY]^{2-}$	6.33×10^{21}	21.80
$[Zn(CN)_4]^{2-}$	5.0×10^{16}	16.7	$[MgY]^{2-}$	4.37×10^{8}	8.64
$[Ag(Ac)_2]^{-}$	4.37	0.64	$[MnY]^{2-}$	6.30×10^{13}	13.80
$[Cu(Ac)_4]^{2-}$	1.54×10^{3}	3.20	$[NiY]^{2-}$	3.64×10^{18}	18.56
$[Pb(Ac)_4]^{2-}$	3.16×10^{8}	8.50	$[PbY]^{2-}$	2.00×10^{18}	18.30
$[Zn(OH)_4]^{2-}$	4.5×10^{17}	17.66	$[ZnY]^{2-}$	2.51×10^{16}	16.40

数据来源：DEAN J A. Lange's handbook of chemistry, 15th ed. New York: McGraw-Hill,1999.

附录 G 常用标准电极电势(298.15 K)

电对	电极反应 氧化型+ne^{-1}⇌还原型	$E^{\ominus}$/V
Li^{+}/Li	$Li^{+}+e^{-} \rightleftharpoons Li$	−3.040
K^{+}/K	$K^{+}+e^{-} \rightleftharpoons K$	−2.931
Ca^{2+}/Ca	$Ca^{2+}+2e^{-} \rightleftharpoons Ca$	−2.868
Ce^{3+}/Ce	$Ce^{3+}+3e^{-} \rightleftharpoons Ce$	−2.336
Mg^{2+}/Mg	$Mg^{2+}+2e^{-} \rightleftharpoons Mg$	−2.372
Al^{3+}/Al	$Al^{3+}+3e^{-} \rightleftharpoons Al$	−1.662
Mn^{2+}/Mn	$Mn^{2+}+2e^{-} \rightleftharpoons Mn$	−1.182
Zn^{2+}/Zn	$Zn^{2+}+2e^{-} \rightleftharpoons Zn$	−0.76
Cr^{3+}/Cr	$Cr^{3+}+3e^{-} \rightleftharpoons Cr$	−0.744
Fe^{2+}/Fe	$Fe^{2+}+2e^{-} \rightleftharpoons Fe$	−0.441
Cd^{2+}/Cd	$Cd^{2+}+2e^{-} \rightleftharpoons Cd$	−0.403
PbI_2/Pb	$PbI_2+2e^{-} \rightleftharpoons Pb+2I^{-}$	−0.365
$PbSO_4/Pb$	$PbSO_4+2e^{-} \rightleftharpoons Pb+SO_4^{2-}$	−0.3553
PbF_2/Pb	$PbF_2+2e^{-} \rightleftharpoons Pb+2F^{-}$	−0.344
$PbBr_2/Pb$	$PbBr_2+2e^{-} \rightleftharpoons Pb+2Br^{-}$	−0.284
Co^{2+}/Co	$Co^{2+}+2e^{-} \rightleftharpoons Co$	−0.277
$PbCl_2/Pb$	$PbCl_2+2e^{-} \rightleftharpoons Pb+2Cl^{-}$	−0.267
Ni^{2+}/Ni	$Ni^{2+}+2e^{-} \rightleftharpoons Ni$	−0.257
AgI/Ag	$AgI+e^{-} \rightleftharpoons Ag+I^{-}$	−0.152
Sn^{2+}/Sn	$Sn^{2+}+2e^{-} \rightleftharpoons Sn$	−0.137
Pb^{2+}/Pb	$Pb^{2+}+2e^{-} \rightleftharpoons Pb$	−0.13
Fe^{3+}/Fe	$Fe^{3+}+3e^{-} \rightleftharpoons Fe$	−0.037
H^{+}/H_2	$2H^{+}+2e^{-} \rightleftharpoons H_2$	0.000
$AgBr/Ag$	$AgBr+e^{-} \rightleftharpoons Ag+Br^{-}$	0.0713
$CuCl/Cu$	$CuCl+e^{-} \rightleftharpoons Cu+Cl^{-}$	0.124
$S/H_2S(aq)$	$S+2H^{+}+2e^{-} \rightleftharpoons H_2S(aq)$	0.142

续表

电　　对	电极反应 氧化型$+ne^{-1}\rightleftharpoons$还原型	$E^{\ominus}$/V
Sn^{4+}/Sn^{2+}	$Sn^{4+}+2e^{-}\rightleftharpoons Sn^{2+}$	0.151
Cu^{2+}/Cu^{+}	$Cu^{2+}+e^{-}\rightleftharpoons Cu^{+}$	0.153
SO_4^{2-}/H_2SO_3	$SO_4^{2-}+4H^{+}+2e^{-}\rightleftharpoons H_2SO_3+H_2O$	0.172
$AgCl/Ag$	$AgCl+e^{-}\rightleftharpoons Ag+Cl^{-}$	0.23
As_2O_3/As	$As_2O_3+6H^{+}+6e^{-}\rightleftharpoons 2As+3H_2O$	0.234
$HAsO_2/As$	$HAsO_2+3H^{+}+3e^{-}\rightleftharpoons As+2H_2O$	0.248
Hg_2Cl_2/Hg	$Hg_2Cl_2+e^{-}\rightleftharpoons 2Hg+2Cl^{-}$	0.268
Cu^{2+}/Cu	$Cu^{2+}+2e^{-}\rightleftharpoons Cu$	0.34
$[Fe(CN)_6]^{3-}/[Fe(CN)_6]^{4-}$	$[Fe(CN)_6]^{3-}+e^{-}\rightleftharpoons [Fe(CN)_6]^{4-}$	0.358
Cu^{+}/Cu	$Cu^{+}+e^{-}\rightleftharpoons Cu$	0.521
I_2/I^{-}	$I_2+2e^{-}\rightleftharpoons 2I^{-}$	0.535
I_3^{-}/I^{-}	$I_3^{-}+2e^{-}\rightleftharpoons 3I^{-}$	0.536
$Cu^{2+}/CuCl$	$Cu^{2+}+Cl^{-}+e^{-}\rightleftharpoons CuCl$	0.559
$H_3AsO_4/HAsO_2$	$H_3AsO_4+2H^{+}+2e^{-}\rightleftharpoons HAsO_2+2H_2O$	0.560
$HgCl_2/Hg_2Cl_2$	$2HgCl_2+2e^{-}\rightleftharpoons Hg_2Cl_2+2Cl^{-}$	0.63
O_2/H_2O_2	$O_2+2H^{+}+2e^{-}\rightleftharpoons H_2O_2$	0.695
Fe^{3+}/Fe^{2+}	$Fe^{3+}+e^{-}\rightleftharpoons Fe^{2+}$	0.771
AgF/Ag	$AgF+e^{-}\rightleftharpoons Ag+F^{-}$	0.779
Ag^{+}/Ag	$Ag^{+}+e^{-}\rightleftharpoons Ag$	0.80
Hg^{2+}/Hg	$Hg^{2+}+2e^{-}\rightleftharpoons Hg$	0.851
Cu^{2+}/CuI	$Cu^{2+}+I^{-}+e^{-}\rightleftharpoons CuI$	0.86
Hg^{2+}/Hg_2^{2+}	$2Hg^{2+}+2e^{-}\rightleftharpoons Hg_2^{2+}$	0.920
HNO_3^{-}/HNO_2	$NO_3^{-}+3H^{+}+2e^{-}\rightleftharpoons HNO_2+H_2O$	0.934
Pd^{2+}/Pd	$Pd^{2+}+2e^{-}\rightleftharpoons Pd$	0.951
NO_3^{-}/NO	$NO_3^{-}+4H^{+}+3e^{-}\rightleftharpoons NO+2H_2O$	0.957
HNO_2/NO	$HNO_2+H^{+}+e^{-}\rightleftharpoons NO+H_2O$	0.983
$Br_2(l)/Br^{-}$	$Br_2(l)+2e^{-}\rightleftharpoons 2Br^{-}$	1.06

续表

电　　对	电极反应 氧化型$+ne^{-1}\rightleftharpoons$还原型	$E^{\ominus}$/V
Pt^{2+}/Pt	$Pt^{2+}+2e^{-}\rightleftharpoons Pt$	1.118
IO_3^-/I_2	$2IO_3^-+12H^++10e^-\rightleftharpoons I_2+6H_2O$	1.195
MnO_2/Mn^{2+}	$MnO_2+4H^++2e^-\rightleftharpoons Mn^{2+}+H_2O$	1.224
O_2/H_2O	$O_2+4H^++4e^-\rightleftharpoons 2H_2O$	1.229
$Cr_2O_7^{2-}/Cr^{3+}$	$Cr_2O_7^{2-}+14H^++6e^-\rightleftharpoons 2Cr^{3+}+7H_2O$	1.358
Cl_2/Cl^-	$Cl_2+2e^-\rightleftharpoons 2Cl^-$	1.36
ClO_4^-/Cl^-	$ClO_4^-+8H^++8e^-\rightleftharpoons Cl^-+4H_2O$	1.389
ClO_4^-/Cl_2	$2ClO_4^-+16H^++14e^-\rightleftharpoons Cl_2+8H_2O$	1.39
ClO_3^-/Cl^-	$ClO_3^-+6H^++6e^-\rightleftharpoons Cl^-+3H_2O$	1.45
PbO_2/Pb^{2+}	$PbO_2+4H^++2e^-\rightleftharpoons Pb^{2+}+2H_2O$	1.455
ClO_3^-/Cl_2	$2ClO_3^-+12H^++10e^-\rightleftharpoons Cl_2+6H_2O$	1.468
BrO_3^-/Br^-	$BrO_3^-+6H^++6e^-\rightleftharpoons Br^-+3H_2O$	1.478
$BrO_3^-/Br_2(l)$	$2BrO_3^-+12H^++10e^-\rightleftharpoons Br_2(l)+6H_2O$	1.5
MnO_4^-/Mn^{2+}	$MnO_4^-+8H^++5e^-\rightleftharpoons Mn^{2+}+4H_2O$	1.51
Mn^{3+}/Mn^{2+}	$Mn^{3+}+e^-\rightleftharpoons Mn^{2+}$	1.541
MnO_4^-/MnO_2	$MnO_4^-+4H^++3e^-\rightleftharpoons MnO_2+2H_2O$	1.679
$PbO_2/PbSO_4$	$PbO_2+SO_4^{2-}+4H^++2e^-\rightleftharpoons PbSO_4+2H_2O$	1.693
H_2O_2/H_2O	$H_2O_2+2H^++2e^-\rightleftharpoons 2H_2O$	1.776
Co^{3+}/Co^{2+}	$Co^{3+}+e^-\rightleftharpoons Co^{2+}$	1.83
$S_2O_8^{2-}/SO_4^{2-}$	$S_2O_8^{2-}+e^-\rightleftharpoons 2SO_4^{2-}$	2.010
$F_2(g)/F^-$	$F_2(g)+2e^-\rightleftharpoons 2F^-$	2.866

数据来源：

1. LIDE R R. CRC handbook of chemistry and physics, 80th ed. Boca Raton, FL: CRC Press, 1999—2000.
2. DEAN J A. Lange's handbook of chemistry, 15th ed. New York: McGraw-Hill, 1999.

附录 H 化学家简介

拉瓦锡(A. L. Lavoisier)

拉瓦锡(1743—1794),法国著名化学家,近代化学的奠基人之一,"燃烧的氧学说"的提出者。拉瓦锡与他人合作制定出化学物种命名原则,创立了化学物种分类新体系,并用清晰的语言阐明了质量守恒定律和它在化学中的运用。后人称拉瓦锡为近代化学之父。他一生在地质学、化学、经济、政治、教育上都有贡献。他与哥白尼、伽利略、牛顿、达尔文和爱因斯坦等人一同被认为是近代史上古典科学革命的领导者。

玻尔 (N. Bohr)

玻尔(1885—1962),丹麦原子物理学家。玻尔的卓越贡献是1913年提出玻尔原子模型,成功地解释了氢原子光谱。他把化学推进到更深的层次,使物理和化学这两门学科统一到同一量子理论基础上来。玻尔原子模型的提出,是原子结构理论发展史上的一个里程碑。从1930年起,玻尔的研究工作逐渐转到原子核结构和原子核衰变方面。他还在1936年提出了原子核液滴模型,对理解裂变机理有很大的帮助。第二次世界大战期间,玻尔带着铀核可分裂的情报,到美国参加原子弹的研制工作。战后,他致力于原子能的和平利用。他因在研究原子结构和辐射方面的贡献而获1922年诺贝尔物理学奖。

里德伯(J. R. Rydberg)

里德伯(1854—1919),瑞典物理学家,光谱学的奠基人之一。从事元素的物理性质、化学性质和结构的研究,并发表了题为《化学元素发射光谱结构的研究》的论文。他设想一个元素的光谱线由三种不同类型系列叠加而成,一个是位于可见光区域,谱线比较尖锐的锐线系;一个是位于近红外区,谱线比较扩散的漫线系;另一个是里德伯认为最重要的大部分由紫外线组成的线系。他提出了经验的光谱学公式,这个公式在玻尔建立原子结构理论中起到了重要的作用,随即该公式也得到了合理的解释。

卢瑟福(E. Rutherford)

卢瑟福(1871—1937),英籍新西兰物理学家。卢瑟福对科学的重要贡献主要有三方面:第一方面是关于元素蜕变及其放射化学方面的研究,并于1900年荣获诺贝尔化学奖;第二方面是提出了原子的有核结构模型,从而把原子结构的研究引向正确的轨道,并因此被誉为"原子物理学之父";第三方面是人工核反应的实现,标志着人类第一次实现了改变化学元素的人工核反应,古代炼金术士转化元素的梦想终于变成了现实!此外,他还预言了重氢和中子的存在,这在后来都得到了证实。他同查德威克和艾利斯合作,于1930年出版了巨著《从放射性物质发出的辐射》,这部著作是早期核物理学的总结并具有当代水平。

普朗克(M. Planck)

普朗克(1858—1947),近代伟大的德国物理学家,量子论的奠基人。普朗克早期的研究领域主要是热力学,他的博士论文就是《论热力学的第二定律》。此后,他从热力学的观点对物质的聚集态的变化、气体与溶液理论等进行了研究。普朗克在物理学上最主要的成就是提出了著名的普朗克辐射公式,创立能量子概念,并于1918年获得诺贝尔物理学奖。德国政府为了纪念这位伟大的物理学家,把威廉皇家研究所改名为普朗克研究所。普朗克的墓在哥庭根市公墓内,其标志是一块简单的矩形石碑,上面只刻着他的名字,墓志铭就是一行字:$h=6.63\times10^{-34}\text{J}\cdot\text{s}$。

德布罗意(Louis de Broglie)

德布罗意(1892—1987),法国著名理论物理学家,波动力学的创始人,物质波理论的创立者,量子力学的奠基人之一。1929年获诺贝尔物理学奖。德布罗意最早想到了人们对于光子建立起来的两个关系式$E=h\nu$和$\lambda=h/p$会不会适用于实物粒子,如果成立的话,实物粒子也同样具有波动性。为了证实这一设想,德布罗意提出了做电子衍射实验的设想,又提出用电子在晶体上做衍射实验的想法。德布罗意的设想最终都得到了完全的证实。这些实物所具有的波动称为德布罗意波,即物质波。

戴维逊(C. J. Davisson)和革末(L. H. Germer)

戴维逊(左)和革末(右)

戴维逊和革末都是美国物理学家,电子衍射的实验发现者。戴维逊与革末一起,进行镍单晶的电子衍射实验,从实验中得到的数据表明,德布罗意公式在测量准确度范围内是正确的。这第一次确定了运动电子的波动性,跟德布罗意的理论相一致。戴维逊的研究主要涉及两个不同领域:热力学和金属在电子轰击下的电子发射,1930年,戴维逊继续进行电子波的研究,特别是对晶体物理学和电子显微镜应用的研究,并发展了电子聚焦技术,1937年荣获诺贝尔物理学奖。革末还研究了热力学、金属的侵蚀和物理学。

薛定谔(E. Schrödinger)

薛定谔(1887—1961),奥地利物理学家,概率波动力学的创始人。他主要研究有关热学的统计理论问题,写出了有关气体和反应动力学、振动、点阵振动(及其对内能的贡献)的热力学以及统计等方面的论文。他还研究过色觉理论,他对有关红绿色盲和蓝黄色盲频率之间的关系的解释为生理学家们所接受。薛定谔于1926年独立创立了波动力学,提出了薛定谔方程,确定了波函数的变化规律。1944年,薛定谔还发表了《生命是什么?——活细胞的物理面貌》一书,这本书使许多青年物理学家开始注意生命科学中提出的问题,引导人们用物理学、化学方法去研究生命的本性,使薛定谔成了今天蓬勃发展的分子生物学的先驱。

海森堡(W. Heisenberg)

海森堡(1901—1976),德国理论物理和原子物理学家、量子力学的创立者。1932年诺贝尔物理学奖获得者,"哥本哈根学派"代表性人物。他对物理学的主要贡献是给出了量子力学的矩阵形式(矩阵力学),提出了"测不准原理"(又称"不确定性原理")和S矩阵理论等。他的《量子论的物理学基础》是量子力学领域的一部经典著作。

泡利(Wolfgang E. Pauli)

泡利(1900—1958),美籍奥地利科学家。泡利的主要成就是在量子力学、量子场论和基本粒子理论方面,特别是泡利不相容原理的建立和β衰变中的中微子假说等,对理论物理学的发展作出了重要贡献。1945年,泡利因他在1925年即25岁时的发现"不相容原理"获诺贝尔物理学奖。他把一生投入了科学研究,34岁才结婚。1958年不幸病逝。

维尔纳(Alfred Werner)

维尔纳(1866—1919),瑞士化学家,曾获1913年诺贝尔化学奖。主要成就有两方面:一方面是他创立了划时代的配位学说,这是对近代化学键理论作出的重大发展。他大胆地提出了新的化学键——配位键,并用它来解释配合物的形成,其重要意义在于结束了当时无机化学界对配合物的模糊认识,而且为后来电子理论在化学上的应用以及配位化学的形成开了先河。另一方面是维尔纳和化学家汉奇共同建立了碳元素以外的立体化学,可以用它来解释无机化学领域中立体效应引起的许多现象,为立体无机化学奠定了扎实的基础。

范德华(J. D. van der Waals)

范德华(1837—1923),荷兰物理学家。1874 年他的论文《论液态和气态的连续性》引起了学术界的关注。1881 年,他提出了准确的范德华方程。他在研究物体三态(气、液、固)相互转化的条件时,推导出临界点的计算公式,计算结果与实验结果相符。1910 年因研究气态和液态方程获诺贝尔物理学奖。他提出的分子间作用力被命名为范德华力。

洪特(Friedrich Hund)

洪特(1896—1997),德国理论物理学家。洪特在量子力学兴起前后,对原子和分子结构做了先驱的工作。洪特是一位多产的物理学家,著有大量关于原子、分子和固体量子理论方面的书籍。洪特后期致力于物理学史的研究。

鲍林(L. Pauling)

鲍林(1901—1994),著名量子化学家,分子生物学的奠基人之一,曾两次荣获诺贝尔奖(1954 年化学奖,1962 年和平奖),有很高的国际声誉。他在化学的多个领域都有过重大贡献,1939 年出版了在化学史上有划时代意义的《化学键的本质》一书;这部书彻底改变了人们对化学键的认识,将其从直观的、臆想的概念升华为定量的和理性的高度。鲍林把化学研究推向生物学,20 世纪 40 年代初,他开始研究氨基酸和多肽链,发现多肽链分子内可能形成 α 和 γ 两种螺旋体;1954 年以后,鲍林开始转向大脑的结构与功能的研究,提出了有关麻醉和精神病的分子学基础。鲍林坚决反对把科技成果用于战争,特别反对核战争;1957 年 5 月,鲍林起草了《科学家反对核实验宣言》,1958 年,鲍林把反核实验宣言交给了联合国秘书长哈马舍尔德,向联合国请愿;同年,他写了《不要再有战争》一书,书中以丰富的资料,说明了核武器对人类的重大威胁;他在 1962 年荣获了诺贝尔和平奖,并以《科学与和平》为题发表了领奖演说。

路易斯(G. Lewis)

路易斯(1875—1946),美国物理化学家。路易斯于1901和1907年先后提出了逸度和活度的概念,对于真实体系用逸度代替压力,用活度代替浓度。1921年他又把离子强度的概念引入热力学,发现了稀溶液中盐的活度系数取决于离子强度的经验定律。1923年,他与M.兰德尔合著《化学物质的热力学和自由能》一书,对化学平衡进行深入讨论,并提出了自由能和活度概念的新解释。他提出了共价键的电子理论,并在《原子和分子》(1916)一文和《价键与原子和分子结构》(1923)一书中作了充分的阐述,对了解化学键的本质起了重大作用。1923年,他从电子对的给予和接受角度提出了新的广义酸碱概念,即路易斯酸碱理论。

波义耳(R. Boyle)

波义耳(1627—1691),英国化学家。代表作《怀疑派化学家》对化学的发展产生了重大影响,化学史家都把这本书的出版年(1661年)作为近代化学的开始年代。革命导师恩格斯也同意这一观点,他誉称"波义耳把化学确立为科学"。波义耳定律是人类历史上第一个被发现的"定律"。

海特勒(W. H. Heitler)

海特勒(1904—1981),德国物理学家。1927年与F. W.伦敦首先用量子力学处理氢分子,解释了氢分子中共价键的实质问题,为化学键的价键理论提供了理论基础,开创了量子化学这门学科。海特勒的主要著作有《化学键理论》(与F. W.伦敦合著)、《辐射的量子理论》、《波动力学原理》和《人和科学》等。

伦敦(F. London)

伦敦(1900—1954),美籍德国物理学家。主要研究光谱学和化学键的量子力学理论。1927年和W. H.海特勒发表氢分子共价键的量子力学解释,这一工作标志着近代量子化学的开始,所用的方法被称为海特勒-伦敦方法,是量子多体理论中的基本方法之一。1933年以后,他与其弟H.伦敦(1907—1970)在牛津大学从事低温物理研究工作。他们所建立的超导体的电动力学方程成功地解释了超导体一系列奇特的电磁性质。这两个方程被称为伦敦方程。他们还研究了超导体的表面能,提出了区别第一类超导体和第二类超导体的判据。他们对液态氦的相变等问题的研究也作出过贡献。F.伦敦逝世后,历届国际低温会议都颁发伦敦奖以纪念他。

诺贝尔(Alfred Bernhard Nobel)

诺贝尔(1833—1896)这一名字在世界上几乎是家喻户晓,这不仅因为诺贝尔在化学化工发展史上作出了杰出的贡献,更重要的是他为了促进科学的发展而设置了世界瞩目的诺贝尔科学奖。一年一度的物理、化学、生理或医学、文学、和平诺贝尔奖是举世公认的最高科学奖。获奖科学家得到的不仅仅是奖金,更重要的是荣誉,是为全人类的科学财富作出贡献的自豪。诺贝尔科学奖的精神光芒四射,诺贝尔的名字流芳百世。

盖斯(G. H. Hess)

盖斯(1802—1850),俄国化学家。盖斯早年从事分析化学的研究。1836 年他总结出一条规律:在任何化学反应过程中的热量,不论该反应是一步完成的还是分步进行的,其总热量变化是相同的,1840 年以热的加和性守恒定律形式发表。这就是举世闻名的盖斯定律。

吉布斯(J. Gibbs)

吉布斯(1839—1903),美国物理化学家。在 1873—1878 年发表的论文中,引进热力学势处理热力学问题,为化学热力学的发展作出了卓越的贡献。1902 年,他把玻尔兹曼和麦克斯韦所创立的统计理论推广和发展成为系统理论,从而创立了近代物理学的统计理论及其研究方法。此外,他在天文学、光的电磁理论、傅里叶级数等方面也有一些著述。

艾林(H. Eyring)

艾林(1901—1981),美国物理化学家。艾林最早把量子力学和统计力学用于化学,发展了绝对速率理论和液体的有效结构理论,奠定了反应速率的过渡态理论的基础。1930 年他和 M. 波拉尼首先利用 F. W. 伦敦从量子力学导出的三原子体系作用能公式,得到了 H^+ 体系势能图(面)。1935 年又同 H. 格希诺威茨和中国化学家孙承谔得到了 H^+ 斜角位能图,并分析了这个体系的振动能和平动能的变换。同年艾林得出了计算反应速率常数的普遍公式,即反应速率的过渡态理论公式(艾林公式)。著有《速率过程的理论》、《现代化学动力学》等 9 本书。

范特霍夫(J. H. van't Hoff)

范特霍夫(1852—1911),荷兰化学家。因为在化学动力学和化学热力学研究上的贡献,获得1901年诺贝尔化学奖,成为第一位获得诺贝尔化学奖的科学家。1875年发表了《空间化学》一文,提出分子的空间立体结构的假说,首创"不对称碳原子"概念,初步解决了物质的旋光性与结构的关系。1877年,范特霍夫开始注意研究化学动力学和化学亲合力问题,1884年出版《化学动力学研究》一书。1886年,范特霍夫根据实验数据提出范特霍夫定律——渗透压与溶液的浓度和温度成正比,它的比例常数就是气体状态方程式中的常数 R。1887年8月,与德国科学家威廉·奥斯特瓦尔德共同创办《物理化学杂志》。

阿伦尼乌斯(S. A. Arrhenius)

阿伦尼乌斯(1859—1927),近代化学史上的一位著名化学家,也是一位物理学家和天文学家。阿伦尼乌斯在化学上的贡献有:提出电离学说;提出活化分子和活化能的概念,导出著名的反应速率公式,即阿伦尼乌斯方程。阿伦尼乌斯因创立电离学说而获得1903年诺贝尔化学奖。1902年他还曾获英国皇家学会戴维奖章。著有《宇宙物理学教程》(1903)、《免疫化学》(1907)、《溶液理论》(1912)和《生物化学中的定量定律》(1915)等。

拉乌尔(F. M. Raoult)

拉乌尔(1830—1901),法国化学家。拉乌尔最早研究的是与电池有关的物理,后来一段时间更多关注化学方面的问题。他最著名的研究成果在溶液方面,在他生命的最后20年一直致力于此。他在电解质溶液冰点降低方面做了一些研究,发现水溶液的冰点降低与溶质的摩尔分数成正比,其结果为阿伦尼乌斯提出的电解质在溶液中以离子存在的理论提供了佐证。拉乌尔最有价值的发现是溶剂与溶液平衡时的蒸气压与溶液中溶剂的摩尔分数成正比,现称为拉乌尔定律。

能斯特(W. Nernst)

能斯特(1864—1941),德国物理化学家。能斯特的研究主要在热力学方面。1889年他提出溶解压假说,从热力学导出电极势与溶液浓度的关系式,即电化学中著名的能斯特方程。同年,还引入溶度积这个重要概念,用来解释沉淀反应。他用量子理论的观点研究低温下固体的比热,提出光化学的"原子链式反应"理论。1906年,根据对低温现象的研究,得出了热力学第三定律,人们称之为"能斯特热定理",这个定理有效地解决了计算平衡常数问题和许多工业生产难题,因此获得了1920年诺贝尔化学奖。此外,能斯特还研制出含氧化锆及其他氧化物发光剂的白炽电灯,设计出用指示剂测定介电常数、离子水化度和酸碱度的方法,发展了分解和接触电势、钯电极性状和神经刺激理论。主要著作有《新热定律的理论与实验基础》等。

沃森(J. Watson)

沃森(1928—),美国生物学家,美国科学院院士。他和英国生物学家F.H.C.克里克合作,提出了DNA的双螺旋结构学说。这个学说不但阐明了DNA的基本结构,并且为一个DNA分子如何复制成两个结构相同的DNA分子以及DNA怎样传递生物体的遗传信息提供了合理的说明。它被认为是生物科学中具有革命性的发现,是20世纪最重要的科学成就之一。由于提出DNA的双螺旋模型学说,沃森和克里克及M.H.F.威尔金斯一起获得了1962年诺贝尔生理学或医学奖,被称为DNA之父。

克罗托(H. W. Kroto)

克罗托(1939—),英国化学家。1985年,与罗伯特·柯尔、理查德·斯莫利在气化石墨的过程中发现富勒烯,1996年他们三人共同获得诺贝尔化学奖。目前克罗托是佛罗里达州立大学的教授。

克里克(F. Crick)

克里克(1916—2004),英国生物学家。1962年,克里克同沃森、威尔金斯一道荣获诺贝尔生理或医学奖。后来,克里克又单独首次提出蛋白质合成的中心法则,即遗传密码的走向是:DNA→RNA→蛋白质。他在遗传密码的比例和翻译机制的研究方面也作出了贡献。

德米特里·门捷列夫

门捷列夫

门捷列夫(1834—1907),俄国化学家。他对化学这一学科发展的最大贡献在于发现了化学元素周期律,并就此发表了世界上第一份元素周期表。他的名著、伴随着元素周期律而诞生的《化学原理》,在19世纪后期和20世纪初,被国际化学界公认为标准著作,前后共出了八版,影响了一代又一代的化学家。

约翰·道尔顿(John Dalton)

约翰·道尔顿(1766—1844),英国化学家、物理学家、气象学家。道尔顿提出了较系统的化学原子学说,引入了原子和原子量,并在容积分析方法上作出了开拓性的贡献。他还建议用简单的符号来代表元素和化合物的组成。附带一提的是道尔顿患有色盲症,他也是首位发现色盲症的科学家,所以色盲症又被人称为道尔顿症。道尔顿作为一个身患色盲的人,能够作出如此伟大的成就,更让后人感受到了一位科学巨人的伟大光辉。

居里和居里夫人

皮埃尔·居里(Pierre Curie,1859—1906),法国著名物理学家,居里夫人的丈夫,也是"居里定律"的发现者。1903 年和居里夫人还有贝克勒耳共同获得了诺贝尔物理学奖。

玛丽·居里(Maria Curie,1867—1934)。世界著名科学家,研究放射性现象,发现镭和钋两种天然放射性元素,一生两度获诺贝尔奖(第一次获得诺贝尔物理奖,第二次获得诺贝尔化学奖)。她是历史上第一个获得两项诺贝尔奖的人,而且是仅有的两个在不同的领域获得诺贝尔奖的人之一。

汉弗莱·戴维(Humphry Davy)

汉弗莱·戴维(1778—1829),英国化学家。在化学上他一生最大的贡献是开辟了用电解法制取金属元素的新途径,也就是用伏打电池来研究电的化学效应,电解了以前不能分解的苛性碱,制得了钾和钠,后来又制得了钡、镁、钙、锶等碱土金属。

贝采里乌斯(Jöns Jakob Berzelius)

贝采里乌斯(1779—1848),瑞典化学家,现代化学命名体系的建立者,被称为有机化学之父。他在发展化学中作出了重要贡献:他接受并发展了道尔顿原子论,以氧作标准测定了 40 多种元素的原子量;他第一次采用现代元素符号并公布了当时已知元素的原子量表;他发现和首次制取了硅、钍、硒等好几种元素;他首先使用"有机化学"概念,他是"电化二元论"的提出者;他发现了"同分异构"现象并首先提出了"催化"概念。

参考文献

[1] 陈亚光，胡满成，魏朔．无机化学[M]．北京：北京师范大学出版社，2011.

[2] 周旭光．普通化学[M]．北京：清华大学出版社，2011.

[3] 权新军．无机化学简明教程[M]．北京：科学出版社，2009.

[4] 吉林大学，武汉大学，南开大学．无机化学[M]．2 版．北京：高等教育出版社，2009.

[5] 李宝山．基础化学 [M]．2 版．北京：科学出版社，2009.

[6] 康立娟，朴凤玉．普通化学[M]．北京：高等教育出版社，2009.

[7] 徐春祥．无机化学 [M]．2 版．北京：高等教育出版社，2008.

[8] 曲宝中，朱炳林，周伟红．新大学化学 [M]．2 版．北京：科学出版社，2007.

[9] 傅洵，许泳吉，解丛霞．基础化学教程(无机与分析化学)[M]．北京：高等教育出版社，2007.

[10] 南京大学《无机及分析化学》编写组．无机及分析化学 [M]．4 版．北京：高等教育出版社，2006.

[11] 董元彦．无机及分析化学 [M]．2 版．北京：科学出版社，2006.

[12] 陈林根．工程化学基础 [M]．2 版．北京：高等教育出版社，2005.

[13] 宋天佑．简明无机化学[M]．北京：高等教育出版社，2004.

[14] 马家举．普通化学[M]．北京：化学工业出版社，2003.

[15] 江棂．工科化学[M]．北京：化学工业出版社，2003.

[16] 岳红．无机化学典型题解析及自测试题[M]．西安：西北工业大学出版社，2002.

[17] 浙江大学普通化学教研组．普通化学[M]．5 版．北京：高等教育出版社，2002.

[18] 天津大学无机化学教研室．无机化学 [M]．3 版．北京：高等教育出版社，2002.

[19] 陈虹锦．无机与分析化学[M]．北京：科学出版社，2002.

[20] 俞斌．无机与分析化学教程[M]．北京：化学工业出版社，2002.

[21] 华南理工大学无机化学教研室．无机化学[M]．北京：化学工业出版社，2001.

[22] 缪应祺，仰榴青，袁爱华．普通无机化学[M]．南京：东南大学出版社，2001.

[23] 杨宏秀，傅希贤，宋宽秀．大学化学[M]．天津：天津大学出版社，2001.

[24] 大连理工大学无机化学教研室．无机化学[M]．4 版．北京：高等教育出版社，2001.

[25] 张立德．纳米材料[M]．北京：化学工业出版社，2000.

[26] 闵恩泽，吴巍．绿色化学与化工[M]．北京：化学工业出版社，2000.

[27] 张懋森．综合化学——要点、习题、例题[M]．合肥：中国科学技术大学出版社，1999.

[28] 周井炎，李东风．无机化学习题精解[M]．北京：科学出版社，1999.

[29] 朱裕贞，顾达．现代基础化学[M]．北京：化学工业出版社，1998.

[30] 张祖德，刘双怀，郑化贵．无机化学[M]．2 版．合肥：中国科学技术大学出版社，1998.

[31] 贺克强，张开诚，金春华．无机化学与普通化学题解[M]．武汉：华中理工大学出版社，1984.

[32] 周旭光．几种酸碱理论的发展过程及其相互关系[J]．辽宁工学院学报，1992 ，12(2)：22，45，58，74.

[33] 浙江大学普通化学教研室．普通化学[M]．北京：高等教育出版社，1978.

[34] SCHLÄFER H L，GLIEMANN G. Basic principles of ligand field theory [M]. New York：Wiley Interscience，1969.

[35] MIESSLER G L，TARR D A. Inorganic chemistry [M]. 3rd ed. New York：Pearson/Prentice Hall，2003.